Fotoatlas der Mineralien und Gesteine

Rupert Hochleitner

Fotoatlas der Mineralien und Gesteine

Das große Bestimmungsbuch in Farbe.
Mit 400 Farbfotos, 600 Zeichnungen und einer Einführung in die Mineralogie und Gesteinskunde.

Gräfe und Unzer

Inhalt

Die Welt der Mineralien und Gesteine 6

Die Mineralien 9

Mineralienkunde 9
Die kristallchemische Einteilung der Mineralien 9
Die Eigenschaften der Mineralien 9
Härte 10
Tenazität 10
Dichte (spezifisches Gewicht) 11
Strichfarbe 11
Farbe 12
Glanz 12
Spaltbarkeit und Bruch 12

Optische Eigenschaften 13
Radioaktivität 13
Die äußere Gestalt der Mineralien 14
Die Entstehung und das Vorkommen von Mineralien 21
Magmatische Abfolge 21
Sedimentäre Abfolge 23
Metamorphe Abfolge 24
Edelsteine 25
Die Mineraliensammlung 26
Das Sammeln von Mineralien 26
Der Aufbau einer Mineraliensammlung 27

Fototeil Mineralien 29
Mineralien mit weißer Strichfarbe (Foto Nr. 1-153) 30
Mineralien mit blauer Strichfarbe (Foto Nr. 154-159) 72
Mineralien mit roter Strichfarbe (Foto Nr. 160-170) 73
Mineralien mit grüner Strichfarbe (Foto Nr. 171-190) 77
Mineralien mit gelber Strichfarbe (Foto Nr. 191-199) 82
Mineralien mit brauner Strichfarbe (Foto Nr. 200-223) 85
Mineralien mit schwarzer Strichfarbe (Foto Nr. 224-282) 91

Mineralienbeschreibungen 109
Mineralien mit weißer Strichfarbe (Steckbrief Nr. 1-153) 110
Mineralien mit blauer Strichfarbe (Steckbrief Nr. 154-159) 139

Mineralien mit roter Strichfarbe
(Steckbrief Nr. 160-170) 140
Mineralien mit grüner Strichfarbe
(Steckbrief Nr. 171-190) 142
Mineralien mit gelber Strichfarbe
(Steckbrief Nr. 191-199) 147
Mineralien mit brauner Strichfarbe
(Steckbrief Nr. 200-223) 149
Mineralien mit schwarzer Strichfarbe
(Steckbrief Nr. 224-282) 153

Die Gesteine 165

Gesteinskunde 165

Was ist ein Gestein? 165
Der Aufbau der Erde 165
Die Entstehung der Gesteine 166
Magmatische Abfolge 166
Sedimentäre Abfolge 173
Metamorphe Abfolge 175
Gesteine sammeln 176

Fototeil Gesteine 177

Ergußgesteine (Foto Nr. 283-302, 321) 178
Tiefengesteine (Foto Nr. 303-318, 321) 183
Ganggesteine (Foto Nr. 319-320, 322) 188
Sedimentgesteine (Foto Nr. 323-338) 189
Metamorphe Gesteine
(Foto Nr. 339-358) 194

Gesteinsbeschreibungen 201

Ergußgesteine
(Steckbrief Nr. 283-302, 321) 202
Tiefengesteine
(Steckbrief Nr. 303-318, 321) 204
Ganggesteine
(Steckbrief Nr. 319-320, 322) 206
Sedimentgesteine
(Steckbrief Nr. 323-338) 207
Metamorphe Gesteine
(Steckbrief Nr. 339-358) 210

Zum Nachschlagen 213

Kleines Lexikon der Mineralogie 213
Die chemischen Elemente und ihre Symbole 225
Die Verwendung der chemischen Elemente und ihre Erze 226
Die industrielle Verwendung von Mineralien 229
Register 231
Weiterführende Literatur 238

Die Welt der Mineralien und Gesteine

Mineralien, die geheimnisvollen Schätze aus dem Inneren der Erde, haben den Menschen schon immer fasziniert. Viele der Namen, mit denen wir heute Mineralien bezeichnen, stammen aus der Antike, wurden also vor mehr als 2000 Jahren geprägt. Schon damals waren die Menschen wie wir heute von der Schönheit, der ebenmäßigen Gestalt und der unglaublichen Formenvielfalt der Mineralien beeindruckt.
Die alten Griechen hielten zum Beispiel den Bergkristall für sehr stark gefrorenes Eis, das niemals auftaut. Sie nannten ihn crystallos. Von diesem Wort stammt der heute allgemein gebräuchliche Begriff Kristall ab.
Hunderttausende von Jahren lebten die Menschen als Jäger und Sammler. Sie jagten das Wild und sammelten die Früchte des Waldes, um überleben zu können. Wir leben heute im Zeitalter der Supermärkte und brauchen unserer täglichen Nahrung nicht mehr nachzujagen. Geblieben ist uns dennoch der Jagd- und Sammeltrieb unserer Vorfahren, der sich Ersatzziele gesucht hat: Wir sammeln Bierdeckel, Briefmarken, Münzen, Uhren, Bilder und andere Kunstgegenstände – und wir sammeln Mineralien. Millionen von Menschen sind es bereits, die heute nach Mineralien suchen und Sammlungen anlegen. Sie sind die Schatzsucher der heutigen Zeit, und ihr Hobby befriedigt sowohl ihren Sammeltrieb als auch ihren Sinn für Schönheit.
Mineralien und Gesteine sind nur scheinbar tote Materie. Wie die Pflanzen und Tiere unserer Erde sind sie einem ständigen Prozeß von Wachstum und Auflösung unterworfen. Daß diese Vorgänge für uns nicht wahrnehmbar sind, liegt daran, daß sie sich in Zeiträumen abspielen, die wir Menschen uns nur schwer vorstellen können. Mineralien und Gesteine entstehen in Hunderttausenden und Millionen von Jahren nach immer gleichen chemischen und physikalischen Gesetzen – die Endprodukte dieser sich endlos vollziehenden Umwandlungen können Sie selbst in die Hand nehmen und betrachten.
Das Wissen über die Schätze aus dem Schoß der Erde, die Edelsteine und Metalle, die Kristalle, Erze und allgegenwärtigen Gesteine ist in diesem Buch für den Laien verständlich dargestellt, unterstützt durch die Mittel der modernen Farbfotografie.
Was sind nun Mineralien, Kristalle und Gesteine? Mineralien sind auf natürliche Weise entstandene chemische Substanzen einheitlicher Zusammensetzung und – mit einer Ausnahme – fester Konsistenz. Kristalle sind feste chemische Substanzen, die von ebenen Flächen gleichmäßig umgrenzte Körper bilden. Kristallin sind Mineralien, wenn ihre Atome ein geregeltes Kristallgitter aufbauen. Mineralien, bei denen das nicht der Fall ist, werden amorph genannt. So ist zum Beispiel der Quarz kristallin, während der chemisch nahezu gleiche Opal amorph ist. Kristalle sind immer kristallin, umgekehrt aber müssen kristalline Mineralien nicht Kristalle bilden; in diesem Falle bezeichnet man sie als derb.
Gesteine sind Verwachsungen von mehreren Individuen einer oder mehrerer Mineralarten, die eine Größe im Meter- oder sogar Kilometerbereich aufweisen. Die Größe von Gesteinen ist nach oben unbegrenzt, es gibt Gesteinskörper, die mehrere hundert Quadratkilometer groß sind. Dagegen sind Kristalle von mehr als 10 Zentimeter Größe schon sehr selten (Kristalle vieler Mineralarten werden nie so groß), während Kristalle von mehr als einem Meter schon praktisch nicht mehr vorkommen. Im Gegensatz zu den Gesteinen, die erst bei einem gewissen Ausmaß als Gesteine gelten, können die Mineralien auch mikroskopisch klein sein, es gibt sogar Kristalle, die nur Bruchteile eines Millimeters messen.
Nun noch zu zwei Begriffen, über die häufig Unklarheit besteht: Was sind Edelsteine, was sind Erze? Mit dem Begriff Edelstein verbindet sich eine Wertschätzung. Edelsteine sind Mineralien, die sich außerordentlich gut zu Schmuckstücken verarbeiten lassen, die also schön sind, eine hohe Härte haben, sich also gut polieren lassen, und selten sind, so daß sie einen gewissen Wert besitzen. Welche Mineralien nun Edelsteine genannt werden dürfen und welche nicht, ist sehr umstritten, für den Mineraliensammler aber eigentlich unwichtig, da die Bezeichnung Edelstein kein mineralogisch fundierter Begriff ist. Was als Edelstein zu bezeichnen ist, wird heute hauptsächlich vom Handel diktiert. Viele Mineralien, die an sich alle Eigenschaften eines Edelsteins aufweisen, werden nur deshalb nicht als Edelsteine gehandelt, weil sie viel zu selten sind.
Erze sind Mineralien und auch Mineralgemenge, die ein Element in so großen Mengen enthalten, daß es mit wirtschaftlichem Profit daraus gewonnen werden kann. Der Mineraliensammler bezeichnet nur die Mineralien als Erze, die sich durch ein hohes spezifisches Gewicht und einen starken metallischen Glanz auszeichnen. Für den Berg-

mann dagegen sind alle die Mineralien Erze, aus denen ein Element gewonnen werden kann. So ist zum Beispiel Beryll für den Bergmann ein Berylliumerz, obwohl er ganz und gar nicht die Eigenschaften aufweist, die der Sammler von einem Erzmineral verlangt.
Im »Fotoatlas«, dem großen Bestimmungsbuch in Farbe, sind neben den Mineralien auch die wichtigsten Gesteine in Wort und Bild vorgestellt. Warum ist diese Kombination so wichtig? Viele Mineralien kommen nur in oder in Verbindung mit bestimmten Gesteinen vor. Die Kenntnis des Gesteins kann also eine große Hilfe bei der Suche und der Bestimmung von Mineralien sein. Wenn ein Mineral in kleinen, schwarzen Oktaedern in einem Chloritschiefer vorkommt, so handelt es sich mit großer Sicherheit um Magnetit, während das gleich aussehende Mineral in Peridotit sehr wohl Chromit sein kann.
Weil Gesteine, wie schon gesagt, aus Mineralien zusammengesetzt sind und nach ihrem Mineralgehalt eingeteilt werden, ist auch das Bestimmen von Gesteinen ohne Kenntnis der Mineralien kaum möglich. Wenn Sie zum Beispiel in einem Tiefengestein das Mineral Quarz bestimmen können, so ist mit Sicherheit auszuschließen, daß es sich etwa um die Gesteine Peridotit oder Anorthosit handelt.
Wegen dieses engen Zusammenhanges werden im »Fotoatlas der Mineralien und Gesteine« sowohl die wichtigsten Mineralien als auch die wichtigsten Gesteine beschrieben und im Bild gezeigt. Die beiden allgemeinen Textteile sollen Sie mit den wichtigsten Begriffen und Methoden der Mineralien- und Gesteinskunde vertraut machen. Besonderer Wert wurde dabei auf die Erläuterung der Begriffe gelegt, die im Steckbriefteil als Stichworte auftauchen. Mit Hilfe der vielen eigens für dieses Buch angefertigten Zeichnungen wird genau erläutert, wie die einzelnen Eigenschaften der Mineralien und Gesteine zu untersuchen und zu erkennen sind. Fachbegriffe, die in diesem Teil *kursiv* gesetzt sind, werden im Anhang, im »Kleinen Lexikon der Mineralogie« näher erläutert. Im Anschluß an die einführenden Textteile folgt der jeweilige Bildteil.
Da Mineralien und Gesteine auf Grund ihrer natürlichen Entstehung immer Unikate sind, also kein Stück genau einem anderen gleicht, kann es keine exakte Übereinstimmung zwischen dem abgebildeten und dem vom Sammler zu bestimmenden Stück geben. Aus einer Vielzahl von Fotos der besten Mineralien- und Gesteinsfotografen wurden diejenigen ausgewählt, die für die beschriebene Mineral- oder Gesteinsart typisch sind. Dort, wo die Variationsbreite besonders groß ist – das ist insbesondere bei vielen Gesteinen der Fall – sind verschiedene Varietäten der gleichen Mineral- oder Gesteinsart abgebildet. Sie werden auf den Abbildungen also keine ausgefallenen Besonderheiten, sondern typische Mineralien und Gesteine sehen. Um diesem Vorsatz in jedem Fall zu folgen, wurde eine ganze Reihe von Fotos für den »Fotoatlas der Mineralien und Gesteine« neu angefertigt. Auf den Bildseiten sind zusätzlich zum Foto die wichtigsten Eigenschaften des abgebildeten Minerals oder Gesteins angegeben. Außerdem ist genau beschrieben und erklärt, was auf dem Foto zu sehen ist, Abbildungsmaßstab und Fundort des abgebildeten Stücks sind angegeben.
Die Mineralien sind in Gruppen mit gleicher Strichfarbe zusammengefaßt und innerhalb dieser Gruppe nach aufsteigender Härte geordnet. Die Strichfarbe ist am Fuß der Bildseiten durch einen farbigen Balken wiedergegeben.
Die Gesteine sind in geologische Gruppen aufgeteilt, ihre Symbole finden Sie am Fuß jeder Bildseite.
Zu jeder Abbildung gehört eine Nummer, unter der Sie im Steckbriefteil den dazugehörigen ausführlichen Beschreibungstext finden. Im Steckbriefteil sind mehr Mineralien und Gesteine beschrieben, als im Bildteil dargestellt wurden. Diese zusätzlichen Beschreibungen stehen dort, wo sie nach dem Bestimmungssystem des »Fotoatlas« stehen müssen, tragen jedoch keine Nummer.
In der Randspalte des Mineralien-Steckbriefteils sind die Lagerstätten, in denen die Mineralien am häufigsten vorkommen, durch Symbole gekennzeichnet. Außerdem finden Sie dort auch die wichtigsten Kristallformen des beschriebenen Minerals. Bei Mineralien, die nur in einer einzigen oder in sehr wenigen verschiedenen Kristallformen auftreten, konnte Vollständigkeit erreicht werden, während bei Mineralien, die in sehr vielen verschiedenen Kristallformen zu finden sind, wie zum Beispiel Kalkspat, der über zweitausend Kombinationen bildet, eine Auswahl getroffen wurde.
In der Randspalte des Gesteine-Steckbriefteils wird noch einmal die Gruppe, der das Gestein zugehört, durch ein Symbol dargestellt.
Im Anhang des »Fotoatlas« finden Sie ein »Kleines Lexikon der Mineralogie«, in dem sowohl die in den einführenden Textteilen erwähnten Fachbegriffe als auch weitere Begriffe, die zum Verständnis zusätzlicher Literatur notwendig sind, kurz und allgemein verständlich erläutert werden. Die Symbole der Elemente, aus denen die chemischen Formeln bestehen, sind anschließend in einer Tabelle zusammengefaßt. Eine Übersicht über die Verwendungsmöglichkeiten der Elemente und ihrer Erze und eine Zusammenstellung der wichtigsten technischen Verwendungsmöglichkeiten der Mineralien sollen über das reine Sammeln hinaus den Bezug zum täglichen Leben herstellen. Das Verzeichnis über weiterführende Literatur wird dem interessierten Sammler in Einzelfragen eine wertvolle Hilfe sein. Das Namens- und Sachregister am Schluß macht alle in diesem großen Bestimmungsbuch enthaltenen Informationen leicht und sicher zugänglich.

Rupert Hochleitner

Die Mineralien

Die kristallchemische Einteilung der Mineralien

Mineralien sind aus einem oder mehreren chemischen Elementen (→ Die chemischen Elemente und ihre Symbole, Seite 225) zusammengesetzte Substanzen. Der Fachmann ordnet sie nach ihrer chemischen Zusammensetzung und Struktur in Gruppen. Auch Mineraliensammler, die ihre systematische Sammlung sinnvoll zusammenstellen wollen, benützen diese Ordnung. Sie hat den Vorteil, daß verwandte Mineralien, zum Beispiel die Glieder der Granatgruppe, auch nebeneinander stehen. Für die Einteilung eines Bestimmungsbuches, wie des »Fotoatlas«, ist diese Gruppierung dagegen nicht geeignet, weil für den Sammler die Kristallstruktur und die chemische Formel nur schwer zugängliche Bestimmungsmerkmale sind.

Elemente: Mineralien, die nur aus einem Element bestehen, sind zum Beispiel Schwefel, Graphit, Diamant, Gold. Ferner gehört zu dieser Gruppe eine Anzahl sehr seltener, natürlich vorkommender Legierungen.

Sulfide sind Verbindungen von Schwefel mit anderen Elementen (mit Ausnahme des Sauerstoffs), vor allem Metallen, zum Beispiel Pyrit FeS_2, Bleiglanz PbS, Zinkblende ZnS. Zu dieser Gruppe gehören weiterhin die entsprechenden Verbindungen von Elementen mit Arsen, Antimon, Wismut, Selen, Tellur, zum Beispiel Rotnickelkies NiAs und auch kombinierte Verbindungen, wie zum Beispiel Arsenkies FeAsS oder Tetraedrit $Cu_3SbS_{3,25}$.

Halogenide sind Verbindungen von Metallen mit den Halogenen Fluor, Chlor, Brom, Jod, zum Beispiel Flußspat CaF_2, Steinsalz NaCl, Sylvin KCl.

Oxide sind Verbindungen von Elementen mit Sauerstoff, zum Beispiel Quarz SiO_2, Rutil TiO_2, Haematit Fe_2O_3. Zu dieser Gruppe gehören auch die Hydroxide, Verbindungen von Elementen mit der Hydroxylgruppe OH^-, zum Beispiel Goethit FeOOH, Brucit $Mg\,(OH)_2$.

Sulfate sind Verbindungen von Elementen mit der Sulfatgruppe SO_4^{2-}, zum Beispiel Schwerspat $BaSO_4$, Anhydrit $CaSO_4$. Zu dieser Gruppe gehören auch die Chromate, zum Beispiel Krokoit $PbCrO_4$, die Molybdate, zum Beispiel Wulfenit $PbMoO_4$ und die Wolframate, zum Beispiel Scheelit $CaWO_4$.

Karbonate sind Verbindungen von Elementen mit der Gruppe CO_3^{2-}, zum Beispiel Kalkspat $CaCO_3$, Siderit $FeCO_3$, Magnesit $MgCO_3$. Zu dieser Gruppe gehören auch die sehr seltenen Nitrate, Verbindungen von Elementen mit der Gruppe NO_3^-.

Phosphate sind Verbindungen von Elementen mit der Gruppe PO_4^{3-}, zum Beispiel Triphylin $LiFePO_4$, Monazit $CePO_4$, Xenotim YPO_4. Zu dieser Gruppe gehören auch die entsprechenden Verbindungen mit Arsen, die Arsenate, und mit Vanadium, die Vanadate.

Silikate sind Verbindungen von Elementen mit Silicium und Sauerstoff, zum Beispiel Olivin $(Fe, Mg)_2\,[SiO_4]$, Disthen $Al_2\,[O/SiO_4]$, Beryll $Al_2Be_3\,[Si_6O_{18}]$.

In der letzten Gruppe werden die sehr seltenen organischen Verbindungen zusammengefaßt, zum Beispiel Whewellit $Ca\,[C_2O_4] \cdot H_2O$.

Eine Kristallart muß nicht *formelrein* aufgebaut sein. Im Siderit $FeCO_3$ kann zum Beispiel ein Teil der Eisenatome durch Magnesiumatome ersetzt sein. Die Gastkomponente (in diesem Fall Magnesium) ist im Kristallgitter des Siderits statistisch oder geregelt verteilt. Kristalle dieser Art nennt man *Mischkristalle.* Sie können sich nur bilden, wenn die Bausteine, die sich gegenseitig ersetzen, von gleicher oder ähnlicher Größe sind. So ist Olivin ein Mischkristall aus dem Magnesiumsilikat Forsterit $Mg_2\,[SiO_4]$ und dem Eisensilikat Fayalit $Fe_2\,[SiO_4]$. Beide Mineralarten kristallisieren orthorhombisch mit dem gleichen Gittertyp, und die Größe der Magnesium- und der Eisenionen ist sehr ähnlich. Beide Mineralarten bilden eine lückenlose Reihe von Mischkristallen von dem einen Endglied Forsterit über alle möglichen Zwischenglieder bis zum anderen Endglied Fayalit. Mischkristalle sind außerordentlich häufig, weil die kristallbildenden Schmelzen und Lösungen vielerlei Substanzen enthalten, die der wachsende Kristall zum Aufbau seines Kristallgitters verwenden kann.

Die Eigenschaften der Mineralien

Wenn Sie Mineralien bestimmen wollen, ist es notwendig, daß Sie ihre Eigenschaften erkennen. Die wichtigsten Eigenschaften, die in den Steckbriefen aufgeführt sind, werden im folgenden genau erläutert.

◁ Skelettförmiges Aggregat von gediegenem Kupfer. Fundort: Ajo/Arizona. Vergrößerung 6fach.

Härte

Daß Mineralien sehr hart sein können, weiß jeder. Der Diamant wird wegen seiner hohen Härte zum Glasschneiden verwendet. Doch es gibt auch sehr weiche Mineralien, wie den Talk, den man mühelos mit dem Fingernagel ritzen kann. Talk und Diamant stehen am Anfang und am Ende der *Mohs'schen Härteskala,* nach der alle Mineralien, mit Ausnahme des flüssigen Quecksilbers, eingeordnet werden können. Da die Härte für eine Mineralart charakteristisch und verhältnismäßig leicht feststellbar ist, dient sie neben der Strichfarbe als wichtigstes Bestimmungsmerkmal. Aus diesem Grund sind die Mineralien im »Fotoatlas« innerhalb der jeweiligen Strichfarbe nach ansteigender Härte geordnet.

Mit Hilfe der Härteskala kann der Sammler die Härte eines Minerals mit einer für das Bestimmen ausreichenden Genauigkeit feststellen.

Die Mohs'sche Härteskala besteht aus einer Folge von zehn Mineralien, von denen jedes die vor ihm stehenden ritzt.

1 Talk	mit dem Fingernagel ritzbar	mit dem Messer ritzbar
2 Gips		
3 Kalkspat		
4 Flußspat		
5 Apatit		
6 Feldspat	ritzen Glas	
7 Quarz		
8 Topas		
9 Korund		
10 Diamant		

Zum Bestimmen einer Probe nimmt man ein Mineral mittlerer Härte aus der Härteskala und untersucht, ob das unbekannte Mineral damit geritzt werden kann, oder ob man – umgekehrt – das Mineral der Härteskala damit ritzen kann. Je nach dem Ergebnis der Prüfung arbeitet man mit dem nächstweicheren oder nächsthärteren weiter und grenzt so die Härte des unbekannten Minerals ein. Zur Grobbestimmung, vor allem im Gelände, genügen Fingernagel (ungefähr Härte 2), Taschenmesser (Härte 5–6) und Fensterglas (Härte 6–7).

Da die Härte von Mineralien *anisotrop* (richtungsabhängig) ist, ergeben sich je nach der Richtung, in der geritzt wird, unterschiedliche Werte. Im allgemeinen sind diese Unterschiede allerdings so gering, daß es keine Rolle spielt, in welcher Richtung Sie ritzen. Doch gibt es Ausnahmen: Das bekannteste Beispiel ist der Disthen, für den die Härteanisotropie so typisch ist, daß sie ein Bestimmungsmerkmal darstellt. Seine stengeligen Kristalle ergeben in Längsrichtung geritzt eine Härte von $4–4^{1}/_{2}$ auf der Mohs'schen Skala, quer dazu 6–7.

Wesentlich schwieriger ist es, die Härte von Klein- und Kleinstmineralien, den sogenannten *Micromounts,* zu prüfen. Wegen der geringen Größe kann hier nicht mehr mit Vergleichsmineralien gearbeitet werden. Aufgrund des Widerstands, den ein Mineral einer spitzen Stahlnadel entgegensetzt, kann die Härte zumindest abgeschätzt werden. Allerdings braucht man hierfür Erfahrung, die man nur durch zahlreiche Versuche erwerben kann.

Für den Sammler genügt im allgemeinen die Härtebestimmung nach der Mohs'schen Härteskala, wie sie oben beschrieben wurde. Wer wissenschaftlich exakte Werte ermitteln will, muß sich komplizierterer Methoden bedienen. Das am häufigsten verwendete Gerät zur Feststellung von absoluten Werten ist das *Sklerometer.* Man zieht bei dieser Meßmethode die Probe unter einem belasteten Stahl- oder Diamantstift durch. Das Auflagegewicht, bei dem das Mineral gerade noch geritzt wird, entspricht der Härte des Minerals. Je härter das Mineral ist, desto mehr Gewicht muß aufgelegt werden, um eine Ritzspur zu erhalten.

<u>So prüfen Sie die Härte:</u>

Kaufen Sie sich im Mineraliengeschäft die Mineralien der Härteskala. Sie sind für weniger als DM 20,– erhältlich, wenn Sie auf den Diamanten verzichten. Da jedoch alles, was von Korund (Härte 9) nicht geritzt wird, nur noch vom Diamant geritzt werden kann, kommen Sie auch mit neun Mineralien aus.

Nehmen Sie Flußspat und versuchen Sie, Ihr unbekanntes Mineral damit zu ritzen. Gelingt dies, fahren Sie mit Mineralien geringerer Härte fort, bis Sie Ihr unbekanntes Mineral nicht mehr ritzen können. Dieses ist dann etwas härter als das Mineral der Härteskala. Im umgekehrten Fall gehen Sie genauso vor, bis Sie ein Mineral finden, mit dem Sie Ihre unbekannte Probe ritzen können. Die Probe ist dann weicher als das Mineral der Härteskala.

Beispiel: Ihr unbekanntes Mineral wird von Feldspat (Härte 6) nicht geritzt, sondern es ritzt ihn. Quarz (Härte 7) dagegen erzeugt eine Ritzspur. Ihr Mineral hat also die Härte $6^{1}/_{2}$.

Prüfen Sie die Härte immer mit scharfen Kanten und an frischen Stellen.

Achten Sie darauf, daß das Mineral auch wirklich geritzt worden ist und nicht etwas Pulver des Prüfminerals die Ritzung nur vorgetäuscht hat. Wenn Sie den Ritzstaub wegwischen, muß eine Spur sichtbar sein.

Bei sehr feinkörnigen Mineralaggregaten kann durch das Herausbrechen einzelner Körnchen eine geringere Härte vorgetäuscht werden. Hier ist erhöhte Aufmerksamkeit geboten.

Tenazität

Kam es bei der Härteprüfung darauf an, zu untersuchen, *ob* ein Mineral geritzt wird oder nicht, so sagt die Tenazität etwas darüber aus, *wie* sich ein Mineral beim Ritzen und Biegen verhält. Wie bei der Härteprüfung wird das Mineral geritzt, diesmal aber mit einer Stahlnadel. Springt der Ritzstaub weg, ist das Mineral *spröde.* Dies ist beim größten Teil der Mineralien der Fall. Besonders wichtig für die Bestimmung sind daher die Eigenschaften, die hiervon abweichen:

Milde ist ein Mineral, wenn das Pulver beim Ritzen nicht wegspringt, sondern direkt neben der Ritzspur liegen bleibt. Das ist zum Beispiel bei Bleiglanz und Antimonit der Fall. Bei einem *schneidbaren* Mineral dringt die Nadel ein und hinterläßt eine Ritzspur, ohne daß Staub entsteht; Beispiele sind gediegen Wismut, Argentit und gediegen Gold. Argentit und gediegen Gold kann man außerdem zu Blättchen hämmern, sie sind *geschmeidig* (*duktil*). Wieder andere Mineralien sind *elastisch biegsam,* das heißt, sie kehren nach dem Biegen wieder in die Ausgangsstellung zurück, wie zum Beispiel Glimmer. *Unelastisch biegsame* Mineralien bleiben dagegen nach dem Biegen in der neuen Stellung, wie zum Beispiel Gips und Antimonit.

So prüfen Sie die Tenazität:
Ritzen Sie das zu bestimmende Mineral mit einer spitzen Stahlnadel.
Entfernen Sie den Ritzstaub nicht.
Betrachten Sie die Ritzspur mit einer Lupe oder einem Stereomikroskop.
Prüfen Sie, ob das Mineral biegsam ist.

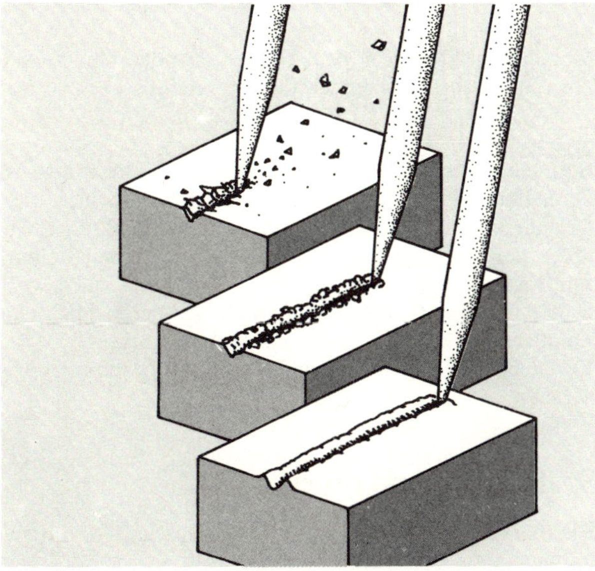

Prüfung der Tenazität (von oben nach unten) bei einem spröden, bei einem milden und bei einem schneidbaren Mineral.

Dichte (spezifisches Gewicht)

Mineralien können schwer oder leicht sein. Den Unterschied kann man natürlich nur bei etwa gleich großen Stükken feststellen. So ist ein handgroßes Stück Gips zum Beispiel wesentlich leichter als ein Stück Pyrit gleicher Größe.
Das auf das jeweilige Volumen eines Stückes bezogene Gewicht wird in der Mineralogie als Dichte bezeichnet. Diese ist beim gleichen Mineral in engen Grenzen immer gleich, unabhängig von der Größe des Stücks. Wenn in den Steckbriefen zum Beispiel die Dichte 13 angegeben ist, dann bedeutet dies, daß ein Würfel dieses Minerals mit 1 cm Kantenlänge 13 g wiegt. Da die Maßeinheit g/cm^3 immer gleich ist, wurde sie in den Steckbriefen weggelassen.
Die Dichte fast aller Mineralien ist größer als 1, sie sind damit schwerer als Wasser (Wasser hat bei 4 °C eine Dichte von 1). Nur die Dichte von Eis, das ja bekanntlich auf Wasser schwimmt, ist noch geringer. Die Dichte der meisten Mineralien liegt zwischen 2 und 3, wesentlich schwerer sind Scheelit, Schwerspat, Erzmineralien und gediegene Metalle. In den Steckbriefen sind meistens Dichte-Intervalle angegeben (Beispiel Gips 2,3–2,4, Pyrit 5,0–5,2), weil die Dichte der einzelnen Aggregatformen schwankt. Die höchste Dichte hat gewöhnlich der Einkristall, andere Aggregatformen ergeben geringere Werte. Der Sammler kann die Dichte feststellen, indem er das zu bestimmende Mineral in die eine Hand nimmt, ein weiteres, etwa gleich großes Mineral, von dem er die Dichte kennt, in die andere, und beide Mineralien gegeneinander abwägt.
Für das Bestimmen im Rahmen des »Fotoatlas« ist diese Methode ausreichend, wenn sie auch lediglich ungefähre Angaben liefert. Sehr kleine Stücke können allerdings auf diese Weise nicht bestimmt werden, bei ihnen muß der Sammler auf das Bestimmungsmerkmal Dichte verzichten. Der Fachmann, der auf genaue Messungen der Dichte angewiesen ist, bedient sich bei größeren Stücken unter anderem der hydrostatischen Waage, die ganz allgemein zur Dichtebestimmung verwendet wird. Alle anderen Methoden sind noch komplizierter und aufwendiger und daher für den Sammler normalerweise nicht anwendbar.

So können Sie die Dichte prüfen:
Nehmen Sie die Probe in die Hand und stellen Sie fest, ob sie Ihnen besonders leicht oder besonders schwer vorkommt.
Nehmen Sie in die andere Hand ein etwa gleich großes Mineral, dessen Dichte Ihnen bekannt ist und vergleichen Sie. Üben Sie mit Stücken bekannter Dichte.
Hier einige Dichtewerte bekannter Mineralien:
Schwefel 1,96, Graphit 2,255, Quarz 2,65, Diamant 3,52, Haematit 5,3, Scheelit 6,1, Zinnstein 7,1, Pechblende 10,6, gediegen Gold 19,28, gediegen Platin 20,5.

Strichfarbe

Die Strichfarbe eines Minerals ist die Farbe der Spur, die das Mineral hinterläßt, wenn man mit ihm über eine unglasierte, weiße Porzellantafel, die sogenannte Strichtafel, streicht. Sie ist für ein Mineral charakteristisch und daher ein sehr wichtiges Bestimmungsmerkmal. Bei *eigenfarbigen Mineralien* (→ Abschnitt Farbe, Seite 12) stimmt die Strichfarbe mit der Farbe des Minerals überein. *Fremdfarbige Mineralien* dagegen haben oft eine Strichfarbe, die nicht mit der Mineralfarbe übereinstimmt. Flußspat zum Beispiel kann in vielen Farben auftreten, seine Strichfarbe ist dennoch immer weiß. Äußerlich sehr ähnliche Mineralien, wie zum Beispiel Magnetit und Chromit, können mit Hilfe ihrer Strichfarben – beim ersten schwarz, beim zweiten braun bis gelbbraun – einwandfrei auseinandergehalten werden. Da die Strichfarbe eine der wichtigsten und am einfachsten zu prüfenden Eigenschaften für das Bestimmen von Mineralien nach äußeren Kennzeichen ist, wurden im »Fotoatlas« die Mineralien in Gruppen gleicher Strichfarbe zusammengefaßt.
Mineralien, die härter sind als das Material der Strichtafel – also härter als 6 – erzeugen keinen echten Strich. Sie ritzen nur die Strichtafel und hinterlassen eine weiße Spur von Strichtafelmaterial. Für die Mineralbestimmung mit dem »Fotoatlas« ist es ohne Belang, ob die weiße Strichfarbe vom Mineral selbst oder vom Strichtafelmaterial stammt. Sie finden alle diese Mineralien in der Gruppe der Mineralien mit weißer Strichfarbe (geordnet nach steigender Härte).

So prüfen Sie die Strichfarbe:
Kaufen Sie sich im Mineralienhandel eine Strichtafel; sie kostet weniger als DM 2,–. Notfalls eignet sich auch eine unglasierte Porzellanscherbe oder eine elektrische Sicherung für diesen Zweck. Streichen Sie mit dem Mineral über die Tafel. Vergleichen Sie den erzeugten Strich mit den Strichfarben bereits bestimmter Mineralien Ihrer Sammlung.

Farbe

Ein Mineral nach seiner Farbe zu bestimmen, sieht auf den ersten Blick sehr einfach aus. Man braucht dazu keine komplizierten Hilfsmittel, gutes Licht genügt. Doch das trifft nur auf die sogenannten *eigenfarbigen Mineralien* zu. Ein Azurit aus Tsumeb in Namibia ist genauso blau, wie das gleiche Mineral aus Bisbee in den USA oder aus Neubulach im Schwarzwald. In diesen Fällen ist die Farbe charakteristisch für das Mineral und daher ein wichtiges Bestimmungsmerkmal.
Nicht nach der Farbe bestimmen kann man dagegen die sogenannten *fremdfarbigen Mineralien.* Die Farbe ist in diesen Fällen nicht charakteristisch für die Mineralart, sondern wird durch Fremdeinlagerungen oder Störungen im Kristallbau bestimmt. Daher hat ein fremdfarbiges Mineral je nach Fundort, manchmal sogar am gleichen Stück verschiedene Farben. So kann Flußspat in den Nuancen von farblos über weiß, rosa, gelb, braun, grün, blau bis schwarzviolett auftreten.
In den Steckbriefen wurden für die Farbnuancen Bezeichnungen aus dem alltäglichen Wortschatz gewählt. Dabei ist zu berücksichtigen, daß viele Farbeindrücke individuell verschieden sind. So kann ein Mensch zum Beispiel etwas als grün empfinden, was ein anderer als blaugrün bezeichnen würde. Doch auch hier gewinnt der Sammler durch Vergleiche mit bereits bestimmten Mineralien schnell Erfahrung. Bei der Farbbestimmung ist zu beachten, daß einige Mineralien wie zum Beispiel der Buntkupferkies, sich mit einer Oxidationsschicht überziehen können, die eine ganz andere Farbe als das Mineral zeigt. Hier sollte unbedingt an einer frischen Bruchstelle geprüft werden.

So stellen Sie die Farbe fest:
Betrachten Sie das Mineral bei starkem Licht, am besten bei Tageslicht.
Achten Sie darauf, daß es sich wirklich um die Farbe des Minerals und nicht um die Farbe einer Oxidationsschicht handelt. Im Zweifelsfall prüfen Sie die Farbe an einer frischen Bruchstelle.

Glanz

Edelsteine haben die Menschen schon seit jeher wegen ihres strahlenden Glanzes fasziniert. Aber nicht nur geschliffene Edelsteine glänzen, auch jedes unbearbeitete Mineral hat, wie etwa die Glimmerblättchen im Flußsand zeigen, seinen ganz speziellen, charakteristischen Glanz. Meßbar ist Glanz nicht, er wird durch Vergleiche mit Gegenständen des täglichen Lebens beschrieben. Dies ist natürlich ein Nachteil, da dadurch nie die ganze Vielfalt des Glanzes der Mineralien beschrieben werden kann. Dies kann aber durch Erfahrung, durch ständiges Üben, durch Vergleiche mit bereits bestimmten Mineralien wieder wettgemacht werden. Der erfahrene Sammler wird sagen können, daß es sich bei der ihm vorliegenden Probe nicht um ein bestimmtes Mineral handeln kann, »weil der Glanz nicht stimmt«, ohne genau sagen zu können, warum.
In den Mineralbeschreibungen des »Fotoatlas« werden folgende Arten von Glanz unterschieden:
Glasglanz entspricht dem Glanz von einfachem Fensterglas.
Pechglanz haben zum Beispiel die frisch zerschlagenen Teerbrocken, die man bei Straßenbauarbeiten sieht.
Mineralien mit Seidenglanz zeigen einen wogenden Lichtschein, wie er bei Naturseide zu beobachten ist.
Perlmuttglanz erinnert an die Innenseite mancher Muschelschalen (Perlmutt), die einen weißlichen Schimmer mit farbigem Lichtschein zeigen.
Diamantglanz ist der strahlende Glanz, den man von geschliffenen Diamanten und Bleikristallglas her kennt.
Fettglanz erinnert an schimmernde Fettflecken auf Pergamentpapier.
Metallglanz entspricht dem Glanz von poliertem Metall, etwa Stoßstangen, Schmuckstücken, Alufolie.

So bestimmen Sie den Glanz:
Betrachten Sie das Mineral bei starkem Licht, möglichst bei hellem Tageslicht. Vermeiden Sie gelbes Licht.
Drehen Sie das Mineral hin und her; der charakteristische Glanz zeigt sich oft nur in einer ganz bestimmten Stellung zum Licht.
Prüfen Sie den Glanz nur an frischen, oberflächlich einwandfreien, nicht oxidierten und sauberen Stücken.
Vergleichen Sie ihn mit dem Glanz bereits bestimmter Mineralien.

Spaltbarkeit und Bruch

Spaltbarkeit und Bruch sind zwei Eigenschaften, die zusammen geprüft werden können.
Spaltbarkeit beschreibt die Form der Bruchstücke, die man beim Zerschlagen eines Minerals mit dem Hammer erhält. Das Mineral kann ebene, glatte Spaltflächen zeigen oder in regelmäßige, geometrische Körper zerfallen. Bleiglanz zerfällt zum Beispiel in kleine Würfel, Kalkspat in kleine Rhomboeder. Im Steckbrief des betreffenden Minerals steht dann unter dem Begriff Spaltbarkeit »sehr vollkommen nach dem Würfel«, beziehungsweise »nach dem Grundrhomboeder«. Die Spaltbarkeit kann verschiedene Grade von »sehr vollkommen« bis »nicht erkennbar« aufweisen. Einige Mineralien sind überhaupt nicht spaltbar.
Wichtig für die Bestimmung ist in einigen Fällen auch der Winkel, in dem sich die Spaltflächen schneiden, der sogenannte *Spaltwinkel.* So haben Pyroxene einen Spaltwinkel von etwa 90° und unterscheiden sich dadurch von den oft sehr ähnlichen Amphibolen, die einen Spaltwinkel von 120° aufweisen.

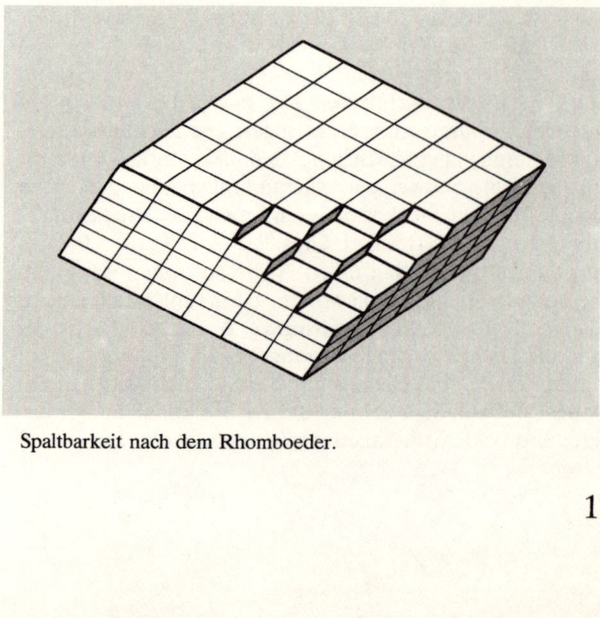

Spaltbarkeit nach dem Rhomboeder.

Unter Bruch versteht man dagegen alle Trennungsflächen, die keine Spaltflächen sind. Die Bruchflächen können verschiedene Beschaffenheit aufweisen, sie sind zum Beispiel muschelig (Quarz, Obsidian), uneben (Feldspat) oder hakig (Gold). Die Ausdrücke sind sämtlich der Alltagssprache entnommen und bedürfen daher keiner weiteren Erläuterung. In den Steckbriefen ist die Form der Bruchflächen hinter der Spaltbarkeit beschrieben.

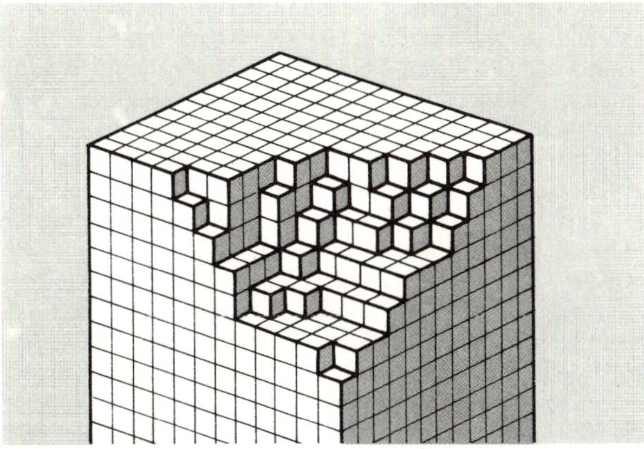

Spaltbarkeit nach dem Würfel.

So können Sie Spaltbarkeit und Bruch prüfen:
Zerschlagen Sie vorsichtig eine Probe Ihres zu untersuchenden Minerals.
Betrachten Sie die entstehenden Teilstücke, gegebenenfalls mit einer Lupe.
Suchen Sie nach regelmäßigen Spaltflächen.
Sind Spaltflächen vorhanden, bestimmen Sie ihre Güte und eventuell den Winkel, unter dem sie sich schneiden (Winkelmesser!).
Sind Spaltkörper entstanden, bestimmen Sie deren Form.
Betrachten Sie Art und Form der Bruchflächen und vergleichen Sie sie mit denen bereits bestimmter Mineralien Ihrer Sammlung.

Optische Eigenschaften

Das Verhalten des Lichts beim Durchgang durch einen Kristall wird in der Mineralogie oft zur Bestimmung von Mineralien benutzt. Allerdings sind dazu fast immer Geräte nötig, die der Sammler normalerweise nicht besitzt. Die optischen Methoden sind also für Sammler nur sehr bedingt anwendbar, da die Effekte oft sehr gering und daher ohne Hilfsmittel nicht erkennbar sind. Im folgenden werden die wichtigsten, auch für den Sammler notwendigen Begriffe erläutert:
Lichtstrahlen werden beim Übergang von einem Medium (zum Beispiel Luft) in ein anderes (zum Beispiel einen Kristall) gebrochen. Die *Lichtbrechung* ist um so stärker, je größer der Unterschied zwischen den beiden Medien ist. Ein Maß für die Stärke der Lichtbrechung ist der *Brechungsindex,* der mit n bezeichnet wird.
Ein durch einen Kalkspatkristall hindurchgehender Lichtstrahl wird in zwei Strahlen aufgespalten, die in senkrecht zueinander stehenden Ebenen schwingen. Der sogenannte ordentliche Strahl tritt bei senkrechtem Einfall geradlinig durch den Kristall hindurch, während der andere, der außerordentliche Strahl, abgelenkt wird. Bei schrägem Einfall werden beide Strahlen, jedoch unterschiedlich stark, abgelenkt, der Brechungsindex ist also für die beiden Strahlen unterschiedlich. Diese Erscheinung nennt man *Doppelbrechung.* Sie ist beim Kalkspat am deutlichsten, läßt sich jedoch unter dem Mikroskop auch bei allen anderen Mineralien, außer den kubischen und amorphen, feststellen.
Bei anisotropen Mineralien, also allen außer den kubischen und amorphen, ist die Absorption des einfallenden Lichtes in den verschiedenen Richtungen verschieden. Man sieht, je nachdem, von welcher Seite man den Kristall betrachtet, verschiedene Farben. Diese Erscheinung wird als *Pleochroismus* bezeichnet. Mit bloßem Auge ist er manchmal bei Cordierit und einigen Chloriten zu sehen. Bei anderen Mineralien ist er nur im Dünnschliff unter dem Mikroskop erkennbar.

Radioaktivität

Radioaktiv sind Elemente, die nicht beständig sind, sondern sich unter Aussendung von Alpha-, Beta- oder Gamma-Strahlen in ein anderes Element umwandeln. Alpha-Strahlen sind doppelt positiv geladene Heliumatome He^{2+}. Gamma-Strahlen sind sehr kurzwellige elektromagnetische Wellen, die die Materie am besten durchdringen, während die Alpha-Strahlen am schnellsten abgeschwächt und absorbiert werden. Beta-Strahlen sind Elektronenstrahlen. Die Radioaktivität einer Mineralprobe kann mittels eines Geigerzählers, eines Meßgeräts für radioaktive Strahlung, festgestellt werden.
Die häufigsten radioaktiven Elemente in der Natur sind Uran und Thorium. Sie sind Bestandteile einiger Mineralien, wie zum Beispiel Pechblende, Torbernit, Autunit (Uran) oder Thorit, Thorianit, Brannerit (Thorium).
Die radioaktiven Elemente eines Minerals können durch ihre Strahlung das Kristallgitter mehr oder weniger zerstören. Das betreffende Mineral wird amorph, glasartig, der Fachmann sagt *metamikt.* Die äußere Kristallform bleibt zwar erhalten, doch werden die Mineralien undurchsichtig schwärzlich, die Spaltbarkeit nimmt ab, es zeigt sich ein fettiger, pechartiger Glanz, der Bruch wird muschelig. Dies ist zum Beispiel bei Samarskit, Euxenit, Gadolinit und Zirkon der Fall.

Hinweise zum Umgang mit radioaktivem Material:
Lagern Sie radioaktive Mineralien nicht in Wohnräumen!
Sammeln Sie nur sehr kleine Proben, größere Stücke müssen mit Blei abgeschirmt werden.
Wenn Sie radioaktive Substanzen berührt haben, waschen Sie sich sofort sorgfältig die Hände!
Essen und rauchen Sie nicht beim Hantieren mit radioaktiver Substanz!
Bewahren Sie radioaktive Mineralien sicher vor Kindern auf!

Die äußere Gestalt der Mineralien

Wenn Sie Kristalle, zum Beispiel Flußspat oder Quarz, betrachten, fallen Ihnen sicherlich deren vollkommen ebene, glatte Begrenzungsflächen auf. Beim Vergleich von mehreren Kristallen einer Mineralart werden Sie feststellen, daß ungeachtet der Größe der Kristalle die Winkel zwischen zwei gleichen Flächen (senkrecht zur Kante gemessen) immer gleich sind. Bei Kristallen verschiedener Mineralarten muß das dagegen nicht der Fall sein.

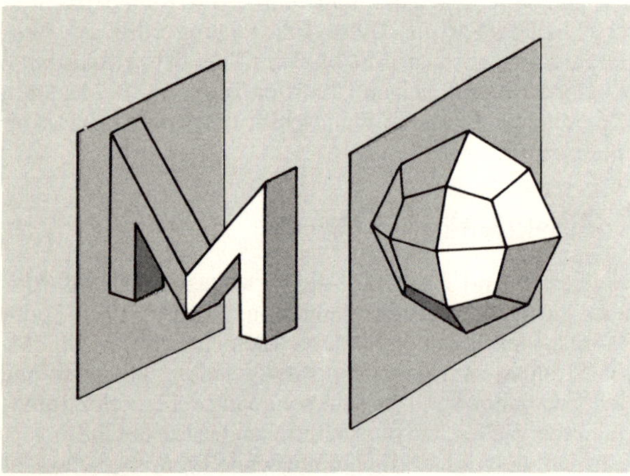

Die Symmetrieebene ist eine Ebene, die einen Gegenstand in zwei spiegelbildlich gleiche Teile teilt.

Alle Kristalle sind darüber hinaus mehr oder weniger symmetrisch. Als symmetrisch bezeichnet man einen Körper dann, wenn man ihn durch Drehen oder Spiegeln, der Fachmann sagt, durch *Symmetrieoperationen,* in eine Stellung bringen kann, die von der vorherigen nicht zu unterscheiden ist. Die einfachste Symmetrieoperation ist die Drehung um 360°. Wenn Sie sich um 360°, das heißt einmal

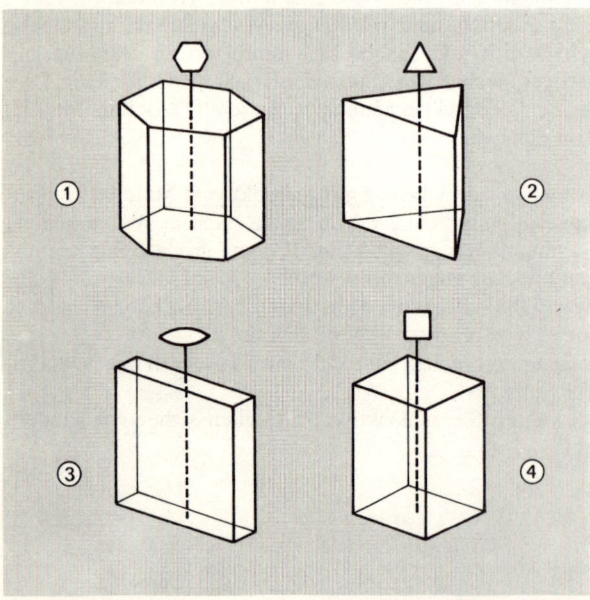

Beispiele für verschiedene Drehachsen: 1) sechszählige Drehachse; 2) dreizählige Drehachse; 3) zweizählige Drehachse; 4) vierzählige Drehachse.

ganz um sich selbst drehen, befinden Sie sich wieder in Ihrer Ausgangsstellung. Wenn Sie eine Streichholzschachtel ohne Etikett drehen, werden Sie feststellen, daß diese bereits nach einer Drehung um 180° (Halbkreis) in eine Stellung kommt, die genauso aussieht wie die Ausgangsstellung. Um die Schachtel jedoch wieder in die Ausgangslage zurückzubringen, müssen Sie sie noch ein zweites Mal um 180° drehen. Diese Art von Symmetrieoperation nennt man zweizählige Drehung. Entsprechend beträgt der *Drehwinkel* bei dreizähligen Drehungen 120°, bei vierzähligen 90° und bei sechszähligen 60°. Die Achse, um die gedreht wird, heißt *Drehachse.* Neben diesen Drehachsen gibt es als weiteres Symmetrieelement die *Symmetrieebene.* Diese teilt einen Kristall in zwei spiegelbildlich gleiche Hälften. Im Mittelpunkt eines Kristalls liegt das *Symmetriezentrum.* Es bewirkt, daß es zu jeder Fläche des Kristalls eine Gegenfläche im gleichen Abstand, jedoch auf der anderen Seite des Symmetriezentrums, gibt.

All diese Symmetrieelemente können bei Kristallen einzeln oder gemeinsam auftreten. Insgesamt sind genau 32 Kombinationen von Symmetrieelementen möglich. Sie entsprechen den 32 Kristallklassen, in die sich sämtliche Kristalle einordnen lassen. Die *Kristallklassen* werden in 7 Gruppen, die 7 *Kristallsysteme,* zusammengefaßt. Die Kristalle jedes Systems haben jeweils das gleiche Achsenkreuz als Koordinatensystem. Für den Sammler sind nur die 7 Kristallsysteme von Bedeutung, die Unterscheidung der Kristalle nach den 32 Kristallklassen muß dem Fachman vorbehalten bleiben.

1. Kubisches Kristallsystem: Achsenkreuz mit 3 gleich langen, senkrecht aufeinander stehenden Achsen. In diesem System gibt es höchstens 3 vierzählige Drehachsen, 4 dreizählige Drehachsen, 6 zweizählige Drehachsen, 9 Symmetrieebenen sowie 1 Symmetriezentrum. Ein Kristall gehört in das kubische System, wenn mindestens 2 dreizählige Drehachsen vorhanden sind. Dieses System ist das höchstsymmetrische.

2. Tetragonales System: Achsenkreuz mit 2 gleich langen Achsen und einer davon verschiedenen Achse (c-Achse). Diese Achse kann länger oder auch kürzer als die beiden anderen sein. In diesem System gibt es höchstens 1 vierzählige Drehachse, 4 zweizählige Drehachsen, 5 Symmetrieebenen sowie 1 Symmetriezentrum. Ein Kristall gehört in das tetragonale System, wenn eine einzige vierzählige Drehachse vorhanden ist. Es darf keine dreizählige Drehachse geben.

3. Hexagonales System: Achsenkreuz mit 3 gleich langen Achsen, die in einer Ebene liegen und sich mit einem Winkel von 120° schneiden, sowie einer senkrecht dazu stehenden vierten Achse (c-Achse), die länger oder kürzer ist. Diese c-Achse ist eine sechzählige Drehachse. In diesem System gibt es höchstens 1 sechszählige Drehachse, 6 zweizählige Drehachsen, 7 Symmetrieebenen sowie 1 Symmetriezentrum. Ein Kristall gehört in das hexagonale System, wenn 1 sechzählige Drehachse oder 1 dreizählige Drehachse mit dazu senkrechter Symmetrieebene vorhanden ist.

4. Trigonales System: Achsenkreuz wie im hexagonalen System, nur ist die c-Achse jetzt eine dreizählige Drehachse. In diesem System gibt es höchstens 1 dreizählige Drehachse, 3 zweizählige Drehachsen, 3 Symmetrieebenen sowie 1 Symmetriezentrum. Ein Kristall gehört in das trigonale System, wenn eine einzige dreizählige Drehachse vorhanden ist.

Die sieben Kristallsysteme

Sie finden links eine Darstellung des jeweiligen Achsenkreuzes, in der Mitte eine kurze Erläuterung des Kristallsystems und rechts jeweils einige typische Kristallbeispiele.

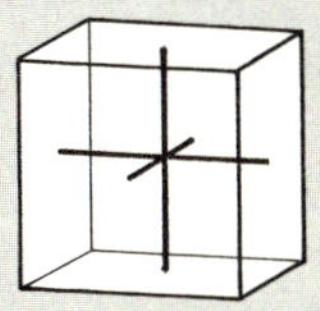

Kubisches Kristallsystem: Alle 3 Achsen des Achsenkreuzes sind gleich lang und schneiden sich im rechten Winkel.
$a = b = c$; $\alpha = \beta = \gamma = 90°$
Ein Kristall ist kubisch, wenn er mindestens 2 dreizählige Drehachsen aufweist.

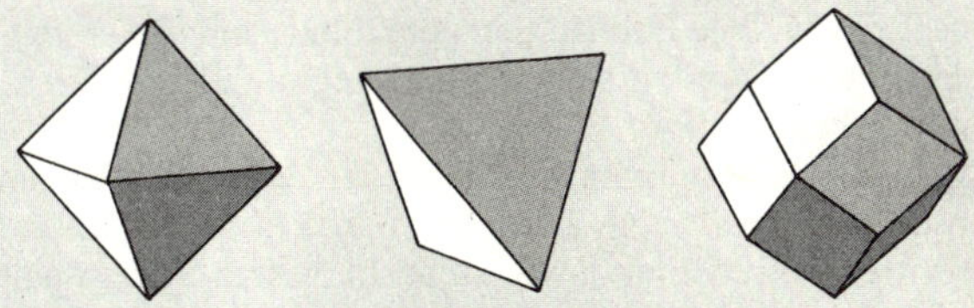

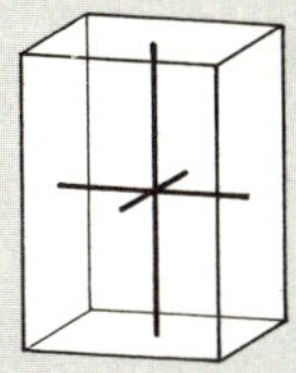

Tetragonales Kristallsystem: 2 Achsen des Achsenkreuzes sind gleich lang, die dritte ist länger oder kürzer. Alle schneiden sich im rechten Winkel.
$a = b \neq c$; $\alpha = \beta = \gamma = 90°$
Ein Kristall ist tetragonal, wenn er eine einzige vierzählige Drehachse aufweist.

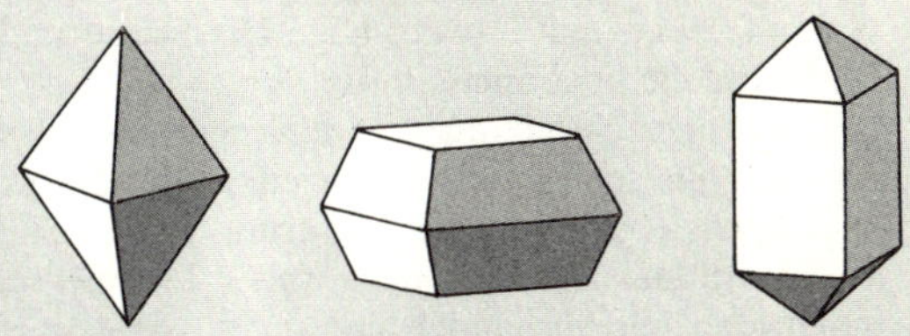

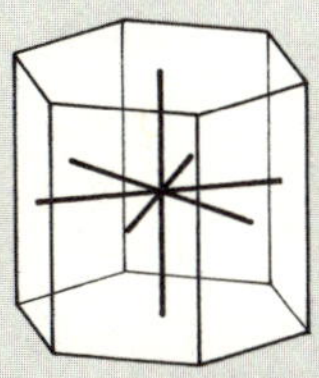

Hexagonales Kristallsystem: 3 gleich lange Achsen des Achsenkreuzes liegen in einer Ebene und schneiden sich unter 120°. Die vierte Achse ist länger oder kürzer und steht senkrecht auf dieser Ebene.
$a_1 = a_2 = a_3 \neq c$; $\alpha = \beta = 90°$, $\gamma = 120°$
Ein Kristall ist hexagonal, wenn er eine sechszählige Drehachse aufweist.

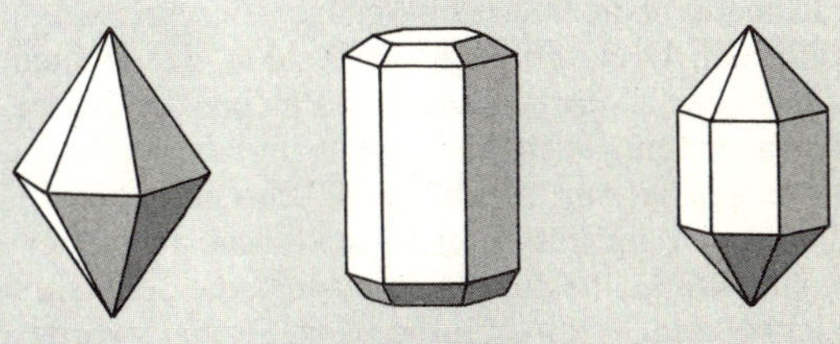

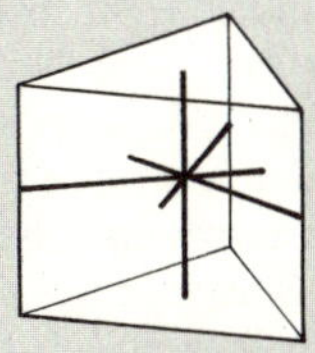

Trigonales Kristallsystem: 3 gleich lange Achsen des Achsenkreuzes liegen in einer Ebene und schneiden sich unter 120°. Die vierte Achse ist länger oder kürzer und steht senkrecht auf dieser Ebene.
$a_1 = a_2 = a_3 \neq c$; $\alpha = \beta = 90°$, $\gamma = 120°$
Ein Kristall ist trigonal, wenn er eine dreizählige Drehachse aufweist.

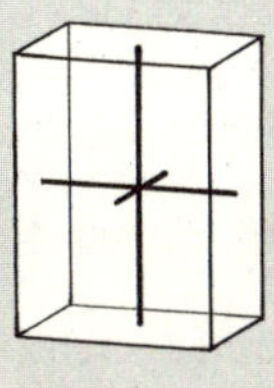

Orthorhombisches Kristallsystem: Alle 3 Achsen des Achsenkreuzes sind verschieden lang, sie schneiden sich im rechten Winkel.
$a \neq b \neq c$; $\alpha = \beta = \gamma = 90°$
Ein Kristall ist orthorhombisch, wenn er nur zweizählige Drehachsen und/oder Spiegelebenen aufweist und davon mindestens je 2.

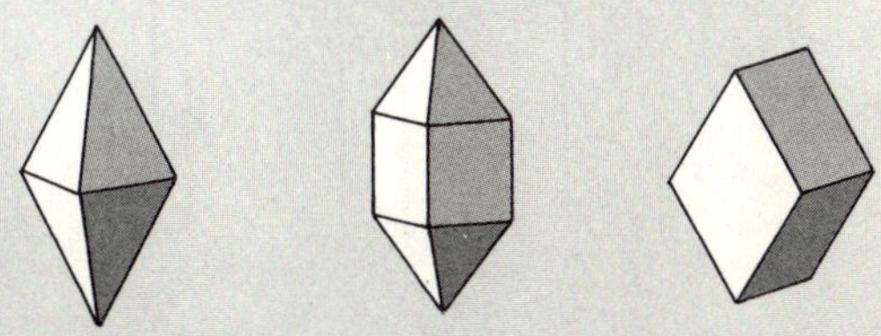

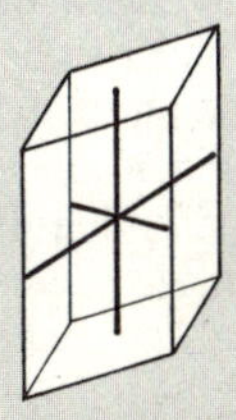

Monoklines Kristallsystem: Alle 3 Achsen des Achsenkreuzes sind verschieden lang. 2 davon schneiden sich im rechten Winkel, der Winkel der dritten zu diesen beiden ist beliebig, aber ungleich 90°.
$a \neq b \neq c$; $\alpha = \gamma = 90°$, $\beta \neq 90°$
Ein Kristall ist monoklin, wenn er nur 1 zweizählige Drehachse und/oder nur 1 Symmetrieebene aufweist.

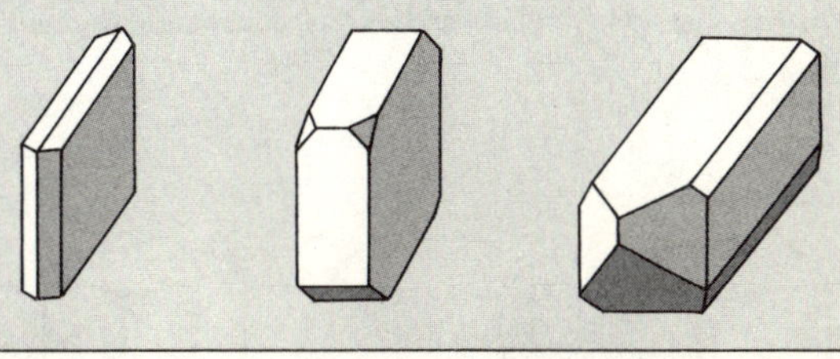

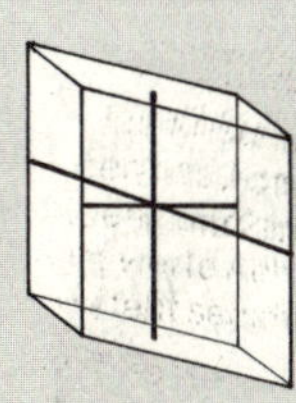

Triklines Kristallsystem: Alle 3 Achsen des Achsenkreuzes sind verschieden lang, die Winkel dazwischen sind beliebig, aber ungleich 90°.
$a \neq b \neq c$; $\alpha \neq \beta \neq \gamma \neq 90°$
Ein Kristall ist triklin, wenn er weder Drehachsen noch Spiegelebenen aufweist.

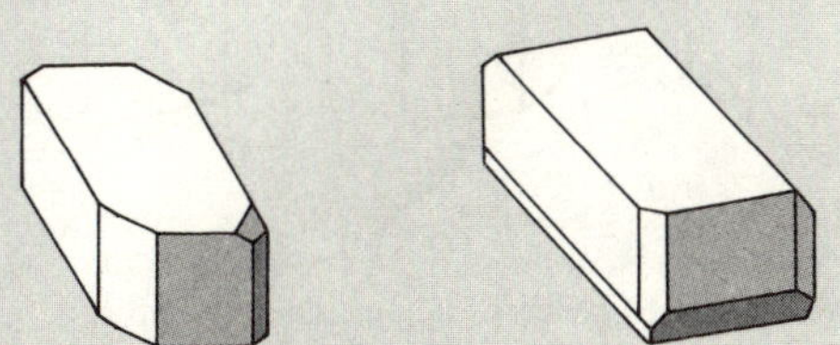

5. Orthorhombisches System: Achsenkreuz mit 3 ungleich langen, senkrecht aufeinander stehenden Achsen. In diesem System gibt es höchstens 3 zweizählige Drehachsen, 3 Symmetrieebenen sowie 1 Symmetriezentrum. Ein Kristall gehört in das orthorhombische System, wenn mindestens 2 zweizählige Drehachsen oder mindestens 2 Symmetrieebenen vorhanden sind. Es darf keine anderen Drehachsen geben.
6. Monoklines System: Achsenkreuz mit 3 ungleich langen Achsen, von denen sich 2 schiefwinklig kreuzen, während die dritte senkrecht zu diesen steht. In diesem System gibt es höchstens 1 zweizählige Drehachse, 1 Symmetrieebene sowie 1 Symmetriezentrum. Ein Kristall gehört in das monokline System, wenn nur 1 zweizählige Drehachse und/oder 1 Symmetrieebene vorhanden sind.
7. Triklines System: Achsenkreuz mit drei ungleich langen Achsen, die sich alle schiefwinklig kreuzen. In diesem System gibt es höchstens 1 Symmetriezentrum. Ein Kristall gehört in das trikline System, wenn weder Drehachsen noch Symmetrieebenen vorhanden sind. Dieses System ist das niedrigstsymmetrische.
Der Fachmann bedient sich zur genauen Beschreibung der Kristallflächen Dreiergruppen von Zahlen, der sogenannten *Millerschen Indizes.* Diese drei Zahlen, die immer in Klammern stehen, geben die Neigung und die Stellung der jeweiligen Fläche zum zugehörigen Achsenkreuz an. Um die Millerschen Indizes einer Kristallfläche festzustellen, sind genaue Winkelmessungen notwendig, die der Sammler normalerweise nicht durchführen kann. Deshalb wurde auf die genaue Erläuterung der Indizes verzichtet. Sie sind auch im Beschreibungsteil nicht aufgeführt.
Für den Sammler zu erkennen und für die Bestimmung von Bedeutung sind die folgenden Kristallmerkmale:

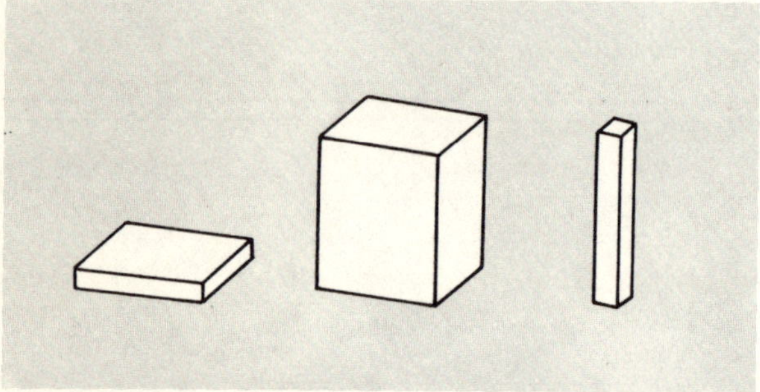

Gleiche Tracht (tetragonales Prisma mit Basis) – verschiedener Habitus. Die Kristalle sind (von links nach rechts) dünntafelig, prismatisch, nadelig.

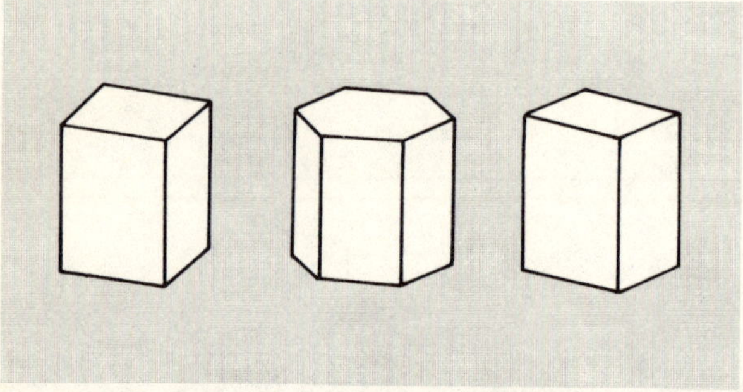

Verschiedene Tracht – gleicher Habitus. Die prismatischen Kristalle zeigen (von links nach rechts) tetragonales, hexagonales und rhombisches Prisma, jeweils mit Basis.

Als *Tracht* bezeichnet man die Gesamtheit aller an einem Kristall vorhandenen Flächen, unabhängig von ihrer Ausbildung und Größe. Unter *Habitus* hingegen versteht man die Größenverhältnisse der einzelnen Flächen eines Kristalls zueinander. Ein Kristall der gleichen Tracht (zum Beispiel tetragonales Prisma mit Basis) kann je nach Habitus tafelig, isometrisch, prismatisch, nadelig oder haarförmig sein.

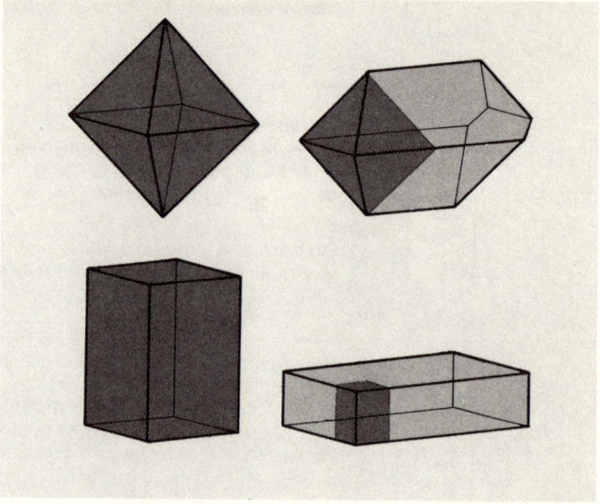

Verzerrte Kristalle. Rechts oben ein Oktaeder, rechts unten ein tetragonales Prisma mit Basis. Links die unverzerrten Kristalle.

Zwillinge sind zwei gesetzmäßig miteinander verwachsene Einzelkristalle der gleichen Kristallart (→ Foto Nr. 6). Charakteristisches Merkmal für Zwillinge sind einspringende Winkel, die bei Einzelkristallen nicht auftreten können, allerdings auch bei Zwillingen nicht auftreten müssen. Der Japaner Zwilling des Quarzes zum Beispiel zeigt einspringende Winkel, bei den anderen Zwillingen des gleichen Minerals treten sie nicht auf. Entsprechend den Zwillingen gibt es auch Drillinge (→ Foto Nr. 151), Verwachsungen von drei Einzelkristallen, Vierlinge und allgemein Viellinge. Bei polysynthetischen Zwillingen ist die Zwillingsbildung mehrfach wiederholt, es entstehen dadurch feine Zwillingslamellen, die eine Streifung auf Kristallflächen hervorrufen.
Wachsen Kristalle in Gesteinen sozusagen schwebend, können sie an allen Seiten regelmäßige Kristallflächen bilden (zum Beispiel Gipskristalle in Tonen). Normalerweise ist dies jedoch nicht der Fall, meist sind die Kristalle *aufgewachsen,* das heißt sie sind an einem Ende mit dem Untergrund verwachsen. Naturgemäß ist bei ihnen nur ein Teil der zur vollständigen Kristallform gehörenden Flächen ausgebildet. *Kristallskelette* oder *Dendriten* entstehen, wenn die Kristallsubstanz vor allem an den Ecken und Kanten eines Kristalls angelagert wird.
Aggregate sind im Gegensatz zu Zwillingen unregelmäßige Verwachsungen von mehreren Kristallen der gleichen Art. Aggregate können strahlig, radialstrahlig, nierig, erdig, blättrig, spätig, krustig, stengelig oder kugelig sein. Die Aggregatform ist nicht immer charakteristisch für die jeweilige Mineralart. Es können sogar sehr verschiedene Mineralien in gleicher Aggregatform auftreten. Radialstrahlig mit nieriger Oberfläche, also glaskopfartig, können zum Beispiel Goethit, Pyrolusit, Rockbridgeit oder Haematit

Prismatischer Pyromorphitkristall. Fundort: Phoenixville/USA. Vergrößerung 18fach. ▷

Mineralfarbe: Bei fremdfarbigen Mineralien (→ Seite 12) kann die Farbe von Fundort zu Fundort, von Varietät zu Varietät sehr verschieden sein, obwohl es sich immer um das gleiche Mineral handelt. Dies soll auf dieser Seite anhand von vier Varietäten des Minerals Quarz demonstriert werden.

Im Bild: Links oben Rauchquarz aus dem Val Giuv/Schweiz. Etwa Originalgröße. Rechts oben Amethyst von Guerrero/Mexiko. Vergrößerung 2fach. Links unten konzentrisch lagiger Achat von Freisen/Saarland. Vergrößerung 1,5fach. Rechts unten Bergkristall auf Marmor von Carrara/Italien. Vergrößerung 3fach.

Zwillinge: sind gesetzmäßige Verwachsungen von mehreren Kristallen der gleichen Art. Im abgebildeten Fall sind es viele prismatische bis nadelige Kristalle von Cerussit, die gesetzmäßig zu einem Gitter verwachsen sind. So eine Erscheinung nennt man auch einen Zwillingsstock. Eine Verzwillingung dieser Art ist besonders typisch für das Mineral Cerussit. Fundort dieses Stückes ist Tsumeb in Namibia. Vergrößerung 2,5fach.

sein. Die Aggregatform ist daher nur in Ausnahmefällen ein sicheres Bestimmungsmerkmal.
Manchmal kommen Mineralien in Kristallformen vor, die ihnen eigentlich nicht zustehen. Man nennt sie *Pseudomorphosen.* Sie entstehen, wenn ein Mineral unter Beibehaltung seiner äußeren Form durch ein anderes Mineral ersetzt oder in ein anderes Mineral umgewandelt wird. Der Mineraloge spricht von Pseudomorphosen der vorhandenen Mineralart nach der vorherigen Mineralart. Zum Beispiel bezeichnet man Flußspatkristalle, die in Quarz umgewandelt wurden, als Pseudomorphosen von Quarz nach Flußspat. Pseudomorphosen erkennt man oft daran, daß sie andere Eigenschaften aufweisen als das Mineral, dessen Kristallform sie zeigen. In Talk umgewandelte Quarzkristalle haben zum Beispiel die Härte 1, können also mit dem Fingernagel geritzt werden, während echter Quarz die Härte 7 hat, also Glas ritzt.

Die Entstehung und das Vorkommen von Mineralien

Die Erdkruste ist, obwohl Jahrmillionen alt, heute noch ständigen Veränderungen unterworfen. Kontinente heben und senken sich, Wasser und Wind tragen ab und schichten woanders wieder auf. Ständiges Wachstum und ständiger Zerfall prägen das Leben in der Natur. Täglich und überall wachsen Kristalle, bilden sich Mineralien, einige relativ schnell, innerhalb von wenigen Jahren, andere wieder brauchen Jahrtausende, um zu sichtbarer Größe heranzuwachsen. So können Gipskristalle schon in ein paar Jahren erstaunlich groß werden. Man sieht das am deutlichsten an den Soleleitungen, durch die das in Wasser gelöste Steinsalz aus den Bergwerken gepumpt wird. Innerhalb weniger Jahre wachsen diese Leitungen mit Gipskristallen zu. Ebenso schnell können Kupfer-, Eisen- und Zinksulfate an den Wänden von Bergwerksstollen entstehen. Doch das ist die Ausnahme. Normalerweise bildet sich ein Mineral in Zeiträumen von vielen Tausenden bis zu Hunderttausenden von Jahren.
Mineralien können aus einer Lösung, aus Dampf oder aus der Schmelze, also aus glutflüssiger Masse, entstehen, aber auch durch Umwandlung bereits bestehender Mineralien in festem Zustand. Ursache für die Entstehung eines Minerals kann die Übersättigung einer Lösung oder eines Dampfes sein. Es bilden sich winzige Kristallkeime, an die sich weitere Moleküle, der jeweiligen Kristallstruktur entsprechend, anlagern können. Die Bildung aus der glutflüssigen Schmelze, dem Magma, geht beim Abkühlen in gleicher Weise vor sich.
Bei Veränderung der Druck- und Temperaturverhältnisse können sich bereits gebildete Mineralien wieder umwandeln. Sie passen sich sozusagen den neuen Verhältnissen an. So entsteht bei hohen Temperaturen hexagonaler Hochquarz. Wird das Mineral unter 573 °C abgekühlt, entsteht daraus trigonaler Tiefquarz.
Die Umwandlung muß jedoch nicht, wie beim Quarz, schlagartig erfolgen. Wenn die zur Umwandlung nötige Energie nicht zugeführt wird, kann sie auch überhaupt unterbleiben. Diamant ist zum Beispiel bei hohem Druck und hoher Temperatur entstanden. Dennoch wandelt er sich bei normalem Luftdruck und normalen Lufttemperaturen nicht um. Eigentlich müßte aus ihm Graphit entstehen, doch geschieht das zum Glück für alle Besitzer von Diamantenschmuck nicht, zumindest nicht in einer Zeit, die der Mensch überblicken kann. Der Fachmann sagt, der Diamant ist *metastabil.*
All die komplizierten chemischen und physikalischen Vorgänge, die zur Bildung oder Umwandlung eines Minerals führen, bewirken jedoch meist nicht die Bildung einer einzigen Mineralart, oft enstehen mehrere Mineralarten am gleichen Ort. Dieses gemeinsame Vorkommen von Mineralien bezeichnet man als *Paragenese.* Man unterscheidet zwischen häufiger (Bleiglanz und Zinkblende), seltener (Bergkristall, Anatas und Wulfenit) und unmöglicher Paragenese. Das gleichzeitige Vorkommen von Mineralien vollkommen verschiedener Entstehungsart ist nahezu unmöglich. Zum Beispiel entsteht Disthen bei sehr hohem Druck, Steinsalz dagegen durch Verdunstung von Meerwasser. Ihr gemeinsames Auftreten ist daher fast ausgeschlossen. Da die Paragenese für ein Mineral charakteristisch sein kann, bietet sie zusammen mit den physikalischen und chemischen Eigenschaften eine wertvolle Bestimmungshilfe und ist daher in allen Steckbriefen aufgeführt.
Für den Sammler von Mineralien ist vor allem interessant, wo die Mineralien vorkommen, wo er sie möglicherweise finden kann. Für ihn ist also die Kenntnis der Minerallagerstätten unbedingt notwendig. Um die Übersicht zu erleichtern, faßt man sie in drei Hauptgruppen oder Abfolgen zusammen:
Zur *magmatischen Abfolge* gehören alle Mineralbildungen, die aus der Schmelze, aus Gasen oder Lösungen entstanden sind.
Die *sedimentäre Abfolge* umfaßt alle Mineralbildungen, die an der Erdoberfläche durch Oxidation, Verwitterung, Abtragung und Ablagerung (Sedimentation) entstanden sind.
Die *metamorphe Abfolge* umfaßt alle Mineralbildungen, die durch Druck- und/oder Temperaturveränderungen aus anderen Mineralien entstanden sind.
Im folgenden werden die verschiedenen Arten von Minerallagerstätten beschrieben; die Entstehung der Gesteine finden Sie in der Gesteinskunde auf Seite 166ff.

Magmatische Abfolge

Intramagmatische Lagerstätten

Innerhalb von basischen Tiefengesteinskörpern, besonders in ihrem untersten Teil, finden sich Lagen und Schichten von Chromit und Magnetit. Sie sind auf folgende Weise entstanden: Bei der Abkühlung der Gesteinsschmelze bildeten sich als erstes Kristalle von Chromit und Magnetit. Da diese schwerer waren als das restliche, noch flüssige Gestein, sanken sie, wie ein Stein im Wasser, nach unten und sammelten sich dort an. Beispiel für eine solche Lagerstätte ist das Bushveld in Transvaal/Südafrika.
Ein anderer Typ von intramagmatischen Lagerstätten findet sich zum Beispiel in Sudbury/Ontario in Kanada. Dort werden große, teilweise fast reine Sulfiderzmassen abgebaut, die hauptsächlich aus Magnetkies und dem Nickelmineral Pentlandit bestehen. Sie bilden linsen- bis gangförmige Lager innerhalb magmatischer Gesteine (Gabbros und Norite). Ganz ähnlich können auch Oxide (zum Beispiel Ilmenit und Magnetit) auftreten.
Zur Erklärung der Entstehung dieser Lagerstätten soll ein kleines Gedankenexperiment dienen: Wenn man Öl und

◁ Haarförmige Halotrichitkristalle. Fundort: Golden Queen Mine bei Mohave/Kalifornien. Vergrößerung 14fach.

Wasser mischen will, muß man feststellen, daß dies nicht möglich ist, denn nach kurzer Zeit trennen sich die beiden Flüssigkeiten wieder voneinander. Auf genau die gleiche Weise sind die beschriebenen Lagerstätten entstanden. Die Menge der Oxide oder Sulfide in der Gesteinsschmelze war so groß, daß diese sich in eine Silikatschmelze (aus der dann das Gestein entstand) und in eine Erzschmelze (aus der dann die Erzkörper entstanden) getrennt hat.

Pegmatite

In Gebieten, die aus Tiefengesteinen, insbesondere aus Graniten, aufgebaut sind, finden sich fast immer Gänge und linsenförmige Körper von oft beträchtlichen Ausmaßen, die aus einem besonders grobkörnigen Gestein bestehen. Korngrößen von zehn Zentimetern und mehr sind keine Seltenheit, einzelne Kristalle können auch Größen von mehreren Metern erreichen. Hauptbestandteile dieser Gesteine, der sogenannten Pegmatite, sind genau wie in den Graniten hauptsächlich Feldspat, Quarz und Glimmer. Sehr selten sind auch noch andere Mineralien Hauptbestandteile. Zusätzlich enthalten Pegmatite oft eine ganze Reihe von seltenen Mineralien, die in großen Kristallen im Gestein eingewachsen sind, so zum Beispiel Monazit, Beryll, Topas, Turmalin, Columbit und viele andere. In Drusen und Hohlräumen innerhalb der Pegmatite finden sich auch schöne aufgewachsene Kristalle der eingewachsenen Mineralien, die oft sogar Edelsteinqualität besitzen.
Aus Pegmatiten gewinnt man Feldspat und Quarz für die Porzellanherstellung, Beryll als Berylliumerz, Muskovit als Isoliermaterial und Lithiummineralien als Lithiumerz. Pegmatite findet man zum Beispiel in Hagendorf in der Oberpfalz und am Hühnerkobel im Bayerischen Wald.
Die Pegmatite bilden sich in der Endphase der Kristallisation von Tiefengesteinen, wobei ein Rest leichtflüchtiger Bestandteile (Substanzen, die sich leicht in die Gasphase überführen lassen), in der Hauptsache Wasser, übrig bleibt. In ihnen sind all die Elemente enthalten, deren Atome entweder zu groß oder zu klein sind, um in die normalen Gesteinsmineralien (Quarz, Feldspat, Glimmer) eingebaut werden zu können. Es handelt sich dabei hauptsächlich um Elemente wie Lithium, Beryllium, Niob, Tantal, Cäsium und Seltene Erden. Diese leichtflüchtigen Bestandteile sind sehr beweglich, sie können auf Spalten und Klüften weit ins Nebengestein eindringen und dort Pegmatite bilden.

Pneumatolytische Lagerstätten

In den Nebengesteinen von Graniten, oft auch im Granit selbst, finden sich in Gängen, entlang von Klüften, besondere Mineralbildungen, die von den alten Bergleuten *Greisen* genannt wurden. Sie sind dadurch gekennzeichnet, daß im Gegensatz zum umgebenden Gestein die Feldspäte fehlen, sich dagegen das Auftreten von Topas, lithiumhaltigen Glimmern, Flußspat und Turmalin häuft. In seltenen Fällen kann auch der gesamte oberste Teil eines Granitstocks diese Merkmale zeigen.
Greisen enthalten oft eine ganze Reihe von Mineralien, die für pneumatolytische Lagerstätten charakteristisch sind, wie Zinnstein, Wolframit, Zinnwaldit, Apatit. Solche Lagerstätten gibt es zum Beispiel in Altenberg/Sachsen, Zinnwald/Böhmen und am Rudolfstein/Fichtelgebirge.
An der Grenze zwischen Gesteinsschmelze und umgebendem Gestein (insbesondere Kalkstein) gibt es Lagerstätten, in denen das Nebengestein umgewandelt worden ist. Es besteht jetzt aus Erzmineralien, wie zum Beispiel Pyrit, Magnetit, Haematit und Silikaten wie Hedenbergit, Ilvait und Granat. Solche Gesteine werden auch *Skarn* genannt. Typische Lagerstätten dieser Art gibt es in Traversella/Piemont und Auerbach/Bergstraße (ohne Erze).
Die genannten Lagerstätten entstanden alle durch die Einwirkung von Gasen auf das Nebengestein. Die Gase entwichen beim Abkühlen der Gesteinsschmelze, genauso wie beim Öffnen einer Flasche Sprudel Kohlensäure entweicht. Diese Gase können weit wandern, in das Nebengestein eindringen und dieses stark verändern. Wenn die Gase viel Flußsäure enthielten, wurden die Feldspäte des Gesteins zerstört, es bildeten sich Topas und Fluorit, weiter auch Zinnstein, Wolframit und andere Mineralien. Auf diese Weise entstanden die pneumatolytischen Zinn-Wolfram-Lagerstätten. Waren die Gase dagegen sehr eisenreich, konnten sie an der Kontaktstelle zum Nebengestein Eisenmineralien bilden; es entstanden *Skarn-* oder *kontaktmetasomatische Lagerstätten.*

Hydrothermale Gänge

Werden Spalten und Risse im Gestein durch Mineralbildungen ausgefüllt, so entstehen *Gänge. Verdrängungen* entstehen, wenn bereits bestehende Gesteine durch später gebildete Mineralien verdrängt werden, *Imprägnationen* entstehen, wenn die Hohlräume poröser Gesteine nachträglich gefüllt werden. Die Gänge sind oft nicht einheitlich aufgebaut; vom Salband, der Grenze zum Nebengestein her, finden sich Bereiche mit verschiedenen Mineralien. Häufig enthalten die Gänge auch offene Spalten oder Hohlräume, in denen Kristalle frei wachsen können. Alle Mineralien in den hydrothermalen Gängen sind aus mehr oder weniger heißen Lösungen (500 °C und mehr bis handwarm) entstanden, daher die Bezeichnung hydrothermal.
Die hydrothermalen Gänge werden wie folgt unterteilt:
Hochthermale Gold-Quarz-Gänge mit Gold, Pyrit, Arsenkies, Kupferkies und Quarz. Beispiele: Brandholz/Fichtelgebirge, die Goldvorkommen der Hohen Tauern (Rauris, Gastein) in Österreich.

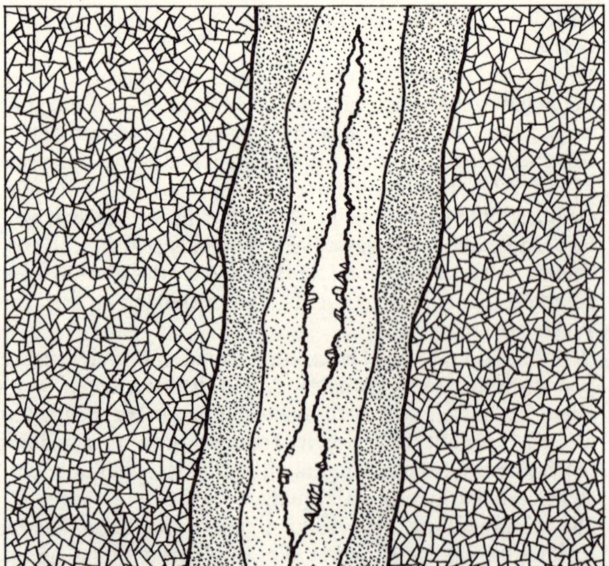

Hydrothermaler Gang mit zonarer Anordnung der verschiedenen Mineralien und Drusenhohlräumen.

Hochthermale Kieslagerstätten sind Gänge und Verdrängungen mit Pyrit und Kupferkies sowie Quarz als Gangart (Begleitmineral). Beispiele: Gavorrano/Toskana, Rio Tinto/Spanien.

Kupfer-Arsen-Lagerstätten mit Enargit, Kupferglanz, Fahlerz. Beispiele: Butte/Montana (USA), Tsumeb im Otavibergland/Namibia.

Blei-Zink-Gänge mit Bleiglanz, Zinkblende, Siderit, Fahlerz, Kupferkies. Beispiele: Bad Grund/Harz, Grube Friedrichssegen bei Bad Ems.

Verdrängungen und Imprägnationen in Kalken, teilweise auch sedimentär entstanden, mit Bleiglanz, Zinkblende, Pyrit, Markasit. Beispiele: Bleiberg/Kärnten, Wiesloch bei Heidelberg.

Wismut-Kobalt-Nickel-Silber-Uran-Formation mit Kobalt- und Nickelerzen, Pechblende, Silbermineralien. Beispiele: Wittichen/Schwarzwald, Schneeberg/Sachsen.

Hydrothermale Gänge und Verdrängungen ohne größere Sulfidmengen: Quarzgänge, Schwerspatgänge, Sideritgänge, Magnesitverdrängungen, Fluoritgänge.

Lateralsekretionäre Kluft- und Hohlraumbildungen sind Mineralien, deren Substanz direkt aus dem Nebengestein stammt, also nur ausgelaugt und gleich wieder in dem Hohlraum abgesetzt wurde.

Einen Spezialfall stellen die *alpinen Klüfte* dar: Sie reißen immer senkrecht zur Schieferung auf und verursachen dabei Einschnürungen im Gestein, an denen die *Strahler,* die Kristallsucher der Alpen, das Vorhandensein einer Kluft erkennen. Die alpinen Klüfte enthalten wunderschöne und zum Teil sehr große Exemplare von Bergkristall, Rauchquarz, Titanit, Haematit, Anatas, Brookit und anderen.

Vulkanische Exhalationen

In Gebieten mit vulkanischer Tätigkeit, an tätigen, aber auch an bereits erloschenen Vulkanen, ist oft zu beobachten, daß vulkanische Gase austreten. An den Austrittsstellen bilden sich aus den Gasen Krusten und Kristalle von Mineralien, zum Beispiel Schwefel, Salmiak, Alaun. Vorkommen dieser Art sind die *Solfatara* von Pozzuoli bei Neapel und die Insel Vulcano.

Subvulkanische Bildungen

Vulkanische Gesteine, die kurz unterhalb der Erdoberfläche erstarrt sind, enthalten oft Lagerstätten, in denen Mineralien hoher Bildungstemperaturen, wie zum Beispiel Hübnerit, zusammen mit Mineralien niedriger Bildungstemperaturen, zum Beispiel Rhodochrosit, vorkommen. Dazu gehören auch die Gold-Silber-Lagerstätten, die reichlich Telluride, wie zum Beispiel Nagyagit und Sylvanit, enthalten. Beispiele dafür sind die Goldvorkommen in Siebenbürgen und Cripple Creek/Colorado (USA).

Submarin-exhalative Lagerstätten

Beim Austritt von vulkanischen Gasen auf dem Meeresboden entstehen oft große, geschichtete Eisenlagerstätten mit Haematit und Pyrit. Beispiele dafür sind die Eisenlagerstätten der Lahn-Dill-Mulde, die entstanden, als dieses Gebiet im Erdaltertum Meeresboden war.

Sedimentäre Abfolge

Kaolin- und Bauxit-Lagerstätten

Granitische Gesteine verwittern an der Erdoberfläche. Dabei werden die Feldspäte in Tonmineralien, insbesondere Kaolinit, umgewandelt. Oft bleibt die Struktur des Gesteins völlig erhalten, es ist nur durch die Tonmineralien weich geworden. Auf diese Weise können sich große Kaolinlagerstätten bilden, die zur Porzellanherstellung abgebaut werden. Lagerstätten dieser Art gibt es zum Beispiel in Hirschau-Schnaittenbach in der Oberpfalz.

Bei der Verwitterung sehr aluminiumreicher Gesteine bilden sich die Bauxite, Rohstoffe für die Aluminiumherstellung.

Oxidations- und Zementationszone

Dort wo eine Lagerstätte, ein Gang, bis an die Erdoberfläche reicht, der Bergmann sagt, der Gang »beißt aus«, ist dieser in Aussehen und Mineralgehalt stark verändert. Der Gang enthält keine sulfidischen Erze mehr, das häufigste

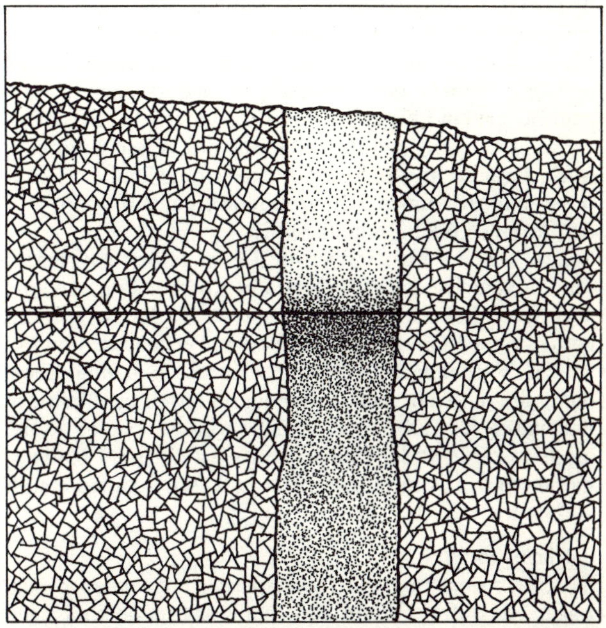

Hydrothermaler Gang mit Oxidationszone (oben) Zementationszone im Bereich des Grundwasserspiegels (durchgezogene Linie) und unverändertem Gang (unten).

Mineral ist Limonit, mit ihm verwachsen oder in seinen Höhlungen aufgewachsen findet man Oxidationsmineralien, wie zum Beispiel Malachit, Azurit, Cerussit, Wulfenit und viele andere. Diese Zone, die Oxidationszone oder der *Eiserne Hut,* wie sie der Bergmann wegen des Vorherrschens von Limonit nennt, weist einen geringeren Metallgehalt als die unveränderte, nicht oxidierte Lagerstätte in der Tiefe auf. Etwa in Höhe des Grundwasserspiegels, zwischen Oxidationszone und unveränderter Lagerstätte, liegt ein Bereich mit besonders metallreichen Mineralien, zum Beispiel Kupferglanz, gediegen Kupfer, Rotkupfererz, Silberglanz, gediegen Silber. Die Zone, die einen höheren Metallgehalt als die unveränderte Lagerstätte hat, heißt Zementationszone. Wie die Veränderung dieser Lagerstätte von oben nach unten entstanden ist, kann folgendermaßen erklärt werden: An der Erdoberfläche kommen die

Mineralien mit kohlensäurehaltigem Wasser in Berührung und verwittern. Dabei wird ein Großteil der Metallgehalte gelöst und verschwindet mit dem Wasser in der Tiefe. Zurück bleiben Eisenoxide und Eisenhydroxide, hauptsächlich Limonit. In Höhe des Grundwasserspiegels kommt das mit Metallionen beladene Wasser mit unveränderten Sulfiden in Berührung. Sie bewirken, daß die edleren Metalle durch den Kontakt mit den Sulfiden unedlerer Metalle (Eisen) aus der Lösung verdrängt und ausgefällt werden. So kommt es, daß die Zementationszone viele Mineralien der edleren Metalle, wie Kupfer, Silber und Gold, enthält.

Seifenlagerstätten

Daß man aus dem Sand von Bächen und Flüssen manchmal Gold herauswaschen kann, ist bekannt. Weniger bekannt ist, daß dort auch andere Mineralien zu finden sind. Es sind hauptsächlich Mineralien, die sich durch ihr hohes spezifisches Gewicht und durch ihre chemische Widerstandsfähigkeit auszeichnen, wie zum Beispiel Gold, Platin, Granat, Ilmenit, Rutil und Monazit. Solche Lagerstätten – sie werden Seifenlagerstätten genannt – entstehen, wenn Mineralien bei der Verwitterung von Gesteinen oder Lagerstätten freigelegt und mit dem Wasser weitertransportiert werden. Da sie schwerer sind als andere Mineralien, werden sie an manchen Stellen der Gewässer besonders angereichert, zum Beispiel in Flüssen oder Bächen unterhalb eines Wasserfalls oder dort, wo die Strömung des Wassers plötzlich stark zurückgeht. Auch am Meeresstrand und im Brandungsbereich können Schwermineralien angereichert werden (Strand- oder Brandungsseifen).
Seifen können auch schon vor Jahrmillionen entstanden sein. Bekannt ist das Witwatersrand-Konglomerat, das eine verfestigte Seife aus der Frühzeit der Erde darstellt. Es enthält neben Gold auch Gerölle von Pechblende und Pyrit. Das Vorhandensein dieser beiden letzteren Mineralien, die heute in Seifen nicht beständig sind, weil sie durch den Sauerstoff der Luft sofort oxidiert würden, deutet darauf hin, daß zur Zeit der Bildung des Witwatersrand-Konglomerats in der Atmosphäre noch praktisch kein Sauerstoff vorhanden war.

Salzlagerstätten

Durch Verdunstung von Meereswasser entstanden riesige Lager von Salzen. Wenn diese von wasserundurchlässigen Schichten, zum Beispiel Ton oder Gips, überdeckt wurden, blieben sie erhalten. Auf diese Weise entstanden die Lagerstätten, aus denen wir heute den größten Teil unseres Bedarfs an Steinsalz und Kalisalzen decken. In Salzseen in Trockengebieten haben sich auf gleiche Weise große Schichten von Boraten, wie Colemanit, Ulexit und Borax abgelagert.

Metamorphe Abfolge

Umwandlungen des Mineralbestands

Durch metamorphe Vorgänge, also durch Druck- und/oder Temperaturveränderungen, werden normalerweise keine Lagerstätten gebildet. Dagegen werden bereits bestehende Lagerstätten durch die Metamorphose in ihrem Mineralgehalt verändert. So kann aus den verschiedensten Eisenvorkommen durch Metamorphose Magnetit entstehen. In den Gesteinen werden im Laufe der Metamorphose Mineralien neu gebildet, die den veränderten Druck- und Temperaturverhältnissen entsprechen, also stabil sind.

Mineralienlagerstätten mit den charakteristischen Mineralien

In der folgenden Tabelle sind den Lagerstätten die wichtigsten Mineralien zugeordnet. Sie sind für diese Lagerstätten typisch, kommen aber auch in anderen Lagerstätten vor.

Magmatische Abfolge

Intramagmatische Lagerstätten	Chromit, Magnetit, Magnetkies Pentlandit
Pegmatite	Beryll, Turmalin, Spodumen, Amblygonit, Columbit
Pneumatolytische Lagerstätten	Topas, Zinnwaldit, Fluorit, Apatit, Zinnstein, Wolframit Scheelit, Arsenkies, Zinnkies
Hydrothermale Gänge	
Hochthermale Gold-Quarz-Gänge	Quarz, gediegen Gold, Arsenkies, Pyrit, Turmalin, Scheelit
Hochthermale Kieslagerstätten	Quarz, Pyrit, Kupferkies
Kupfer-Arsen-Lagerstätten	Kupferglanz, Bornit, Enargit, Tennantit
Blei-Zink-Gänge	Bleiglanz, Zinkblende, Kupferkies, Pyrit, Siderit, Kalkspat
Verdrängungen und Imprägnationen in Kalken	Bleiglanz, Zinkblende, Pyrit, Schwerspat, Kalkspat, Dolomit
Wismut-Kobalt-Nickel-Silber-Uran-Formation	gediegen Wismut, Chloantit, Skutterudit, Argentit, Proustit, Pyrargyrit, Pechblende
Hydrothermale Gänge ohne größere Sulfidmengen	Schwerspat, Flußspat, Kalkspat, Quarz, Haematit, Siderit, Rhodochrosit
Kluft- und Hohlraumbildungen	Bergkristall, Rauchquarz, Titanit, Anatas, Rutil
Vulkanische Exhalationen	Schwefel, Alaun, Salmiak
Subvulkanische Bildungen	Hübnerit, Enargit, Rhodochrosit, Nagyagit, Sylvanit, Gold
Submarin-exhalative Lagerstätten	Haematit, Magnetit, Quarz

Sedimentäre Abfolge

Kaolin- und Bauxit-Lagerstätten	Kaolinit, Diaspor, Böhmit
Oxidations- und Zementationszone	Limonit, Malachit, Azurit, Cerussit, Anglesit, Wulfenit, Cuprit, Covellin, Kupferglanz, gediegen Kupfer
Seifenlagerstätten	Gold, Platin, Diamant, Granat, Monazit, Zirkon, Ilmenit, Korund,
Salzlagerstätten	Steinsalz, Sylvin, Anhydrit, Gips

Metamorphe Abfolge

Umwandlungen des Mineralbestands	Magnetit, Cordierit, Magnetkies, Granat

Edelsteine

Edelsteine nennt man Mineralien, die sich durch besondere Härte, Seltenheit und Schönheit auszeichnen, zum Beispiel Diamant, Rubin, Saphir, Smaragd, Topas. Sie werden, ebenso wie die sogenannten Schmucksteine, die weniger hart und selten sind, zu Schmuckstücken verarbeitet. Die beiden Begriffe Edelsteine und Schmucksteine sind nicht klar zu trennen, sie werden sehr unterschiedlich angewendet, eigentlich ist eine Unterscheidung auch unnötig.
Geschliffene Edelsteine zu bestimmen, ist ungleich schwieriger als unbearbeitete Mineralien, denn ein Teil der Bestimmungsmerkmale verschwindet durch den Schliff (zum Beispiel Kristallform, Begleitmineralien). Andere Eigenschaften, wie Härte, Spaltbarkeit, Tenazität, können nicht geprüft werden, weil man den Stein beschädigen müßte. Die Bestimmung von geschliffenen Edelsteinen stützt sich hauptsächlich auf optische Eigenschaften, wie zum Beispiel die Lichtbrechung, oder auf Untersuchungen unter dem Mikroskop, wie das Studium der Einschlüsse. Im Laufe der Zeit hat sich eine ganze Wissenschaft, die *Edelsteinkunde* oder *Gemmologie* entwickelt, die sich deutlich von der Mineralienkunde unterscheidet. Schwerpunkt des »Fotoatlas« ist das Bestimmen von Mineralien und Gesteinen. Bücher zum genaueren Studium der Edelsteinkunde sind im Literaturverzeichnis (→ Seite 230) angegeben. Dennoch sollen der Vollständigkeit wegen im folgenden die wichtigsten Schliffarten vorgestellt werden.

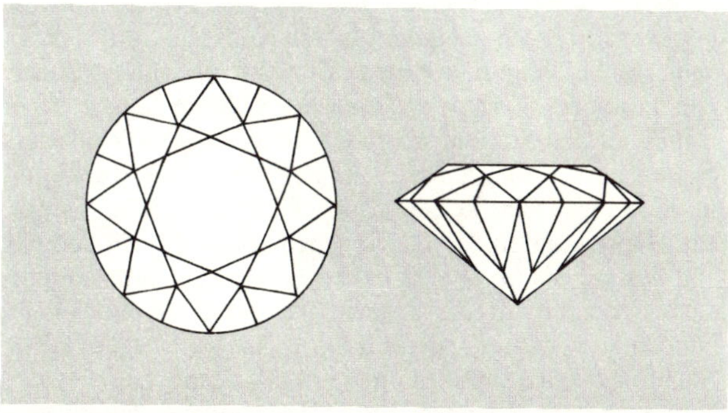

Brillantschliff, von oben und von der Seite gesehen.

Durchsichtige Edelsteine werden oft *facettiert* geschliffen, ihre Oberfläche besteht dann aus sehr vielen kleinen ebenen Flächen, durch die der eintretende Lichtstrahl mehrfach gebrochen wird, was die Brillanz des Steins erhöht. Unter den Facettenschliffen ist der *Brillantschliff* sehr beliebt, der besonders bei Diamanten, aber auch bei vielen anderen Steinen Anwendung findet. Für undurchsichtige oder nur durchscheinende Edelsteine eignet sich der *Cabochon-Schliff* besonders gut. Dabei entstehen Stücke mit gerundeter, flach halbkugelförmiger Oberfläche. Die Grundfläche muß dabei nicht kreisförmig sein, sie wird vielmehr den natürlichen Gegebenheiten des Steins angepaßt. Bei dieser Schliffart kommt der sogenannte *Asterismus* besonders gut zur Geltung. Dies ist eine optische Erscheinung, die darauf beruht, daß in manchen Mineralien äußerst kleine Fasern eines anderen Minerals eingewachsen sind. Beleuchtet man einen rundgeschliffenen Stein dieser Art mit einer punktförmigen Lichtquelle, erscheint durch Brechung an den eingewachsenen Fasern ein Stern. Asterismus gibt es besonders bei Rubin, Saphir, einigen Pyroxenen und Rosenquarz.
In den letzten Jahren hat eine neue Gruppe von Mineraliensammlern, die der Hobbyschleifer und der Sammler geschliffener Steine, verstärkten Zulauf erhalten. Sie sammeln keine Schmuckstücke, sondern ungefaßte, geschliffene Mineralien, die entweder selbst geschliffen oder fertig geschliffen erworben wurden. Da die Stücke nicht als Schmuck getragen werden, können solche Sammlungen auch geschliffene Mineralien enthalten, die sehr wohl als Edelsteine zu bezeichnen, aber wegen ihrer geringen Härte oder großen Seltenheit im Schmuckhandel nicht erhältlich sind.

Die Mineraliensammlung

Das folgende Kapitel wendet sich an alle Leser, die, vielleicht angeregt durch das Studium des »Fotoatlas«, eine Mineraliensammlung aufbauen wollen.

Das Sammeln von Mineralien

Die erste wichtige Frage lautet: Wo erhalte ich Mineralien? Wie komme ich an Stücke, wie sie in diesem Buch abgebildet sind? Am faszinierendsten und auch am billigsten ist das Suchen von Mineralien in der Natur.
Mineralien und Kristalle gibt es überall dort, wo Gesteine frei liegen. Das kann natürliche Ursachen haben, zum Beispiel an Ufern von Flüssen und Bächen, an Felshängen oder auf Felssturzhalden in den Gebirgen. Gesteinspartien werden aber auch künstlich freigelegt, so beim Straßenbau, in Steinbrüchen und Bergwerken. Hier sind die Fundmöglichkeiten oft am besten.

<u>Sammelerlaubnis</u>
In Deutschland und Österreich gibt es keine behördlichen Sammelbeschränkungen. In vielen Gebieten der Schweiz ist dagegen das Mineraliensammeln nur mit Erlaubnisschein möglich. Bitte erkundigen Sie sich bei der jeweiligen Gemeinde. Das gleiche gilt für Südtirol, wo Sie die Sammelerlaubnis beim Landesverband der Mineralien- und Fossilien-Sammelvereine Südtirols, Obstmarkt 9, I-39100 Bozen, beantragen müssen. Erteilt wird die Erlaubnis allerdings nur Mitgliedern von Mineraliensammler-Vereinigungen. Generell ist es wichtig, sich schon bei der Planung einer Exkursion über Sammelbeschränkungen zu informieren.
Auch wenn es keine allgemeinen Sammelbeschränkungen gibt, bedenken Sie, daß Fundorte oft auf Privatgrund liegen. Vergessen Sie nicht, den Besitzer oder Steinbruchsleiter um eine Erlaubnis zu bitten. Wenn Sie an arbeitsfreien Tagen suchen, behindern Sie die Arbeiter nicht und werden von diesen auch nicht bei Ihrer Tätigkeit gestört. Wollen Sie jedoch Fundstücke erwerben, sollten Sie zusätzlich an einem Werktag hingehen. Bei Bergwerken ist es dagegen manchmal an Arbeitstagen möglich, mit Erlaubnis zu sammeln. Besonders vorbildlich ist das an der Grube Clara organisiert, wo Sammler gegen eine geringe Gebühr auf den Halden beim Mahlwerk in Oberwolfach suchen dürfen. Informieren Sie sich möglichst schon im voraus über solche Gelegenheiten!

Wenn Sie das Glück haben, mit einem versierten Sammler auf Mineraliensuche gehen zu können, werden Sie sowieso keine Schwierigkeiten haben, Mineralien zu finden. Doch wenn das nicht der Fall ist, müssen Sie Ihre Reise oder Ihren Ausflug gut vorausplanen.

Literatur

An erster Stelle steht das Literaturstudium. Wenn Sie in ein Ihnen mineralogisch unbekanntes Gebiet fahren wollen, müssen Sie sich über die dortigen Fundstellen informieren. Sehr brauchbar dafür sind zum Beispiel die Bücher aus der Reihe »Mineralfundstellen«, erschienen im Christian Weise Verlag. Darin werden die Fundorte in verschiedenen Landschaften Deutschlands und Europas beschrieben. Die Sonderhefte der Zeitschrift »Der Aufschluß« behandeln meist ebenfalls ein bestimmtes Sammelgebiet. Einzelne Fundorte werden oft in Zeitschriften wie »Lapis« oder »Der Aufschluß« vorgestellt. Beachten Sie auch die dort angegebenen Literaturhinweise. Je umfassender Sie sich vorher über eine Lagerstätte informiert haben, desto größer sind Ihre Fundchancen. Einen Sonderfall stellen alpine Klüfte dar. Wenn ein solcher Fund veröffentlicht wird, ist die Kluft mit Sicherheit schon ausgebeutet. Hier sollten Sie in der Literatur nach Gebieten mit einer gewissen Klufthäufigkeit suchen. Auch wenn Sie keine neue Kluft finden, bieten Schutthalden oder Abfallhaufen vor ausgeräumten Klüften oft schöne Kleinmineralien, hin und wieder sind sogar größere Funde möglich.
Wenn Sie bei Ihren vorbereitenden Studien auf ein Ihnen unbekanntes Mineral stoßen, schlagen Sie im »Fotoatlas« nach. Sollte das Mineral wegen seiner großen Seltenheit darin nicht beschrieben sein, greifen Sie auf ein Lehrbuch der speziellen Mineralogie zurück. Gut geeignet, aber teilweise sehr teuer, sind »Klockmanns Lehrbuch der Mineralogie« von Ramdohr und Strunz, für Englischkundige auch »Dana's System of Mineralogy« und »The Encyclopedia of Minerals«.

Karten

Über den Fundort und seine Mineralien haben Sie sich nun ausreichend informiert. Um ihn zu finden – oft handelt es sich um eine alte Halde irgendwo im Wald –, brauchen Sie gutes Kartenmaterial. Wenn es sich nicht um ein großes Bergwerk oder ähnliches handelt, reichen Straßenkarten nicht aus. Gut geeignet sind Wanderkarten im Maßstab 1:100000, besser 1:50000 und Meßtischblätter im Maßstab 1:25000. Legen Sie den genauen Weg schon vorher nach der Karte fest.
Zusätzlich können Sie sich auch an Ort und Stelle an einen Sammler in der Umgebung des Fundorts wenden (Adressen zum Beispiel im Mitgliederverzeichnis der VFMG) oder an den Autor eines Zeitschriftenartikels. Doch sollten Sie dabei bedenken, daß wissenschaftliche Autoren meist nicht in der Nähe der Fundstelle wohnen und außerdem meist nicht die Zeit haben, Führungen vorzunehmen. Im Gegensatz dazu kann Ihnen ein Sammler, der in der Nähe des Fundorts wohnt, sicher viel helfen, Sie vielleicht führen oder Ihnen weitere interessante Fundorte zeigen.
Angaben über Fundmöglichkeiten sollten Sie immer mit etwas Vorsicht bewerten. Fundstellen, die ein Sammler von großen Stücken für ausgebeutet hält, können für den aufmerksamen Sammler von Kleinstufen, die mit dem Mikroskop betrachtet werden, ein Eldorado sein. Für einen Sammler schön kristallisierter Stufen war ein Fundort mit sehr seltenen, aber mehr oder weniger derben Mineralien vielleicht ganz unergiebig. Wenn jemand meint, er hätte auf einer Halde kein einziges brauchbares Mineral gefunden, hat er vielleicht nur nicht an der richtigen Stelle gegraben. In Steinbrüchen, die noch in Betrieb sind, ändern sich die Bedingungen oft sehr schnell. Wer vor einem Monat gar nichts gefunden hat, könnte heute fast an der gleichen Stelle wunderbare Stücke finden.

Ausrüstung

Wichtig für den Sammelerfolg ist auch die richtige Ausrüstung. Als erstes benötigen Sie einen normalen Hammer (etwa 500 g) zum Zerschlagen von kleineren Stücken und zur feineren Meißelarbeit. Hämmer mit Stahlstiel sind vorzuziehen. Für gröbere Arbeiten eignet sich ein handelsüblicher Fäustel. Außerdem brauchen Sie verschiedene Meißel. Ich ziehe Flachmeißel den Spitzmeißeln vor. Sie benötigen mindestens einen großen für die Grob- und einen kleineren für die Feinarbeit. Zur Suche auf alten Halden eignen sich ein Klappspaten und ein Hammer mit möglichst breiter Schneide. Damit die Augen nicht durch Splitter verletzt werden, sollten Sie bei der Arbeit mit Hammer und Meißel immer eine Schutzbrille tragen.
Um die gefundenen Stücke gut nach Hause zu bringen, brauchen Sie Verpackungsmaterial: Zeitungspapier für weniger empfindliche, weiches Papier oder Schaumstoff für zerbrechliche Stücke, Tütchen oder Döschen für kleine Funde, die sonst leicht verloren gehen. Wenn Sie bis zum Fundort fahren, ist eine Obststeige zur Aufnahme der Funde viel besser geeignet als der Rucksack, auf den Sie natürlich bei längerem Anmarsch nicht verzichten können. Am Fundort selbst orientieren Sie sich am besten zuerst einmal an den Stellen, wo schon andere geklopft oder gegraben haben. Oft haben Sammler vor Ihnen Stücke, die sie nicht brauchen konnten, an einer Stelle zusammengelegt. Dort können Sie gleich sehen, was es zu finden gibt und worauf Sie zu achten haben. Vielleicht entdecken Sie auch noch ein für Sie brauchbares Stück. Wenn Sie die Fundstelle verlassen, machen Sie es wie Ihr Vorgänger, Ihr Nachfolger wird sich freuen!
Nun noch eine dringende Bitte: Verlassen Sie den Fundort so, wie Sie ihn betreten haben! Auch in Steinbrüchen herrscht eine gewisse Ordnung. Es ist unverantwortlich, wenn Sammler Schürfgräben, tiefe Gruben und heruntergestürzte Blöcke hinterlassen. Auf diese Weise wird die Arbeit im Steinbruch behindert, und der Besitzer könnte sich gezwungen sehen, ein Sammelverbot auszusprechen.

Kauf von Mineralien

Um Ihre Sammlung zu vervollständigen, müssen Sie Mineralien, die Sie nicht selbst finden können, kaufen. In den letzten Jahren ist wegen der ständig steigenden Nachfrage eine große Anzahl von Mineraliengeschäften und Versandhandlungen neu eröffnet worden, die allerdings nicht alle mit der entsprechenden Sachkenntnis geführt werden. Da es für Mineralien wegen der Einzigartigkeit eines jeden Stücks keine festen Preise geben kann, bleibt die Preisgestaltung ganz dem einzelnen Händler überlassen. Sehr große Preisunterschiede bei ähnlichen Stücken sind daher möglich. in den letzten Jahren hat sich auch die Zahl der Mineralienbörsen, großer Verkaufsausstellungen, stark erhöht. Dort haben Sammler die Möglichkeit, eine Vielzahl von Mineralien aller Art zu betrachten, ihre Preise zu vergleichen und Stücke zu kaufen.

Tausch von Mineralien

Die dritte Möglichkeit, Mineralien zu erwerben, ist der Tausch. Voraussetzung ist, daß Sie Zweitstücke von Mineralien Ihrer Sammlung besitzen und sie jetzt zum Tausch gegen andere, für Sie interessante Mineralien anbieten wollen. Die Vereinigung der Freunde der Mineralogie und Geologie, VFMG, unterhält Ortsgruppen, die monatliche Treffen ihrer Mitglieder organisieren, bei denen Vorträge gehalten werden und Gelegenheit zu Tausch und informativem Gespräch gegeben ist. Ein solcher Tausch in persönlichem Kontakt ist vorzuziehen, aber nicht immer möglich. Man kann daher auch per Post tauschen. Als erstes werden Such- und Angebotslisten versandt. Wenn sich die beiden Partner über ihre Wünsche und die Verfahrensweise geeinigt haben, werden die Pakete verschickt. Wichtig ist dabei die gute Verpackung. Wer einmal die Verladung von Paketen auf einem Bahnhof beobachtet hat, wird wissen, daß man mit den Sendungen wirklich nicht sorgfältig umgeht. Auch die Aufschriften »Vorsicht Glas!« oder »Nicht werfen!« nützen hier nicht viel. Verpacken Sie Ihr Paket so, daß Sie es guten Gewissens aus einem Meter Höhe zu Boden fallen lassen können. Die übersandten Mineralien gehen erst in Ihren Besitz über, wenn sich der Tauschpartner mit dem Tausch einverstanden erklärt hat.
Adressen von Tauschpartnern finden Sie im Mitgliederverzeichnis der VFMG oder in der Tauschecke der von dieser Vereinigung herausgegebenen Zeitschrift, wo Sie als Mitglied auch selbst Tauschanzeigen aufgeben können. Eine internationale Adressenliste enthält das »International Directory of Micromounters«, das bei Randolph S. Rothschild, 2909 Woodvalley Drive, Baltimore, Maryland 21208, USA, zu erhalten ist.

Der Aufbau einer Mineraliensammlung

Am Anfang sammeln Sie wahrscheinlich jedes erreichbare Stück. Bald aber ist die Zahl Ihrer Mineralien so angestiegen, daß Sie sich Gedanken darüber machen müssen, was Sie nun sammeln und auf welche Stücke Sie sich gegebenenfalls beschränken wollen. Da gibt es viele Möglichkeiten:
Eine systematische Sammlung, von Sammlern kurz als *Systematik* bezeichnet, ist am umfassendsten. Sie sollte möglichst alle bekannten Mineralien enthalten. Das kann keiner erreichen, eine vollständige Systematik gibt es selbst in Museen und mineralogischen Instituten nicht. Eine Sammlung mit mehr als tausend der weit über zweitausend bekannten Mineralien (und es werden pro Jahr etwa dreißig neue beschrieben) ist schon als sehr gut zu bezeichnen. Für einen Anfänger sind dreihundert bis fünfhundert Mineralarten schon recht beachtlich. Eine anspruchsvolle Systematik sollte darüber hinaus auch die wichtigsten Fundorte, Kristallformen, Habitusarten und Paragenesen des jeweiligen Minerals dokumentieren. Sie sehen, eine Systematik ist mehr oder weniger ein Faß ohne Boden, Vollständigkeit kann zwar angestrebt, aber nie erreicht werden. Allerdings ist das auch einer der besonderen Reize, die eine Systematik bietet: Man kann sich ein Leben lang damit beschäftigen und wird immer noch etwas neues hinzufinden.

Leichter ist die Vollständigkeit zu erreichen, wenn man sich Spezialsammlungen anlegt, also Sammlungen, die sich nur mit einem kleinen Teil des großen Bereichs der Mineralien befassen. Dabei gibt es viele Möglichkeiten – der Phantasie sind keine Grenzen gesetzt. Besonders lohnende Gebiete für Spezialsammlungen sind zum Beispiel die Kupferoxidations-Mineralien, die Mineralien der Zeolithgruppe, Phosphatmineralien oder die Mineralien alpiner Klüfte, aber auch Zwillinge oder verschiedene Ausbildungen eines einzigen Minerals, zum Beispiel des Quarzes.
Eine auch wissenschaftlich interessante Art der Spezialsammlung ist die Lokalsammlung. Sie enthält die Mineralien eines einzigen Fundortes oder Fundgebietes, diese aber möglichst vollständig in allen Ausbildungen und Paragenesen. Hier ist es günstig, zum Vergleich nebenbei noch eine gute Systematik aufzubauen. In den meisten Fällen besitzt der fortgeschrittene Sammler neben einigen Lokal- und Spezialsammlungen auch eine Systematik.

Die Stufengröße

Mit wachsendem Umfang stellt sich die Frage nach der Stufengröße. Die Sammlung soll nach etwas aussehen, daher sollten die Stufen einigermaßen gleich groß sein. Großstufen von mehr als 15 × 20 cm Größe zu sammeln, kann sich kaum jemand leisten, weder finanziell noch räumlich. Dies ist Sache eines Museums oder Instituts, nicht umsonst werden solche Prachtstufen oft als Museumsstufen bezeichnet. Einen guten Kompromiß stellen die Größen zwischen 5 × 7 cm und 9 × 12 cm dar. Diese Stücke sind so groß, daß man sie mit bloßem Auge betrachten kann, und so klein, daß sie nicht zu teuer sind und zuviel Platz wegnehmen. In den letzten Jahren ist aus den Vereinigten Staaten eine neue Art des Mineraliensammelns zu uns gekommen:

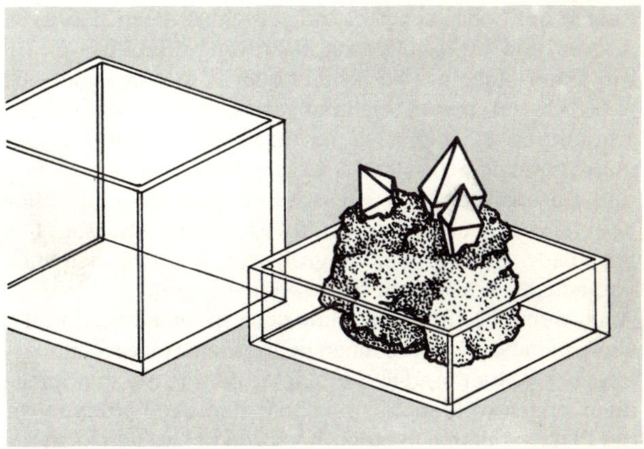

Ein Micromount, fertig im Kästchen montiert.

Das Sammeln von *Micromounts,* von maximal 2 × 2 cm großen Kleinstufen, die man mit dem Stereomikroskop betrachtet. Der Vorteil dieser Stüfchen ist, daß sie weniger Platz beanspruchen und viel billiger sind als größere. Von seltenen Mineralien gibt es oft gar keine größeren Stücke. Außerdem sind kleine Kristalle oft viel flächenreicher, vielfältiger und besser ausgebildet als größere Exemplare. Für Sammler, die ihre Stufen zum ersten Mal mit dem Stereomikroskop betrachten, tut sich eine Welt auf, deren Schönheit sie vorher nicht einmal geahnt haben. Die Anschaffung eines Stereomikroskops bedeutet allerdings eine einmalige größere Ausgabe, die aber durch die Ersparnis beim Mineralienkauf bald wieder hereingeholt ist. Vor dem Kauf eines so teuren Geräts (ab etwa DM 800,–) sollten Sie sich von Sammlerfreunden beraten lassen und die verschiedenen Geräte erproben. Ein Stereomikroskop ist heute praktisch für jeden fortgeschrittenen Sammler (nicht nur für Micromounter) ein unentbehrliches Hilfsmittel.

Die Aufbewahrung der Stufen

Sie erfolgt am besten in Kästchen aus Plastik, die in vielen Mineralienhandlungen erhältlich sind. Pappschächtelchen sind kaum billiger und nicht so stabil. Kaufen Sie nur Kästchen, mit denen Sie den vorhandenen Platz möglichst ohne Raumverlust ausnützen können. Da dies um so schwieriger ist, je mehr verschiedene Größen Sie verwenden, sollten Sie sich auf etwa zwei bis drei beschränken.

In das Kästchen legen Sie ein Etikett, auf dem Name, Nummer und Fundort des Minerals verzeichnet sind, dann zum Schutz ein durchsichtiges Kunststoffblättchen darüber und auf das Blättchen die Stufe.

Die Mineralnummer müssen Sie unbedingt fest an der Stufe anbringen, damit auch beim Herausnehmen mehrerer Stücke keine Verwechslungen passieren können. Einen Sonderfall stellen wieder die Micromounts dar. Sie werden mit Kitt in kleine Schächtelchen geklebt. Es gibt davon die verschiedensten Größen, ich halte es jedoch für praktischer, wenn Sie nur eine Größe verwenden. Die Sammlung sieht dann viel ordentlicher aus und ist viel leichter zu handhaben. Die Etiketten werden in diesem Fall auf das Schächtelchen geklebt. Eine weitere Kennzeichnung des Minerals ist nicht notwendig, da dieses ja durch den Kitt fest mit dem beschrifteten Schächtelchen verbunden ist. Einige Sammler sind dazu übergegangen, auch größere Stufen in Schachteln aufzubewahren, wodurch sie besonders gut vor Staub geschützt sind. Die größeren Ausführungen der Schächtelchen sind jedoch so teuer, daß diese Art der Aufbewahrung noch nicht weit verbreitet ist.

Zur Einordnung der Schachteln oder Kästchen eignet sich natürlich am besten ein maßgeschreinerter Mineralienschrank. Er ist aber auch am teuersten. Deshalb müssen meist normale Schränke als Ersatz dienen. Sehr praktisch sind Büroschränke mit englischen Zügen, das heißt offenen, flachen Schubladen zur Ablage von Formularen. Die Schubladen sollten nicht zu groß sein, damit sie sich auch voll beladen noch leicht herausziehen lassen.

Auch wenn Sie Ihre Sammlung noch so schön in Schränke verstaut haben, kann es Ihnen beim Besuch eines Sammlerfreundes passieren, daß Sie eine Stufe, die Sie ihm unbedingt zeigen wollten, nicht mehr finden. Außerdem reicht der Platz auf dem Etikett im Kästchen bei weitem nicht für alle notwendigen Angaben aus.

Die Sammelkartei

Diese Probleme beseitigt die Sammelkartei. Im Laufe der Zeit haben sich zwei Formen als praktisch herausgestellt: Die erste besteht darin, für jedes Mineral eine gesonderte Karteikarte zu schreiben. Am besten, weil raumsparend, ist DIN A 7), also halbe Postkartengröße. Die Karte sollte mindestens folgende Angaben enthalten: Nummer des Minerals, Name, chemische Formel, Farbe, Tracht und Habitus, Fundort, Funddatum, Finder, Herkunft des Minerals (zum Beispiel selbst gefunden, getauscht, gekauft), Begleitmineralien, spezielle Behandlung der Stufe (zum Beispiel mit HCl gesäuert) und, ganz besonders wichtig, der Standort in der Sammlung. Über die Notwendigkeit der Aufzählung weiterer Eigenschaften des Minerals, wie zum Beispiel Härte, Dichte, Strichfarbe läßt sich streiten. Es ist auch eine Frage des Fleißes, ob man bei zwanzig Calciten immer wieder Härte 3 eintragen will.

Eine vielleicht praktischere Lösung ist, zu jedem Mineral eine Karte zu schreiben, die alle Eigenschaften aufzählt und den anderen Karten für das jeweilige Mineral in der Kartei voranzustellen.

Geordnet werden die Karten nach den Mineralnummern, um ein schnelles Auffinden zu gewährleisten. Einige Sammler numerieren ihre Stufen einfach fortlaufend. Das hat mehrere Nachteile: Erstens ist die Nummer dann eine bloße Zahl und sagt nichts über das Mineral aus, zweitens muß zusätzlich eine Liste angelegt werden, in die alle Nummern zu dem jeweiligen Mineral eingetragen werden, denn Sie wollen vielleicht einmal alle Quarze heraussuchen, deren Karten bei dieser Art der Numerierung in der ganzen Kartei verstreut wären. Besser ist es, der Stufe eine Nummer nach der kristallchemischen Systematik der Mineralien (→ Seite 9) zu geben. Am nützlichsten sind für diesen Zweck die »Mineralogischen Tabellen« von Strunz, in denen bis zu den Mineralgruppen herab bereits eine Numerierung durchgeführt ist: Die Phosphate, Arsenate usw. haben zum Beispiel alle die römische Ziffer VII, A bedeutet wasserfrei ohne Fremde Anionen und 1 bezieht sich auf die Berlinit-Beryllonit-Hurlbutit-Gruppe. Sie brauchen jetzt nur noch die Mineralien dieser Gruppe mit Kleinbuchstaben zu bezeichnen und den Buchstaben an die Nummer anzuhängen, und schon haben Sie eine eindeutige Kennziffer für das Mineral. Berlinit hat dann zum Beispiel die Nummer VIIA1a. Die einzelnen Stufen der gleichen Mineralart werden ganz normal von 1 bis x durchnumeriert. Die Berlinitstufe Nr. 1 hat dann die Kennziffer VIIA1a1. Der Vorteil dieser Methode ist, daß die Karten aller Stufen einer Mineralart in der Kartei hintereinanderstehen und damit auf einen Griff erreichbar sind.

Aufbewahrt werden die Karten am besten in kleinen Karteikästen aus Holz, wie sie im Bürofachhandel erhältlich sind. Bereits vorgedruckte Karteikarten sind in vielen Mineralienhandlungen erhältlich.

Für die zweite Karteiart brauchen Sie ein Ringbuch, am besten DIN A 4. Sie legen für jede Mineralart ein Karteiblatt an, das alle gleichbleibenden Eigenschaften enthält. Die einzelnen Stufen tragen Sie auf dem gleichen Blatt in eine Tabelle ein, die Spalten für alle wichtigen Angaben (wie oben aufgezählt) enthält. Vorteil dieser Methode ist die leichte Handhabung, da alle Stufen der gleichen Mineralart auf einem Blatt verzeichnet sind. Ein Nachteil ist, daß zum Beispiel bei seltenen Mineralien für eine einzige Stufe ein großes Blatt beschrieben werden muß. Es wird also bei den häufigen Mineralien Platz gespart, der bei den seltenen wieder verschenkt wird. Die Numerierung erfolgt wie oben beschrieben.

Beide Methoden haben also ihre Vorzüge und Nachteile. Wichtig ist allein, daß der Fundort immer eindeutig dem Sammelstück zugeordnet werden kann. Sie können ein Mineral jederzeit neu bestimmen, doch die Fundortangabe können Sie oft nicht mehr rekonstruieren. Ohne die Fundortangabe ist Ihr Mineral für die Sammlung jedoch praktisch wertlos.

Dünntafelige Tridymitkristalle. Fundort: Bellerberg/Eifel. Vergrößerung 18fach. ▷

1 **Quecksilber.** Härte: –. Dichte: 13,6. Strichfarbe: –. Farbe: zinnweiß. Metallglanz. Spaltbarkeit: –. Kristallform: flüssig. Im Bild: kugelige Tropfen auf eisenreichem Nebengestein. Fundort: Obermoschel/Pfalz. Vergrößerung 25fach.

2 **Talk.** Steatit. Speckstein. Härte: 1. Dichte: 2,7–2,8. Strichfarbe: weiß. Farbe: weiß, grün. Perlmuttglanz bis Fettglanz. Spaltbarkeit: nach der Basis sehr vollkommen. Bruch uneben. Tenazität: biegsam, milde. Kristallform: monoklin. Im Bild: grobblättriger grüner Talk. Fundort: Stubachtal/Hohe Tauern. Vergrößerung 2,5fach.

3 **Nakrit.** Härte: 1. Dichte: 2,1–2,6. Strichfarbe: weiß. Farbe: weiß, gelb, bräunlich. Perlmuttglanz bis matt. Spaltbarkeit: nach der Basis vollkommen. Tenazität: Blättchen biegsam. Kristallform: triklin. Im Bild: sechsseitige tafelige Kristalle. Fundort: Hühnersedel/Schwarzwald. Vergrößerung 20fach.

4 **Halotrichit.** Härte: $1^1/_2$. Dichte: 1,73–1,79. Strichfarbe: weiß. Farbe: weiß. Seidenglanz bis Glasglanz. Spaltbarkeit: keine. Bruch faserig. Tenazität: spröde. Kristallform: monoklin. Im Bild: haarförmige Kristalle. Fundort: Golden Queen Mine bei Mohave/Kalifornien. Vergrößerung 4,5fach.

5 **Pyrophyllit.** Härte: 1½. Dichte: 2,8. Strichfarbe: weiß. Farbe: weiß, bräunlich. Perlmuttglanz. Spaltbarkeit: nach der Basis vollkommen. Bruch uneben. Tenazität: biegsam, milde. Kristallform: monoklin. Im Bild: durch Eisen braun gefärbtes radialstrahliges Aggregat. Fundort: Pfitschtal/Südtirol. Vergrößerung 10fach.

6 **Gips.** Selenit. Härte: 1½–2. Dichte: 2,3–2,4. Strichfarbe: weiß. Farbe: farblos, weiß. Perlmuttglanz. Spaltbarkeit: vollkommen. Bruch uneben. Tenazität: biegsam, milde bis spröde. Kristallform: monoklin. Im Bild: Schwalbenschwanzzwillinge. Fundort: Mansfeld/Thüringen. Vergrößerung 2fach.

7 **Vivianit.** Härte: 2. Dichte: 2,6–2,7. Strichfarbe: weiß bis blaß hellblau. Farbe: hell- bis dunkelblau, hell- bis dunkelgrün. Glasglanz, auf Spaltflächen Perlmuttglanz. Spaltbarkeit: vollkommen. Bruch blättrig. Tenazität: dünne Kristalle biegsam, milde. Kristallform: monoklin. Im Bild: prismatischer Kristall. Fundort: Trepča/Serbien. Vergrößerung 8fach.

8 **Annabergit.** Nickelblüte. Härte: 2. Dichte: 3,0–3,1. Strichfarbe: weiß. Farbe: hell- bis apfelgrün. Glasglanz, auf Spaltflächen Perlmuttglanz. Spaltbarkeit: sehr vollkommen. Tenazität: milde, dünne Blättchen biegsam. Kristallform: monoklin. Im Bild: radialstrahlige Aggregate langtafeliger Kristalle. Fundort: Lavrion/Griechenland. Vergrößerung 8fach.

9 **Steinsalz.** Halit. Härte: 2. Dichte: 2,1–2,2. Strichfarbe: weiß. Farbe: farblos, gelb. Glasglanz. Spaltbarkeit: nach dem Würfel vollkommen. Bruch muschelig. Tenazität: milde bis spröde. Kristallform: kubisch. Im Bild: würfelige Kristalle. Fundort: Neuhof bei Fulda. Vergrößerung 2,5fach.

10 **Thomsenolith.** Härte: 2. Dichte: 2,98. Strichfarbe: weiß. Farbe: farblos, weiß. Glasglanz, auf Spaltflächen Perlmuttglanz. Spaltbarkeit: vollkommen. Bruch uneben. Tenazität: spröde. Kristallform: monoklin. Im Bild: prismatische Kristalle, teilweise durch Eisen braun gefärbt. Fundort: Ivigtut/Grönland. Vergrößerung 20fach.

11 **Aurichalcit.** Härte: 2. Dichte: 3,6–4,3. Strichfarbe: weiß bis blaß hellblau. Farbe: hellblau, bläulich, grünlichblau. Seidenglanz bis Perlmuttglanz. Spaltbarkeit: vollkommen. Bruch blättrig. Tenazität: milde. Kristallform: orthorhombisch. Im Bild: radialstrahlige Büschel. Fundort: Mina Ojuela bei Durango/Mexiko. Vergrößerung 3,5fach.

12 **Pachnolith.** Härte: 2. Dichte: 2,98. Strichfarbe: weiß. Farbe: farblos, weiß. Glasglanz. Spaltbarkeit: kaum erkennbar. Bruch muschelig. Tenazität: spröde. Kristallform: monoklin. Im Bild: prismatische Kristalle, die durch Eisenoxid gefärbt sind. Fundort: Ivigtut/Grönland. Vergrößerung 8fach.

13 Schwefel. Härte: 2. Dichte: 2,0–2,1. Strichfarbe: weiß. Farbe: gelb. Harz- bis Fettglanz, auf Kristallflächen Diamantglanz. Spaltbarkeit: kaum vorhanden. Bruch muschelig. Tenazität: sehr spröde. Kristallform: orthorhombisch. Im Bild: bipyramidale Kristalle. Fundort: Perticara/Italien. Vergrößerung 3fach.

14 Sylvin. Härte: 2. Dichte: 1,99. Strichfarbe: weiß. Farbe: farblos, weiß, gelblich, orange, bräunlich. Glasglanz. Spaltbarkeit: nach dem Würfel vollkommen. Bruch uneben. Tenazität: spröde. Kristallform: kubisch. Im Bild: Würfel in Kombination mit dem Oktaeder. Fundort: Grube Niedersachsen bei Wathingen/Celle. Originalgröße.

15 Borax. Tinkal. Härte: 2–2½. Dichte: 1,7–1,8. Strichfarbe: weiß. Farbe: farblos, weiß. Fettglanz. Spaltbarkeit: manchmal sichtbar. Bruch muschelig. Tenazität: spröde. Kristallform: monoklin. Im Bild: dicktafelige Kristalle. Fundort: Boron/Kalifornien. Vergrößerung 4,5fach.

16 Autunit. Kalkuranglimmer. Härte: 2–2½. Dichte: 3,2. Strichfarbe: weiß bis gelblich. Farbe: gelb mit Stich ins Grüne. Glasglanz, auf Spaltflächen Perlmuttglanz. Spaltbarkeit: vollkommen nach der Basis. Bruch uneben. Tenazität: spröde bis milde. Kristallform: tetragonal. Im Bild: dünntafelige Kristalle. Fundort: Hagendorf-Süd/Oberpfalz. Vergrößerung 45fach.

17 Hydrozinkit. Zinkblüte. Härte: 2–2½. Dichte: 3,2–3,8. Strichfarbe: weiß. Farbe: weiß bis gelblich. Matt. Spaltbarkeit: wegen der Ausbildung des Minerals meist nicht erkennbar. Tenazität: milde. Kristallform: monoklin. Im Bild: kugelige weiße Aggregate. Fundort: Yazd/Iran. Vergrößerung 9fach.

18 Muskovit: Härte: 2–2½. Dichte: 2,78–2,88. Strichfarbe: weiß. Farbe: farblos, weiß, silbriggrau, grünlich. Perlmuttglanz. Spaltbarkeit: nach der Basis äußerst vollkommen. Tenazität: milde, Blättchen biegsam. Kristallform: monoklin. Im Bild: tafelige, sechsseitige Kristalle. Fundort: Lukmanier/Schweiz. Vergrößerung 9fach.

19 Phlogopit. Härte: 2–2½. Dichte: 2,75–2,97. Strichfarbe: weiß. Farbe: dunkelbraun, rötlichbraun. Glasglanz. Spaltbarkeit: nach der Basis äußerst vollkommen. Bruch blättrig. Tenazität: dünne Blättchen biegsam. Kristallform: monoklin. Im Bild: dicktafelige Kristalle mit guter Spaltbarkeit. Fundort: Campolungo/Schweiz. Vergrößerung 80fach.

20 Lepidolith. Härte: 2–2½. Dichte: 2,8–2,9. Strichfarbe: weiß. Farbe: rosa, rosaviolett, rötlich. Glasglanz. Spaltbarkeit: nach der Basis äußerst vollkommen. Bruch blättrig. Tenazität: dünne Blättchen biegsam. Kristallform: monoklin. Im Bild: prismatische Kristalle mit Spaltflächen. Fundort: Virgem da Lapa/Brasilien. Vergrößerung 1,5fach.

21 Valentinit. Antimonblüte. Härte: 2–3. Dichte: 5,6–5,8. Strichfarbe: weiß. Farbe: farblos, weiß. Diamantglanz, auf Spaltflächen Perlmuttglanz. Spaltbarkeit: vollkommen. Bruch uneben. Tenazität: milde, zerbrechlich. Kristallform: orthorhombisch. Im Bild: prismatische Kristalle. Fundort: Příbram/Böhmen. Vergrößerung 3,5fach.

22 Leadhillit. Härte: 2½. Dichte: 6,45–6,55. Strichfarbe: weiß. Farbe: farblos, weiß, gelblich, bräunlich, grau. Fettglanz bis Perlmuttglanz. Spaltbarkeit: nach der Basis vollkommen. Bruch muschelig. Tenazität: spröde. Kristallform: monoklin. Im Bild: prismatischer Kristall auf Limonit. Fundort: Tsumeb/Namibia. Vergrößerung 12fach.

23 Pharmakosiderit. Härte: 2½. Dichte: 2,8–2,9. Strichfarbe: weiß. Farbe: grün, gelb, braun. Glasglanz, auf Bruchflächen Fettglanz. Spaltbarkeit: kaum erkennbar. Bruch muschelig. Tenazität: spröde. Kristallform: kubisch. Im Bild: würfelige Kristalle einer bariumhaltigen Abart. Fundort: Grube Clara bei Oberwolfach/Schwarzwald. Vergrößerung 18fach.

24 Silber. Härte: 2½–3. Dichte: 9,6–12. Strichfarbe: silberweiß, metallisch. Farbe: silberweiß, oft gelblich oder schwärzlich angelaufen. Metallglanz. Spaltbarkeit: keine. Bruch hakig. Tenazität: milde, sehr dehnbar. Kristallform: kubisch. Im Bild: haarförmige Silberlocken, die etwas dunkel angelaufen sind. Fundort: Urberg bei St. Blasien/Schwarzwald. Vergrößerung 8fach.

25 **Pharmakolith.** Härte: 2–2½. Dichte: 2,6. Strichfarbe: weiß. Farbe: farblos, weiß, durch Kobalt oder Nickel manchmal rötlich oder grün. Glasglanz. Spaltbarkeit: wegen der nadeligen Ausbildung nicht erkennbar. Bruch faserig. Tenazität: spröde. Kristallform: monoklin; nadelige bis haarförmige Kristalle, radialstrahlige Büschel, Rosetten. Im Bild: radialstrahliges Aggregat haarförmiger Kristalle. Fundort: Grube Anton, Heubachtal/Schwarzwald. Vergrößerung 18fach.

26 **Biotit.** Härte: $2^{1}/_{2}$–3. Dichte: 2,8–3,2. Strichfarbe: weiß. Farbe: dunkelbraun, dunkelgrün, schwarz, rötlich. Perlmuttglanz. Spaltbarkeit: nach der Basis äußerst vollkommen. Bruch blättrig. Tenazität: milde, Blättchen biegsam. Kristallform: monoklin. Im Bild: sechsseitiger tafeliger Kristall. Fundort: Katzenbukkel/Odenwald. Vergrößerung 4,5fach.

27 **Kryolith.** Eisstein. Härte: $2^{1}/_{2}$–3. Dichte: 2,95. Strichfarbe: weiß. Farbe: farblos, weiß, gelblich, schwarz, violett. Glasglanz. Spaltbarkeit: manchmal sichtbar. Bruch uneben. Tenazität: spröde. Kristallform: monoklin. Im Bild: würfelige Kristalle, zum Teil durch Eisen braun gefärbt. Fundort: Ivigtut/Grönland. Verkleinerung 1,5fach.

28 **Duftit.** Härte: 3. Dichte: 6,98. Strichfarbe: blaßgrün bis weiß. Farbe: gelbgrün. Glasglanz. Spaltbarkeit: keine. Bruch uneben. Tenazität: spröde. Kristallform: orthorhombisch. Im Bild: grüne Kristalle auf Dolomit. Fundort: Tsumeb/Namibia. Vergrößerung 4fach.

29 **Anglesit.** Härte: 3. Dichte: 6,3. Strichfarbe: weiß. Farbe: farblos, weiß. Diamantglanz bis Fettglanz. Spaltbarkeit: nach der Basis sichtbar. Bruch muschelig. Tenazität: spröde. Kristallform: orthorhombisch. Im Bild: tafeliger Zwilling. Fundort: Grube Victoria bei Littfeld/Siegerland. Vergrößerung 6fach.

30 **Kalkspat.** Calcit. Härte: 3. Dichte: 2,6–2,8. Strichfarbe: weiß. Farbe: farblos, weiß. Glasglanz. Spaltbarkeit: sehr vollkommen nach dem Grundrhomboeder. Bruch muschelig. Tenazität: spröde. Kristallform: trigonal. Im Bild: prismatische Kristalle mit einer Kombination von Prisma und Basis. Fundort: Grube Samson bei St. Andreasberg/Harz. Vergrößerung 6fach.

31 **Kalkspat.** Calcit. Härte: 3. Dichte: 2,6–2,8. Strichfarbe: weiß. Farbe: farblos, weiß. Glasglanz. Spaltbarkeit: sehr vollkommen nach dem Grundrhomboeder. Bruch muschelig. Tenazität: spröde. Kristallform: trigonal. Im Bild: dünntafeliger rhomboedrischer Kristall auf Rhodochrositkristallen. Fundort: Trepča/Serbien. Vergrößerung 8fach.

32 **Kalkspat.** Calcit. Härte: 3. Dichte: 2,6–2,8. Strichfarbe: weiß. Farbe: farblos, weiß. Glasglanz. Spaltbarkeit: sehr vollkommen nach dem Grundrhomboeder. Bruch muschelig. Tenazität: spröde. Kristallform: trigonal. Im Bild: rhomboedrische Kristalle. Fundort: Quinten/Schweiz. Originalgröße.

33 **Kalkspat.** Calcit. Härte: 3. Dichte: 2,6–2,8. Strichfarbe: weiß. Farbe: farblos, weiß. Glasglanz. Spaltbarkeit: sehr vollkommen nach dem Grundrhomboeder. Bruch muschelig. Tenazität: spröde. Kristallform: trigonal. Im Bild: skalenoedrischer Kristall auf Kalkstein. Fundort: Matlock-Bath /England. Verkleinerung 1,5fach.

34 **Stolzit.** Härte: 3. Dichte: 7,9–8,2. Strichfarbe: weiß bis gelblich. Farbe: gelb, braun, grau. Fettglanz. Spaltbarkeit: keine. Bruch muschelig. Tenazität: spröde. Kristallform: tetragonal. Im Bild: bipyramidale Kristalle. Fundort: Zinnwald/Böhmen. Vergrößerung 11fach.

35 **Vanadinit.** Härte: 3. Dichte: 6,8–7,1. Strichfarbe: weiß, gelblich. Farbe: gelb, braun, orange, rot. Diamantglanz, etwas fettig. Spaltbarkeit: keine. Bruch muschelig. Tenazität: spröde. Kristallform: hexagonal. Im Bild: dicktafelige bis kurzprismatische Kristalle. Fundort: Apache Mine bei Globe/Arizona. Vergrößerung 9fach.

36 **Stewartit.** Härte: 3. Dichte: 2,46. Strichfarbe: weiß. Farbe: gelb, orange, grünlichgelb. Glasglanz. Spaltbarkeit: keine. Bruch uneben. Tenazität: spröde. Kristallform: monoklin. Im Bild: dünntafelige Kristalle. Fundort: Hagendorf-Süd/Oberpfalz. Vergrößerung 30fach.

37 **Laueit.** Härte: 3. Dichte: 2,49. Strichfarbe: weiß bis gelblich. Farbe: gelb, orangegelb, honigbraun. Glasglanz. Spaltbarkeit: wenig sichtbar. Bruch muschelig. Tenazität: spröde. Kristallform: triklin. Im Bild: prismatische Kristalle. Fundort: Hagendorf-Süd/Oberpfalz. Vergrößerung 22fach.

38 Wulfenit. Gelbbleierz. Härte: 3. Dichte: 6,7–6.9. Strichfarbe: weiß bis ganz schwach gefärbt. Farbe: gelb bis orangerot. Diamant- bis Harzglanz. Spaltbarkeit: schwach. Bruch muschelig. Tenazität: spröde. Kristallform: tetragonal. Im Bild: tafelige Kristalle. Fundort: Bleiberg/Kärnten. Vergrößerung 3,5fach.

39 Coelestin. Härte: 3–3½. Dichte: 3,9–4,0. Strichfarbe: weiß. Farbe: farblos, weiß, blau. Glasglanz, auf Spaltflächen Perlmuttglanz. Spaltbarkeit: nach der Basis vollkommen. Bruch uneben. Tenazität: spröde. Kristallform: orthorhombisch. Im Bild: prismatische Kristalle. Fundort: Schoren, Rumisberg/Berner Jura. Vergrößerung 10fach.

40 Cerussit. Weißbleierz. Härte: 3–3½. Dichte: 6,4–6,6. Strichfarbe: weiß. Farbe: farblos, weiß, grau, gelb. Fett- bis Diamantglanz. Spaltbarkeit: schlecht erkennbar. Bruch muschelig. Tenazität: spröde. Kristallform: orthorhombisch. Im Bild: sternförmiger Drilling auf Limonit. Fundort: Nakhlak bei Anarak/Iran. Vergrößerung 4,5fach.

41 Laumontit. Härte: 3–3½. Dichte: 2,25–2,35. Strichfarbe: weiß. Farbe: farblos, weiß. Glasglanz, auf Spaltflächen Perlmuttglanz. Spaltbarkeit: in Längsrichtung der Kristalle vollkommen. Bruch uneben. Tenazität: spröde. Kristallform: monoklin. Im Bild: durch Wasserverlust weiß und undurchsichtig gewordene prismatische Kristalle. Fundort: Nasik, Bombay/Indien. Vergrößerung 2fach.

42 **Laurionit.** Härte: 3–3½. Dichte: 6,10–6,24. Strichfarbe: weiß. Farbe: farblos bis weiß. Glasglanz bis Diamantglanz. Spaltbarkeit: kaum erkennbar. Bruch uneben. Tenazität: spröde. Kristallform: orthorhombisch. Im Bild: farblose, langtafelige Kristalle aus einer antiken Bleischlacke. Fundort: Lavrion/Griechenland. Vergrößerung 60fach.

43 **Schwerspat.** Baryt. Härte: 3–3½. Dichte: 4,48. Strichfarbe: weiß. Farbe: farblos, weiß, gelb. Perlmuttglanz. Spaltbarkeit: nach der Basis vollkommen. Bruch muschelig. Tenazität: spröde. Kristallform: orthorhombisch. Im Bild: tafelige Kristalle, sogenannter Meißelspat. Fundort: Grube Clara bei Oberwolfach/Schwarzwald. Vergrößerung 2,5fach.

44 **Serpentin.** Härte: 3–4. Dichte: 2,5–2,6. Strichfarbe: weiß. Farbe: weiß, grün in allen Schattierungen, gelb. Fettglanz bis Seidenglanz. Spaltbarkeit: nicht erkennbar. Bruch muschelig bis faserig. Tenazität: milde. Kristallform: monoklin. Im Bild: langfaseriger Chrysotilasbest. Fundort: Gila County/Arizona. Vergrößerung 7fach.

45 **Ludlamit.** Härte: 3–4. Dichte: 3,1. Strichfarbe: weiß. Farbe: hellgrün bis grün. Glasglanz. Spaltbarkeit: nach der Basis vollkommen. Bruch uneben. Tenazität: spröde. Kristallform: monoklin. Im Bild: tafelige Kristalle. Fundort: Trepča/Serbien. Vergrößerung 9fach.

46 **Strengit.** Härte: 3–4. Dichte: 2,87. Strichfarbe: weiß. Farbe: farblos, weiß, gelb, rosa, violett. Glasglanz. Spaltbarkeit: nach der Basis vollkommen. Bruch muschelig. Tenazität: spröde. Kristallform: orthorhombisch. Im Bild: dicktafelige Kristalle auf nierigem Rockbridgeit. Fundort: Hagendorf-Süd/Oberpfalz. Vergrößerung 10fach.

47 **Adamin.** Härte: 3½. Dichte: 4,3–4,5. Strichfarbe: weiß. Farbe: farblos, weiß, gelb, grün. Glasglanz. Spaltbarkeit: vollkommen, aber meist nicht erkennbar. Bruch muschelig. Tenazität: spröde. Kristallform: orthorhombisch. Im Bild: prismatischer, durch Kupfergehalte grünlich gefärbter Kristall. Fundort: Mina Ojuela/Mexiko. Vergrößerung 9fach.

48 **Artinit.** Härte: wegen der nadeligen Beschaffenheit praktisch nicht feststellbar; ungefähr 3–4. Dichte: 2,03. Strichfarbe: weiß. Farbe: weiß. Glasglanz bis Seidenglanz. Spaltbarkeit: nicht feststellbar. Bruch faserig. Tenazität: spröde. Kristallform: monoklin. Im Bild: nadelige Büschel auf Serpentin. Fundort: Lobminggraben bei St. Stephan/Steiermark. Vergrößerung 3,5fach.

49 **Anhydrit.** Härte: 3½. Dichte: 2,9–3,0. Strichfarbe: weiß. Farbe: farblos, weiß, gelblich, rosa, bläulich, grau. Glasglanz. Spaltbarkeit: sehr gut in drei Ebenen. Bruch spätig. Tenazität: spröde. Kristallform: orthorhombisch. Im Bild: quaderähnliche Kristalle. Fundort: Perneck bei Bad Ischl/Österreich. Vergrößerung 2fach.

50 **Strontianit.** Härte: 3½. Dichte: 3,7. Strichfarbe: weiß. Farbe: farblos, weiß, gelblich, grünlich, grau. Glasglanz, auf Bruchflächen fettig. Spaltbarkeit: erkennbar. Bruch muschelig. Tenazität: spröde. Kristallform: orthorhombisch. Im Bild: prismatische Drillinge. Fundort: Oberdorf an der Laming/Steiermark. Vergrößerung 2fach.

51 **Witherit.** Härte: 3½. Dichte: 4,28. Strichfarbe: weiß. Farbe: farblos, weiß, grau, gelbweiß. Glasglanz bis matt. Spaltbarkeit: erkennbar. Bruch uneben. Tenazität: spröde. Kristallform: orthorhombisch. Im Bild: prismatische Drillinge. Fundort: Hardenstein/Sachsen. Vergrößerung 2fach.

52 **Phosphophyllit.** Härte: 3½. Dichte: 3,1. Strichfarbe: weiß. Farbe: farblos, weiß, grün, blaugrün. Glasglanz. Spaltbarkeit: vollkommen. Bruch uneben. Tenazität: spröde. Kristallform: monoklin. Im Bild: prismatische Kristalle. Fundort: Hagendorf-Süd/Oberpfalz. Vergrößerung 10fach.

53 **Dolomit.** Härte: 3½–4. Dichte: 2,85–2,95. Strichfarbe: weiß. Farbe: farblos, weiß, grau. Glasglanz. Spaltbarkeit: vollkommen nach dem Grundrhomboeder. Bruch muschelig. Tenazität: spröde. Kristallform: trigonal. Im Bild: sattelförmig gekrümmte rhomboedrische Kristalle. Fundort: Grube Hermine bei Wölsendorf/Oberpfalz. Vergrößerung 4fach.

54 **Aragonit.** Härte: 3 1/2–4. Dichte: 2,95. Strichfarbe: weiß. Farbe: farblos, weiß, grau, rot bis rotviolett. Glasglanz. Spaltbarkeit: nur undeutlich. Bruch muschelig. Tenazität: spröde. Kristallform: orthorhombisch. Im Bild: nadelige Kristallbüschel. Fundort: Richmond/England. Vergrößerung 2fach.

55 **Mimetesit.** Härte: 3 1/2–4. Dichte: 7,1. Strichfarbe: weiß. Farbe: orange, gelb. Diamantglanz bis Fettglanz. Spaltbarkeit: keine. Bruch muschelig. Tenazität: spröde. Kristallform: hexagonal. Im Bild: tonnenförmig gekrümmte Kampylitkristalle. Fundort: Dry Gill Mine/Cumberland. Vergrößerung 3,5fach.

56 **Heulandit.** Härte: 3 1/2–4. Dichte: 2,2. Strichfarbe: weiß. Farbe: farblos, weiß, gelblich, rot. Glasglanz, auf Spaltflächen Perlmuttglanz. Spaltbarkeit: sehr vollkommen, eine Spaltfläche. Bruch uneben. Tenazität: spröde. Kristallform: monoklin. Im Bild: tafelige Kristalle. Fundort: Fassatal/Südtirol. Vergrößerung 1,2fach.

57 **Ankerit.** Braunspat. Härte: 3 1/2–4. Dichte: 2,95–3,02. Strichfarbe: weiß bis leicht bräunlich. Farbe: weiß, elfenbeinfarben, bräunlich. Glasglanz. Spaltbarkeit: vollkommen nach dem Grundrhomboeder. Bruch spätig. Tenazität: spröde. Kristallform: trigonal. Im Bild: rhomboedrische Kristalle. Fundort: Eisenerz/Steiermark. Vergrößerung 3fach.

58 **Rhodochrosit.** Himbeerspat. Manganspat. Härte: $3^1/_2$–4. Dichte: 3,3–3,6. Strichfarbe: weiß. Farbe: rosafarben in verschiedenen Tönungen, hellrot, gelbgrau, bräunlich. Glasglanz. Spaltbarkeit: nach dem Grundrhomboeder vollkommen. Bruch uneben. Tenazität: spröde. Kristallform: trigonal. Im Bild: skalenoedrische Kristalle auf Limonit. Fundort: Grube Wolf bei Herdorf/Siegerland. Vergrößerung 10fach.

59 Stilbit. Desmin. Härte: $3^{1}/_{2}$–4. Dichte: 2,1–2,2. Strichfarbe: weiß. Farbe: farblos, gelb, weiß, braun. Glasglanz, auf Spaltflächen Perlmuttglanz. Spaltbarkeit: vollkommen. Bruch uneben. Tenazität: spröde. Kristallform: monoklin. Im Bild: garbenförmiges Aggregat. Fundort: Habachtal/Tauern. Vergrößerung 3fach.

60 Pyromorphit. Grünbleierz. Braunbleierz. Härte: $3^{1}/_{2}$–4. Dichte: 6,7–7,0. Strichfarbe: weiß. Farbe: grün, braun, orange bis farblos. Fettglanz. Spaltbarkeit: keine. Bruch muschelig. Tenazität: spröde. Kristallform: hexagonal. Im Bild: prismatische Kristalle. Fundort: Schauinsland/Schwarzwald. Vergrößerung 9fach.

61 Skorodit. Härte: $3^{1}/_{2}$–4. Dichte: 3,1–3,3. Strichfarbe: weiß. Farbe: farblos, weiß, gelb, grünlich, blau, braun. Fettiger Glasglanz. Spaltbarkeit: kaum sichtbar. Bruch muschelig. Tenazität: spröde. Kristallform: orthorhombisch. Im Bild: tafelige Kristalle auf Limonit. Fundort: Kamariza bei Lavrion/Griechenland. Vergrößerung 20fach.

62 Phosphosiderit. Klinostrengit. Härte: $3^{1}/_{2}$–4. Dichte: 2,76. Strichfarbe: weiß. Farbe: farblos, weiß, rosa, violett. Glasglanz. Spaltbarkeit: vollkommen. Bruch uneben. Tenazität: spröde. Kristallform: monoklin. Im Bild: tafeliger Kristall. Fundort: Hagendorf-Süd/Oberpfalz. Vergrößerung 50fach.

63 **Flußspat.** Fluorit. Härte: 4. Dichte: 3,1–3,2. Strichfarbe: weiß. Farbe: farblos, weiß, rosa, gelb, braun, grün, blau, violett; manchmal auch mehrere Farben an einem Kristall. Glasglanz. Spaltbarkeit: vollkommen nach dem Oktaeder. Bruch uneben. Tenazität: spröde. Kristallform: kubisch. Im Bild: würfelige Kristalle. Fundort: Grube Clara/Schwarzwald. Vergrößerung 1,8fach.

64 **Flußspat.** Fluorit. Härte: 4. Dichte: 3,1–3,2. Strichfarbe: weiß. Farbe: farblos, weiß, rosa, gelb, braun, grün, blau, violett; manchmal auch mehrere Farben an einem Kristall. Glasglanz. Spaltbarkeit: vollkommen nach dem Oktaeder. Tenazität: spröde. Kristallform: kubisch. Im Bild: Oktaeder, auf Bergkristall aufgewachsen. Fundort: Göschenen/Uri/Schweiz. Vergrößerung 4fach.

65 **Flußspat.** Härte: 4. Dichte: 3,1–3,2. Strichfarbe: weiß. Farbe: farblos, weiß, rosa, gelb, braun, grün, blau, violett; auch mehrere Farben an einem Kristall. Glasglanz. Spaltbarkeit: vollkommen nach dem Oktaeder. Bruch uneben. Tenazität: spröde. Kristallform: kubisch. Im Bild: Würfel in Kombination mit Rhombendodekaeder. Fundort: Mt. St.-Hilaire/Quebec. Vergrößerung 18fach.

66 **Flußspat.** Fluorit. Härte: 4. Dichte: 3,1–3,2. Strichfarbe: weiß. Farbe: farblos, weiß, rosa, gelb, braun, grün, blau, violett; auch mehrere Farben an einem Kristall. Glasglanz. Spaltbarkeit: vollkommen nach dem Oktaeder. Bruch uneben. Tenazität: spröde. Kristallform: kubisch. Im Bild: Pyramidenwürfel auf Quarzkristallen. Fundort: Wölsendorf/Oberpfalz. Vergrößerung 10fach.

67 **Wavellit.** Härte: 4. Dichte: 2,3–2,4. Strichfarbe: weiß. Farbe: farblos, weiß, gelb, grün. Glasglanz. Spaltbarkeit: wegen der nadeligen Kristalle meist nicht sichtbar. Bruch uneben. Tenazität: spröde. Kristallform: orthorhombisch. Im Bild: radialstrahlige Aggregate. Fundort: Pencil Bluff/USA. Vergrößerung 6fach.

68 **Strunzit.** Härte: 4. Dichte: 2,52. Strichfarbe: weiß. Farbe: strohgelb. Glasglanz. Spaltbarkeit: keine. Bruch uneben. Tenazität: spröde. Kristallform: triklin. Im Bild: nadelige Kristallbüschel. Fundort: Hagendorf-Süd/Oberpfalz. Vergrößerung 9fach.

69 **Disthen.** Cyanit. Härte: in der Längsrichtung 4–4½, quer dazu 6–7. Dichte: 3,6–3,7. Strichfarbe: weiß. Farbe: blau, grau, weißlich. Glasglanz. Spaltbarkeit: vollkommen. Bruch uneben. Tenazität: spröde. Kristallform: triklin. Im Bild: langprismatischer Kristall auf Paragonitschiefer. Fundort: Pizzo Forno/Tessin. Vergrößerung 3fach.

70 **Magnesit.** Härte: 4–4½. Dichte: 3,0. Strichfarbe: weiß. Farbe: farblos, weiß, gelblich, bräunlich, grau. Glasglanz. Spaltbarkeit: sehr vollkommen nach dem Grundrhomboeder. Bruch spätig. Tenazität: spröde. Kristallform: trigonal. Im Bild: grobkristalliner Pinolitmagnesit. Fundort: Sunk bei Trieben/Österreich. Verkleinerung 3fach.

71 Phillipsit. Härte: 4–4½. Dichte: 2,2. Strichfarbe: weiß. Farbe: farblos, weiß, gelblich, rötlich. Glasglanz. Spaltbarkeit: deutlich. Bruch uneben. Tenazität: spröde. Kristallform: monoklin. Im Bild: prismatische Kristalle. Fundort: Oberwiddersheim am Vogelsberg. Vergrößerung 15fach.

72 Siderit. Eisenspat. Härte: 4–4½. Dichte. 3,7–3,9. Strichfarbe: weißlich. Farbe: gelbweiß, gelbbraun bis dunkelbraun. Glasglanz. Spaltbarkeit: vollkommen nach dem Rhomboeder. Bruch spätig. Tenazität: spröde. Kristallform: trigonal. Im Bild: sattelförmig gekrümmte rhomboedrische Kristalle. Fundort: Hüttenberg/Kärnten. Vergrößerung 1,5fach.

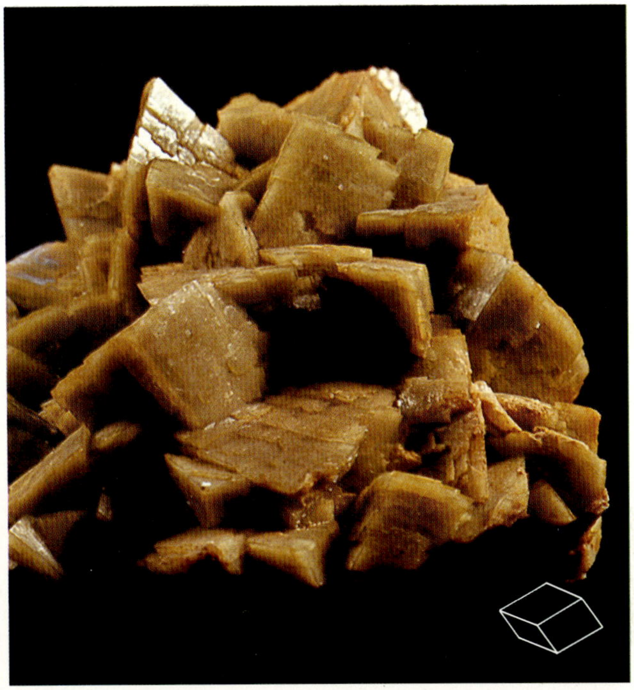

73 Goyazit. Hamlinit. Härte: 4½. Dichte: 3,2. Strichfarbe: weiß. Farbe: farblos, weiß, gelb. Glasglanz. Spaltbarkeit: nach der Basis vollkommen. Bruch uneben. Tenazität: spröde. Kristallform: trigonal. Im Bild: kurzprismatischer Kristall. Fundort: Goldkuppe bei Omaruru/Namibia. Vergrößerung 20fach.

74 Xenotim. Härte: 4–5. Dichte: 4,5–5,1. Strichfarbe: weiß. Farbe: gelb, braun. Fettglanz bis Glasglanz. Spaltbarkeit: vollkommen. Bruch splittrig. Tenazität: spröde. Kristallform: tetragonal. Im Bild: Prisma in Kombination mit Bipyramide. Fundort: Alter Bach bei Fiesch/Schweiz. Vergrößerung 30fach.

75 Chabasit. Härte: $4^1/_2$. Dichte: 2,08. Strichfarbe: weiß. Farbe: farblos, weiß, gelb, orange, braun. Glasglanz. Spaltbarkeit: undeutlich. Bruch uneben. Tenazität: spröde. Kristallform: trigonal. Im Bild: rhomboedrische Kristalle. Fundort: Malinsfjäll/Färöer-Inseln. Vergrößerung 2fach.

76 Harmotom. Härte: $4^1/_2$. Dichte: 2,44–2,50. Strichfarbe: weiß. Farbe: farblos, weiß, gelblich. Glasglanz. Spaltbarkeit: kaum erkennbar. Bruch muschelig. Tenazität: spröde. Kristallform: monoklin. Im Bild: prismatischer Vierling. Fundort: Steinbruch Setz bei Idar-Oberstein. Vergrößerung 13fach.

77 Synchisit. Härte: $4^1/_2$. Dichte: 4,35. Strichfarbe: weiß. Farbe: farblos, weißlich, gelb, orange, grünlich, grau. Glasglanz. Spaltbarkeit: kaum sichtbar. Bruch muschelig. Tenazität: spröde. Kristallform: pseudohexagonal. Im Bild: prismatischer Kristall. Fundort: Val Casaccia/Schweiz. Vergrößerung 18fach.

78 Childrenit. Härte: $4^1/_2$. Dichte: 3,2. Strichfarbe: weiß. Farbe: gelb bis braun. Glasglanz. Spaltbarkeit: meist nicht erkennbar. Bruch uneben. Tenazität: spröde. Kristallform: monoklin. Im Bild: Rosette aus prismatischen Kristallen auf Rosenquarz. Fundort: Taquaral, Minas Gerais/Brasilien. Vergrößerung 2fach.

79 **Scheelit.** Härte: 4½–5. Dichte: 5,9–6,1. Strichfarbe: weiß. Farbe: farblos, weiß, gelblich, grau, orange, braun. Fettglanz. Spaltbarkeit: meist schwer erkennbar. Bruch muschelig. Tenazität: spröde. Kristallform: tetragonal. Im Bild: oktaederähnlicher Kristall. Fundort: Fürstenberg/Sachsen. Vergrößerung 10fach.

80 **Apophyllit.** Härte: 4½–5. Dichte: 2,3–2,4. Strichfarbe: weiß. Farbe: farblos, weiß, gelb, grün. Glasglanz, auf der Basis starker Perlmuttglanz. Spaltbarkeit: nach der Basis vollkommen. Bruch uneben. Tenazität: spröde. Kristallform: tetragonal. Im Bild: prismatische Kristalle. Fundort: Korsnäs/Finnland. Vergrößerung 9fach.

81 **Wollastonit.** Härte: 4½–5. Dichte: 2,8–2,9. Strichfarbe: weiß. Farbe: farblos, weiß, grau. Glasglanz. Aggregate Seidenglanz. Spaltbarkeit: vollkommen. Bruch faserig. Tenazität: spröde. Kristallform: triklin. Im Bild: strahliges Aggregat. Fundort: Hoja/Niederösterreich. Originalgröße.

82 **Hemimorphit.** Kieselzinkerz. Härte: 5. Dichte: 3,3–3,5. Strichfarbe: weiß. Farbe: farblos, weiß, grünlich, braun, gelblich. Glasglanz. Spaltbarkeit: vollkommen. Bruch muschelig. Tenazität: spröde. Kristallform: orthorhombisch. Im Bild: Rosetten radialstrahliger Kristalle. Fundort: Grube Anton bei Wieden/Schwarzwald. Vergrößerung 8fach.

83 **Apatit.** Härte: 5. Dichte: 3,16–3,22. Strichfarbe: weiß. Farbe: farblos, gelb, blau, grün, violett, rot. Glasglanz. Spaltbarkeit: nach der Basis manchmal deutlich. Bruch muschelig. Tenazität: spröde. Kristallform: hexagonal. Im Bild: kurzprismatische Kristalle. Fundort: Ehrenfriedersdorf/Sachsen. Vergrößerung 4fach.

84 **Apatit.** Härte: 5. Dichte: 3,16–3,22. Strichfarbe: weiß. Farbe: farblos, gelb, blau, grün, violett, rot. Glasglanz. Spaltbarkeit: nach der Basis manchmal deutlich. Bruch muschelig. Tenazität: spröde. Kristallform: hexagonal. Im Bild: äußerst flächenreicher Kristall. Fundort: Val Val/Schweiz. Vergrößerung 17fach.

85 **Apatit.** Härte: 5. Dichte: 3,16–3,22. Strichfarbe: weiß. Farbe: farblos, gelb, blau, grün, violett, rot. Glasglanz. Spaltbarkeit: nach der Basis manchmal deutlich. Bruch muschelig. Tenazität: spröde. Kristallform: hexagonal. Im Bild: prismatischer Kristall mit Bipyramide. Fundort: Katzenbuckel/Odenwald. Vergrößerung 12fach.

86 **Pektolith.** Härte: 5. Dichte: 2,8. Strichfarbe: weiß. Farbe: farblos, weiß. Glasglanz, in Aggregaten seidig. Spaltbarkeit: keine. Bruch muschelig. Aggregate faserig. Tenazität: spröde. Kristallform: triklin. Im Bild: radialstrahlige Aggregate. Fundort: Rauschermühle bei Niederkirchen/Pfalz. Vergrößerung 2,2fach.

87 **Smithsonit.** Zinkspat. Härte: 5. Dichte: 4,3–4,5. Strichfarbe: weiß. Farbe: farblos, weiß, gelb, braun, rot, grün, blau, grau. Glasglanz. Spaltbarkeit: nach dem Rhomboeder vollkommen. Bruch uneben. Tenazität: spröde. Kristallform: trigonal; Skalenoeder und Rhomboeder, oft gerundet, nierig, stalagtitisch, schalig, derb. Im Bild: pilzförmiges Kristallaggregat. Fundort: Lavrion/Griechenland. Vergrößerung 30fach.

88 **Datolith.** Härte: 5–5½. Dichte: 2,9–3,0. Strichfarbe: weiß. Farbe: farblos, weiß, gelblich. Glasglanz, auf Bruchflächen fettig. Spaltbarkeit: keine. Bruch muschelig. Tenazität: spröde. Kristallform: monoklin. Im Bild: prismatischer Kristall. Fundort: Charcas bei San Luis Potosi/Mexiko. Vergrößerung 4fach.

89 **Melilith.** Härte: 5–5½. Dichte: 2,9–3,0. Strichfarbe: weißlich. Farbe: farblos, gelb, braun, rot. Glasglanz. Spaltbarkeit: meist nicht erkennbar. Bruch muschelig. Tenazität: spröde. Kristallform: tetragonal. Im Bild: würfelähnliche Kristalle mit Apatit (nadelig) und Augit (schwarz). Fundort: Üdersdorf/Eifel. Vergrößerung 12fach.

90 **Mesolith.** Härte: 5–5½. Dichte: 2,2. Strichfarbe: weiß. Farbe: farblos, weiß. Glas- bis Seidenglanz. Spaltbarkeit: meist nicht erkennbar. Bruch muschelig. Tenazität: spröde. Kristallform: monoklin. Im Bild: dünnadelige Kristalle. Fundort: Poonah bei Bombay/Indien. Originalgröße.

91 **Natrolith.** Härte: 5–5½. Dichte: 2,2–2,4. Strichfarbe: weiß. Farbe: farblos, weiß, gelblich. Glasglanz. Spaltbarkeit: vollkommen. Bruch muschelig. Tenazität: spröde. Kristallform: orthorhombisch. Im Bild: büschelige Aggregate mit Calcitkristallen. Fundort: Oberwiddersheim am Vogelsberg. Vergrößerung 6fach.

92 **Monazit.** Härte: 5–5½. Dichte: 4,9–5,5. Strichfarbe: weiß. Farbe: farblos, orange, braun durchsichtig, braun bis dunkelbraun undurchsichtig. Glas- bis Fettglanz. Spaltbarkeit: manchmal sichtbar. Bruch muschelig. Tenazität: spröde. Kristallform: monoklin. Im Bild: durchsichtiger, dicktafeliger Kristall. Fundort: Pardatsch im Val Nalps/Schweiz. Vergrößerung 25fach.

93 **Monazit.** Härte: 5–5½. Dichte: 4,9–5,5. Strichfarbe: weiß. Farbe: farblos, orange, braun durchsichtig, braun bis dunkelbraun undurchsichtig. Glas- bis Fettglanz. Spaltbarkeit: manchmal sichtbar. Bruch muschelig. Tenazität: spröde. Kristallform: monoklin. Im Bild: dicktafeliger Kristall. Fundort: Antsirabé/Madagaskar. Vergrößerung 3,5fach.

94 **Titanit.** Sphen. Härte: 5–5½. Dichte: 3,4–3,6. Strichfarbe: weiß, selten leicht braun. Farbe: gelb, rot, braun. Harzglanz. Spaltbarkeit: nur schwer erkennbar. Bruch muschelig. Tenazität: spröde. Kristallform: monoklin. Im Bild: Zwillingskristall. Fundort: Pfitsch/Tirol. Vergrößerung 6fach.

95 **Wagnerit.** Härte: 5–5½. Dichte: 3–3,15. Strichfarbe: weiß. Farbe: weiß, meist gelb bis gelbbraun. Fettglanz. Spaltbarkeit: keine. Bruch muschelig. Tenazität: spröde. Kristallform: monoklin. Im Bild: dicktafelige Kristalle. Fundort: Höllgraben bei Werfen/Salzburg. Vergrößerung 3fach.

96 **Thomsonit.** Härte: 5–5½. Dichte: 2,3–2,4. Strichfarbe: weiß. Farbe: farblos, weiß. Glasglanz. Spaltbarkeit: vollkommen. Bruch uneben. Tenazität: spröde. Kristallform: orthorhombisch. Im Bild: prismatische Kristalle. Fundort: Roßdorf bei Darmstadt. Vergrößerung 6fach.

97 **Lazulith.** Blauspat. Härte: 5–6. Dichte: 3,0. Strichfarbe: weiß. Farbe: hell- bis dunkelblau. Glas- bis Fettglanz. Spaltbarkeit: meist nicht erkennbar. Bruch splittrig. Tenazität: spröde. Kristallform: monoklin. Im Bild: prismatische Kristalle. Fundort: Autobahnauffahrt Werfen/Salzburg. Vergrößerung 4fach.

98 **Hauyn.** Härte: 5–6. Dichte: 2,5. Strichfarbe: weiß. Farbe: blau, durchsichtig bis durchscheinend. Glasglanz. Spaltbarkeit: schlecht sichtbar. Bruch muschelig. Tenazität: spröde. Kristallform: kubisch. Im Bild: Rhombendodekaeder in Kombination mit dem Würfel auf Sanidin. Fundort: Mendig/Eifel. Vergrößerung 18fach.

99 **Cancrinit.** Härte: 5–6. Dichte: 2,4–2,6. Strichfarbe: weiß. Farbe: farblos, weiß. Glasglanz. Spaltbarkeit: nach der Basis vollkommen. Bruch uneben. Tenazität: spröde. Kristallform: hexagonal. Im Bild: prismatische Kristalle. Fundort: Kruft/Eifel. Vergrößerung 18fach.

100 **Sodalith.** Härte: 5–6. Dichte: 2,3. Strichfarbe: weiß. Farbe: farblos, weiß, grau, blau. Glasglanz, auf dem Bruch Fettglanz. Spaltbarkeit: meist nicht sichtbar. Bruch muschelig. Tenazität: spröde. Kristallform: kubisch. Im Bild: derbes Aggregat. Fundort: Swartbooisdrif/Namibia. Vergrößerung 1,2fach.

101 **Türkis.** Härte: 5–6. Dichte: 2,6–2,8. Strichfarbe: weiß. Farbe: hellblau, blaugrün, hellgrün. Wachsglanz bis matt. Spaltbarkeit: keine. Bruch muschelig. Tenazität: spröde. Kristallform: triklin. Im Bild: angeschliffene Platte mit Türkis, der in Knollen im Nebengestein verteilt ist. Fundort: Maaden bei Nishapur/Iran. Vergrößerung 1,5fach.

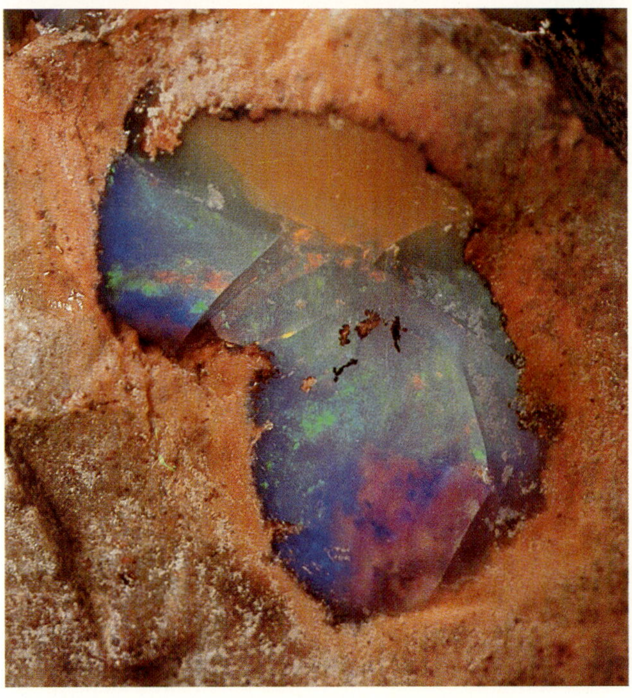

102 **Opal.** Härte: 5–6½. Dichte: 1,9–2,2. Strichfarbe: weiß. Farbe: farblos, durchsichtig; weiß. Spaltbarkeit: keine. Bruch muschelig. Tenazität: spröde. Kristallform: amorph. Im Bild: Edelopal im Nebengestein eingewachsen. Fundort: Červenica bei Prešov/Tschechoslowakei. Vergrößerung 2fach.

103 **Skapolith.** Härte: 5–6½. Dichte: 2,54–2,77. Strichfarbe: weiß. Farbe: farblos, weiß, gelblich, grünlich, bläulich, rötlich, violett. Glasglanz. Spaltbarkeit: nach dem Prisma vollkommen. Bruch muschelig. Tenazität: spröde. Kristallform: tetragonal. Im Bild: prismatische Kristalle. Fundort: Mt. St.-Hilaire/Quebec/Kanada. Vergrößerung 1,5fach.

104 **Analcim.** Härte: 5 1/2. Dichte: 2,2–2,3. Strichfarbe: weiß. Farbe: farblos, weiß, rötlich, orange, gelb. Glasglanz. Spaltbarkeit: undeutlich. Bruch muschelig. Tenazität: spröde. Kristallform: kubisch. Im Bild: Deltoidikositetraeder auf Chabasit. Fundort: Breiddalsheidi/Island. Vergrößerung 15fach.

105 **Perowskit.** Härte: 5 1/2. Dichte: 4,0–4,8. Strichfarbe: weiß bis grau. Farbe: verschiedene Brauntöne. Fettglanz, mitunter metallisch. Spaltbarkeit: mäßig bis gut. Bruch uneben bis muschelig. Tenazität: spröde. Kristallform: orthorhombisch. Im Bild: ein würfelähnlicher Kristall, mit Magnetitkristallen verwachsen. Fundort: Ala-Tal/Italien. Vergrößerung 7fach.

106 **Bavenit.** Härte: 5 1/2. Dichte: 2,7. Strichfarbe: weiß. Farbe: farblos, weiß. Glasglanz, auf Spaltflächen Perlmuttglanz. Spaltbarkeit: vollkommen. Bruch blättrig. Tenazität: spröde. Kristallform: orthorhombisch. Im Bild: radialstrahlige Aggregate auf Feldspat. Fundort: Plank a. Kamp/Niederösterreich. Vergrößerung 4,5fach.

107 **Brasilianit.** Härte: 5 1/2. Dichte: 2,98. Strichfarbe: weiß. Farbe: gelb bis weißlich. Glasglanz. Spaltbarkeit: vollkommen senkrecht zur b-Achse. Bruch uneben. Tenazität: spröde. Kristallform: monoklin. Im Bild: prismatischer Kristall auf Feldspat. Fundort: Minas Gerais/Brasilien. Vergrößerung 2fach.

108 **Skolezit.** Härte. $5^{1}/_{2}$. Dichte: 2,26–2,40. Strichfarbe: weiß. Farbe: farblos, weiß. Glasglanz. Spaltbarkeit: vollkommen. Bruch muschelig. Tenazität: spröde. Kristallform: monoklin. Im Bild: radialstrahliges Aggregat nadeliger Kristalle. Fundort: Schattig Wichel/Schweiz. Vergrößerung 4fach.

109 **Anatas.** Härte: $5^{1}/_{2}$–6. Dichte: 3,8–3,9. Strichfarbe: weiß. Farbe: gelb, braun, blau, schwarz. Metallglanz bis Diamantglanz. Spaltbarkeit: meist nicht sichtbar. Bruch uneben. Tenazität: spröde. Kristallform: tetragonal. Im Bild: spitzpyramidale Kristalle. Fundort: Cavradischlucht/Schweiz. Vergrößerung 15fach.

110 **Brookit.** Arkansit. Härte: $5^{1}/_{2}$–6. Dichte: 4,1. Strichfarbe: hellbräunlich bis weiß. Farbe: braun, grünlich bis schwärzlich, meist durchscheinend. Diamantglanz. Spaltbarkeit: undeutlich. Bruch uneben. Tenazität: spröde. Kristallform: orthorhombisch. Im Bild: tafeliger Kristall mit typischer Sanduhrstruktur. Fundort: Maderanertal/Uri/Schweiz. Vergrößerung 12fach.

111 **Willemit.** Härte: $5^{1}/_{2}$. Dichte: 4,0. Strichfarbe: weiß. Farbe: farblos, weiß, gelb, grünlich, grau, braun. Fettiger Glasglanz. Spaltbarkeit: keine. Bruch splittrig. Tenazität: spröde. Kristallform: trigonal. Im Bild: prismatische hexagonale Kristalle. Fundort: Tsumeb/Namibia. Vergrößerung 10fach.

112 **Pyrochlor.** Härte: 5½–6. Dichte: 4,3–6,4. Strichfarbe: weiß. Farbe: gelb, orange, rötlich. Glasglanz. Spaltbarkeit: keine. Bruch muschelig. Tenazität: spröde. Kristallform: kubisch; meist Oktaeder, selten Würfel, ein- und aufgewachsen. Im Bild: orangefarbener Oktaeder auf einem tafeligen Biotitkristall. Fundort: Krufter Ofen bei Kruft/Eifel. Vergrößerung 30fach.

113 Tremolit. Härte: $5^{1}/_{2}$–6. Dichte: 2,9–3,1. Strichfarbe: weiß. Farbe: weiß bis lichtgrün. Glasglanz. Spaltbarkeit: meist nicht erkennbar. Bruch faserig. Tenazität: spröde. Kristallform: monoklin. Im Bild: strahlige Aggregate in Dolomitmarmor. Fundort: Campolungo/Schweiz. Verkleinerung 1,5fach.

114 Nephelin. Härte: $5^{1}/_{2}$–6. Dichte: 2,60–2,65. Strichfarbe: weiß. Farbe: farblos, weiß, gelblich. Glasglanz. Spaltbarkeit: meist nicht erkennbar. Bruch muschelig. Tenazität: spröde. Kristallform: hexagonal. Im Bild: prismatische Kristalle mit Melilith (braun) und Apatit (nadelig). Fundort: Üdersdorf/Eifel. Vergrößerung 15fach.

115 Rhodonit. Härte: $5^{1}/_{2}$–$6^{1}/_{2}$. Dichte: 3,73. Strichfarbe: weiß. Farbe: rosa, fleischrot, braunrot. Glasglanz. Spaltbarkeit: in zwei Richtungen vollkommen. Bruch uneben. Tenazität: spröde. Kristallform: triklin. Im Bild: leicht kantengerundete Kristalle mit Bleiglanz. Fundort: Broken Hill/Australien. Vergrößerung 6fach.

116 Diopsid. Härte: 6. Dichte: 3,3. Strichfarbe: weiß. Farbe: farblos, weiß, grün. Glasglanz. Spaltbarkeit: nach dem Prisma erkennbar. Bruch uneben. Tenazität: spröde. Kristallform: monoklin. Im Bild: prismatischer Kristall mit Grossular. Fundort: Alpe Mussa/Italien. Vergrößerung 2,5fach.

117 **Amblygonit.** Härte: 6. Dichte: 3,0–3,1. Strichfarbe: weiß. Farbe: weiß, gelb. Glasglanz, auf Spaltflächen Perlmuttglanz. Spaltbarkeit: in vier Richtungen verschieden gut. Bruch uneben. Tenazität: spröde. Kristallform: triklin. Im Bild: strahlige Kristalle, in Feldspat eingewachsen. Fundort: Viitaniemi/Finnland. Verkleinerung 2fach.

118 **Milarit.** Härte: 6. Dichte: 2,52. Strichfarbe: weiß. Farbe: farblos, weiß, durch Chloriteinschlüsse grün. Glasglanz. Spaltbarkeit: keine. Bruch muschelig. Tenazität: spröde. Kristallform: hexagonal. Im Bild: prismatischer Kristall. Fundort: Piz Giuv im Tavetsch/Schweiz. Vergrößerung 10fach.

119 **Kalifeldspat.** Härte: 6. Dichte: 2,53–2,56. Strichfarbe: weiß. Farbe: weiß, gelb, braun, fleischrot. Glasglanz. Spaltbarkeit: nach dem Basispinakoid vollkommen. Bruch muschelig. Tenazität: spröde. Kristallform: monoklin und triklin. Im Bild: kurzprismatischer Kristall mit Quarz. Fundort: San Piero/Elba. Vergrößerung 1,5fach.

120 **Kalifeldspat.** Härte: 6. Dichte: 2,53–2,56. Strichfarbe: weiß. Farbe: weiß, gelb, braun, fleischrot. Glasglanz. Spaltbarkeit: nach dem Basispinakoid vollkommen. Bruch muschelig. Tenazität: spröde. Kristallform: monoklin und triklin. Im Bild: Adularkristalle, leicht mit Chlorit (grün) überzogen. Fundort: Schöllenenschlucht/Schweiz. Vergrößerung 1,5fach.

121 **Plagioklas.** Härte: 6–6½. Dichte: 2,61–2,77. Strichfarbe: weiß. Farbe: farblos, weiß. Glasglanz. Spaltbarkeit: nach dem Basispinakoid vollkommen, nach dem seitlichen Pinakoid weniger vollkommen. Bruch muschelig. Tenazität: spröde. Kristallform: triklin. Im Bild: tafeliger Albitkristall, nach dem Albitgesetz verzwillingt. Fundort: Intschitobel/Schweiz. Vergrößerung 4fach.

122 **Plagioklas.** Härte: 6–6½. Dichte: 2,61–2,77. Strichfarbe: weiß. Farbe: farblos, weiß, grünlich, rötlich, grau. Glasglanz. Spaltbarkeit: nach dem Basispinakoid vollkommen, nach dem seitlichen Pinakoid weniger vollkommen. Bruch muschelig. Tenazität: spröde. Kristallform: triklin. Im Bild: prismatische Periklinkristalle. Fundort: Pfitsch/Tirol. Vergrößerung 3fach.

123 **Prehnit.** Härte: 6–6½. Dichte: 2,8–3,0. Strichfarbe: weiß. Farbe: farblos, weiß, gelblich, grün. Glasglanz. Spaltbarkeit: nach der Basis erkennbar. Bruch uneben. Tenazität: spröde. Kristallform: orthorhombisch. Im Bild: kugelige Aggregate. Fundort: Rauschermühle bei Niederkirchen/Pfalz. Vergrößerung 2fach.

124 **Mullit.** Härte: 6–7. Dichte: 3,2–3,3. Strichfarbe: weiß. Farbe: farblos, weiß, violett. Glasglanz. Spaltbarkeit: wegen der nadeligen Ausbildung nicht sichtbar. Tenazität: spröde. Kristallform: orthorhombisch. Im Bild: kugelige Nadelbüschel. Fundort: Nickenich/Eifel. Vergrößerung 11fach.

125 Vesuvian. Härte: $6^{1}/_{2}$. Dichte: 3,27–3,45. Strichfarbe: weiß. Farbe: gelb, braun, grün. Glas- bis Fettglanz. Spaltbarkeit: keine. Bruch muschelig. Tenazität: spröde. Kristallform: tetragonal. Im Bild: prismatische Kristalle mit Chloritkristallen. Fundort: Rimpfischwäng bei Zermatt/Schweiz. Vergrößerung 9fach.

126 Benitoit. Härte: $6^{1}/_{2}$. Dichte: 3,7. Strichfarbe: weiß. Farbe: blaß- bis tiefblau, selten rosa. Glasglanz. Spaltbarkeit: keine. Bruch muschelig. Tenazität: spröde. Kristallform: trigonal. Im Bild: bipyramidale Kristalle auf weißem Natrolith. Fundort: Dallas Gem Mine, San Benito Co./Kalifornien. Vergrößerung 9fach.

127 Sillimanit. Härte: 6–7. Dichte: 3,2. Strichfarbe: weiß. Farbe: farblos, weiß, gelblich, grau. Glasglanz, in Aggregaten Seidenglanz. Spaltbarkeit: vollkommen. Bruch uneben. Tenazität: spröde. Kristallform: orthorhombisch. Im Bild: strahliges Aggregat, durch Eisen gefärbt. Fundort: Bodenmais/Bayerischer Wald. Vergrößerung 5fach.

128 Cristobalit. Härte: $6^{1}/_{2}$. Dichte: 2,20. Strichfarbe: weiß. Farbe: trüb milchigweiß. Glasglanz. Spaltbarkeit: keine. Bruch muschelig. Tenazität: spröde. Kristallform: kubisch. Im Bild: oktaedrische Kristalle. Fundort: In der Aal/Eifel. Vergrößerung 20fach.

129 Grossular. Härte: $6^{1}/_{2}$–7. Dichte: 3,59. Strichfarbe: weiß. Farbe: farblos, gelb, gelbbraun, grün, rot (Hessonit). Glasglanz. Spaltbarkeit: keine. Bruch muschelig. Tenazität: spröde. Kristallform: kubisch. Im Bild: Rhombendodekaeder in Kombination mit dem Würfel. Fundort: Mussa-Alpe/Piemont/Italien. Vergrößerung 15fach.

130 Bertrandit. Härte: $6^{1}/_{2}$–7. Dichte: 2,60. Strichfarbe: weiß. Farbe: farblos, weiß, gelblich, durchsichtig. Glasglanz. Spaltbarkeit: nach der Basis vollkommen. Bruch muschelig. Tenazität: spröde. Kristallform: orthorhombisch. Im Bild: tafelige Kristalle auf Muskovit. Fundort: Lohningerbruch, Rauris/Österreich. Vergrößerung 3fach.

131 Axinit. Härte: $6^{1}/_{2}$–7. Dichte: 3,3. Strichfarbe: weiß. Farbe: braun, grau, violett, blau, grünlich. Glasglanz. Spaltbarkeit: schlecht sichtbar. Bruch muschelig. Tenazität: spröde. Kristallform: triklin. Im Bild: tafelige, scharfkantige Kristalle. Fundort: Lukmanier/Schweiz. Vergrößerung 6fach.

132 Olivin. Härte: $6^{1}/_{2}$–7. Dichte: 3,27–4,20. Strichfarbe: weiß. Farbe: gelblichgrün bis flaschengrün, rot, bräunlich. Glasglanz, etwas fettig. Spaltbarkeit: kaum erkennbar. Bruch muschelig. Tenazität: spröde. Kristallform: orthorhombisch. Im Bild: prismatischer Kristall. Fundort: Insel Seberget/Ägypten. Vergrößerung 4,5fach.

133 Uwarowit. Härte: $6^{1}/_{2}$–$7^{1}/_{2}$. Dichte: 3,40. Strichfarbe: weiß. Farbe: smaragdgrün. Glasglanz. Spaltbarkeit: keine. Bruch muschelig. Tenazität: spröde. Kristallform: kubisch. Im Bild: rhombendodekaedrische Kristalle, in Quarz eingewachsen. Fundort: Outokumpu/Finnland. Vergrößerung 2fach.

134 Spodumen. Härte: $6^{1}/_{2}$–7. Dichte: 3,1–3,2. Strichfarbe: weiß. Farbe: farblos, weiß, rosa und violett (Kunzit), grün (Hiddenit). Glasglanz. Spaltbarkeit: nach dem Prisma vollkommen. Bruch spätig. Tenazität: spröde. Kristallform: monoklin. Im Bild: prismatischer Kristall. Fundort: Davasadrital/Pakistan. Vergrößerung 1,5fach.

135 Almandin. Härte: $6^{1}/_{2}$–$7^{1}/_{2}$. Dichte: 4,32. Strichfarbe: weiß. Farbe: rot, manchmal mit Stich ins Blaue, rotbraun, braun. Glasglanz. Spaltbarkeit: keine. Bruch muschelig. Tenazität: spröde. Kristallform: kubisch. Im Bild: Rhombendodekaeder, in Quarz eingewachsen. Fundort: Pizzo Badile/Schweiz. Vergrößerung 4,5fach.

136 Andradit. Härte: $6^{1}/_{2}$–$7^{1}/_{2}$. Dichte: 3,86. Strichfarbe: weiß. Farbe: farblos, braun, grün, schwarz (Melanit, titanhaltiger Andradit). Glasglanz. Spaltbarkeit: keine. Bruch muschelig. Tenazität: spröde. Kristallform: kubisch. Im Bild: isometrischer Kristall. Fundort: Bellerberg/Eifel. Vergrößerung 20fach.

137 **Turmalin.** Härte: 7. Dichte: 3,0–3,25. Strichfarbe: weiß. Farbe: farblos, rosa (Rubellit), grün (Verdelith), blau (Indigolith), gelb, braun, schwarz, durchsichtig bis undurchsichtig. Glasglanz. Spaltbarkeit: keine. Bruch muschelig. Tenazität: spröde. Kristallform: trigonal; prismatische bis nadelige Kristalle, ein- und aufgewachsen, strahlig, stengelig, derb. Im Bild: prismatischer Kristall mit deutlich sichtbarer trigonaler Endfläche. Es handelt sich hier um die schwarze Turmalinvarietät, den Schörl. Fundort: San Piero/Elba/Italien. Vergrößerung 2,5fach.

138 Tridymit. Härte: $6^1/_2$–7. Dichte: 2,27. Strichfarbe: weiß. Farbe: farblos, weiß. Glasglanz. Spaltbarkeit: selten sichtbar. Bruch muschelig. Tenazität: spröde. Kristallform: hexagonal. Im Bild: dünntafelige Kristalle, zusammen mit braunen Pyroxenkristallen. Fundort: Bellerberg/Eifel. Vergrößerung 18fach.

139 Boracit. Härte: 7. Dichte: 2,9–3. Strichfarbe: weiß. Farbe: farblos, weiß, gelblich, grünlich, bläulich. Glasglanz. Spaltbarkeit: keine. Bruch muschelig. Tenazität: spröde. Kristallform: kubisch. Im Bild: lose Einzelkristalle, Würfel in Kombination mit Oktaeder und Rhombendodekaeder. Fundort: Staßfurt/DDR. Vergrößerung 6fach.

140 Cordierit. Härte: 7. Dichte: 2,6. Strichfarbe: weiß. Farbe: grau, blau, violett, grünlich bis gelb. Glasglanz bis Fettglanz. Spaltbarkeit: undeutlich. Bruch muschelig. Tenazität: spröde. Kristallform: orthorhombisch. Im Bild: prismatischer Kristall, in Magnetkies eingewachsen. Fundort: Bodenmais/Bayerischer Wald. Etwa Originalgröße.

141 Turmalin. Härte: 7. Dichte: 3,0–3,25. Strichfarbe: weiß. Farbe: farblos, rosa, grün, blau, gelb, braun, schwarz. Glasglanz. Spaltbarkeit: keine. Bruch muschelig. Tenazität: spröde. Kristallform: trigonal. Im Bild: prismatischer Kristall auf Dolomit. Fundort: Lengenbach/Schweiz. Vergrößerung 20fach.

142 **Spessartin.** Härte: 7. Dichte: 4,19. Strichfarbe: weiß. Farbe: rosa, orange, hell- bis dunkelbraun. Glasglanz. Spaltbarkeit: keine. Bruch muschelig. Tenazität: spröde. Kristallform: kubisch. Im Bild: rhombendodekaedrische Kristalle auf Quarz. Fundort: Grants/New Mexico. Vergrößerung 20fach.

143 **Quarz.** Härte: 7. Dichte: 2,65. Strichfarbe: weiß. Farbe: farblos und mannigfaltig gefärbt (siehe bei den Varietäten). Glasglanz bis Fettglanz. Spaltbarkeit: keine. Bruch muschelig. Tenazität: spröde. Kristallform: trigonal. Im Bild: miteinander verwachsene Kristalle von Rosenquarz. Fundort: Sapucaia, Minas Gerais/Brasilien. Vergrößerung 1,5fach.

144 **Zinnstein.** Härte: 7. Dichte: 6,8–7,1. Strichfarbe: gelblich bis weiß. Farbe: farblos, rötlich, braun, braunschwarz. Blendeartiger bis Fettglanz. Spaltbarkeit: kaum sichtbar. Bruch muschelig. Tenazität: spröde. Kristallform: tetragonal. Im Bild: sogenannter Visiergraupenzwilling. Fundort: Zinnwald/Tschechoslowakei. Vergrößerung 10fach.

145 **Pyrop.** Härte: 7–7½. Dichte: 3,58. Strichfarbe: weiß. Farbe: dunkelrot, blutrot, durchsichtig. Glasglanz. Spaltbarkeit: keine. Bruch muschelig. Tenazität: spröde. Kristallform: kubisch. Im Bild: eingewachsene Kristalle in Serpentin. Fundort: Meronitz/Böhmen. Etwa Originalgröße.

146 **Staurolith.** Härte: 7–7½. Dichte: 3,7–3,8. Strichfarbe: weiß. Farbe: rot- bis schwarzbraun. Glasglanz. Spaltbarkeit: kaum sichtbar. Bruch muschelig. Tenazität: spröde. Kristallform: monoklin. Im Bild: verzwillingte Kristalle. Fundort: Uberaba, Minas Gerais/Brasilien. Vergrößerung 2fach.

147 **Andalusit.** Härte: 7½. Dichte: 3,1–3,2. Strichfarbe: weiß. Farbe: verschiedene Grautöne, gelblich, rötlich, grün. Glasglanz, aber meist getrübt. Spaltbarkeit: meist undeutlich. Bruch uneben. Tenazität: spröde. Kristallform: orthorhombisch. Im Bild: prismatischer Kristall auf Quarz. Fundort: Lisens/Tirol. Vergrößerung 3fach.

148 **Zirkon.** Härte: 7½. Dichte: 4,55–4,67. Strichfarbe: weiß. Farbe: farblos, weiß, rosa, gelb, grün, blau, braun, braunrot. Diamantartiger Glanz. Spaltbarkeit: kaum bemerkbar. Bruch muschelig. Tenazität: spröde. Kristallform: tetragonal. Im Bild: prismatischer Kristall. Fundort: Betafo/Madagaskar. Vergrößerung 3fach.

149 **Beryll.** Härte: 7½–8. Dichte: 2,63–2,80. Strichfarbe: weiß. Farbe: farblos, gelb, rosa, rot, blau, grün. Glasglanz. Spaltbarkeit: nach der Basis manchmal erkennbar. Bruch muschelig. Tenazität: spröde. Kristallform: hexagonal. Im Bild: prismatischer Kristall, in Quarz eingewachsen. Fundort: Ljoslandsåsen/Norwegen. Vergrößerung 1,5fach.

150 **Topas.** Härte: 8. Dichte: 3,5–3,6. Strichfarbe: weiß. Farbe: farblos, weiß, gelb, blau, grün, rot, violett, braun. Glasglanz. Spaltbarkeit: vollkommen nach der Basis. Bruch muschelig. Tenazität: spröde. Kristallform: orthorhombisch. Im Bild: prismatischer Kristall auf Quarzkristallen. Fundort: Schneckenstein/Vogtland. Vergrößerung 4,5fach.

151 **Chrysoberyll.** Alexandrit. Härte: 8½. Dichte: 3,7. Strichfarbe: weiß. Farbe: gelb, grün. Glasglanz. Spaltbarkeit: nach der Basis erkennbar. Bruch muschelig. Tenazität: spröde. Kristallform: orthorhombisch. Im Bild: Drillingskristall. Fundort: Espiritos Santos, Minas Gerais/Brasilien. Vergrößerung 2fach.

152 **Korund.** Härte: 9. Dichte: 3,9–4,1. Strichfarbe: weiß. Farbe: blau, rot, gelb, grün, braun, violett, weiß, farblos. Glasglanz. Spaltbarkeit: schlecht. Bruch muschelig. Tenazität: spröde. Kristallform: trigonal. Im Bild: Rubinkristall in Kalkspat. Fundort: Froland bei Arendal/Norwegen. Vergrößerung 2fach.

153 **Diamant.** Härte: 10. Dichte: 3,52. Strichfarbe: weiß. Farbe: farblos, weiß, gelb, braun, rötlich, grünlich, blau, grau. Diamantglanz. Spaltbarkeit: nach dem Oktaeder vollkommen. Bruch muschelig. Tenazität: spröde. Kristallform: kubisch. Im Bild: Oktaeder mit Vizinalflächen. Fundort: Kimberley/Südafrika. Vergrößerung 8fach.

154 **Kupfervitriol.** Chalkanthit. Härte: 2½. Dichte: 2,2–2,3. Strichfarbe: blau. Farbe: blau. Glasglanz. Spaltbarkeit: kaum erkennbar. Bruch muschelig. Tenazität: spröde. Kristallform: triklin. Im Bild: gekrümmte, parallel verwachsene Aggregate. Fundort: Sta. Rita Mountain/Arizona/USA. Vergrößerung 2fach.

155 **Linarit.** Härte: 2½. Dichte: 5,3–5,5. Strichfarbe: hellblau. Farbe: blau. Glasglanz. Spaltbarkeit: sichtbar, aber nur bei größeren Kristallen erkennbar. Bruch muschelig. Tenazität: spröde. Kristallform: monoklin. Im Bild: strahliges Aggregat langtafeliger Kristalle. Fundort: Silver Gill Mine/Cumberland. Vergrößerung 35fach.

156 **Cyanotrichit.** Lettsomit. Kupfersamterz. Härte: 3. Dichte: 2,76–2,95. Strichfarbe: blaßblau. Farbe: himmelblau. Seiden- bis Glasglanz. Spaltbarkeit: keine. Bruch uneben. Tenazität: spröde. Kristallform: orthorhombisch. Im Bild: kugelige Aggregate nadeliger Kristalle. Fundort: Grube Viejo bei Potrerillos/Chile. Vergrößerung 9fach.

157 **Azurit.** Kupferlasur. Härte: 3½–4. Dichte: 3,7–3,9. Strichfarbe: blau. Farbe: tiefblau, derb etwas heller. Glasglanz. Spaltbarkeit: vollkommen. Bruch muschelig. Tenazität: spröde. Kristallform: monoklin. Im Bild: langtafelige Kristalle auf Dolomit. Fundort: Altenmittlau/Spessart. Vergrößerung 15fach.

158 **Langit.** Härte: 3–4. Dichte: 3,48–3,50. Strichfarbe: bläulich. Farbe: blau mit leichtem Stich ins Grüne. Glasglanz. Spaltbarkeit: schlecht. Bruch muschelig. Tenazität: spröde. Kristallform: orthorhombisch. Im Bild: langtafelige Kristalle. Fundort: Menzenschwand/Schwarzwald. Vergrößerung 45fach.

159 **Lapis-Lazuli.** Lasurit. Härte: 5–6. Dichte: 2,38–2,42. Strichfarbe: blau. Farbe: blau. Glasglanz, auf dem Bruch Fettglanz. Spaltbarkeit: kaum erkennbar. Bruch muschelig bis uneben. Tenazität: spröde. Kristallform: kubisch. Im Bild: rhombendodekaedrische Kristalle in Kalkspat. Fundort: Sar-e-Sang/Afghanistan. Vergrößerung 5fach.

160 **Erythrin.** Kobaltblüte. Härte: 2. Dichte: 3,07. Strichfarbe: rosa. Farbe: rot mit Stich ins Violette. Glasglanz, auf Spaltflächen Perlmuttglanz. Spaltbarkeit: vollkommen. Bruch uneben. Tenazität: milde, dünne Blättchen biegsam. Kristallform: monoklin. Im Bild: kugelige Aggregate nadeliger Kristalle. Fundort: Wittichen/Schwarzwald. Vergrößerung 20fach.

161 **Zinnober.** Cinnabarit. Härte: 2–2½. Dichte: 8,1. Strichfarbe: rot. Farbe: hellrot, dunkelrot, braunrot. Diamantglanz, feinkörnig oft matt. Spaltbarkeit: nach dem Prisma vollkommen. Bruch splittrig. Tenazität: milde. Kristallform: trigonal. Im Bild: tafelige Kristalle auf Siderit. Fundort: Steirischer Erzberg, Eisenerz/Steiermark. Vergrößerung 10fach.

162 **Proustit.** Lichtes Rotgültigerz. Härte: 2½. Dichte: 5,5–5,7. Strichfarbe: scharlachrot. Farbe: scharlach- bis zinnoberrot. Metallglanz, manchmal matt angelaufen. Spaltbarkeit: manchmal erkennbar. Bruch muschelig. Tenazität: spröde. Kristallform: trigonal. Im Bild: prismatische Kristalle. Fundort: Schneeberg/Sachsen. Vergrößerung 4,5fach.

163 **Kupfer.** Härte: 2½–3. Dichte: 8,93. Strichfarbe: kupferrot, metallisch. Farbe: kupferrot, oft dunkler angelaufen. Metallglanz. Spaltbarkeit: keine. Bruch hakig. Tenazität: milde, dehnbar. Kristallform: kubisch. Im Bild: verzerrte Kristalle. Fundort: Kausen/Siegerland. Vergrößerung 7fach.

164 **Pyrargyrit.** Dunkles Rotgültigerz. Härte: 2½–3. Dichte: 5,85. Strichfarbe: kirschrot. Farbe: dunkelrot bis grauschwarz, rot durchscheinend. Metallglanz. Spaltbarkeit: manchmal erkennbar. Bruch muschelig. Tenazität: spröde. Kristallform: trigonal. Im Bild: prismatischer Kristall auf Calcit. Fundort: Grube Samson bei St. Andreasberg/Harz. Vergrößerung 6fach.

165 **Krokoit.** Härte: 2½–3. Dichte: 5,9–6,0. Strichfarbe: orange. Farbe: rot mit gelegentlichem Stich ins Gelbe. Fett- bis Diamantglanz. Spaltbarkeit: erkennbar. Bruch muschelig. Tenazität: milde. Kristallform: monoklin. Im Bild: langprismatische Kristalle auf Limonit. Fundort: Proprietary Mine, Dundas/Tasmanien/Australien. Vergrößerung 6fach.

166 **Cuprit.** Rotkupfererz. Härte: 3½–4. Dichte: 6,15. Strichfarbe: braunrot. Farbe: tiefrot bis braunrot. Metallglanz, in Aggregaten oft matt. Spaltbarkeit: nach dem Oktaeder erkennbar. Bruch muschelig. Tenazität: spröde. Kristallform: kubisch. Im Bild: feinnadelige Kristalle, die sogenannte Varietät Chalkotrichit. Fundort: Christmas Mine/USA. Vergrößerung 10fach.

167 **Cuprit.** Rotkupfererz. Härte: 3½–4. Dichte: 6,15. Strichfarbe: braunrot. Farbe: tiefrot bis braunrot. Metallglanz, in Aggregaten oft matt. Spaltbarkeit: nach dem Oktaeder erkennbar. Bruch muschelig. Tenazität: spröde. Kristallform: kubisch. Im Bild: Kombination von Würfel, Oktaeder und Rhombendodekaeder. Fundort: Onganja/Namibia. Vergrößerung 4fach.

168 **Heterosit.** Härte: 4½. Dichte: 3,4. Strichfarbe: braun bis violett. Farbe: dunkelbraun bis violett. Glasglanz bis matt. Spaltbarkeit: gut. Bruch spätig. Tenazität: spröde. Kristallform: orthorhombisch. Im Bild: Spaltstück aus einem Phosphatpegmatit. Fundort: Hohenstein, Erongo/Namibia. Vergrößerung 3fach.

169 **Haematit.** Roteisenstein. Härte: 6½. Dichte: 5,2–5,3. Strichfarbe: rot bis rotbraun. Farbe: rot, metallisch schwarzgrau, oft bunt angelaufen. Metallglanz bis matt. Spaltbarkeit: keine. Bruch muschelig. Tenazität: spröde. Kristallform: trigonal. Im Bild: radialstrahliges Aggregat, sogenannter roter Glaskopf. Fundort: Egremont/England. Etwa Originalgröße.

170 Haematit. Roteisenstein. Eisenglanz. Härte: 6 1/2. Dichte: 5,2–5,3. Strichfarbe: rot bis rotbraun, bei geringen Titangehalten schwarz. Farbe: derbe Aggregate und dünne Blättchen rot, sonst metallisch schwarzgrau. Metallglanz bis matt. Spaltbarkeit: keine, aber oft blättrig. Bruch muschelig. Tenazität: spröde. Kristallform: trigonal. Im Bild: tafelige Eisenglanzkristalle, die rosettenartig verwachsen sind. Solche Aggregate treten besonders in alpinen Klüften häufiger auf und werden Eisenrosen genannt. Fundort: Stahlberg bei Rimbach/Elsaß/Frankreich. Vergrößerung 6fach.

171 **Tirolit.** Härte: $1\frac{1}{2}$–2. Dichte: 3,2. Strichfarbe: blaugrün. Farbe: blaugrün bis hellgrün. Perlmuttglanz. Spaltbarkeit: nach der Basis sehr vollkommen. Bruch blättrig. Tenazität: milde, Blättchen biegsam. Kristallform: orthorhombisch. Im Bild: blättrige Kristalle. Fundort: Brixlegg/Tirol/Österreich. Vergrößerung 4,5fach.

172 **Chlorit.** Härte: 2. Dichte: 2,6–3,3 (je nach Eisengehalt). Strichfarbe: grün bis braun. Farbe: dunkelgrün bis braun. Glasglanz, auf Spaltflächen Perlmuttglanz. Spaltbarkeit: nach der Basis vollkommen. Bruch blättrig. Tenazität: milde. Kristallform: monoklin. Im Bild: blättrige Aggregate. Fundort: Krumltal/Rauris/Österreich. Vergrößerung 2fach.

173 **Torbernit.** Kupferuranglimmer. Härte: 2–$2\frac{1}{2}$. Dichte: 3,3–3,7. Strichfarbe: grün. Farbe: smaragdgrün. Glasglanz, auf Spaltflächen Perlmuttglanz. Spaltbarkeit: vollkommen. Bruch uneben. Tenazität: spröde bis milde. Kristallform: tetragonal. Im Bild: dünntafelige Kristalle. Fundort: Musonoi/Shaba/Zaire. Vergrößerung 5fach.

174 **Zeunerit.** Härte: 2–$2\frac{1}{2}$. Dichte: 3,79. Strichfarbe: grün. Farbe: smaragdgrün. Glasglanz, auf Spaltflächen Perlmuttglanz. Spaltbarkeit: vollkommen. Bruch uneben. Tenazität: spröde bis milde. Kristallform: tetragonal. Im Bild: tafelige Kristalle. Fundort: Steinbach/Erzgebirge. Vergrößerung 18fach.

175 **Chrysokoll.** Härte: 2–4. Dichte: 2,0–2,2. Strichfarbe: grünlichweiß. Farbe: hellblau, blau, grünblau. Glasglanz, etwas fettig. Spaltbarkeit: keine. Bruch muschelig. Tenazität: spröde. Kristallform: meist amorph. Im Bild: kugelige Aggregate mit Trocknungsrissen. Fundort: Pilgrims Rest/Transvaal/Südafrika. Vergrößerung 3fach.

176 **Olivenit.** Härte: 3. Dichte: 4,3. Strichfarbe: gelb bis olivgrün. Farbe: hell- bis olivgrün, schwarzgrün, braun. Glasglanz. Spaltbarkeit: keine. Bruch muschelig. Tenazität: spröde. Kristallform: orthorhombisch. Im Bild: tafelige Kristalle. Fundort: Grube Clara bei Oberwolfach/Schwarzwald. Vergrößerung 40fach.

177 **Atacamit.** Härte: 3–3$^{1}/_{2}$. Dichte: 3,76. Strichfarbe: grün. Farbe: smaragdgrün bis schwärzlichgrün. Glasglanz. Spaltbarkeit: vollkommen. Bruch muschelig. Tenazität: spröde. Kristallform: orthorhombisch. Im Bild: prismatischer Kristall. Fundort: Tsumeb/Namibia. Vergrößerung 8fach.

178 **Mottramit.** Härte: 3$^{1}/_{2}$. Dichte: 5,7–6,2. Strichfarbe: grün. Farbe: olivgrün bis schwarzgrün. Harzglanz. Spaltbarkeit: keine. Bruch uneben. Tenazität: spröde. Kristallform: orthorhombisch. Im Bild: pflanzenförmige Aggregate auf Kalkspat. Fundort: Tsumeb/Namibia. Vergrößerung 4,5fach.

179 **Mixit.** Härte: 3–4. Dichte: 3,8. Strichfarbe: grün. Farbe: blaugrün bis gelbgrün. Glas- bis Seidenglanz. Spaltbarkeit: nicht erkennbar. Bruch faserig. Tenazität: spröde. Kristallform: hexagonal. Im Bild: nadelige Kristalle. Fundort: Wittichen/Schwarzwald. Vergrößerung 15fach.

180 **Brochantit.** Härte: $3^1/_2$–4. Dichte: 3,97. Strichfarbe: grün bis hellgrün. Farbe: smaragdgrün. Glasglanz, auf Spaltflächen Perlmuttglanz. Spaltbarkeit: vollkommen, wegen der nadeligen Kristalle oft nicht sichtbar. Bruch uneben. Tenazität: spröde. Kristallform: monoklin. Im Bild: nadelige Büschel auf Limonit. Fundort: Grube Vieja bei Potrerillos/Chile. Vergrößerung 11fach.

181 **Malachit.** Härte: 4. Dichte: 4,0. Strichfarbe: grün. Farbe: smaragdgrün. Glasglanz, in Aggregaten Seidenglanz, auch matt. Spaltbarkeit: gut. Bruch muschelig. Tenazität: spröde. Kristallform: monoklin. Im Bild: nadelige Kristallbüschel. Fundort: Urberg bei St. Blasien/Schwarzwald. Vergrößerung 7fach.

182 **Libethenit.** Härte: 4. Dichte: 3,8. Strichfarbe: olivgrün. Farbe: dunkel- bis schwarzgrün. Glasglanz. Spaltbarkeit: keine. Bruch muschelig. Tenazität: spröde. Kristallform: orthorhombisch. Im Bild: isometrische Kristalle auf Quarz. Fundort: Nishne Tagilsk/UdSSR. Vergrößerung 6fach.

183 **Pseudomalachit.** Härte: $4^{1}/_{2}$. Dichte: 4,34. Strichfarbe: grün. Farbe: dunkel- bis schwärzlichgrün. Glas- bis Fettglanz. Spaltbarkeit: keine. Bruch muschelig. Tenazität: spröde. Kristallform: monoklin. Im Bild: nierige Aggregate. Fundort: Libethen/Tschechoslowakei. Vergrößerung 3,5fach.

184 **Bayldonit.** Härte: $4^{1}/_{2}$. Dichte: 5,5. Strichfarbe: grün. Farbe: grün bis gelbgrün. Harzglanz. Spaltbarkeit: keine. Bruch uneben. Tenazität: spröde. Kristallform: monoklin. Im Bild: prismatische Pseudomorphosen nach Mimetesitkristallen. Fundort: Tsumeb/Namibia. Vergrößerung 2fach.

185 **Konichalcit.** Härte: $4^{1}/_{2}$. Dichte: 4,33. Strichfarbe: hellgrün. Farbe: hell- bis apfelgrün. Glasglanz. Spaltbarkeit: wegen der meist nadeligen Ausbildung nicht erkennbar. Bruch uneben. Tenazität: spröde. Kristallform: orthorhombisch. Im Bild: kugelige, radialstrahlige Aggregate. Fundort: Mina Ojuela, Mapimi/Mexiko. Vergrößerung 4,5fach.

186 **Dioptas.** Härte: 5. Dichte: 3,3. Strichfarbe: grün. Farbe: smaragdgrün. Glasglanz. Spaltbarkeit: nach dem Grundrhomboeder erkennbar. Bruch muschelig. Tenazität: spröde. Kristallform: trigonal. Im Bild: prismatische Kristalle mit Dolomitkristallen. Fundort: Tsumeb/Namibia. Vergrößerung 8fach.

187 **Pumpellyit.** Härte: 5½. Dichte: 3,2. Strichfarbe: graugrün bis grün. Farbe: graugrün, schwarzgrün, dunkelgrün, selten rotbraun (Manganpumpellyit). Glasglanz. Spaltbarkeit: keine. Bruch muschelig bis uneben. Tenazität: spröde. Kristallform: monoklin. Im Bild: nadelige Büschel auf Quarzkristallen. Fundort: Herbornseelbach/Hessen. Vergrößerung 4,5fach.

188 **Aktinolith.** Härte: 5½–6. Dichte: 2,9–3,1. Strichfarbe: grünlich. Farbe: hell- bis dunkelgrün. Glasglanz. Spaltbarkeit: vollkommen; Spaltwinkel etwa 120°. Bruch uneben. Tenazität: spröde. Kristallform: monoklin. Im Bild: prismatische Kristalle in Talkschiefer. Fundort: Felbertauerntunnel/Österreich. Vergrößerung 1,5fach.

189 **Augit.** Härte: 6. Dichte: 3,3–3,5. Strichfarbe: grünlich. Farbe: dunkelgrün, schwarz. Glasglanz. Spaltbarkeit: nach dem Prisma deutlich; Spaltwinkel ungefähr 90°. Bruch muschelig. Tenazität: spröde. Kristallform: monoklin. Im Bild: Augitkristall, in Tuff eingewachsen. Fundort: Vesuv/Italien. Vergrößerung 8fach.

190 **Aktinolith.** Härte: 5½–6. Dichte: 2,9–3,1. Strichfarbe: grünlich. Farbe: hell- bis dunkelgrün. Glasglanz. Spaltbarkeit: vollkommen; Spaltwinkel etwa 120°. Bruch uneben. Tenazität: spröde. Kristallform: monoklin. Im Bild: haarförmige Büschel, sogenannter Amiant. Fundort: Maderanertal/Schweiz. Vergrößerung 3fach.

191 **Realgar.** Härte: 1½. Dichte: 3,5–3,6. Strichfarbe: orangegelb. Farbe: tiefrot bis etwas orange, durchscheinend bis undurchsichtig. Diamantglanz. Spaltbarkeit: kaum erkennbar. Bruch muschelig. Tenazität: dünne Blättchen biegsam, milde. Kristallform: monoklin. Im Bild: prismatische Kristalle auf Dolomit. Fundort: Lengenbach/Schweiz. Vergrößerung 12fach.

192 **Auripigment.** Härte: 1½–2. Dichte: 3,48. Strichfarbe: hellgelb. Farbe: zitronengelb bis orangegelb. Fettglanz. Spaltbarkeit: sehr vollkommen. Bruch blättrig. Tenazität: milde, schneidbar, Blättchen biegsam. Kristallform: monoklin. Im Bild: prismatische Kristalle. Fundort: Getchell Mine/Nevada/USA. Vergrößerung 6fach.

193 **Heinrichit.** Härte: 2½. Dichte: 3,6. Strichfarbe: gelblich. Farbe: gelb bis gelbgrün. Glasglanz, auf Spaltflächen Perlmuttglanz. Spaltbarkeit: nach der Basis vollkommen. Bruch uneben. Tenazität: spröde bis milde. Kristallform: tetragonal. Im Bild: dünntafelige Kristalle mit Kobaltblüte. Fundort: Wittichen/Schwarzwald. Vergrößerung 20fach.

194 **Uranocircit.** Härte: 2½. Dichte: 3,5. Strichfarbe: gelblich. Farbe: gelb mit Stich ins Grüne. Glasglanz, auf Spaltflächen Perlmuttglanz. Spaltbarkeit: vollkommen nach der Basis. Bruch uneben. Tenazität: spröde bis milde. Kristallform: tetragonal. Im Bild: tafelige Kristalle. Fundort: Menzenschwand/Schwarzwald. Vergrößerung 20fach.

195 **Gold.** Härte: $2^1/_2$–3. Dichte: 15,5–19,3. Strichfarbe: goldgelb, metallisch. Farbe: gold- bis messinggelb. Metallglanz. Spaltbarkeit: keine. Bruch hakig. Tenazität: milde, sehr dehnbar, kann zu Plättchen gehämmert werden. Kristallform: kubisch; Oktaeder, Würfel, gut ausgebildete Kristalle selten; meist verzerrte Kristalle, Skelettformen, blech-, drahtförmig, oft derb, eingewachsen. Im Bild: Aggregat von gediegen Gold auf Quarz. Fundort: Grace Mine/Ontario/ Kanada. Vergrößerung 4,5fach.

196 **Uranophan.** Uranotil. Härte: 2½. Dichte: 3,9. Strichfarbe: hellgelb. Farbe: strohgelb bis tiefgelb. Glasglanz. Spaltbarkeit: wegen der nadeligen Ausbildung nicht erkennbar. Tenazität: spröde. Kristallform: monoklin. Im Bild: radialstrahliges Aggregat nadeliger Kristalle. Fundort: Menzenschwand/Schwarzwald. Vergrößerung 18fach.

197 **Kakoxen.** Härte: 3. Dichte: 2,3. Strichfarbe: weiß bis gelblich. Farbe: goldgelb bis bräunlich. Seidenglanz bis Glasglanz. Spaltbarkeit: wegen der nadeligen Ausbildung nicht erkennbar. Tenazität: spröde. Kristallform: hexagonal. Im Bild: kugelige Aggregate nadeliger Kristalle. Fundort: Grube Rotläufchen bei Waldgirmes. Vergrößerung 15fach.

198 **Beraunit.** Härte: 3–4. Dichte: 2,9. Strichfarbe: gelb. Farbe: gelb, grün, braun, rot. Glasglanz. Spaltbarkeit: gut, aber nur an größeren Kristallen sichtbar. Bruch uneben. Tenazität: spröde. Kristallform: monoklin. Im Bild: radialstrahliges Aggregat nadeliger Kristalle. Fundort: Hühnerkobel/Bayerischer Wald. Vergrößerung 15fach.

199 **Beudantit.** Härte: 4. Dichte: 4,3. Strichfarbe: gelb. Farbe: gelb, braun, grünlich, oliv. Glasglanz. Spaltbarkeit: keine. Bruch muschelig. Tenazität: spröde. Kristallform: trigonal. Im Bild: dicktafelige Kristalle. Fundort: Tsumeb/Namibia. Vergrößerung 20fach.

200 Berthierit. Härte: 2–3. Dichte: 4,6. Strichfarbe: braungrau. Farbe: stahlgrau, oft gelb angelaufen. Metallglanz. Spaltbarkeit: in Längsrichtung erkennbar. Bruch uneben. Tenazität: spröde. Kristallform: orthorhombisch. Im Bild: nadelige Kristalle, zum Teil braun überzogen. Fundort: Freycenet, Velay/Frankreich. Vergrößerung 30fach.

201 Baumhauerit. Härte: 3. Dichte: 5,33. Strichfarbe: braun. Farbe: stahlgrau, oft tiefrote Innenreflexe. Metallglanz, manchmal matt. Spaltbarkeit: nur schlecht erkennbar. Bruch muschelig. Tenazität: spröde. Kristallform: triklin. Im Bild: prismatischer Kristall mit typisch rundlichen Kanten. Fundort: Lengenbach/Schweiz. Vergrößerung 15fach.

202 Skleroklas. Sartorit. Härte: 3. Dichte: 5,05. Strichfarbe: braun. Farbe: stahlgrau. Metallglanz. Spaltbarkeit: nur schlecht erkennbar. Bruch muschelig. Tenazität: spröde. Kristallform: monoklin. Im Bild: prismatischer, längsgeriefter Kristall auf Dolomit. Fundort: Lengenbach/Schweiz. Vergrößerung 20fach.

203 Descloizit. Härte: 3½. Dichte: 5,5–6,2. Strichfarbe: hellbraun. Farbe: braun, rotbraun, gelbbraun, schwarzbraun. Harzglanz. Spaltbarkeit: keine. Bruch uneben. Tenazität: spröde. Kristallform: orthorhombisch. Im Bild: tafelige Kristallaggregate. Fundort: Berg Aukas/Tsumeb/Namibia. Vergrößerung 3,5fach.

204 **Zinkblende.** Sphalerit. Härte: $3^1/_2$–4. Dichte: 3,9–4,2. Strichfarbe: weiß, gelb bis braun. Farbe: gelb, braun, rot, grün, schwarz. Halbmetallischer Diamantglanz. Spaltbarkeit: vollkommen nach dem Rhombendodekaeder. Bruch muschelig, splittrig. Tenazität: spröde. Kristallform: kubisch. Im Bild: oktaederähnliche Kristalle. Fundort: Trepča/Jugoslawien. Vergrößerung 4,5fach.

205 **Zinkblende.** Sphalerit. Härte: $3^1/_2$–4. Dichte: 3,9–4,2. Strichfarbe: weiß, gelb bis braun. Farbe: gelb, braun, schwarz. Halbmetallischer Diamantglanz. Spaltbarkeit: vollkommen nach dem Rhombendodekaeder. Bruch muschelig, splittrig. Tenazität: spröde. Kristallform: kubisch. Im Bild: Schalenblende. Fundort: La Calamine/Belgien. Vergrößerung 1,5fach.

206 **Manganit.** Härte: 4. Dichte: 4,3–4,4. Strichfarbe: dunkelbraun. Farbe: braunschwarz bis schwarz, in dünnen Splittern rot durchscheinend. Metallglanz. Spaltbarkeit: deutlich. Bruch uneben. Tenazität: spröde. Kristallform: monoklin. Im Bild: prismatische Kristalle. Fundort: Ilfeld/Harz. Vergrößerung 1,5fach.

207 **Goethit.** Samtblende. Nadeleisenerz. Härte: $5–5^1/_2$. Dichte: 4,3. Strichfarbe: braun bis braungelb. Farbe: lichtgelb, braun bis schwarzbraun. Metallglanz bis matt. Spaltbarkeit: vollkommen, aber oft nicht erkennbar. Bruch uneben. Tenazität: spröde. Kristallform: orthorhombisch. Im Bild: radialstrahliges Aggregat. Fundort: Roßbach/Westerwald. Vergrößerung 1,5fach.

208 **Wolframit.** Härte: 5–5½. Dichte: 7,14–7,54. Strichfarbe: gelbbraun bis dunkelbraun, manchmal fast schwarz. Farbe: braun, rötlich durchscheinend (Hübnerit) bis fast schwarz (Ferberit). Fettiger Metallglanz. Spaltbarkeit: sichtbar. Bruch uneben. Tenazität: spröde. Kristallform: monoklin. Im Bild: dicktafelige Kristalle. Fundort: Panasqueira/Portugal. Vergrößerung 1,5fach.

209 **Chromit.** Chromeisenerz. Härte: 5½. Dichte: 4,5–4,8. Strichfarbe: braun. Farbe: braunschwarz bis eisenschwarz. Metallglanz bis Fettglanz. Spaltbarkeit: keine. Bruch muschelig. Tenazität: spröde. Kristallform: kubisch. Im Bild: schwarze, rundliche Körner in zersetztem Peridotit, sogenanntes Leopardenerz. Fundort: Guleman/Türkei. Originalgröße.

210 **Hausmannit.** Härte: 5½. Dichte: 4,7–4,8. Strichfarbe: braun bis rötlich. Farbe: eisenschwarz, etwas bräunlich. Metallglanz. Spaltbarkeit: vollkommen nach der Basis. Bruch uneben. Tenazität: spröde. Kristallform: tetragonal. Im Bild: isometrische Kristalle. Fundort: N'Chwaning Mine, Kalahari/Südafrika. Vergrößerung 15fach.

211 **Neptunit.** Härte: 5½. Dichte: 3,23. Strichfarbe: braun. Farbe: schwarz bis dunkelbraun. Glasglanz. Spaltbarkeit: meist nicht erkennbar. Bruch muschelig. Tenazität: spröde. Kristallform: monoklin. Im Bild: tafeliger Kristall. Fundort: Dallas Gem Mine, San Benito County/Kalifornien. Vergrößerung 10fach.

212 **Rotnickelkies.** Nickelin. Härte: 5½. Dichte: 7,8. Strichfarbe: schwarzbraun. Farbe: metallisch rosa. Metallglanz. Spaltbarkeit: meist nicht sichtbar. Bruch muschelig. Tenazität: spröde bis milde. Kristallform: hexagonal. Im Bild: derbes Aggregat mit typisch rötlicher Farbe und charakteristischem Anflug von grüner Nickelblüte. Fundort: Bou Azzer/Marokko. Originalgröße.

213 **Hypersthen.** Härte: 5–6. Dichte: 3,5. Strichfarbe: grünlich- bis bräunlichweiß. Farbe: schwarz, dunkelbraun, dunkelgrün. Glasglanz. Spaltbarkeit: erkennbar, oft blättrige Absonderung. Bruch uneben. Tenazität: spröde. Kristallform: orthorhombisch. Im Bild: prismatische Kristalle auf Sanidin. Fundort: Summit Rock/Oregon/USA. Vergrößerung 20fach.

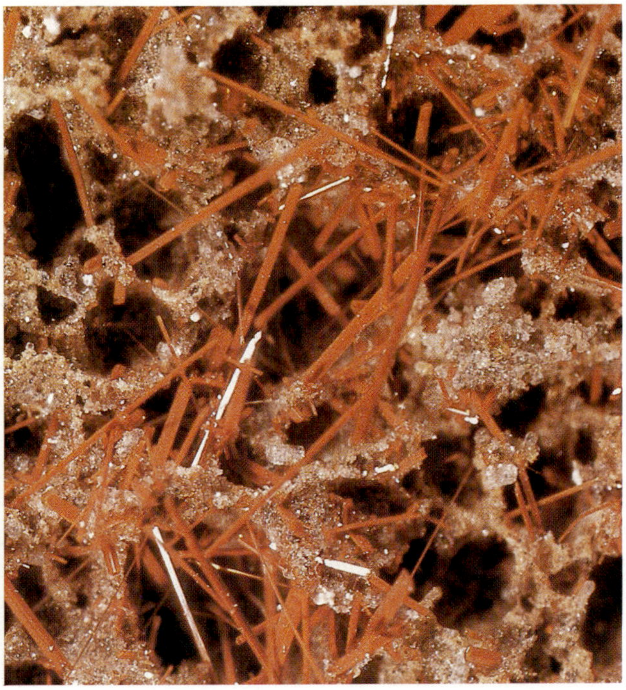

214 **Hornblende.** Härte: 5–6. Dichte: 2,9–3,4. Strichfarbe: graugrün bis graubraun. Farbe: dunkelgrün, schwarz. Glasglanz. Spaltbarkeit: vollkommen; die Spaltflächen bilden einen Winkel von etwa 120°. Bruch uneben. Tenazität: spröde. Kristallform: monoklin. Im Bild: stengelige Aggregate mit Granat in Gneis. Fundort: Val Bedretto/Schweiz. Vergrößerung 2,5fach.

215 **Hornblende.** Härte: 5–6. Dichte: 2,9–3,4. Strichfarbe: graugrün bis graubraun. Farbe: dunkelgrün, schwarz. Glasglanz. Spaltbarkeit: vollkommen; die Spaltflächen bilden einen Winkel von etwa 120°. Bruch uneben. Tenazität: spröde. Kristallform: monoklin. Im Bild: nadelige Kristalle auf poröser Lava. Fundort: Nickenich/Eifel. Vergrößerung 20fach.

216 Fergusonit. Härte: $5-6\frac{1}{2}$. Dichte: 4,7–6,2. Strichfarbe: hellbraun. Farbe: braun bis schwarz. Fettglanz. Spaltbarkeit: keine. Bruch muschelig bis uneben. Tenazität: spröde. Kristallform: tetragonal. Im Bild: prismatische Kristalle. Fundort: Tsaratanana/Madagaskar. Vergrößerung 6fach.

217 Bronzit. Härte: 5–6. Dichte: 3,2–3,4. Strichfarbe: bräunlichweiß. Farbe: braun, grünlich. Spaltbarkeit: kaum erkennbar, aber blättrige bis faserige Absonderung. Bruch blättrig bis faserig. Tenazität: spröde. Kristallform: orthorhombisch. Im Bild: spätiger Bronzit mit typisch schillernden Absonderungsflächen. Fundort: Kraubath/Steiermark. Vergrößerung 1,2fach.

218 Samarskit. Härte: 6. Dichte: 5,5–6,2. Strichfarbe: dunkelbraun, etwas rötlich. Farbe: schwarz. Pechglanz. Spaltbarkeit: keine. Bruch muschelig. Tenazität: spröde. Kristallform: orthorhombisch. Im Bild: in Feldspat eingewachsener Kristall. Fundort: Miask/Ural. Vergrößerung 5fach.

219 Pseudobrookit. Härte: 6. Dichte: 4,4. Strichfarbe: bräunlich bis rötlich, ockergelb. Farbe: rot, schwarz, rotschwarz. Metallglanz. Spaltbarkeit: kaum erkennbar. Bruch muschelig. Tenazität: spröde. Kristallform: orthorhombisch. Im Bild: langtafeliger Kristall auf Sanidin. Fundort: Nickenich/Eifel. Vergrößerung 45fach.

220 **Rutil.** Härte: 6. Dichte: 4,2–4,3. Strichfarbe: gelblichbraun. Farbe: gelblichbraun, braunrot, rot, schwarz. Diamant- bis Metallglanz. Spaltbarkeit: vollkommen nach dem Prisma, aber nur an dicken Kristallen sichtbar. Bruch muschelig. Tenazität: spröde. Kristallform: tetragonal. Im Bild: prismatischer Kristall auf Quarz. Fundort: Modriach/Steiermark. Vergrößerung 2fach.

221 **Rutil.** Härte: 6. Dichte: 4,2–4,3. Strichfarbe: gelblichbraun. Farbe: gelblichbraun, braunrot, rot, schwarz. Diamant- bis Metallglanz. Spaltbarkeit: vollkommen nach dem Prisma. Bruch muschelig. Tenazität: spröde. Kristallform: tetragonal. Im Bild: nadelige Kristalle, die verzwillingt sind und ein Sagenitgitter bilden. Fundort: Ernen/Schweiz. Vergrößerung 11fach.

222 **Helvin.** Härte: 6. Dichte: 3,1–3,66. Strichfarbe: bräunlich. Farbe: hellgelb, rötlichbraun, dunkelbraunrot. Glasglanz. Spaltbarkeit: keine. Bruch muschelig. Tenazität: spröde. Kristallform: kubisch. Im Bild: tetraedrische Kristalle. Fundort: Schwarzenberg/Sachsen. Vergrößerung 20fach.

223 **Franklinit.** Härte: 6–6½. Dichte: 5,0–5,2. Strichfarbe: rotbraun. Farbe: schwarz. Metallglanz. Spaltbarkeit: keine. Bruch muschelig. Tenazität: spröde. Kristallform: kubisch. Im Bild: Oktaeder in Kombination mit dem Rhombendodekaeder. Fundort: Franklin/New Jersey. Vergrößerung 4fach.

224 **Graphit.** Härte: 1. Dichte: 2,1–2,3. Strichfarbe: grau, metallisch. Farbe: dunkel bis hell stahlgrau, undurchsichtig. Metallglanz bis matt. Spaltbarkeit: nach der Basis sehr vollkommen. Tenazität: biegsam, milde. Kristallform: hexagonal. Im Bild: grobblättriges Aggregat. Fundort: Kurunegala/Ceylon. Verkleinerung 1,2fach.

225 **Molybdänglanz.** Molybdänit. Härte: 1–1½. Dichte: 4,7–4,8. Strichfarbe: dunkelgrau. Farbe: bleigrau mit Stich ins Violette, undurchsichtig. Metallglanz. Spaltbarkeit: nach der Basis vollkommen. Tenazität: biegsam, milde. Kristallform: hexagonal. Im Bild: tafeliger Kristall. Fundort: Hochstädten/Bergstraße. Vergrößerung 4fach.

226 **Nagyagit.** Härte: 1–1½. Dichte: 7,4–7,6. Strichfarbe: grauschwarz. Farbe: dunkel bleigrau. Metallglanz. Spaltbarkeit: nach der Basis vollkommen. Bruch hakig. Tenazität: Blättchen biegsam. Kristallform: orthorhombisch. Im Bild: tafeliger Kristall. Fundort: Sacaramb/Rumänien. Vergrößerung 15fach.

227 **Covellin.** Kupferindig. Härte: 1½–2. Dichte: 4,68. Strichfarbe: blauschwarz, verrieben dunkelblau. Farbe: blauschwarz. Matt. Spaltbarkeit: nach der Basis vollkommen. Tenazität: milde, dünne Blättchen biegsam. Kristallform: hexagonal. Im Bild: tafelige Kristalle mit einem Quarzkristall. Fundort: Butte/Montana. Vergrößerung 8fach.

228 **Lengenbachit.** Härte: 1–2. Dichte: 5,80–5,85. Strichfarbe: schwarz mit Stich ins Braune. Farbe: bleigrau bis schwarzgrau, oft mit bunten Anlauffarben. Metallglanz. Spaltbarkeit: vollkommen. Tenazität: Blättchen biegsam, dehnbar. Kristallform: triklin; sehr dünne Blättchen, oft gebogen, manchmal längsgestreift, selten radialstrahlig, immer aufgewachsen. Im Bild: extrem dünntafelige Kristalle mit Anlauffarben. Fundort: Lengenbach/Schweiz. Vergrößerung 18fach.

229 **Blei.** Härte: 1½. Dichte: 11,4. Strichfarbe: grau. Farbe: bleigrau, oft dunkel angelaufen. Matt. Spaltbarkeit: keine. Bruch hakig. Tenazität: milde, schneidbar. Kristallform: kubisch. Im Bild: plattiges Aggregat. Fundort: Långban/Schweden. Vergrößerung 5fach.

230 **Polybasit.** Härte: 1½–2. Dichte: 6,0–6,2. Strichfarbe: schwarz bis rötlich. Farbe: eisenschwarz, an den Ecken rot durchscheinend. Metallglanz. Spaltbarkeit: nach der Basis vollkommen. Bruch uneben. Tenazität: milde. Kristallform: monoklin, pseudohexagonal. Im Bild: tafeliger Kristall mit Dreiecksstreifung. Fundort: St. Joachimsthal/Tschechoslowakei. Vergrößerung 90fach.

231 **Sylvanit.** Schrifterz. Härte: 1½–2. Dichte: 8,0–8,3. Strichfarbe: grau. Farbe: silbergrau, weißlich, oft dunkler angelaufen. Metallglanz. Spaltbarkeit: vollkommen. Bruch uneben. Tenazität: milde. Kristallform: monoklin. Im Bild: prismatische Kristalle auf Quarz. Fundort: Sacaramb/Rumänien. Vergrößerung 9fach.

232 **Antimonit.** Antimonglanz. Härte: 2. Dichte: 4,6–4,7. Strichfarbe: dunkelgrau. Farbe: bleigrau, undurchsichtig. Metallglanz. Spaltbarkeit: sehr vollkommen. Tenazität: dünne Blättchen biegsam, milde. Kristallform: orthorhombisch. Im Bild: prismatische Kristalle. Fundort: Stolice/Jugoslawien. Vergrößerung 2,5fach.

233 **Emplektit.** Härte: 2. Dichte: 6,38. Strichfarbe: schwarz. Farbe: stahlgrau, gelb anlaufend. Metallglanz. Spaltbarkeit: manchmal sichtbar. Bruch uneben. Tenazität: milde. Kristallform: orthorhombisch. Im Bild: nadelige Kristalle mit Quarz. Fundort: Mackenheim/Odenwald. Vergrößerung 5fach.

234 **Bismuthinit.** Wismutglanz. Härte: 2. Dichte: 6,8–7,2. Strichfarbe: grau. Farbe: bleigrau bis gelblichweiß, undurchsichtig. Metallglanz. Spaltbarkeit: sehr vollkommen. Tenazität: dünne Kristalle biegsam, milde. Kristallform: orthorhombisch. Im Bild: nadelige Kristalle auf Quarz. Fundort: Grube Käfersteige bei Pforzheim. Vergrößerung 6fach.

235 **Silberglanz.** Argentit. Akanthit. Härte: 2. Dichte: 7,3. Strichfarbe: schwarz, glänzend. Farbe: bleigrau. Metallglanz. Spaltbarkeit: meist undeutlich. Bruch muschelig bis uneben. Tenazität: geschmeidig, schneidbar. Kristallform: kubisch (Argentit), monoklin (Akanthit). Im Bild: Oktaeder, durch Würfelflächen abgestumpft. Fundort: Freiberg/Sachsen. Vergrößerung 6fach.

236 **Wismut.** Härte: $2\text{–}2^1/_2$. Dichte: 9,7–9,8. Strichfarbe: bleigrau, metallisch. Farbe: silberweiß mit Stich ins Rötliche. Metallglanz. Spaltbarkeit: nach der Basis vollkommen. Bruch hakig bis uneben. Tenazität: spröde, aber schneidbar. Kristallform: trigonal. Im Bild: gediegen Wismut mit typisch rötlichweißer Farbe. Fundort: Oberschlema/Sachsen. Vergrößerung 5fach.

237 **Jamesonit.** Federerz. Härte: 2½. Dichte: 5,63. Strichfarbe: schwarzgrau. Farbe: bleigrau. Metallglanz. Spaltbarkeit: wegen der Ausbildung fast nie erkennbar. Tenazität: spröde. Kristallform: monoklin. Im Bild: nadelige Kristalle. Fundort: Baja California/Mexiko. Vergrößerung 7fach.

238 **Kylindrit.** Härte: 2½. Dichte: 5,4. Strichfarbe: grauschwarz. Farbe: schwarzgrau. Metallglanz. Spaltbarkeit: keine. Bruch muschelig bis uneben. Tenazität: spröde. Kristallform: unsicher; röhrenförmige Individuen. Im Bild: typische röhrenförmige Kristallaggregate. Fundort: Poopo/Bolivien. Vergrößerung 5fach.

239 **Calaverit.** Härte: 2½. Dichte: 9,3. Strichfarbe: gelbgrau. Farbe: silberweiß mit Stich ins Gelbe. Metallglanz. Spaltbarkeit: keine. Bruch muschelig. Tenazität: spröde bis milde. Kristallform: monoklin. Im Bild: prismatische Kristalle auf Quarz. Fundort: Cripple Creek/Colorado. Vergrößerung 8fach.

240 **Boulangerit.** Plumosit. Härte: 2½. Dichte: 5,8–6,2. Strichfarbe: schwarz. Farbe: bleigrau. Metallglanz, in sehr feinen Aggregaten Seidenglanz. Spaltbarkeit: keine. Bruch uneben. Tenazität: spröde. Kristallform: monoklin. Im Bild: nadelige Kristalle mit Quarz und Rhodochrosit. Fundort: Trepča/Jugoslawien. Vergrößerung 6fach.

241 **Stephanit.** Härte: $2^{1}/_{2}$. Dichte: 6,2–6,3. Strichfarbe: glänzend schwarz. Farbe: bleigrau, eisenschwarz, oft schwarz angelaufen. Metallglanz, wenn angelaufen matt. Spaltbarkeit: kaum erkennbar. Bruch muschelig bis uneben. Tenazität: milde. Kristallform: orthorhombisch. Im Bild: dicktafelige Drillinge. Fundort: St. Andreasberg/Harz. Vergrößerung 6fach.

242 **Bleiglanz.** Galenit. Härte: $2^{1}/_{2}$–3. Dichte: 7,2–7,6. Strichfarbe: grauschwarz. Farbe: bleigrau. Starker Metallglanz, oft matt und blau angelaufen. Spaltbarkeit: sehr vollkommen nach dem Würfel. Tenazität: milde. Kristallform: kubisch. Im Bild: Würfel in Kombination mit dem Oktaeder. Fundort: Freiberg/Sachsen. Vergrößerung 6fach.

243 **Bournonit.** Rädelerz. Härte: $2^{1}/_{2}$–3. Dichte: 5,7–5,9. Strichfarbe: grau. Farbe: stahlgrau, bleigrau, eisenschwarz. Metallglanz, oft matt angelaufen. Tenazität: spröde bis leicht milde. Kristallform: orthorhombisch. Im Bild: verzwillingter Kristall auf Siderit. Fundort: Grube Georg bei Horhausen/Siegerland. Vergrößerung 10fach.

244 **Kupferglanz.** Chalkosin. Härte: $2^{1}/_{2}$–3. Dichte: 5,7–5,8. Strichfarbe: schwärzlich bis dunkelgrau, glänzend. Farbe: dunkel bleigrau bis schwärzlich. Metallglanz, oft matt angelaufen. Spaltbarkeit: nicht sichtbar. Bruch muschelig. Tenazität: milde. Kristallform: unter 103 °C monoklin, darüber hexagonal. Im Bild: tafelige Kristalle. Fundort: Redruth/Cornwall. Vergrößerung 8fach.

245 **Bornit.** Buntkupferkies. Härte: 3. Dichte: 4,9–5,3. Strichfarbe: grauschwarz. Farbe: im frischen Bruch rötlich silbergrau. Metallglanz. Spaltbarkeit: kaum sichtbar. Bruch muschelig. Tenazität: milde. Kristallform: über 228 °C kubisch, darunter trigonal-pseudokubisch. Im Bild: derbes Stück mit typischen Anlauffarben. Fundort: Grant/New Mexico. Vergrößerung 2,5fach.

246 **Jordanit.** Härte: 3. Dichte: 6,4. Strichfarbe: schwarz. Farbe: dunkel bleigrau. Metallglanz. Spaltbarkeit: vollkommen. Bruch uneben. Tenazität: spröde bis milde. Kristallform: monoklin. Im Bild: tafeliger Kristall (grau) mit Zinkblende (braun) verwachsen. Fundort: Lengenbach/Schweiz. Vergrößerung 6fach.

247 **Tennantit.** Arsenfahlerz. Härte: 3–4. Dichte: 4,6–5,2. Strichfarbe: schwarz, beim Verreiben bräunlichrot. Farbe: stahlgrau, in dünnsten Splittern rötlich durchscheinend. Metallglanz, oft matt. Spaltbarkeit: keine. Bruch muschelig. Tenazität: spröde. Kristallform: kubisch. Im Bild: flächenreicher Kristall auf Dolomit. Fundort: Lengenbach/Schweiz. Vergrößerung 70fach.

248 **Tetraedrit.** Härte: 3–4. Dichte: 4,6–5,2. Strichfarbe: schwarz. Farbe: stahlgrau bis eisenschwarz. Metallglanz, häufig aber auch matt. Spaltbarkeit: praktisch völlig fehlend. Bruch muschelig. Tenazität: spröde. Kristallform: kubisch. Im Bild: tetraedrischer Kristall auf Quarzkristallen. Fundort: Baia Sprie/Rumänien. Vergrößerung 8fach.

249 **Arsen.** Härte: 3–4. Dichte: 5,4–5,9. Strichfarbe: schwarz. Farbe: schwarz bis schwarzgrau. Auf frischem Bruch Metallglanz, aber schnell angelaufen und matt. Spaltbarkeit: nicht sichtbar. Bruch uneben. Tenazität: spröde. Kristallform: trigonal. Im Bild: krummschalige Aggregate, sogenannter Scherbenkobalt. Fundort: St. Andreasberg/Harz. Vergrößerung 2fach.

250 **Millerit.** Haarkies. Härte: 3½. Dichte: 5,3. Strichfarbe: grünlichschwarz. Farbe: messinggelb. Metallglanz. Spaltbarkeit: vollkommen, aber wegen der Ausbildung fast nie erkennbar. Tenazität: spröde. Kristallform: trigonal. Im Bild: nadelige Kristalle. Fundort: Ramsbeck/Sauerland. Vergrößerung 4fach.

251 **Enargit.** Härte: 3½. Dichte: 4,4. Strichfarbe: schwarz. Farbe: stahlgrau bis eisenschwarz mit Stich ins Violette. Metallglanz. Spaltbarkeit: vollkommen nach dem Prisma. Bruch uneben. Tenazität: spröde. Kristallform: orthorhombisch. Im Bild: prismatische Kristalle. Fundort: Cerro de Pasco/Peru. Vergrößerung 3fach.

252 **Cubanit.** Härte: 3½–4. Dichte: 4,10. Strichfarbe: schwarz. Farbe: bronzegelb. Metallglanz. Spaltbarkeit: meist nicht erkennbar. Bruch muschelig. Tenazität: spröde. Kristallform: orthorhombisch. Im Bild: prismatische Kristalle mit einem Magnetkieskristall (sechsseitig). Fundort: Morro Velho, Minas Gerais/ Brasilien. Vergrößerung 6fach.

253 **Eisen.** Härte: 4–5. Dichte: 7,88. Strichfarbe: stahlgrau, glänzend. Farbe: stahlgrau bis eisenschwarz. Metallglanz. Spaltbarkeit: keine. Bruch hakig. Tenazität: dehnbar. Kristallform: kubisch. Im Bild: Eisenmeteorit, zum Teil angeschliffen. Am nicht angeschliffenen Teil sieht man die narbige Außenkruste des Meteoriten, die er beim Flug durch die Atmosphäre erhalten hat. Am angeschliffenen Teil sieht man typische Ätzfiguren, die sogenannten Widmannstättenschen Figuren. Fundort: Namaqualand/Südafrika. Etwa Originalgröße.

254 Kupferkies. Chalkopyrit. Härte: $3^1/_2$–4. Dichte: 4,2–4,3. Strichfarbe: grünlichschwarz. Farbe: messinggelb mit grünlichem Stich, oft bunt angelaufen. Metallglanz. Spaltbarkeit: kaum bemerkbar. Bruch muschelig. Tenazität: spröde. Kristallform: tetragonal. Im Bild: tetraederförmige Kristalle. Fundort: Mansfeld/Thüringen. Vergrößerung 3fach.

255 Magnetkies. Pyrrhotin. Härte: 4. Dichte: 4,6. Strichfarbe: grauschwarz. Farbe: bronzefarben mit Stich ins Braune (tombakfarben). Metallglanz. Spaltbarkeit: selten sichtbar. Bruch uneben. Tenazität: spröde. Kristallform: hexagonal. Im Bild: prismatische Kristalle mit Quarzkristallen. Fundort: Trepča/Jugoslawien. Vergrößerung 1,5fach.

256 Eisen. Härte: 4–5. Dichte: 7,88. Strichfarbe: stahlgrau, glänzend. Farbe: stahlgrau bis eisenschwarz. Metallglanz. Spaltbarkeit: keine. Bruch hakig. Tenazität: dehnbar. Kristallform: kubisch. Im Bild: angeschliffene Platte von gediegenem Eisen in Basalt. Fundort: Bühl bei Kassel. Vergrößerung 8fach.

257 Linneit. Härte: $4^1/_2$–$5^1/_2$. Dichte: 4,8–5,8. Strichfarbe: schwarzgrau. Farbe: silberweiß bis stahlgrau. Metallglanz. Spaltbarkeit: nach dem Würfel manchmal gut erkennbar. Bruch muschelig. Tenazität: spröde. Kristallform: kubisch. Im Bild: oktaedrischer Kristall. Fundort: Müsen/Siegerland. Vergrößerung 11fach.

258 **Davidit.** Härte: 5. Dichte: 4,5. Strichfarbe: braunschwarz. Farbe: schwarz. Fettglanz. Spaltbarkeit: keine. Bruch muschelig. Tenazität: spröde. Kristallform: trigonal. Im Bild: dicktafeliger Kristall. Fundort: Selva/Schweiz. Vergrößerung 30fach.

259 **Ludwigit.** Härte: 5. Dichte: 3,7–4,2. Strichfarbe: blaugrün bis schwarz. Farbe: schwarz. Seidenglanz. Spaltbarkeit: keine. Bruch strahlig. Tenazität: spröde. Kristallform: orthorhombisch. Im Bild: radialstrahlige Aggregate. Fundort: Brosso/Piemont/Italien. Vergrößerung 2fach.

260 **Löllingit.** Arsenikalkies. Härte: 5. Dichte: 7,1–7,4. Strichfarbe: grauschwarz. Farbe: silberweiß, dunkler anlaufend. Metallglanz. Spaltbarkeit: erkennbar nach der Basis. Bruch uneben. Tenazität: spröde. Kristallform: orthorhombisch. Im Bild: strahliges Aggregat, in Siderit eingewachsen. Fundort: Hüttenberg/Kärnten. Vergrößerung 2fach.

261 **Maucherit.** Härte: 5. Dichte: 8,0. Strichfarbe: bräunlich bis schwärzlich. Farbe: rötlich, silberweiß, oft dunkler angelaufen. Metallglanz. Spaltbarkeit: keine. Bruch muschelig. Tenazität: spröde. Kristallform: tetragonal. Im Bild: sternförmige Aggregate tafeliger Kristalle. Fundort: Eisleben/DDR. Vergrößerung 10fach.

262 **Ilmenit.** Härte: 5–6. Dichte: 4,5–5,0. Strichfarbe: schwarz. Farbe: eisenschwarz, manchmal mit violettem Stich. Metallglanz, aber oft matt angelaufen. Spaltbarkeit: keine. Bruch muschelig bis uneben. Tenazität: spröde. Kristallform: trigonal. Im Bild: dicktafeliger Kristall. Fundort: Krageröi/Norwegen. Etwa Originalgröße.

263 **Allanit.** Orthit. Härte: 5½. Dichte: 3,0–4,2. Strichfarbe: grüngrau bis braunschwarz. Farbe: pechschwarz. Fettiger Glasglanz. Spaltbarkeit: nicht erkennbar. Bruch muschelig. Tenazität: spröde. Kristallform: monoklin. Im Bild: tafeliger Kristall mit Sanidin. Fundort: Laacher See/Eifel. Vergrößerung 18fach.

264 **Chloantit.** Weißnickelkies. Härte: 5½. Dichte: 6,4–6,6. Strichfarbe: grauschwarz. Farbe: zinnweiß, oft dunkler angelaufen. Metallglanz. Spaltbarkeit: keine. Bruch uneben. Tenazität: spröde. Kristallform: kubisch. Im Bild: Würfel in Kombination mit Oktaeder und Rhombendodekaeder. Fundort: Schneeberg/Sachsen. Vergrößerung 2fach.

265 **Kobaltglanz.** Cobaltin. Härte: 5½. Dichte: 6,0–6,4. Strichfarbe: grauschwarz. Farbe: silberweiß mit Stich ins Rötliche. Metallglanz. Spaltbarkeit: kaum sichtbar. Bruch muschelig. Tenazität: spröde. Kristallform: kubisch. Im Bild: würfeliger Kristall. Fundort: Hakansboda/Schweden. Vergrößerung 6fach.

266 **Arsenkies.** Arsenopyrit. Härte: 5½–6. Dichte: 5,9–6,2. Strichfarbe: schwarz. Farbe: zinnweiß bis stahlgrau, oft dunkler angelaufen. Metallglanz. Spaltbarkeit: undeutlich. Bruch uneben. Tenazität: spröde. Kristallform: orthorhombisch. Im Bild: prismatischer Kristall. Fundort: Altenberg/Sachsen. Vergrößerung 10fach.

267 **Ilvait.** Lievrit. Härte: 5½–6. Dichte: 4,1. Strichfarbe: schwärzlich. Farbe: schwarz. Glasglanz, etwas harzig. Spaltbarkeit: kaum erkennbar. Bruch muschelig. Tenazität: spröde. Kristallform: orthorhombisch. Im Bild: prismatischer Kristall mit Quarzkristallen. Fundort: Rio Marina/Elba. Vergrößerung 4fach.

268 **Columbit.** Härte: 6. Dichte: 5,3(Niobit)-8,1(Tantalit). Strichfarbe: braun bis schwarz. Farbe: braunschwarz bis schwarz. Pechglanz. Spaltbarkeit: kaum sichtbar. Bruch muschelig. Tenazität: spröde. Kristallform: orthorhombisch. Im Bild: dicktafeliger Kristall, in Quarz eingewachsen. Fundort: Tangen/Norwegen. Vergrößerung 3fach.

269 **Pechblende.** Uraninit. Härte: 6, derb oft niedriger. Dichte: 9,1–10,6. Strichfarbe: schwarz. Farbe: schwarz, grau, bräunlich. Fettglanz, oft matt. Spaltbarkeit: meist nicht sichtbar. Bruch muschelig. Tenazität: spröde. Kristallform: kubisch. Im Bild: nierige Pechblende. Fundort: St. Joachimsthal/Tschechoslowakei. Vergrößerung 5fach.

270 **Pyrit.** Schwefelkies. Härte: 6–6½. Dichte: 5,0–5,2. Strichfarbe: grünlichschwarz. Farbe: hell messingfarben. Metallglanz. Spaltbarkeit: keine. Bruch muschelig. Tenazität: spröde. Kristallform: kubisch; Würfel mit gestreiften Flächen, Oktaeder, Pentagondodekaeder, radialstrahlig, nierig, oft auch derb. Im Bild: Pentagondodekaeder auf blättrigem Haematit. Fundort: Rio Marina/Elba. Vergrößerung 5fach.

271 **Skutterudit.** Speiskobalt. Härte: 6. Dichte: 6,8. Strichfarbe: schwarz. Farbe: zinnweiß. Metallglanz. Spaltbarkeit: keine. Bruch muschelig bis uneben. Tenazität: spröde. Kristallform: kubisch. Im Bild: Rhombendodekaeder in Kombination mit dem Würfel. Fundort: Bou Azzer/Marokko. Vergrößerung 1,5fach.

272 **Pyrolusit.** Härte: 6, aber in Aggregaten oft scheinbar viel niedriger. Dichte: 4,9–5,1. Strichfarbe: schwarz. Farbe: silbergrau bis grauschwarz. Metallglanz bis matt. Spaltbarkeit: keine. Bruch muschelig. Tenazität: spröde. Kristallform: tetragonal. Im Bild: radialstrahliger Pyrolusit verkittet Gesteinsbruchstücke. Fundort: Ilmenau/Thüringen. Vergrößerung 1,2fach.

273 **Markasit.** Speerkies. Kammkies. Härte: 6–6½. Dichte: 4,8–4,9. Strichfarbe: grünlichschwarz. Farbe: messinggelb mit Stich ins Grüne. Metallglanz. Spaltbarkeit: schlecht. Bruch uneben. Tenazität: spröde. Kristallform: orthorhombisch. Im Bild: parallel verwachsene Kristalle, sogenannter Speerkies. Fundort: Letmathe/Westfalen. Vergrößerung 1,5fach.

274 **Markasit.** Speerkies. Kammkies. Härte: 6–6½. Dichte: 4,8–4,9. Strichfarbe: grünlichschwarz. Farbe: messinggelb mit Stich ins Grüne. Metallglanz. Spaltbarkeit: schlecht. Bruch uneben. Tenazität: spröde. Kristallform: orthorhombisch. Im Bild: parallel verwachsene Aggregate, sogenannter Kammkies. Fundort: Grube Levin bei Essen. Vergrößerung 4,5fach.

275 Magnetit. Magneteisenerz. Härte: 6–6½. Dichte: 5,2. Strichfarbe: schwarz. Farbe: eisenschwarz. Matter Metallglanz. Spaltbarkeit: kaum erkennbar. Bruch muschelig. Tenazität: spröde. Kristallform: kubisch. Im Bild: Oktaeder, auf Gneis aufgewachsen. Fundort: Binntal/Schweiz. Vergrößerung 2,5fach.

276 Epidot. Härte: 6–7. Dichte: 3,3–3,5. Strichfarbe: grau. Farbe: gelbgrün, dunkelgrün, schwarzgrün. Glasglanz. Spaltbarkeit: schlecht sichtbar. Bruch muschelig. Tenazität: spröde. Kristallform: monoklin. Im Bild: prismatische Kristalle mit Amiant. Fundort: Knappenwand im Untersulzbachtal/Österreich. Vergrößerung 1,5fach.

277 Klinozoisit. Physikalische Eigenschaften wie Epidot. Farbe: grau, hellbraun, graubraun. Strichfarbe: grau bis weiß. Im Bild: prismatische Kristalle, aus Kalkspat herausgelöst. Fundort: Maishofen bei Zell am See/Österreich. Vergrößerung 3fach.

278 Thortveitit. Härte: 6½. Dichte: 3,6. Strichfarbe: grauweiß. Farbe: schmutziggrün. Glasglanz. Spaltbarkeit: kaum erkennbar. Bruch muschelig. Tenazität: spröde. Kristallform: monoklin. Im Bild: strahlige Kristalle, in Feldspat eingewachsen. Fundort: Iveland/Norwegen. Vergrößerung 2fach.

279 **Krokydolith.** Härte: 6. Dichte: 3,3–3,4. Strichfarbe: blauschwarz bis blaugrau. Farbe: schwarzblau bis grünlichschwarz. Seidenglanz. Spaltbarkeit: keine. Bruch faserig. Tenazität: biegsam. Kristallform: monoklin. Im Bild: langfaseriger Krokydolithasbest. Fundort: Pafuri/Transvaal/Südafrika. Verkleinerung 1,5fach.

280 **Psilomelan.** Härte: 6–6½, je nach Aggregatform sehr variabel. Dichte: 6,30–6,45. Strichfarbe: braunschwarz bis schwarz. Farbe: schwarz bis stahlgrau. Metallglanz. Spaltbarkeit: keine. Bruch uneben. Tenazität: spröde. Kristallform: monoklin. Im Bild: nierige Aggregate. Fundort: Ilmenau/Thüringen. Vergrößerung 2fach.

281 **Coronadit.** Härte: 6½–7. Dichte: 5,5. Strichfarbe: schwarz. Farbe: grauschwarz bis schwarz. Metallglanz bis matt. Spaltbarkeit: keine. Bruch uneben. Tenazität: spröde. Kristallform: tetragonal. Im Bild: traubiges, stalaktitisches Aggregat. Fundort: Broken Hill/Australien. Verkleinerung 2fach.

282 **Bixbyit.** Härte: 6½. Dichte: 4,9–5,0. Strichfarbe: schwarz. Farbe: schwarz. Metallglanz. Spaltbarkeit: nach dem Oktaeder erkennbar. Bruch uneben. Tenazität: spröde. Kristallform: kubisch. Im Bild: würfeliger Kristall. Fundort: Thomas Range/USA. Vergrößerung 11fach.

So gehen Sie beim Bestimmen von Mineralien vor:

Die Mineralien sind im »Fotoatlas« in Gruppen gleicher Strichfarbe zusammengefaßt und innerhalb dieser Gruppen nach steigender Härte geordnet.
Als erstes müssen Sie also die Strichfarbe des unbekannten Minerals prüfen. Danach wissen Sie, in welchem Abschnitt des »Fotoatlas« Sie nachschlagen müssen. Die darauf folgende Überprüfung der Härte schränkt die Zahl der in Frage kommenden Mineralien weiter ein. Jetzt prüfen Sie auch die anderen Eigenschaften. Unter dem Stichwort »Ähnliche Mineralien« erfahren Sie dann, welche Verwechslungen möglich sind und wie Sie diese vermeiden können. Die Art des Vorkommens und eventuelle Begleitmineralien geben noch weitere Hinweise. Ein grünes, auf Kupferkies aufgewachsenes Mineral ist mit sehr großer Wahrscheinlichkeit ebenfalls ein Kupfermineral, zum Beispiel Malachit, und nicht zum Beispiel Epidot, ein Calcium, Eisen und Aluminium enthaltendes Silikatmineral.
Zur Bestimmung eines Minerals nach dem »Fotoatlas« müssen Sie also die Eigenschaften immer in folgender Reihenfolge prüfen:
1. Strichfarbe – 2. Härte – 3. Dichte – 4. Farbe – 5. Glanz – 6. Spaltbarkeit – 7. Bruch – 8. Tenazität – 9. Kristallform – 10. Paragenese – 11. Besonderheiten.
Lassen Sie, wenn irgend möglich, keine der Eigenschaften aus. Erst wenn Sie viel Erfahrung mit Mineralien haben, können Sie diesen vorgezeichneten Weg verlassen, ohne Fehlbestimmungen befürchten zu müssen.

Lagerstättensymbole (Symbole der wichtigsten Mineralienvorkommen)

 Vorkommen in Tiefengesteinen

 Vorkommen in Pegmatiten und pneumatolytischen Bildungen

 Vorkommen in hydrothermalen Gängen

 Vorkommen in Verdrängungs- und Skarnlagerstätten

 Vorkommen auf alpinen Klüften

 Vorkommen in vulkanischen Gesteinen, als Exhalationen

 Vorkommen in der Oxidationszone, Verwitterungsbildung

 Vorkommen in Sedimenten, Seifen

 Vorkommen in metamorphen Gesteinen und Lagerstätten

 Vorkommen in Meteoriten

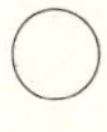 Vorkommen in vielen verschiedenen Lagerstätten

Erklärung der Länderkennzeichen

A	Österreich
AFG	Afghanistan
ANG	Angola
AUS	Australien
B	Belgien
BOL	Bolivien
BR	Brasilien
BUR	Birma
CDN	Kanada
CH	Schweiz
CL	Ceylon, Sri Lanka
CO	Kolumbien
CS	Tschechoslowakei
D	Bundesrepublik Deutschland
DDR	Deutsche Demokratische Republik
DK	Dänemark
E	Spanien
EAT	Tansania
ET	Ägypten
F	Frankreich
GAB	Gabun
GB	Großbritannien
GR	Griechenland
H	Ungarn
I	Italien
IND	Indien
IR	Iran
IS	Island
MA	Marokko
MEX	Mexiko
N	Norwegen
NAM	Namibia, Südwest-Afrika
P	Portugal
PE	Peru
PL	Polen
R	Rumänien
RCB	Republik Kongo
RCH	Chile
RM	Madagaskar
ROK	Korea
RSR	Rhodesien, Zimbabwe
S	Schweden
SF	Finnland
SU	Sowjetunion
TR	Türkei
USA	Vereinigte Staaten von Amerika
WAN	Nigeria
YU	Jugoslawien
Z	Sambia
ZA	Südafrika
ZR	Zaire

◁ Radialstrahlige Antimonitkristalle. Fundort: Herja bei Baia Mare/Rumänien. Vergrößerung 6fach.

1 Quecksilber

Chemische Formel: Hg
Härte: –. Dichte: 13,6. Strichfarbe: –. Farbe: zinnweiß. Metallglanz. Spaltbarkeit: –. Kristallform: flüssig, bildet Tröpfchen. Entstehung: bei der Zersetzung von Zinnober und Quecksilberfahlerz. Vorkommen: auf Quecksilberlagerstätten. Begleitmineralien: Zinnober, Quecksilberfahlerz. Besondere Eigenschaften: Verdunstet im Laufe der Zeit, legiert sich mit Edelmetallen; Vorsicht mit dem Ehering! Fundorte: Landsberg/Obermoschel (D), Dellach/Drau (A), Mte. Amiata/Toskana (I), Idria (YU), Almadén (E). Ähnliche Mineralien: Quecksilber ist das einzige flüssige Mineral, daher keine Verwechslungsmöglichkeiten.

2 Talk

Steatit, Speckstein

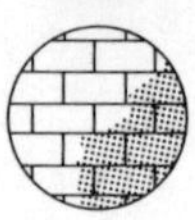

Chemische Formel: $Mg_3 [(OH)_2/Si_4O_{10}]$
Härte: 1. Dichte: 2,7–2,8. Strichfarbe: weiß. Farbe: weiß, grau, gelb, braun, grün, durchscheinend bis undurchsichtig. Perlmuttglanz bis Fettglanz. Spaltbarkeit: nach der Basis sehr vollkommen. Bruch uneben. Tenazität: biegsam, milde. Kristallform: monoklin; blättrig, dicht mit nieriger Oberfläche; bildet oft Pseudomorphosen nach anderen Mineralien, zum Beispiel Quarz, Kalkspat, Dolomit, Staurolith. Entstehung: meist sekundär aus manganreichen und aluminiumarmen Mineralien, zum Beispiel Olivin, Enstatit und anderen, besonders in der Epizone der Regionalmetamorphose; durch Magnesium- und Siliziumzufuhr aus Dolomit. Vorkommen: in Gesteinen der Epizone als kleinere und größere Linsen, gesteinsbildend als Talkschiefer, Topfstein; in blättrigen Aggregaten als Kluftfüllung in Serpentiniten und ähnlichen ultrabasischen Gesteinen; in dolomitischen Gesteinen in Linsen und größeren Körpern als dichter, mit Chlorit und Montmorillonit vermengter Speckstein. Begleitmineralien: Dolomit, Magnesit, Serpentin, Quarz und Magnetit. Besondere Eigenschaften: Fühlt sich fettig an. Verwendung: als Toilettenpuder; als Füllmasse für Papier; zur Herstellung feuerfester Geräteteile, zum Beispiel Hochspannungsisolatoren, Düsen von Azetylenbrennern; gebrannter Talk ist hart und hochfeuerfest. Fundorte: Göpfersgrün/Fichtelgebirge (D) (hier auch schöne Pseudomorphosen nach Quarzkristallen), Zillertal (A), Hospental (CH), Grießerhof bei Hirt/Kärnten (A). Ähnliche Mineralien: Die geringe Härte und das fettige Anfühlen unterscheiden von allen anderen Mineralien, außer vom viel selteneren Pyrophyllit, der mit einfachen Mitteln nicht zu unterscheiden ist.

Kaolinit

Chemische Formel: $Al_4[(OH)_8/Si_4O_{10}]$
Härte: 1. Dichte: 2,1–2,6. Strichfarbe: weiß. Farbe: weiß, gelb, bräunlich. Perlmuttglanz bis matt. Spaltbarkeit: nach der Basis vollkommen. Bruch erdig. Tenazität: Blättchen biegsam, Aggregate knetbar. Kristallform: triklin; tafelige Kristalle sehr selten, meist erdig, tonig, mit anderen Mineralien vermengt. Entstehung: bei der Verwitterung aluminiumreicher Gesteine. Vorkommen: als Zersetzungsprodukt kristalliner Gesteine, zum Beispiel Granit, Syenit, Pegmatit, Gneis; in Tonen. Begleitmineralien: Limonit, Quarz. Verwendung: zur Porzellanherstellung. Fundorte: Tirschenreuth/Bayern (D), Schnaittenbach-Hirschau/Bayern (D), Kropfmühl/Passau (D), Karlsbad (CS); weltweit verbreitet in Tonen. Ähnliche Mineralien: Die Unterscheidung von Dickit und Nakrit ist mit einfachen Mitteln nicht möglich.

3 Nakrit

Chemische Zusammensetzung und physikalische Eigenschaften wie Kaolinit. Kristalle häufig schon mit bloßem Auge erkennbar. Fundorte: Hühnersedel/Schwarzwald (D), Schneckenstein/Vogtland (DDR). Ähnliche Mineralien: Glimmer sind härter; die Unterscheidung von Kaolinit und Dickit ist mit einfachen Mitteln nicht möglich.

4 Halotrichit

Chemische Formel: $FeAl_2[SO_4]_4 \cdot 22\ H_2O$
Härte: 1½. Dichte: 1,73–1,79. Strichfarbe: weiß. Farbe: weiß. Seidenglanz bis Glasglanz. Spaltbarkeit: keine. Bruch faserig. Tenazität: spröde. Kristallform: monoklin; nadelig, faserig, erdig. Entstehung: bei der Verwitterung von Pyrit in aluminiumreichen Sedimenten. Vorkommen: als Ausblühungen am Ausbiß der genannten Gesteine; in alten Gruben. Begleitmineralien: Pickingerit, Pisanit, Copiapit. Fundorte: Rio Marina/Elba (I), Terlan/Südtirol (I), Chuquicamata/Atacama (RCH). Ähnliche Mineralien: Pickingerit, das entsprechende Magnesiummineral, ist mit einfachen Mitteln nicht zu unterscheiden.

5 Pyrophyllit

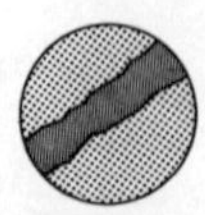

Chemische Formel: $Al_2[(OH)_2/Si_4O_{10}]$
Härte: 1½. Dichte: 2,8. Strichfarbe: weiß. Farbe: weiß, silbrigweiß, gelblich, grünlich, bräunlich. Perlmuttglanz. Spaltbarkeit: nach der Basis vollkommen, aber an dichten Aggregaten nicht erkennbar. Bruch uneben. Tenazität: biegsam, milde. Kristallform: monoklin; blättrig, radialstrahlige Aggregate, derb, dicht. Vorkommen: in kristallinen Schiefern; auf Erzgängen. Begleitmineralien: Quarz, Disthen. Verwendung: zu Schnitzereien; für stark druckbeanspruchte Werkstücke; sonst wie Talk. Fundorte: Recht/Eifel (D), Ottré (L), Wolfendorn/Südtirol (I). Ähnliche Mineralien: siehe Talk.

Chlorargyrit

Chlorsilber

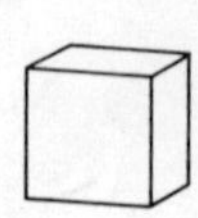

Chemische Formel: AgCl
Härte: 1½. Dichte: 5,5–5,6. Strichfarbe: weiß bis grau, glänzend. Farbe: farblos, weiß, gelblich, grau, schwarz. Diamantglanz bis Fettglanz. Spaltbarkeit: keine. Bruch hakig. Tenazität: geschmeidig,

schneidbar. Kristallform: kubisch; würfelige Kristalle selten, meist krustig, nierig, derb. Entstehung: bei der Verwitterung von Silbererzen. Vorkommen: in der Oxidationszone von Silberlagerstätten. Begleitmineralien: Argentit, Bromargyrit, Iodargyrit. Verwendung: als Silbererz. Fundorte: Broken Hill/Neusüdwales (AUS), Treasury Hill/Nevada (USA), Grube Schöne Aussicht/Dernbach (D). Ähnliche Mineralien: Iodargyrit und Bromargyrit sind mit einfachen Mitteln meist nicht zu unterscheiden; Iodargyrit hat allerdings andere Kristallform.

Carnallit

Chemische Formel: $KMgCl_3 \cdot 6\ H_2O$
Härte: 1–2. Dichte: 1,6. Strichfarbe: weiß. Farbe: farblos, weiß, gelblich, rot. Glasglanz. Spaltbarkeit: keine. Bruch muschelig. Tenazität: spröde. Kristallform: orthorhombisch; Kristalle sehr selten, körnig, derb. Entstehung: bei der Eindampfung salzhaltiger Lösungen. Vorkommen: in Salzlagerstätten. Begleitmineralien: Steinsalz, Sylvin, Bischofit. Verwendung: zur Herstellung von Kalidünger. Fundorte: verbreitet in den norddeutschen Kalisalzlagern (Staßfurt (DDR), Hannover (D)). Ähnliche Mineralien: Steinsalz und Sylvin haben ausgezeichnete Spaltbarkeit.

6 Gips

Selenit

Chemische Formel: $CaSO_4 \cdot 2\ H_2O$
Härte: 1½–2. Dichte: 2,3–2,4. Strichfarbe: weiß. Farbe: farblos, weiß, gelb, rosa, durchsichtig bis undurchsichtig. Perlmuttglanz. Spaltbarkeit: vollkommen. Bruch uneben. Tenazität: biegsam, milde bis spröde. Kristallform: monoklin; prismatische, tafelige bis linsenförmige Kristalle, nadelig, oft Zwillinge mit einspringenden Winkeln (sogenannte Schwalbenschwanzzwillinge), faserig (sogenannter Fasergips mit seidigem Glanz), schuppig, dicht (Alabaster). Entstehung: aus wäßriger Lösung beim Eindampfen von Meerwasser; bei der Verwitterung von schwefelhaltigen Mineralien; durch Wasseraufnahme aus Anhydrit. Vorkommen: in Salzlagerstätten, hier als erste Ausscheidung und entstanden aus Anhydrit durch Wasseraufnahme; als Kristalle und Konkretionen in Tonen und Mergeln; auf Erzlagerstätten, hier oft in schönen Kristallen; als neue Bildung in alten Bergwerken, Stollen und in Wüsten. Begleitmineralien: Anhydrit, Steinsalz, Sulfide. Verwendung: als Baumaterial; Gips wird bei etwa 120 °C gebrannt und verliert dabei ¾ seines Wassers, es entsteht der sogenannte »Stuckgips«, der mit Wasser schnell abbindet und hart wird; bei etwa 400 °C entsteht der sogenannte »totgebrannte Gips« (Estrichgips), der sehr langsam abbindet und dann sehr fest wird; Alabaster wird gern als Bildhauermaterial verwendet. Fundorte: Schöne Kristalle sind recht häufig. Förste/Harz (D) (hier besonders durchsichtige Platten, Marienglas), Donauwörth/Bayern (D), Wiesloch/Baden (D) (hier schöne Kristalle in Tonen eingewachsen), Agrigento/Sizilien (I), Hall/Tirol (A). Ähnliche Mineralien: Spaltbarkeit und Härte unterscheiden von allen anderen Mineralien.

7 Vivianit

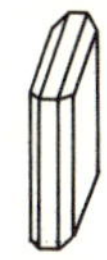

Chemische Formel: $Fe_3[PO_4]_2 \cdot 8\ H_2O$
Härte: 2. Dichte: 2,6–2,7. Strichfarbe: weiß bis blaß hellblau. Farbe: farblos durchsichtig, weiß, aber meist hell- bis dunkelblau, hell- bis dunkelgrün, durchsichtig bis durchscheinend. Glasglanz, auf Spaltflächen Perlmuttglanz. Spaltbarkeit: vollkommen. Bruch blättrig. Tenazität: dünne Kristalle biegsam, milde. Kristallform: monoklin; prismatische bis tafelige Kristalle, aufgewachsen und eingewachsen, kugelige Aggregate, derb, pulvrig, erdig (Blaueisenerde), Konkretionen, Krusten, Überzüge. Entstehung: nur in der Nähe der Erdoberfläche unter reduzierenden Bedingungen (bei Sauerstoffmangel); beim Zusammentreffen eisenhaltiger Verwitterungslösungen mit Phosphaten, besonders organischer Herkunft, ebenso beim Zusammentreffen phosphorhaltiger Lösungen mit Eisenverbindungen. Vorkommen: in Pegmatiten, entstanden durch Umwandlung primärer Phosphate; in der Oxidationszone von Erzlagerstätten; in sedimentären Eisenlagerstätten; in Süßwasserseen und Mooren; in Braunkohle und auf Klüften der sie begleitenden Sedimente; feinverteilt in vielen Tonen und Sedimenten als färbender Bestandteil; als Versteinerungsmittel von Knochen und Zähnen. Begleitmineralien: Triphylin, Siderit, Limonit, Erzmineralien. Fundorte: Hagendorf/Oberpfalz (D), Trepča/Serbien (YU) (von hier ganz ausgezeichnete Kristalle auf Sulfiden aufgewachsen), Anloua bei Ngaundere (KAM) (von hier Kristalle bis 1 m). Ähnliche Mineralien: Azurit braust mit verdünnter Salzsäure; Lazulith hat fettigen Glanz und ist härter; blaue Hornblenden haben ihre charakteristische Spaltbarkeit und sind viel härter.

8 Annabergit

Nickelblüte

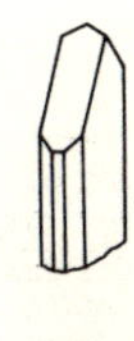

Chemische Formel: $Ni_3[AsO_4]_2 \cdot 8\ H_2O$
Härte: 2. Dichte: 3,0–3,1. Strichfarbe: weiß. Farbe: hell- bis apfelgrün. Glasglanz, auf Spaltflächen Perlmuttglanz. Spaltbarkeit: sehr vollkommen. Tenazität: milde, dünne Blättchen biegsam. Kristallform: monoklin; prismatische bis tafelige Kristalle, meist derb, erdig, krustig. Entstehung: bei der Verwitterung arsenreicher Nickelerze. Vorkommen: in der Oxidationszone von Nickellagerstätten. Begleitmineralien: Nickelerze, Arsenkies. Fundorte: Riechelsdorf/Hessen (D), Zinkwand/Schladming (A), Lavrion/Athen (GR) (von hier sehr schöne Kristalle). Ähnliche Mineralien: Malachit und andere Kupfermineralien sind dunkler.

9 Steinsalz

Halit

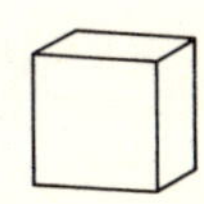

Chemische Formel: NaCl
Härte: 2. Dichte: 2,1–2,2. Strichfarbe: weiß. Farbe: farblos, rötlich, gelb, grau, blau, durchsichtig bis undurchsichtig. Glasglanz. Spaltbarkeit: nach dem Würfel vollkommen. Bruch muschelig. Tenazität:

milde bis spröde. Kristallform: kubisch; fast nur Würfel, sehr selten Oktaeder, Kristalle häufig aufgewachsen, oft derb, körnig, faserig, dicht. Entstehung: durch Eindampfen von salzhaltigen Wässern, zum Beispiel Meerwasser; durch Ausblühen des Bodens in Steppen und Wüsten; aus vulkanischen Gasen. Vorkommen: in eigenen Steinsalzlagerstätten als Linsen, Schichten, Lager in Sedimentgesteinen; Salzstöcke sind durch die Deckschichten aufgedrungene Salzlager; in Steppen und Wüsten in dünnen Krusten auf der Erdoberfläche; an Austrittsstellen vulkanischer Gase auf dem Nebengestein. Begleitmineralien: Sylvin, Anhydrit, Polyhalit, Carnallit, Gips, Kieserit. Besondere Eigenschaften: wasserlöslich. Verwendung: in großem Umfang industriell abgebaut: zur Salzsäureherstellung; als Natriumrohstoff; als Speisesalz. Fundorte: große Salzlagerstätten im Zechstein Norddeutschlands (Staßfurt (DDR), Hannover (D)), in der Trias der Ostalpen (Salzkammergut, Bad Ischl, Hall, Hallein (A)). Ähnliche Mineralien: Fluorit ist härter und nicht wasserlöslich; Sylvin hat im Gegensatz zu Steinsalz einen unangenehm bitteren Geschmack.

10 Thomsenolith

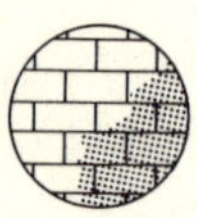

Chemische Formel: $CaNaAlF_6 \cdot H_2O$
Härte: 2. Dichte: 2,98. Strichfarbe: weiß. Farbe: farblos, weiß, gelblich, bräunlich durch Limonit. Glasglanz, auf Spaltflächen Perlmuttglanz. Spaltbarkeit: vollkommen. Bruch uneben. Tenazität: spröde. Kristallform: monoklin; lang- bis kurzprismatisch, oft »schiefe« Endflächen, häufig quergestreift. Entstehung: bei der Zersetzung von Kryolith. Vorkommen: in Drusen im zersetzten Kryolith. Begleitmineralien: Pachnolith, Ralstonit, Kryolith. Fundorte: Ivigtut/Grönland (DK), Miask/Ural (SU), Kaffo (WAN). Ähnliche Mineralien: Pachnolith hat nur schlechte Spaltbarkeit und ist nicht quergestreift; Ralstonit hat andere Kristallform und ist härter.

11 Aurichalcit

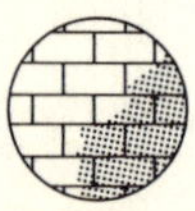

Chemische Formel: $(Zn, Cu)_5\ [(OH)_3/CO_3]_2$
Härte: 2. Dichte: 3,6–4,3. Strichfarbe: weiß bis blaß hellblau. Farbe: hellblau, bläulich, grünlichblau. Seidenglanz bis Perlmuttglanz. Spaltbarkeit: vollkommen. Bruch blättrig. Tenazität: milde. Kristallform: orthorhombisch; blättrig, nadelig, radialstrahlig, büschelig. Entstehung: beim Zusammentreffen kupfer- und zinkhaltiger Lösungen unter Oberflächenbedingungen. Vorkommen: in der Oxidationszone von Kupfer- und Zinklagerstätten. Begleitmineralien: Hemimorphit, Smithsonit, Rosasit, Cuprit, Malachit. Fundorte: Maubach/Eifel (D), Lavrion/Athen (GR), Rosas Mine/Sardinien (I), Tsumeb/Otavibergland (NAM), Mina Ojuela/Mapimi (MEX), Tschah Khuni/Isfahan (IR), 79 Mine bei Hayden/Arizona (USA). Ähnliche Mineralien: Rosasit ist härter und nie blättrig.

12 Pachnolith

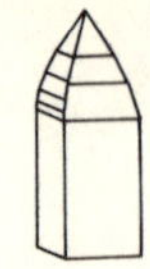

Chemische Formel: $CaNaAlF_6 \cdot H_2O$
Härte: 2. Dichte: 2,98. Strichfarbe: weiß. Farbe: farblos, weiß, bräunlich durch Limonit. Glasglanz. Spaltbarkeit: kaum erkennbar. Bruch muschelig. Tenazität: spröde. Kristallform: monoklin; prismatische Kristalle, mit spitzpyramidalen Endflächen, selten tafelig. Entstehung: bei der Zersetzung von Kryolith und anderen fluorhaltigen Mineralien. Vorkommen: auf Drusen in Pegmatiten. Begleitmineralien: Thomsenolith, Ralstonit, Kryolith. Fundorte: Hagendorf/Oberpfalz (D), Ivigtut/Grönland (DK), Miask/Ural (SU). Ähnliche Mineralien: Thomsenolith hat bessere Spaltbarkeit und zeigt meist deutlich monokline, »einseitig schiefe« Kristalle.

13 Schwefel

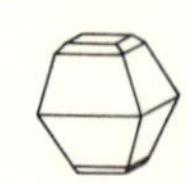

Chemische Formel: α-S
Härte: 2. Dichte: 2,0–2,1. Strichfarbe: weiß. Farbe: gelb, bräunlichgelb, grünlichgelb, durchsichtig bis undurchsichtig. Harz- bis Fettglanz, auf Kristallflächen Diamantglanz. Spaltbarkeit: kaum vorhanden. Bruch muschelig. Tenazität: sehr spröde. Kristallform: orthorhombisch; häufig Dipyramiden, manchmal sehr flächenreich, spitzpyramidal, sphenoidisch, selten tafelig, Kristalle aufgewachsen; körnig, faserig, nierig, stalaktitisch, erdig, pulvrig. Entstehung: durch Oxidation von H_2S in den ausströmenden Gasen von Vulkanen, besonders in Kraterseen; in Sedimenten durch sulfatabbauende Bakterien oder durch Reduktion von Sulfaten durch organische Substanzen; Verwitterungsprodukt von Sulfiden. Vorkommen: auf dem Nebengestein in der Nähe vulkanischer Gasaustritte; Gänge, Lager, Nester, Imprägnationen in Sedimentgesteinen; in Salzlagerstätten; auf Erzlagerstätten mit sulfidischen Erzen; als Ausfüllung von Fossilhohlräumen; auf Drusen in Marmoren. Begleitmineralien: Kalkspat, Coelestin, Aragonit, Sulfide. Besondere Eigenschaften: Klare Kristalle werden oft schon in der warmen Hand trüb und zerspringen. Verwendung: industriell sehr wichtiges Material: Herstellung von Schwefelsäure, Zündhölzern, Schwarzpulver, Malerfarben und Ultramarin; Bekämpfung von Schädlingen. Fundorte: Pozzuoli bei Neapel (I) (hier aus vulkanischen Gasen entstanden), Weenzen/Hannover (D), Carrara (I) (hier Kristalle auf Klüften eines Marmors), Agrigento/Sizilien (I) (sehr schöne und große Kristalle mit Kalkspat, Coelestin und Aragonit), Texas (USA), Lavrion/Athen (GR) (hier kleine flächenreiche Kristalle auf Bleiglanz und Zinkblende). Ähnliche Mineralien: Die seltene gelbe Zinkblende ist an ihrer guten Spaltbarkeit sofort zu erkennen.

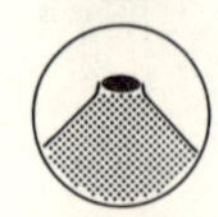
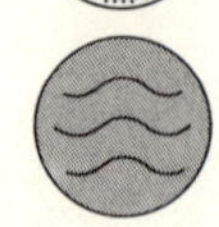

14 Sylvin

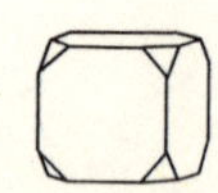
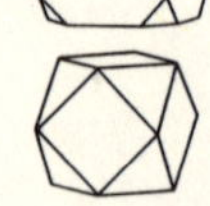

Chemische Formel: KCl
Härte: 2. Dichte: 1,99. Strichfarbe: weiß. Farbe: farblos, weiß, gelblich, orange, bräunlich. Glasglanz. Spaltbarkeit: nach dem Würfel vollkommen. Bruch uneben. Tenazität: spröde. Kristallform: kubisch; Würfel in Kombination mit Oktaeder, körnig, derb.

Entstehung: bei der Eindampfung salzhaltiger Lösungen. Vorkommen: in Salzlagerstätten; als Ausblühung in Steppen; selten auf vulkanischem Gestein an Austrittspunkten von Gasen. Begleitmineralien: Steinsalz, Carnallit, Anhydrit. Verwendung: als Kalidünger. Besondere Eigenschaften: Schmeckt bitter. Fundorte: in den Kalisalzschichten der norddeutschen Salzlagerstätten (Staßfurt (DDR), Hannover (D)). Ähnliche Mineralien: Steinsalz schmeckt nicht bitter.

15 Borax

Tinkal

Chemische Formel: $Na_2[B_4O_5(OH)_4] \cdot 8\ H_2O$
Härte: 2–2¹/₂. Dichte: 1,7–1,8. Strichfarbe: weiß. Farbe: farblos, weiß, gelblich, grau. Fettglanz. Spaltbarkeit: manchmal sichtbar. Bruch muschelig. Tenazität: spröde. Kristallform: monoklin; kurzprismatische Kristalle, derb. Entstehung: durch Verdunstung von borhaltigen Lösungen. Vorkommen: in Boraxseen, besonders in ariden Klimata. Begleitmineralien: Steinsalz, Soda. Verwendung: zum Glasieren von Porzellan; zur Herstellung von Emaillewaren und von Borgläsern. Fundorte: Borax Lake/Kalifornien (USA), Clear Lake/Kalifornien (USA). Ähnliche Mineralien: Soda ist weicher; Trona hat ausgezeichnete Spaltbarkeit.

16 Autunit

Kalkuranglimmer

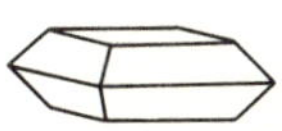

Chemische Formel: $Ca[UO_2/PO_4]_2 \cdot 8–12\ H_2O$
Härte: 2–2¹/₂. Dichte: 3,2. Strichfarbe: weiß bis gelblich. Farbe: gelb mit Stich ins Grüne. Glasglanz, auf Spaltflächen Perlmuttglanz. Spaltbarkeit: vollkommen nach der Basis. Bruch uneben. Tenazität: spröde bis milde. Kristallform: tetragonal; tafelige Kristalle, oft zu Büscheln verwachsen. Entstehung: durch hydrothermale Umwandlung von Uranmineralien, insbesondere Pechblende. Vorkommen: in der Oxidationszone von Uranlagerstätten; auf Klüften von Graniten. Begleitmineralien: Torbernit, Uranocircit, Flußspat, Baryt. Verwendung: als Uranerz. Besondere Eigenschaften: Fluoresziert unter der UV-Lampe. Fundorte: Fuchsbau/Fichtelgebirge (D), Wölsendorf/Oberpfalz (D), Menzenschwand/Schwarzwald (D), Autun/Saône-et-Loire (F), Mt. Spokane/Washington (USA). Ähnliche Mineralien: Torbernit ist grün und fluoresziert nicht; Uranocircit ist etwas intensiver grün, aber manchmal nicht einfach zu unterscheiden.

17 Hydrozinkit

Zinkblüte

Chemische Formel: $Zn_5[(OH)_3/CO_3]_2$
Härte: 2–2¹/₂. Dichte: 3,2–3,8. Strichfarbe: weiß. Farbe: weiß bis gelblich. Matt. Spaltbarkeit: wegen der Ausbildung des Minerals meist nicht erkennbar. Tenazität: milde. Kristallform: monoklin; selten nadelige Kristalle, meist strahlig, krustig, erdig. Entstehung: bei der Verwitterung von Zinkblende. Vorkommen: in der Oxidationszone von Zinklagerstätten, insbesondere bei karbonatischem Nebengestein. Begleitmineralien: Smithsonit, Hemimorphit, Wulfenit. Verwendung: manchmal als Zinkerz. Fundorte: Mittenwald/Bayern (D), Bleiberg/Kärnten (A), Raibl (I), Mina Ojuela/Durango (MEX). Ähnliche Mineralien: Die Paragenese unterscheidet von allen anderen Mineralien.

18 Muskovit

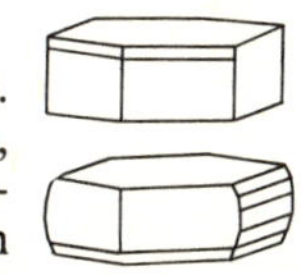

Chemische Formel: $KAl_2[(OH,F)_2/AlSi_3O_{10}]$
Härte: 2–2¹/₂. Dichte: 2,78–2,88. Strichfarbe: weiß. Farbe: farblos, weiß, silbriggrau, grünlich, gelblich, bräunlich. Perlmuttglanz. Spaltbarkeit: nach der Basis äußerst vollkommen. Tenazität: milde, Blättchen biegsam. Kristallform: monoklin; tafelige sechsseitige Kristalle, selten prismatisch, Blättchen, Schuppen, rosettenförmige Aggregate. Entstehung: primär als Bestandteil vieler Gesteine; sekundär durch Umwandlung anderer Silikate. Vorkommen: in Graniten, Pegmatiten, Gneisen, Glimmerschiefern, Sandsteinen, Marmoren, nicht in vulkanischen Gesteinen; in aufgewachsenen Kristallen auf Klüften der genannten Gesteine. Begleitmineralien: Quarz, Feldspat, Biotit. Verwendung: als Isoliermaterial. Fundorte: Schwarzeck/Bayerischer Wald (D), Wolfsberg bei Spittal/Kärnten (A), Zillertal (A), St. Gotthard (CH) (hier Kristalle auf Klüften); Muskovit ist außerordentlich verbreitet. Ähnliche Mineralien: Talk ist weicher; Biotit hat andere Farbe; Chlorit ist weicher.

19 Phlogopit

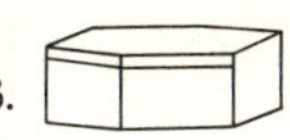

Chemische Formel: $KMg_3[(F,OH)_2/AlSi_3O_{10}]$
Härte: 2–2¹/₂. Dichte: 2,75–2,97. Strichfarbe: weiß. Farbe: dunkelbraun, rötlichbraun, gelblich, grünlich. Glasglanz. Spaltbarkeit: nach der Basis äußerst vollkommen. Bruch blättrig. Tenazität: dünne Blättchen biegsam. Kristallform: monoklin; tafelige Kristalle, seltener prismatisch, blättrig, schuppig. Entstehung: pegmatitisch; bei der metamorphen Umwandlung von Kalken und Dolomiten. Vorkommen: in Marmoren und metamorphen Dolomiten; in Pegmatiten. Begleitmineralien: Graphit, Kalkspat, Diopsid. Verwendung: als elektrisches Isoliermaterial. Fundorte: Kropfmühl/Passau (D), Wunsiedel/Fichtelgebirge (D), Campolungo/Tessin (CH), Sydenham/Ontario (CDN) (von hier riesige Kristalle bis zu mehreren Quadratmetern Größe). Ähnliche Mineralien: Biotit kommt in anderer Paragenese vor; Diaspor ist viel härter.

20 Lepidolith

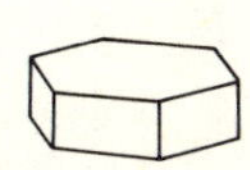

Chemische Formel: $KLi_2Al[(F,OH)_2/Si_4O_{10}]$
Härte: 2–2¹/₂. Dichte: 2,8–2,9. Strichfarbe: weiß. Farbe: rosa, rosaviolett, rötlich. Glasglanz. Spaltbarkeit: nach der Basis äußerst vollkommen. Bruch blättrig. Tenazität: dünne Blättchen biegsam. Kristallform: monoklin; tafelige Kristalle, blättrige Ag-

gregate, schuppig, dicht, ein- und aufgewachsen. Entstehung: aus der Schmelze; aus der Gasphase; aus hydrothermalen Lösungen. Vorkommen: in Pegmatiten eingewachsen und in deren Drusen; in pneumatolytischen Gängen. Begleitmineralien: Turmalin, Feldspat, Quarz. Verwendung: zur Lithiumgewinnung. Fundorte: Rozna/Mähren (CS), San Piero/Elba (I), San Diego/Kalifornien (USA), Mine Rubicon/Karibib (NAM). Ähnliche Mineralien: Manganhaltiger Glimmer kann auch rosa sein (Alurgit), kommt aber im Gegensatz zu Lepidolith immer in metamorpher Umgebung vor.

21 Valentinit

Antimonblüte

Chemische Formel: Sb_2O_3
Härte: 2–3. Dichte: 5,6–5,8. Strichfarbe: weiß. Farbe: farblos, weiß, gelblich, grau. Diamantglanz, auf Spaltflächen Perlmuttglanz. Spaltbarkeit: vollkommen, aber wegen der nadeligen Ausbildung oft nicht erkennbar. Bruch uneben. Tenazität: milde, zerbrechlich. Kristallform: orthorhombisch; prismatische bis nadelige Kristalle, strahlig, körnig, faserig, derb. Entstehung: bei der Verwitterung von Antimonmineralien. Vorkommen: auf Lagerstätten von Antimonmineralien, insbesondere Antimonit, in der Oxidationszone. Begleitmineralien: Antimonit, Senarmontit. Fundorte: Wolfsberg/Harz (DDR), Horhausen/Westerwald (D), Příbram/Böhmen (CS). Ähnliche Mineralien: Der hohe Glanz und die nadelige Ausbildung sowie die Paragenese mit Antimonit unterscheiden von allen ähnlichen Mineralien.

22 Leadhillit

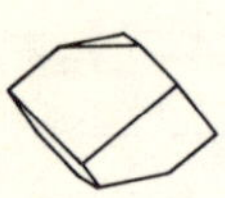

Chemische Formel: $Pb_4[(OH)_2/SO_4/(CO_3)_2]$
Härte: 2½. Dichte: 6,45–6,55. Strichfarbe: weiß. Farbe: farblos, weiß, gelblich, bräunlich, grau. Fettglanz bis Perlmuttglanz. Spaltbarkeit: nach der Basis vollkommen. Bruch muschelig. Tenazität: spröde. Kristallform: monoklin; pseudohexagonale Tafeln, körnig, krustig, schalig. Entstehung: bei der Verwitterung von Bleimineralien. Vorkommen: in der Oxidationszone von Bleilagerstätten. Begleitmineralien: Bleiglanz, Anglesit, Cerussit, Phosgenit. Fundorte: Leadhills/Schottland (GB), Iglesias/Sardinien (I), Tsumeb/Otavibergland (NAM). Ähnliche Mineralien: Cerussit ist härter und hat viel schlechtere Spaltbarkeit; Anglesit ist manchmal nur schwer zu unterscheiden.

23 Pharmakosiderit

Würfelerz

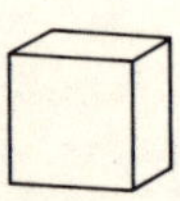

Chemische Formel: $KFe_4[(OH)_4/(AsO_4)_3] \cdot 7\ H_2O$
Härte: 2½. Dichte: 2,8–2,9. Strichfarbe: weiß. Farbe: grün, gelb, braun. Glasglanz, auf Bruchflächen Fettglanz. Spaltbarkeit: kaum erkennbar. Bruch muschelig. Tenazität: spröde. Kristallform: kubisch; Kristalle immer aufgewachsen, meist Würfel, selten mit Oktaeder, körnig, derb. Entstehung: bei der Verwitterung arsenhaltiger Mineralien. Vorkommen: in der Oxidationszone arsenreicher Erzgänge. Begleitmineralien: Olivenit, Klinoklas. Fundorte: Lobenstein/Thüringen (DDR), Wheal Gorland/Cornwall (GB). In der Grube Clara bei Oberwolfach/Schwarzwald (D) findet sich ein Barium-Pharmakosiderit, der statt Kalium Barium enthält; makroskopisch ist er von Pharmakosiderit nicht zu unterscheiden. Ähnliche Mineralien: Flußspat ist härter und unterscheidet sich durch seine gute Spaltbarkeit nach dem Oktaeder.

24 Silber

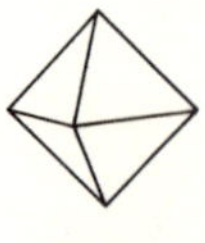

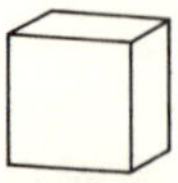

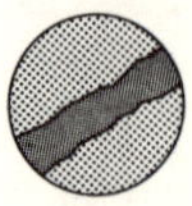

Chemische Formel: Ag
Härte: 2½–3. Dichte: 9,6–12. Strichfarbe: silberweiß, metallisch. Farbe: silberweiß, oft gelblich oder schwärzlich angelaufen. Metallglanz. Spaltbarkeit: keine. Bruch hakig. Tenazität: milde, sehr dehnbar, kann zu Plättchen gehämmert werden. Kristallform: kubisch; vorherrschend Würfel, skelettförmige, blech- und drahtförmige Aggregate, derb, eingewachsen. Entstehung: in der Zementationszone von Sulfidlagerstätten; bei der Anreicherung in ariden Schuttwannen; in hydrothermalen Gängen. Vorkommen: in verschieden temperierten hydrothermalen Gängen; selten primär, meist sekundär als Zementationsbildung; in schwarzen Schiefern. Begleitmineralien: Silberglanz, Pyrargyrit, Proustit, Bleiglanz, Cerussit, Calcit. Verwendung: Gediegen Silber ist als Silbererz heute von geringer Bedeutung. Verwendung in der fotografischen Industrie, für Schmuckzwecke. Fundorte: St. Andreasberg/Harz (D), Wittichen/Schwarzwald (D), Freiberg/Sachsen (DDR), Cobalt/Ontario (CDN), Mansfeld/Harz (DDR) (hier Silberbleche auf Schichtflächen des Mansfelder Schiefers). Ähnliche Mineralien: Bleiglanz und andere silbergraue Mineralien sind mit Ausnahme von Silberglanz nicht zu Plättchen hämmerbar; Silberglanz hat dunkleren Strich.

25 Pharmakolith

Chemische Formel: $CaH[AsO_4] \cdot 2\ H_2O$
Härte: 2–2½. Dichte: 2,6. Strichfarbe: weiß. Farbe: farblos, weiß, durch Kobalt oder Nickel manchmal rötlich oder grün. Glasglanz. Spaltbarkeit: wegen der nadeligen Ausbildung nicht erkennbar. Bruch faserig. Tenazität: spröde. Kristallform: monoklin; nadelige bis haarförmige Kristalle, radialstrahlige Büschel, Rosetten. Entstehung: bei der Verwitterung arsenhaltiger Erze. Vorkommen: in der Oxidationszone von arsenhaltigen Lagerstätten. Begleitmineralien: Gips, Kobaltblüte. Fundorte: Wittichen/Schwarzwald (D), Markirch/Vogesen (F). Ähnliche Mineralien: Pikropharmakolith ist mit einfachen Mitteln nicht zu unterscheiden.

26 Biotit

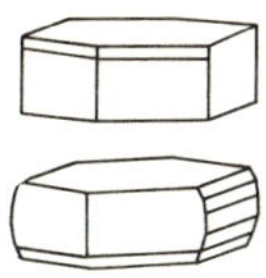

Chemische Formel: $K(Mg,Fe)_3[(OH)_2/(Al,Fe)Si_3O_{10}]$
Härte: 2½–3. Dichte: 2,8–3,2. Strichfarbe: weiß. Farbe: dunkelbraun, dunkelgrün, schwarz, rötlich. Perlmuttglanz. Spaltbarkeit: nach der Basis äußerst vollkommen. Bruch blättrig. Tenazität: milde, Blättchen biegsam. Kristallform: monoklin; tafelige sechsseitige Kristalle, selten prismatisch, Blättchen, Schuppen, rosettenförmige Aggregate. Entstehung: als Hauptgemengteil von vielen Gesteinen. Vorkommen: in Graniten, Pegmatiten, Gneisen, Glimmerschiefern, Dioriten, Hornfelsen, vulkanischen Gesteinen; aufgewachsen auf Klüften der genannten Gesteine. Begleitmineralien: Quarz, Muskovit, Feldspat. Verwendung: als Isoliermaterial. Fundorte: außerordentlich verbreitet, in vielen Graniten des Bayerischen Waldes, des Schwarzwaldes, in vulkanischen Gesteinen der Eifel. Ähnliche Mineralien: Chlorit ist weicher; Talk ist weicher; Muskovit hat andere Farbe; Phlogopit ist nicht immer ohne weiteres zu unterscheiden, kommt aber in anderen Paragenesen vor.

27 Kryolith

Eisstein

Chemische Formel: Na_3AlF_6
Härte: 2½–3. Dichte: 2,95. Strichfarbe: weiß. Farbe: farblos, weiß, gelblich, schwarz, violett. Glasglanz. Spaltbarkeit: manchmal sichtbar. Bruch uneben. Tenazität: spröde. Kristallform: monoklin; würfelähnliche Kristalle, aber meist derb. Entstehung: pegmatitisch. Vorkommen: in Pegmatiten. Begleitmineralien: Siderit, Fluorit, Topas, Bleiglanz. Verwendung: als Flußmittel für die Aluminiumelektrolyse, dazu heute aber künstlich hergestellt. Fundorte: Ivigtut/Grönland (DK), Miask/Ural (SU), Pikes Peak/Colorado (USA). Ähnliche Mineralien: Fluorit hat andere Spaltbarkeit und ist härter; Topas ist härter; Ralstonit ist härter.

Phosgenit

Bleihornerz

Chemische Formel: $Pb_2[Cl_2/CO_3]$
Härte: 2½–3. Dichte: 6,0–6,3. Strichfarbe: weiß. Farbe: farblos, weiß, grau, gelb. Fett- bis Diamantglanz. Spaltbarkeit: nach Prisma und Basis vollkommen. Bruch muschelig. Tenazität: milde. Kristallform: tetragonal; kurzsäulige Kristalle, tafelig. Entstehung: durch Verwitterung von Bleiglanz. Vorkommen: in der Oxidationszone von Bleilagerstätten. Begleitmineralien: Cerussit, Anglesit, Pyromorphit, Laurionit, Paralaurionit. Fundorte: Grube Christian Levin/Essen (D), Monte Poni/Sardinien (I), Lavrion/Athen (GR) (hier in Hohlräumen antiker Schlacken), Tsumeb/Otavibergland (NAM). Ähnliche Mineralien: Cerussit ist etwas härter, hat meist etwas matteren Glanz, die Kristallform ist unterschiedlich.

28 Duftit

Chemische Formel: $PbCu[OH/AsO_4]$
Härte: 3. Dichte: 6,98. Strichfarbe: blaßgrün bis weiß. Farbe: gelbgrün. Glasglanz. Spaltbarkeit: keine. Bruch uneben. Tenazität: spröde. Kristallform: orthorhombisch; prismatische bis tafelige Kristalle, krustige Aggregate. Entstehung: bei der Verwitterung von arsenhaltigen Blei-Kupfer-Erzen. Vorkommen: in der Oxidationszone von Blei-Kupfer-Lagerstätten. Begleitmineralien: Azurit, Cerussit, Malachit. Fundorte: Cap Garonne/Var (F), Tsumeb/Otavibergland (NAM), Mina Ojuela/Mapimi (MEX). Ähnliche Mineralien: Konichalcit ist mehr apfelgrün.

29 Anglesit

Chemische Formel: $PbSO_4$
Härte: 3. Dichte: 6,3. Strichfarbe: weiß. Farbe: farblos, weiß, gelblich, bräunlich, grau. Diamantglanz bis Fettglanz. Spaltbarkeit: nach der Basis sichtbar. Bruch muschelig. Tenazität: spröde. Kristallform: orthorhombisch; tafelig, prismatisch, dipyramidal, körnig, krustig, derb. Entstehung: bei der Verwitterung von Bleiglanz. Vorkommen: in der Oxidationszone von Bleilagerstätten, meist direkt auf Bleiglanz. Begleitmineralien: Cerussit, Bleiglanz, Leadhillit, Phosgenit. Verwendung: selten als Bleierz. Fundorte: Wissen/Sieg (D), Schapbach/Schwarzwald (D), Monte Poni/Sardinien (I), Tsumeb/Otavibergland (NAM). Ähnliche Mineralien: Schwerspat ist leichter, hat bessere Spaltbarkeit; Cerussit hat kaum Spaltbarkeit und zeigt im Gegensatz zu Anglesit meist Zwillinge und trigonale Symmetrie.

Kainit

Chemische Formel: $KMg[Cl/SO_4] \cdot 2{,}75\,H_2O$
Härte: 3. Dichte: 2,1. Strichfarbe: weiß. Farbe: weiß, gelblich, rötlich, grau. Glasglanz. Spaltbarkeit: vollkommen. Bruch uneben. Tenazität: spröde. Kristallform: monoklin; sehr selten tafelige Kristalle, meist körnige Aggregate, derb. Entstehung: durch Eindampfung von Meerwasser; Umwandlung von Carnallit. Vorkommen: in Salzlagerstätten. Begleitmineralien: Carnallit, Steinsalz. Verwendung: zur Herstellung von Kalidüngern und anderen Kaliumverbindungen. Fundorte: fast nur in den norddeutschen Salzlagerstätten, dort in großen Mengen. Ähnliche Mineralien: Steinsalz ist weicher und hat andere Spaltbarkeit; Carnallit ist weicher und hat gar keine Spaltbarkeit.

30–33 Kalkspat

Calcit

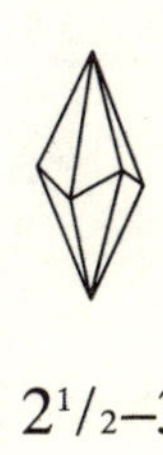

Chemische Formel: $CaCO_3$
Härte: 3. Dichte: 2,6–2,8. Strichfarbe: weiß. Farbe: farblos, weiß, gelb, braun; durch Fremdbeimengungen vielfältig gefärbt. Glasglanz. Spaltbarkeit: sehr vollkommen nach dem Grundrhomboeder. Bruch

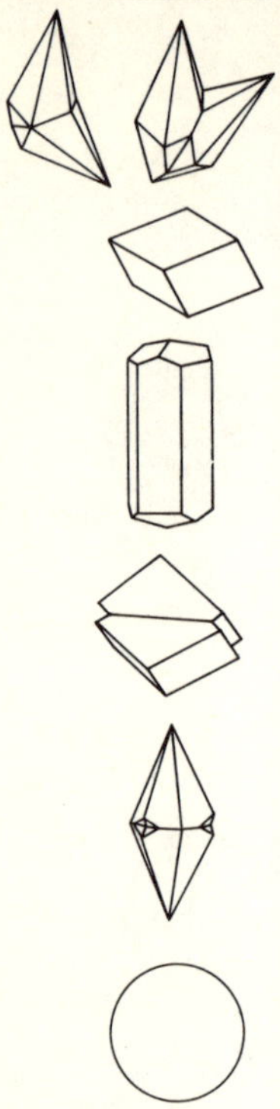

muschelig. Tenazität: spröde. Kristallform: trigonal; Kalkspat ist das formenreichste Mineral (über 2000 Kombinationen), es gibt zum Beispiel über 400 verschiedene Skalenoeder; am häufigsten sind Skalenoeder, Rhomboeder und Prisma mit Basis. Habitus prismatisch, linsenförmig, nadelig, tafelig; oft auch strahlig, kugelig, nierig, spätig, derb. Entstehung: Kalkspat ist ein Durchläufer, er kann bei praktisch allen mineralbildenden Vorgängen entstehen. Vorkommen: Kristalle in Drusen von Erzgängen, in Blasenhohlräumen von vulkanischen Gesteinen, auf Klüften und in Drusen von Karbonatgesteinen; als Gangart von vielen hydrothermalen Gängen; gesteinsbildend: magmatisch in Karbonatiten, sedimentär in Kalksteinen, metamorph in Marmoren. Begleitmineralien: Dolomit, Quarz, Erzmineralien und viele andere. Besondere Eigenschaft: Kalkspat braust beim Betupfen mit verdünnter Salzsäure. Verwendung: gesteinsbildender Kalkspat als Baustein, als Bildhauermaterial (insbesondere Marmor); gebrannter Kalk wurde als Kalkdünger und Mörtel verwendet. Fundorte: Schöne Kristalle in Drusen von Erzgängen, zum Beispiel in St. Andreasberg/Harz (D), Egremont/Cumberland (GB); auf Klüften von Kalksteinen, zum Beispiel in Murnau/Oberbayern (D), St. Johann (A); in Drusen von vulkanischen Gesteinen, zum Beispiel in Helgustadir (IS) (von hier der isländische Doppelspat). Ähnliche Mineralien: Dolomit braust im Gegensatz zu Kalkspat nur mit heißer Salzsäure; Quarz ist härter; Gips ist weicher; Anhydrit braust nicht mit Salzsäure.

Dawsonit

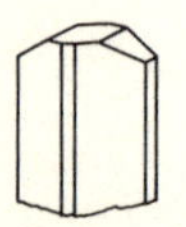

Chemische Formel: $NaAl[(OH)_2/CO_3]$
Härte: 3. Dichte: 2,44. Strichfarbe: weiß. Farbe: farblos bis weiß. Glasglanz bis Seidenglanz. Spaltbarkeit: vollkommen, aber wegen der nadeligen Ausbildung meist nicht erkennbar. Bruch faserig. Tenazität: spröde. Kristallform: orthorhombisch; nadelig bis haarförmig, radialstrahlig. Entstehung: aus niedrig temperierten hydrothermalen Lösungen. Vorkommen: auf Klüften von Sedimentgesteinen. Begleitmineralien: Fluorit, Dolomit, Kalkspat, Pyrit. Fundorte: Terlan/Südtirol (I), Mte. Amiata/Toskana (I), Francon Quarry/Montreal (CDN). Ähnliche Mineralien: Natrolith und Skolezit sind härter.

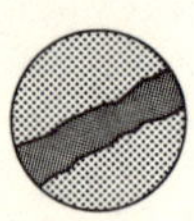

34 Stolzit

Scheelbleierz

Chemische Formel: $PbWO_4$
Härte: 3. Dichte: 7,9–8,2. Strichfarbe: weiß bis gelblich. Farbe: gelb, braun, grau. Fettglanz. Spaltbarkeit: keine. Bruch muschelig. Tenazität: spröde. Kristallform: tetragonal; dipyramidale Kristalle, Kanten oft gekrümmt, derb. Entstehung: aus hydrothermalen Lösungen. Vorkommen: in Zinnerzgängen; in der Oxidationszone wolfram- und bleihaltiger Lagerstätten. Begleitmineralien: Quarz, Raspit, Fluorit. Fundorte: Zinnwald/Erzgebirge (CS), Broken Hill/Neusüdwales (AUS). Ähnliche Mineralien: Scheelit fluoresziert im Gegensatz zu Stolzit im UV-Licht; Wulfenit ist mit einfachen Mitteln nicht leicht zu unterscheiden, die Paragenese mit anderen Wolframmineralien gibt aber oft deutliche Hinweise.

35 Vanadinit

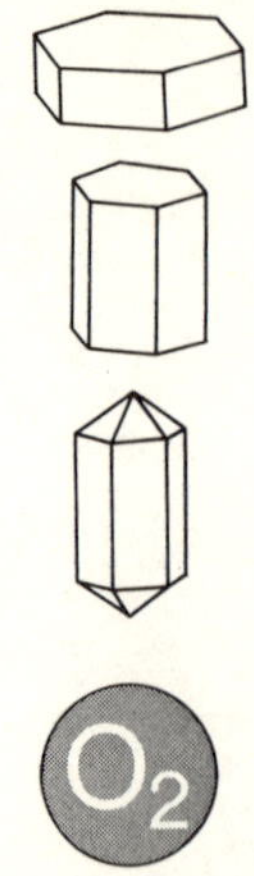

Chemische Formel: $Pb_5[Cl/(VO_4)_3]$
Härte: 3. Dichte: 6,8–7,1. Strichfarbe: weiß, gelblich. Farbe: gelb, braun, orange, rot. Diamantglanz, etwas fettig. Spaltbarkeit: keine. Bruch muschelig. Tenazität: spröde. Kristallform: hexagonal; prismatische bis tafelige Kristalle, radialstrahlig, kugelig, derb. Entstehung: durch Verwitterung von Bleimineralien in Anwesenheit vanadiumhaltiger Lösungen. Vorkommen: in der Oxidationszone von Bleilagerstätten. Begleitmineralien: Wulfenit, Kalkspat, Descloizit. Verwendung: als Vanadiumerz. Fundorte: Hochobir/Kärnten (A), Bleiberg/Kärnten (A), Berg Aukas/Otavibergland (NAM), Apache Mine bei Globe/Arizona (USA), Gowde (IR), Old Yuma Mine/Arizona (USA), Mibladen (MA) (von hier ganz ausgezeichnete und große Kristalle, wohl die besten der Welt). Ähnliche Mineralien: Apatit ist härter; Pyromorphit und Mimetesit sind nicht rot, brauner oder gelber Vanadinit ist mit einfachen Mitteln nicht zu unterscheiden.

36 Stewartit

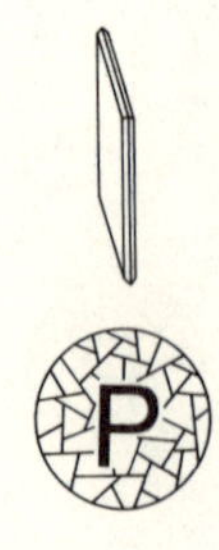

Chemische Formel: $MnFe_2[OH/PO_4]_2 \cdot 8\ H_2O$
Härte: 3. Dichte: 2,46. Strichfarbe: weiß. Farbe: gelb, orange, grünlichgelb. Glasglanz. Spaltbarkeit: keine. Bruch uneben. Tenazität: spröde. Kristallform: monoklin; dünntafelige, spitze Kristalle, radialstrahlige Aggregate. Entstehung: bei der hydrothermalen Umwandlung primärer Phosphate. Vorkommen: in Phosphatpegmatiten. Begleitmineralien: Laueit, Strunzit, Pseudolaueit, Beraunit, Rockbridgeit. Fundorte: Hagendorf/Oberpfalz (D), Hühnerkobel/Bayerischer Wald (D), Pala/Kalifornien (USA), Palermo Mine/New Hampshire (USA). Ähnliche Mineralien: Laueit ist immer dicktafeliger und hat andere Kristallform.

37 Laueit

Chemische Formel: $MnFe_2[OH/PO_4]_2 \cdot 8\ H_2O$
Härte: 3. Dichte: 2,49. Strichfarbe: weiß bis gelblich. Farbe: gelb, orangegelb, honigbraun. Glasglanz. Spaltbarkeit: wenig sichtbar. Bruch muschelig. Tenazität: spröde. Kristallform: triklin; prismatische bis dicktafelige Kristalle, Krusten. Entstehung: bei der hydrothermalen Umwandlung von Eisen-Mangan-Phosphaten. Vorkommen: in Phosphatpegmatiten. Begleitmineralien: Strunzit, Stewartit, Pseudolaueit, Beraunit. Fundorte: Hagendorf/Oberpfalz (D), Hühnerkobel/Bayerischer Wald (D), Otov (CS), Palermo Mine/New Hampshire (USA). Ähnliche Mineralien: Stewartit hat andere Kristallform, ist viel dünntafeliger; Pseudolaueit hat ebenfalls andere Kristallform.

Whitlockit

Chemische Formel: $Ca_3[PO_4]_2$
Härte: 3. Dichte: 3,12. Strichfarbe: weiß. Farbe: farblos bis weiß. Glasglanz. Spaltbarkeit: keine. Bruch muschelig. Tenazität: spröde. Kristallform: trigonal; rhomboedrische, oft flächenreiche Kristalle, derbe Massen, oft oberflächlich angelöst. Entstehung: aus hydrothermalen Lösungen. Vorkommen: in Phosphatpegmatiten, durch Zersetzung anderer Phosphate als jüngste Bildung entstanden. Begleitmineralien: Siderit, Childrenit, Strunzit. Fundorte: Palermo Mine/New Hampshire (USA), oft in Meteoriten. Ähnliche Mineralien: Kalkspat und Flußspat haben beide ausgezeichnete Spaltbarkeit; Quarz ist härter.

38 Wulfenit

Gelbbleierz

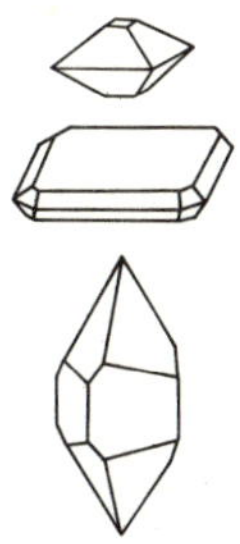

Chemische Formel: $PbMoO_4$
Härte: 3. Dichte: 6,7–6,9. Strichfarbe: weiß bis ganz schwach gefärbt. Farbe: gelb bis orangerot, grau, blau. Diamant- bis Harzglanz. Spaltbarkeit: schwach nach der Pyramide. Bruch muschelig. Tenazität: spröde. Kristallform: tetragonal; spitze Pyramiden, dick- bis dünntafelig, nadelig. derb. Entstehung: bei der Verwitterung von Bleimineralien, insbesondere Bleiglanz; in Anwesenheit von molybdänhaltigen Lösungen. Vorkommen: in der Oxidationszone von Bleilagerstätten, manchmal direkt auf Bleiglanz. Begleitmineralien: Bleiglanz, Cerussit, Hydrozinkit, Pyromorphit, Smithsonit. Fundorte: Bleiberg/Kärnten (A), Mies (YU), Tsumeb/Otavibergland (NAM). Ähnliche Mineralien: Aussehen und Vorkommen zusammen mit anderen Blei- und Zinkoxidationsmineralien lassen keine Verwechslung zu.

39 Coelestin

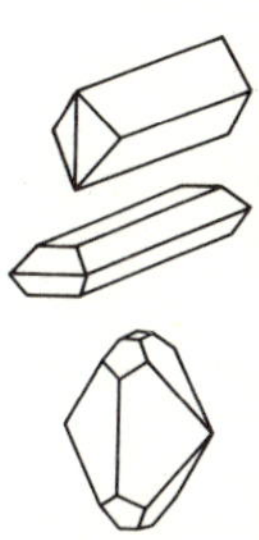

Chemische Formel: $SrSO_4$
Härte: 3–3½. Dichte: 3,9–4,0. Strichfarbe: weiß. Farbe: farblos, weiß, blau, rötlich, grünlich, bräunlich. Glasglanz, auf Spaltflächen Perlmuttglanz. Spaltbarkeit: nach der Basis vollkommen, zwei weitere Spaltrichtungen sind viel schlechter. Bruch uneben. Tenazität: spröde. Kristallform: orthorhombisch; dünn- bis dicktafelige Kristalle, prismatisch, radialstrahlig, stengelig, faserig, körnig, erdig. Entstehung: durch Umlagerung kleiner Strontiumgehalte in Kalksteinen; durch Ausfällung aus dem Meerwasser. Vorkommen: in hydrothermalen Gängen; in Blasenhohlräumen vulkanischer Gesteine; als Spalten- und Drusenfüllungen in Kalken und Mergeln; in sedimentären Lagen in Kalksteinen. Begleitmineralien: Kalkspat, Pyrit, Hamlinit, Schwerspat. Verwendung: als Strontiumerz. Fundorte: Obergembeck/Westfalen (D), Lenggries/Bayern (D), Rüdersdorf/Brandenburg (DDR), Hüttenberg/Kärnten (A), Reuchenette/Schweizer Jura (CH), Agrigento/Sizilien (I). Ähnliche Mineralien: Schwerspat hat größere Dichte; Kalkspat braust mit Salzsäure; Gips ist weicher.

40 Cerussit

Weißbleierz

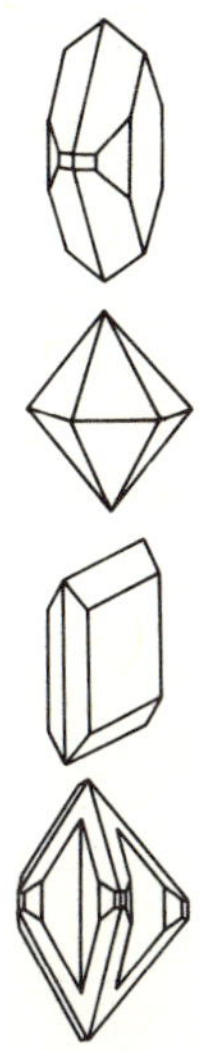

Chemische Formel: $PbCO_3$
Härte: 3–3½. Dichte: 6,4–6,6. Strichfarbe: weiß. Farbe: farblos, weiß, grau, gelb, braun, schwärzlich (durch Einlagerungen von Bleiglanz = Schwarzbleierz). Fett- bis Diamantglanz. Spaltbarkeit: schlecht erkennbar. Bruch muschelig. Tenazität: spröde. Kristallform: orthorhombisch; prismatische, isometrische, tafelige Kristalle, nierig, krustig, erdig; oft knieförmige Zwillinge, durch mehrmalige Verzwillingung entstehen sternförmige und wabenartige Gebilde. Entstehung: bei der Verwitterung von Bleiglanz. Vorkommen: in der Oxidationszone von Bleilagerstätten. Begleitmineralien: Bleiglanz, Pyromorphit, Smithsonit, Hemimorphit. Verwendung: gelegentlich als Bleierz. Fundorte: Fürstenzeche bei Lam/Bayern (D), Bleiwäsche/Sauerland (D), Maubach/Eifel (D), Siegerland (D), Bleiberg/Kärnten (A), Tsumeb/Otavibergland (NAM) (von dort außerordentlich große und gute Kristalle). Ähnliche Mineralien: Kalkspat und Aragonit lösen sich in verdünnter Salzsäure; die häufige charakteristische Verzwillingung unterscheidet von allen anderen Mineralien.

41 Laumontit

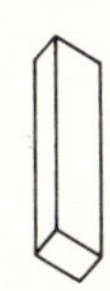

Chemische Formel: $Ca[Al_2Si_4O_{12}] \cdot 4\ H_2O$
Härte: 3–3½. Dichte: 2,25–2,35. Strichfarbe: weiß. Farbe: farblos, weiß (bei Wasserverlust). Glasglanz, auf Spaltflächen Perlmuttglanz. Spaltbarkeit: in Längsrichtung der Kristalle vollkommen. Bruch uneben. Tenazität: spröde. Kristallform: monoklin; Prismen mit typisch schiefen Endflächen, strahlig, derb. Entstehung: aus niedrig temperierten hydrothermalen Lösungen; bei der Metamorphose in der Zeolithfazies. Vorkommen: in Drusen von Pegmatiten, Graniten; in Blasenhohlräumen von vulkanischen Gesteinen. Begleitmineralien: Apophyllit, Stilbit, Chabasit. Besondere Eigenschaften: Laumontit verliert in trockener Luft (zum Beispiel in der Sammlung) einen Teil seines Wassers und wird dann trüb, matt und bröselig und zerfällt. Fundorte: Tittling/Bayerischer Wald (D), Idar-Oberstein/Pfalz (D), Poonah/Bombay (IND), Paterson/New Jersey (USA). Ähnliche Mineralien: Die Kristallform bewahrt vor jeder Verwechslung. Kalifeldspat kann manchmal Pseudomorphosen nach Laumontit bilden, diese sind aber deutlich härter.

42 Laurionit

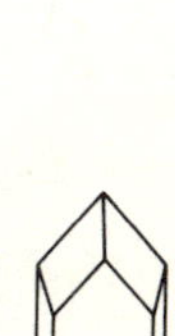

Chemische Formel: PbOHCl
Härte: 3–3½. Dichte: 6,10–6,24. Strichfarbe: weiß. Farbe: farblos bis weiß. Glasglanz bis Diamantglanz. Spaltbarkeit: kaum erkennbar. Bruch uneben. Tenazität: spröde. Kristallform: orthorhombisch; langtafelige bis nadelige Kristalle mit typischer V-förmigen Streifung. Entstehung: bei der Einwirkung von Meerwasser auf antike Bleischlacken. Vorkommen: in Hohlräumen antiker Bleischlacken. Begleitmineralien: Fiedlerit, Paralaurionit, Cerussit. Fundort: Lavrion/Athen (GR). Ähnliche Mineralien: Paralaurionit fehlt die charakteristische Streifung.

43 Schwerspat

Baryt

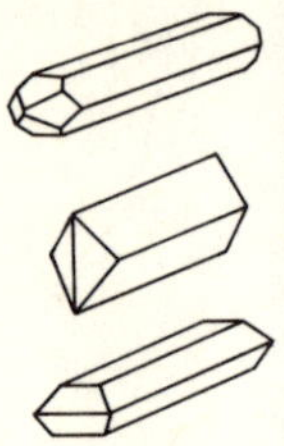

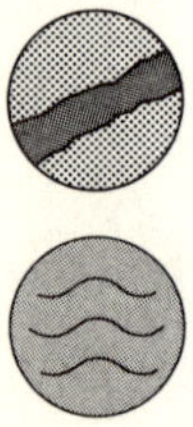

Chemische Formel: $BaSO_4$
Härte: 3–3½. Dichte: 4,48. Strichfarbe: weiß. Farbe: farblos, weiß, gelb, rötlich, blau. Perlmuttglanz. Spaltbarkeit: nach der Basis vollkommen. Bruch muschelig. Tenazität: spröde. Kristallform: orthorhombisch; tafelige Kristalle, seltener prismatisch, fächerförmige und hahnenkammartige, in Sanden auch blütenförmige Aggregate, spätig, oft derb. Entstehung: hydrothermal; sedimentär durch Konzentration der geringen Bariumgehalte der Sedimente. Vorkommen: als Gangart in hydrothermalen Gängen, dort in Drusen oft schöne Kristalle; als Konkretionen in Sandsteinen und anderen Sedimenten. Begleitmineralien: Kalkspat, Quarz, Flußspat, Erzmineralien. Verwendung: als weiße Farbe; bei der Papierherstellung; zum Beschweren der Bohrflüssigkeit bei Erdölbohrungen; für die Herstellung anderer Bariumverbindungen. Fundorte: Grube Clara bei Oberwolfach/Schwarzwald (D), Lauterberg/Harz (D), Cumberland (GB), Cavnic (R), Rockenberg/Hessen (D) (hier Barytrosen in Sandstein). Ähnliche Mineralien: Quarz und Feldspat sind härter; Gips, Kalkspat und Aragonit sind viel leichter; derber Coelestin ist manchmal nicht ganz leicht zu unterscheiden, ist aber etwas leichter.

Scholzit

Chemische Formel: $CaZn_2[PO_4]_2$
Härte: 3–4. Dichte: 3,11. Strichfarbe: weiß. Farbe: farblos, weiß, gelblich. Glasglanz. Spaltbarkeit: kaum sichtbar. Bruch muschelig. Tenazität: spröde. Kristallform: orthorhombisch; tafelige bis nadelige Kristalle, strahlig. Entstehung: bei der Verwitterung von zinkreichen Mineralien (zum Beispiel Zinkblende) in Anwesenheit phosphorreicher Lösungen. Vorkommen: in Phosphatpegmatiten. Begleitmineralien: Phosphophyllit, Hopeit, Parahopeit, Tarbuttit. Fundorte: Hagendorf/Oberpfalz (D), Otov (CS), Reaphook Hill/Blinman (AUS). Ähnliche Mineralien: Bei Beachtung der Paragenese mit zinkhaltigen Mineralien und Phosphaten Verwechslung kaum möglich.

44 Serpentin

Chemische Formel: $Mg_6[(OH)_8/Si_4O_{10}]$
Härte: 3–4. Dichte: 2,5–2,6. Strichfarbe: weiß. Farbe: weiß, grün in allen Schattierungen, gelb. Fettglanz bis Seidenglanz. Spaltbarkeit: wegen der Ausbildung nicht erkennbar. Bruch muschelig bis faserig. Tenazität: milde. Kristallform: monoklin; es existieren zwei Strukturvarietäten: Antigorit, blättchenförmig, meist sehr feinkörnig, dicht; Chrysotil, faserig, haarförmig. Entstehung: bei der hydrothermalen Umwandlung ultrabasischer Tiefengesteine. Vorkommen: gesteinsbildend in den Serpentiniten; Chrysotil auf deren Klüften. Begleitmineralien: Olivin, Chromit, Magnetit, Dolomit, Talk. Verwendung: dichter Serpentin als Bildhauermaterial; Chrysotil (Chrysotilasbest, Asbest) zur Herstellung feuerfester Materialien, insbesondere Gewebe. Fundorte: Asbestloch/Hoher Bogen (D), Steinhag/Obernzell (D), Jeffrey Mine bei Asbestos/Quebec (CDN), Serpentin als Gestein vielerorts, zum Beispiel Fichtelgebirge (D), Kraubath/Steiermark (A), Val Malenco (I). Ähnliche Mineralien: Talk ist weicher; Hornblendeasbest ist spröde.

45 Ludlamit

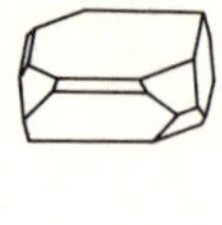

Chemische Formel: $Fe_3[PO_4]_2 \cdot 4\ H_2O$
Härte: 3–4. Dichte: 3,1. Strichfarbe: weiß. Farbe: hellgrün bis grün. Glasglanz. Spaltbarkeit: nach der Basis vollkommen. Bruch uneben. Tenazität: spröde. Kristallform: monoklin; oktaederähnliche Kristalle, seltener tafelig, derbe, spätige Massen. Entstehung: bei der Umwandlung primärer Phosphate; aus hydrothermalen Lösungen. Vorkommen: in Phosphatpegmatiten. Begleitmineralien: Phosphosiderit, Vivianit, Triphylin. Fundorte: Hagendorf/Oberpfalz (D), Hühnerkobel/Bayerischer Wald (D), Trepča (YU), Big Chief Pegmatite/Black Hills (USA), Palermo Mine/New Hampshire (USA). Ähnliche Mineralien: Farbe und Spaltbarkeit verhindern jede Verwechslung.

46 Strengit

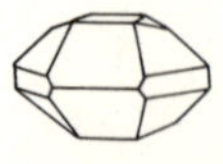

Chemische Formel: $Fe[PO_4] \cdot 2\ H_2O$
Härte: 3–4. Dichte: 2,87. Strichfarbe: weiß. Farbe: farblos, weiß, gelb, rosa, violett. Glasglanz. Spaltbarkeit: nach der Basis vollkommen. Bruch muschelig. Tenazität: spröde. Kristallform: orthorhombisch; tafelige Kristalle, radialstrahlige Aggregate, Krusten, Überzüge. Entstehung: bei der Verwitterung primärer Phosphate; bei der Einwirkung phosphorhaltiger Lösungen auf Limonit. Vorkommen: in phosphorhaltigen Brauneisenlagerstätten; in Phosphatpegmatiten. Begleitmineralien: Phosphosiderit, Leukophosphit, Rockbridgeit. Fundorte: Hagendorf (D), Pleystein/Oberpfalz (D) (von hier ganz ausgezeichnete, große Kristalle), Hühnerkobel/Bayerischer Wald (D), Amberg/Oberpfalz (D), Grube Rotläufchen/Waldgirmes (D), Grube Eleonore/Gießen (D), Indian Mountain/Alabama (USA), Sapucaia/Minas Gerais (BR). Ähnliche Mineralien: Phosphosiderit hat andere Kristallform, ist aber in radialstrahligen Aggregaten mit einfachen Mitteln nicht zu unterscheiden.

47 Adamin

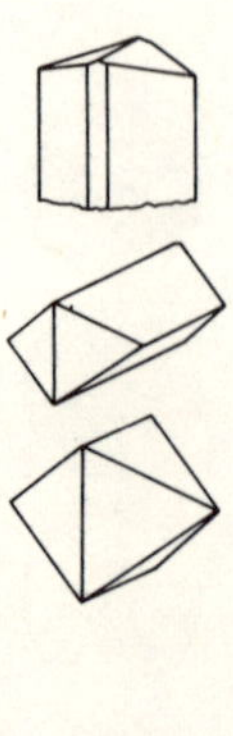

Chemische Formel: $Zn_2[OH/AsO_4]$
Härte: 3½. Dichte: 4,3–4,5. Strichfarbe: weiß. Farbe: farblos, weiß, gelb, grün (kupferhaltig = Cuproadamin). Glasglanz. Spaltbarkeit: vollkommen, aber meist nicht erkennbar. Bruch muschelig. Tenazität: spröde. Kristallform: orthorhombisch; prismatische bis nadelige Kristalle, radialstrahlig, Krusten, erdig. Entstehung: bei der Verwitterung von Zinkerzen in Anwesenheit arsenreicher Lösungen. Vorkommen: in der Oxidationszone arsenreicher Zinkerzlagerstätten. Begleitmineralien: Smithsonit, Hemimorphit, Aurichalcit. Fundorte: Grube Michael bei Lahr/Schwarzwald (D), Lavrion/Athen (GR), Tsumeb/Otavibergland (NAM). Ähnliche Mineralien:

Olivenit ist immer dunkler grün, manchmal aber von Cuproadamin mit einfachen Mitteln nicht zu unterscheiden. Hinweise gibt die Paragenese mit kupferhaltigen Mineralien, wie zum Beispiel Cornwallit, Klinoklas.

48 Artinit

Chemische Formel: $Mg_2[(OH)_2/CO_3] \cdot 3\ H_2O$
Härte: wegen der nadeligen Beschaffenheit praktisch nicht feststellbar; ungefähr 3–4. Dichte: 2,03. Strichfarbe: weiß. Farbe: weiß. Glasglanz bis Seidenglanz. Spaltbarkeit: wegen der nadeligen Beschaffenheit nicht feststellbar. Bruch faserig. Tenazität: spröde. Kristallform: monoklin; nadelige Büschel, radialstrahlige Aggregate. Entstehung: bei der Verwitterung von Serpentiniten und Peridotiten. Vorkommen: auf Klüften der genannten Gesteine. Begleitmineralien: Hydromagnesit, Brucit, Dolomit. Fundorte: Kraubath/Steiermark (A), Val Brutta (I), San Benito County/Kalifornien (USA). Ähnliche Mineralien: Hydromagnesit hat tafelige Kristalle; Aragonit hat meist dickere Kristalle, sehr dünnadelige Aggregate sind aber schwer zu unterscheiden.

49 Anhydrit

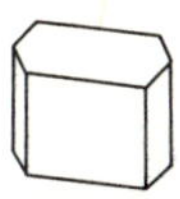

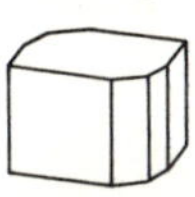

Chemische Formel: $CaSO_4$
Härte: $3^1/_2$. Dichte: 2,9–3,0. Strichfarbe: weiß. Farbe: farblos, weiß, gelblich, rosa, bläulich, grau. Glasglanz. Spaltbarkeit: sehr gut in drei Ebenen, so daß würfelähnliche Spaltstücke entstehen. Bruch spätig. Tenazität: spröde. Kristallform: orthorhombisch; würfelähnliche Kristalle, prismatische bis tafelige Kristalle, strahlig, körnig, derb. Entstehung: beim Eindampfen von salzhaltigen Wässern, insbesondere Meerwasser; aus hydrothermalen Lösungen. Vorkommen: als unterste Ausscheidung in Salzlagerstätten; in hydrothermalen Gängen; auf alpinen Klüften. Begleitmineralien: Gips, Steinsalz. Fundorte: Berchtesgaden/Bayern (D), Förste/Harz (D), Simplontunnel (CH) (von hier sehr schöne Kristalle auf alpinen Klüften), Clausthal/Harz (D), Bleiberg/Kärnten (A). Ähnliche Mineralien: Gips ist weicher; Kalkspat braust mit Salzsäure.

Hydromagnesit

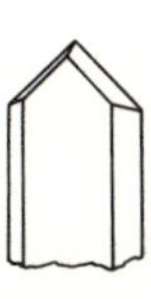

Chemische Formel: $Mg_5[OH/(CO_3)_2]_2 \cdot 4\ H_2O$
Härte: $3^1/_2$. Dichte: 2,2. Strichfarbe: weiß. Farbe: weiß. Glasglanz bis Perlmuttglanz. Spaltbarkeit: keine. Bruch uneben. Tenazität: spröde bis milde. Kristallform: monoklin; pseudorhombische Täfelchen, meist radialstrahlige Aggregate, kugelig, warzig, blättrig. Entstehung: bei der Verwitterung des Serpentins. Vorkommen: auf Klüften im Serpentin. Begleitmineralien: Artinit, Dolomit, Brucit. Fundorte: Kraubath/Steiermark (A), Arensberg/Zilsdorf (D), San Benito County/Kalifornien (USA). Ähnliche Mineralien: Artinit ist mehr nadelig.

50 Strontianit

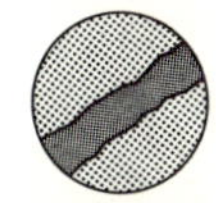

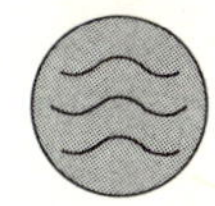

Chemische Formel: $SrCO_3$
Härte: $3^1/_2$. Dichte: 3,7. Strichfarbe: weiß. Farbe: farblos, weiß, gelblich, grünlich, grau. Glasglanz, auf Bruchflächen fettig. Spaltbarkeit: erkennbar. Bruch muschelig. Tenazität: spröde. Kristallform: orthorhombisch; nadelige, spießige Kristalle, oft zu Büscheln verwachsen, manchmal gebogen, selten prismatische oder bipyramidale Kristalle, radialstrahlig, derb. Entstehung: aus hydrothermalen Lösungen; durch Auslaugung des Nebengesteins. Vorkommen: in hydrothermalen Gängen; als Kluftfüllung in Kalken; auf alpinen Klüften. Begleitmineralien: Kalkspat, Erzmineralien. Verwendung: früher zur Entzuckerung der Melasse bei der Zuckerherstellung. Fundorte: Ascheberg/Münster (D), Clausthal/Harz (D), Bad Grund/Harz (D), Oberdorf an der Laming (A), Leogang/Salzburg (A), Cavradischlucht (CH) (in alpinen Klüften). Ähnliche Mineralien: Von Witherit unterscheidet die Kristallform, die Unterscheidung von derben Stücken ist manchmal nicht möglich; Kalkspat und Aragonit brausen bereits mit kalter verdünnter Salzsäure.

51 Witherit

Chemische Formel: $BaCO_3$
Härte: $3^1/_2$. Dichte: 4,28. Strichfarbe: weiß. Farbe: farblos, weiß, grau, gelbweiß. Glasglanz bis matt. Spaltbarkeit: erkennbar. Bruch uneben. Tenazität: spröde. Kristallform: orthorhombisch; scheinbar hexagonale Dipyramiden, strahlig, nierig, faserig, blättrig, derb. Entstehung: aus hydrothermalen Lösungen. Vorkommen: in hydrothermalen Erzgängen. Begleitmineralien: Kalkspat, Bleiglanz. Besondere Eigenschaften: Das Mineral ist giftig. Fundorte: Leogang/Salzburg (A), Alston Moor/Cumberland (GB), Tsumeb/Otavibergland (NAM). Ähnliche Mineralien: Von Strontianit unterscheidet die Kristallform, in derben Stücken ist die Unterscheidung manchmal nicht möglich; Aragonit und Kalkspat brausen bereits mit kalter verdünnter Salzsäure.

52 Phosphophyllit

Chemische Formel: $Zn_2Fe[PO_4]_2$
Härte: $3^1/_2$. Dichte: 3,1. Strichfarbe: weiß. Farbe: farblos, weiß, grün, blaugrün. Glasglanz. Spaltbarkeit: vollkommen. Bruch uneben. Tenazität: spröde. Kristallform: monoklin; skalenoederähnliche, selten tafelige Kristalle, derbe, spätige Massen, oft V-förmige Zwillinge. Entstehung: bei der Verwitterung zinkhaltiger Mineralien in Anwesenheit phosphorhaltiger Lösungen. Vorkommen: in Phosphatpegmatiten; auf Erzgängen. Begleitmineralien: Hopeit, Parahopeit, Scholzit, Mitridatit, Schoonerit. Fundorte: Hagendorf/Oberpfalz (D), Potosi (BOL). Ähnliche Mineralien: Kalkspat braust beim Betupfen mit Salzsäure.

Tarbuttit

Chemische Formel: $Zn_2[OH/PO_4]$
Härte: 3½. Dichte: 4,15. Strichfarbe: weiß. Farbe: farblos, weiß, gelblich, bräunlich. Glasglanz. Spaltbarkeit: vollkommen. Bruch uneben. Tenazität: spröde. Kristallform: triklin; flächenreiche Kristalle, Krusten. Entstehung: bei der Verwitterung von Zinkmineralien in Anwesenheit phosphorreicher Lösungen. Vorkommen: in der Oxidationszone von Zinklagerstätten. Begleitmineralien: Scholzit, Hopeit, Parahopeit. Fundorte: Broken Hill (Z), Reaphook Hill/Blinman (AUS). Ähnliche Mineralien: Kalkspat und Smithsonit haben andere Spaltbarkeit; Hemimorphit hat andere Kristallform, ebenso Hopeit und Parahopeit.

Thaumasit

Chemische Formel:
$Ca_3[CO_3/SO_4/Si(OH)_6] \cdot 12\ H_2O$
Härte: 3½. Dichte: 1,9. Strichfarbe: weiß. Farbe: weiß. Seidenglanz. Spaltbarkeit: keine. Bruch faserig. Tenazität: spröde. Kristallform: hexagonal; nadelig, büschelig, erdig. Entstehung: aus hydrothermalen Lösungen. Vorkommen: auf Klüften und in Drusen magmatischer Gesteine. Begleitmineralien: Apophyllit, Ettringit. Fundorte: Bellerberg/Eifel (D), Schellkopf/Brenk (D), Haslach/Baden (D), Paterson/New Jersey (USA). Ähnliche Mineralien: Die Zeolithe zeigen meist gute Spaltbarkeit; Natrolith ist härter.

53 Dolomit

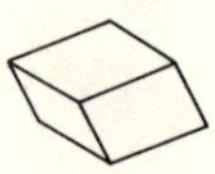

Chemische Formel: $CaMg(CO_3)_2$
Härte: 3½–4. Dichte: 2,85–2,95. Strichfarbe: weiß. Farbe: farblos, weiß, grau, bräunlich, schwärzlich. Glasglanz. Spaltbarkeit: vollkommen nach dem Grundrhomboeder. Bruch muschelig. Tenazität: spröde. Kristallform: trigonal; Kristalle zeigen meist nur das Grundrhomboeder, oft sattelförmig gekrümmt, sehr selten flächenreicher, oft derb. Entstehung: hydrothermal, durch metasomatische Verdrängung von Kalkstein. Vorkommen: in hydrothermalen Gängen als Gangart und in Drusen, gesteinsbildend; Kristalle häufig auf Klüften von Dolomitgestein. Begleitmineralien: Quarz, Kalkspat und viele andere. Besondere Eigenschaften: Braust nur mit heißer Salzsäure. Verwendung: als Zuschlag beim Hochofenprozeß. Fundorte: Lengenbach im Binntal (CH) (hier sehr gute Kristalle), Wölsendorf/Oberpfalz (D), Teruel (E), Sunk bei Trieben (A). Ähnliche Mineralien: Kalkspat braust schon mit kalter verdünnter Salzsäure; Quarz ist härter; Gips ist weicher; Anhydrit braust auch nicht mit heißer Salzsäure.

54 Aragonit

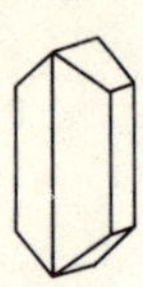

Chemische Formel: $CaCO_3$
Härte: 3½–4. Dichte: 2,95. Strichfarbe: weiß. Farbe: farblos, weiß, grau, rot bis rotviolett. Glasglanz. Spaltbarkeit: nur undeutlich. Bruch muschelig. Tenazität: spröde. Kristallform: orthorhombisch; Kristalle meist nadelig, prismatisch, spatelförmig, Drillinge ähneln hexagonalen Prismen; strahlig, körnig, wurmförmige Gebilde werden als Eisenblüte bezeichnet. Entstehung: hydrothermal, aus dem bei der Verwitterung von Siderit freiwerdenden Kalziumgehalt (hauptsächlich Eisenblüte); konkretionär in Sedimenten; als Ausscheidung heißer Quellen. Vorkommen: in der Oxidationszone von Erzlagerstätten; in Drusen und auf Klüften von Ergußgesteinen; in Tonen eingewachsen (hier meist Drillinge); in den Ablagerungen heißer Quellen. Begleitmineralien: Zeolithe, Quarz, Oxidationsmineralien. Besondere Eigenschaften: Braust beim Betupfen mit verdünnter Salzsäure. Fundorte: Sasbach am Kaiserstuhl/Baden (D), Steirischer Erzberg (A) (von hier besonders schöne Eisenblüte), Hüttenberg/Kärnten (A), Leogang/Salzburg (A), Maria Alm/Salzburg (A) (von hier sehr schöne nadelige Kristalle), Molina de Aragon (E) und viele weitere Fundorte in Spanien (von hier große Drillingskristalle). Ähnliche Mineralien: Kalkspat unterscheidet sich durch seine Spaltbarkeit; alle anderen durch die Salzsäureprobe.

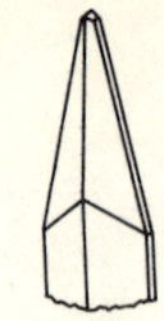

55 Mimetesit

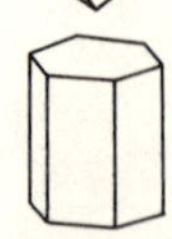

Chemische Formel: $Pb_5[Cl/(AsO_4)_3]$
Härte: 3½–4. Dichte: 7,1. Strichfarbe: weiß. Farbe: farblos, weiß, braun, orange, gelb, grün, grau. Diamantglanz bis Fettglanz. Spaltbarkeit: keine. Bruch muschelig. Tenazität: spröde. Kristallform: hexagonal; prismatische bis nadelige Kristalle, oft mit gerundeten Kanten, tonnenförmig, krustig, derb. Entstehung: bei der Verwitterung von Bleimineralien in Anwesenheit von arsenhaltigen Mineralien. Vorkommen: in der Oxidationszone von Bleilagerstätten. Begleitmineralien: Bleiglanz, Cerussit, Anglesit, Bayldonit. Fundorte: Grube Pfingstsegen bei Aitern/Schwarzwald (D), Grube Gottesehre/Urberg (D), Grube Clara bei Oberwolfach/Schwarzwald (D), Dry Gill Mine/Cumberland (GB) (von hier sehr schöne tonnenförmige Kristalle einer phosphorhaltigen Varietät, des Kampylits), Alston/Cumberland (GB), Långban/Värmland (S) (von hier eine calciumhaltige Varietät, der Hedyphan), Mina Ojuela/Durango (MEX), Tsumeb/Otavibergland (NAM) (von hier die wohl schönsten und größten Kristalle dieses Minerals). Ähnliche Mineralien: Apatit ist härter; die Unterscheidung von Vanadinit und Pyromorphit ist mit einfachen Mitteln nicht möglich, die Paragenese mit arsenhaltigen Mineralien gibt aber oft Hinweise.

56 Heulandit

Chemische Formel: $Ca[Al_2Si_7O_{18}] \cdot 6\ H_2O$
Härte: 3½–4. Dichte: 2,2. Strichfarbe: weiß. Farbe: farblos, weiß, gelblich, rot. Glasglanz, auf Spaltflächen Perlmuttglanz. Spaltbarkeit: sehr vollkommen, eine Spaltfläche. Bruch uneben. Tenazität: spröde. Kristallform: monoklin; dünn- bis dicktafelige Kristalle, aufgewachsen. Entstehung: aus hydrothermalen Lösungen. Vorkommen: in Drusen in Pegmatiten; auf Erzgängen; in Blasenhohlräumen vulkanischer Gesteine. Begleitmineralien: Stilbit, Chabasit, Skolezit. Fundorte: Tittling/Bayerischer Wald

(D), Totalptal/Baumholder (D) (rote Kristalle), Fassatal/Südtirol (I) (rote Kristalle), Seiser Alm/Südtirol (I), Berufjord (IS), Paterson/New Jersey (USA), Poonah/Bombay (IND), Das-Antas-Tunnel/Rio Grande do Sul (BR), Giebelsbach/Fiesch (CH) (in alpinen Klüften). Ähnliche Mineralien: Stilbit hat andere Kristallform.

57 Ankerit

Braunspat

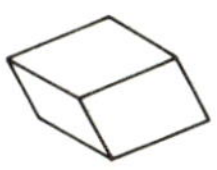

Chemische Formel: $CaFe[CO_3]_2$
Härte: $3^1/_2$–4. Dichte: 2,95–3,02. Strichfarbe: weiß bis leicht bräunlich. Farbe: weiß, elfenbeinfarben, bräunlich. Glasglanz. Spaltbarkeit: vollkommen nach dem Grundrhomboeder. Bruch spätig. Tenazität: spröde. Kristallform: trigonal; rhomboedrische Kristalle, oft sattelförmig gekrümmt, derb, spätig. Entstehung: als Zwischenglied bei der Verdrängung von Kalkstein durch Siderit; aus hydrothermalen Lösungen. Vorkommen: in Sideritlagerstätten; in hydrothermalen Gängen; auf alpinen Klüften. Begleitmineralien: Dolomit, Kalkspat, Siderit. Fundorte: Hüttenberg/Kärnten (A), Erzberg/Steiermark (A). Ähnliche Mineralien: Kalkspat braust beim Betupfen mit kalter Salzsäure; Dolomit und Siderit sind oft nicht leicht zu unterscheiden.

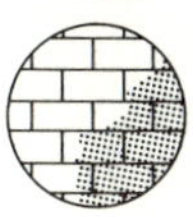

58 Rhodochrosit

Manganspat, Himbeerspat

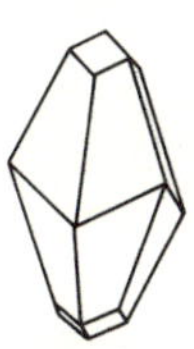
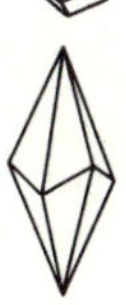
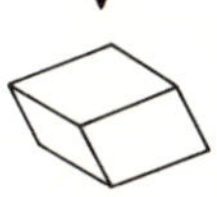

Chemische Formel: $MnCO_3$
Härte: $3^1/_2$–4. Dichte: 3,3–3,6. Strichfarbe: weiß. Farbe: rosafarben in verschiedenen Tönungen, hellrot, gelbgrau, bräunlich. Glasglanz. Spaltbarkeit: nach dem Grundrhomboeder vollkommen. Bruch uneben. Tenazität: spröde. Kristallform: trigonal; Kristalle oft gerundet, hauptsächlich das Grundrhomboeder, seltener Skalenoeder sowie weitere Rhomboeder, oft kugelig, nierig, radialstrahlig, Stalaktiten und Krusten. Entstehung: hydrothermal als Gangart; als Umlagerungsprodukt in der Oxidationszone; bei der Metamorphose von manganhaltigen Sedimenten. Vorkommen: in hydrothermalen Gängen mittlerer bis niedriger Bildungstemperatur; in der Oxidationszone insbesondere von Sideritgängen; als Linsen und Lager in metamorphen Gesteinen. Begleitmineralien: Rhodonit, Quarz, Limonit, Sulfide. Verwendung: als Manganerz, Rhodochrosit tritt allerdings nur selten in bauwürdigen Mengen auf; Rhodochrosit aus hydrothermalen Gängen wird zu Schmuck verschliffen. Fundorte: Grube Wolf bei Herdorf/Siegerland (D) (hier sehr schöne Kristalle in der Oxidationszone von Sideritgängen), Trepča (YU), Silverton (USA), Sta. Eulalia/Chihuahua (MEX), Hotazel (ZA) (von hier die besten Rhodochrosite der Welt in roten durchsichtigen Kristallen). Ähnliche Mineralien: Calcit braust schon mit verdünnter Salzsäure; die Unterscheidung von manganhaltigem Dolomit ist manchmal mit einfachen Mitteln nicht möglich.

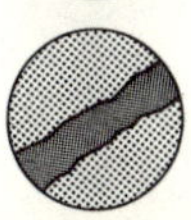

59 Stilbit

Desmin

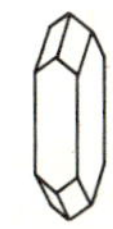

Chemische Formel: $Ca[Al_2Si_7O_{18}] \cdot 7\ H_2O$
Härte: $3^1/_2$–4. Dichte: 2,1–2,2. Strichfarbe: weiß. Farbe: farblos, gelb, weiß, braun. Glasglanz, auf Spaltflächen Perlmuttglanz. Spaltbarkeit: vollkommen. Bruch uneben. Tenazität: spröde. Kristallform: monoklin; prismatische Kristalle, oft zu garbenförmigen Büscheln verwachsen, praktisch nie derb oder eingewachsen. Entstehung: hydrothermal bei recht niedrigen Temperaturen, oft als letzte Ausscheidung. Vorkommen: in Blasenhohlräumen von vulkanischen Gesteinen; in Drusen und Klüften von Pegmatiten, Graniten und anderen magmatischen Gesteinen; in alpinen Klüften; auf Erzgängen. Begleitmineralien: Heulandit, Chabasit, Skolezit, Kalkspat, Laumontit. Fundorte: Freisen/Saarland (D), Tittling/Bayerischer Wald (D), Habachtal/Tauern (A), Berufjord (IS), Poonah/Bombay (IND). Ähnliche Mineralien: Die typische Kristallform läßt kaum Verwechslungen zu.

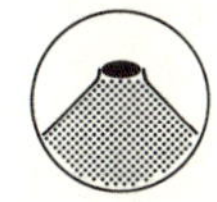

60 Pyromorphit

Grünbleierz, Braunbleierz

Chemische Formel: $Pb_5[Cl/(PO_4)_3]$
Härte: $3^1/_2$–4. Dichte: 6,7–7,0. Strichfarbe: weiß. Farbe: grün, braun, orange bis farblos. Fettglanz. Spaltbarkeit: keine. Bruch muschelig. Tenazität: spröde. Kristallform: hexagonal; Prismen, oft bauchig gekrümmt, tonnenförmig, nadelig, Krusten, nierige Aggregate, erdig. Entstehung: bei der Verwitterung von Bleimineralien in Gegenwart von phosphorhaltigen Lösungen meist organischer Herkunft. Vorkommen: in der Oxidationszone von Bleilagerstätten; kann auch erst auf der Halde entstanden sein. Begleitmineralien: Bleiglanz, Cerussit, Wulfenit, Hemimorphit. Fundorte: Bad Ems/Rheinland-Pfalz (D) (von hier ganz ausgezeichnete Kristalle, die sogenannten »Emser Tönnchen«), Schauinsland/Schwarzwald (D), Freihung/Oberpfalz (D). Ähnliche Mineralien: Mimetesit läßt sich durch einfache Mittel oft nicht unterscheiden, doch kann dessen Paragenese mit arsenhaltigen Mineralien einen Hinweis geben.

61 Skorodit

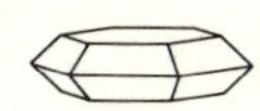

Chemische Formel: $Fe[AsO_4] \cdot 2\ H_2O$
Härte: $3^1/_2$–4. Dichte: 3,1–3,3. Strichfarbe: Weiß. Farbe: farblos, weiß, gelb, grünlich, blau, braun. Fettiger Glasglanz. Spaltbarkeit: kaum sichtbar. Bruch muschelig. Tenazität: spröde. Kristallform: orthorhombisch; tafelige bis bipyramidale Kristalle, radialstrahlige Aggregate, krustig, als Überzug. Entstehung: bei der Verwitterung arsenhaltiger Mineralien. Vorkommen: in der Oxidationszone von Lagerstätten mit arsenhaltigen Mineralien. Begleitmineralien: Arseniosiderit, Olivenit, Adamin. Fundorte: Grube Clara bei Oberwolfach/Schwarzwald (D), Wheal Gorland/Cornwall (GB), Lavrion/Athen (GR), Tsumeb/Otavibergland (NAM).

Ähnliche Mineralien: Strengit kommt in ganz anderer Paragenese vor; Adamin und Olivenit haben andere Kristallform.

62 Phosphosiderit

Klinostrengit

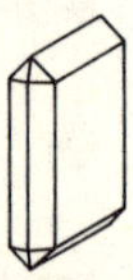

Chemische Formel: $Fe[PO_4] \cdot 2\ H_2O$
Härte: 3½–4. Dichte: 2,76. Strichfarbe: weiß. Farbe: farblos, weiß, rosa, violett. Glasglanz. Spaltbarkeit: vollkommen. Bruch uneben. Tenazität: spröde. Kristallform: monoklin; tafelige Kristalle, radialstrahlige Aggregate, krustig, warzig. Entstehung: bei der Verwitterung von primären Phosphaten. Vorkommen: in Phosphatpegmatiten. Begleitmineralien: Strengit, Rockbridgeit. Fundorte: Hagendorf/Oberpfalz (D), Pleystein/Oberpfalz (D), Hühnerkobel/Bayerischer Wald (D). Ähnliche Mineralien: Strengit hat andere Kristallform, in radialstrahligen Aggregaten sind die beiden Mineralien mit einfachen Mitteln nicht zu unterscheiden, manchmal finden sich sogar Verwachsungen der beiden Mineralien.

63–66 Flußspat

Fluorit

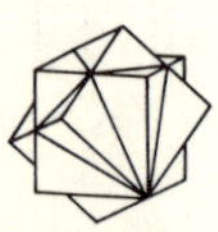
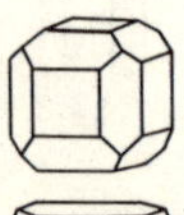
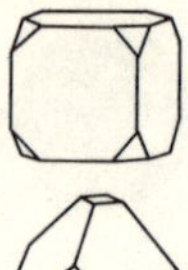
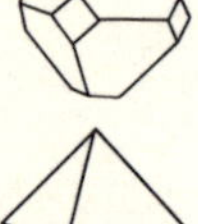
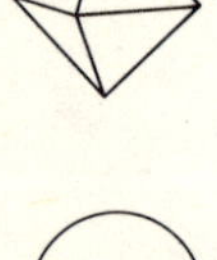
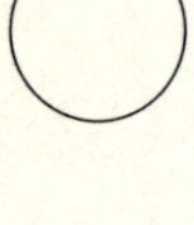

Chemische Formel: CaF_2
Härte: 4. Dichte: 3,1–3,2. Strichfarbe: weiß. Farbe: farblos, weiß, rosa, gelb, braun, grün, blau, violett; manchmal auch mehrere Farben an einem Kristall. Glasglanz. Spaltbarkeit: vollkommen nach dem Oktaeder. Bruch uneben. Tenazität: spröde. Kristallform: kubisch; Würfel, Oktaeder, auch in Kombination miteinander oder mit anderen, selteneren Formen, trachtbeherrschend sind aber meist nur die beiden erstgenannten; strahlig, derb. Entstehung: fast nur hydrothermal. Vorkommen: in hydrothermalen Gängen; auf Klüften von Silikatgesteinen; in Drusen in Kalken; lagig in Sedimentgesteinen. Begleitmineralien: Kalkspat, Schwerspat, Quarz, Erzmineralien. Verwendung: zur Herstellung von Flußsäure und anderen Fluorverbindungen; als Flußmittel in der metallurgischen Industrie; farbloser, klarer Flußspat zu optischen Zwecken. Fundorte: Stolberg/Harz (D), Wölsendorf/Oberpfalz (D) (von hier der gelbbraune Honigspat), Grube Clara bei Oberwolfach/Schwarzwald (D), Haslital (CH) (von hier sehr schöne rosa Oktaeder), Krimml/Tauern (A), Weißeck im Lungau (A). Ähnliche Mineralien: Von Apatit unterscheiden Kristallform und Spaltbarkeit; von Kalkspat und Quarz die Härte; Steinsalz ist wasserlöslich und schmeckt salzig.

67 Wavellit

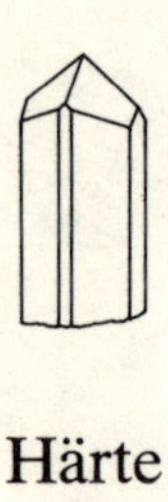

Chemische Formel: $Al_3[(OH)_3/(PO_4)_2] \cdot 5\ H_2O$
Härte: 4. Dichte: 2,3–2,4. Strichfarbe: weiß. Farbe: farblos, weiß, gelb, grün. Glasglanz. Spaltbarkeit: wegen der nadeligen Kristalle meist nicht sichtbar. Bruch uneben. Tenazität: spröde. Kristallform: orthorhombisch; nadelige Kristalle, radialstrahlige Aggregate. Entstehung: durch hydrothermale Auslaugung aluminium- und phosphorreicher Gesteine. Vorkommen: auf Klüften von Kieselschiefer, zersetztem Granit, Kalkstein. Begleitmineralien: Strengit. Verwendung: selten als Phosphat abgebaut. Fundorte: Dünsberg/Gießen (D), Hot Springs/Arkansas (USA), Montgomery County/Arkansas (USA). Ähnliche Mineralien: Natrolith und Prehnit sind härter; Kalkspat und Aragonit brausen beim Betupfen mit Salzsäure.

68 Strunzit

Chemische Formel: $MnFe_2[OH/PO_4]_2 \cdot 6\ H_2O$
Härte: 4. Dichte: 2,52. Strichfarbe: weiß. Farbe: strohgelb. Glasglanz. Spaltbarkeit: keine. Bruch uneben. Tenazität: spröde. Kristallform: triklin; nadelige bis haarförmige Kristalle, sehr selten prismatisch. Entstehung: bei der hydrothermalen Umwandlung von Eisen-Mangan-Phosphaten. Vorkommen: in Phosphatpegmatiten. Begleitmineralien: Beraunit, Rockbridgeit, Laueit, Stewartit, Pseudolaueit. Fundorte: Hagendorf/Oberpfalz (D), Hühnerkobel/Bayerischer Wald (D), Pleystein/Oberpfalz (D), Palermo Mine/New Hampshire (USA). Ähnliche Mineralien: Kakoxen ist mehr goldgelb, aber nicht immer leicht zu unterscheiden.

69 Disthen

Cyanit

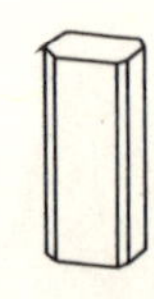

Chemische Formel: $Al_2[O/SiO_4]$
Härte: in der Längsrichtung 4–4½, quer dazu 6–7. Dichte: 3,6–3,7. Strichfarbe: weiß. Farbe: blau, grau, weißlich. Glasglanz. Spaltbarkeit: vollkommen. Bruch uneben. Tenazität: spröde. Kristallform: triklin; stengelige Kristalle, radialstrahlig, immer eingewachsen. Entstehung: bei der Metamorphose aluminiumreicher Gesteine. Vorkommen: in metamorphen Gesteinen, Gneisen, Glimmerschiefern. Begleitmineralien: Staurolith, Quarz, Glimmer. Verwendung: zur Herstellung hochfeuerfester Werkstoffe. Fundorte: Alpe Sponda/Tessin (CH), Radenthein/Kärnten (A), Greiner/Tirol (A). Ähnliche Mineralien: Der Richtungsunterschied der Härte unterscheidet von allen ähnlichen Mineralien.

70 Magnesit

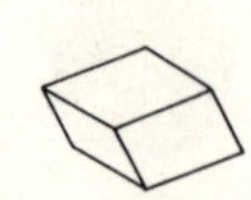

Chemische Formel: $MgCO_3$
Härte: 4–4½. Dichte: 3,0. Strichfarbe: weiß. Farbe: farblos, weiß, gelblich, bräunlich, grau. Glasglanz. Spaltbarkeit: sehr vollkommen nach dem Grundrhomboeder. Bruch spätig. Tenazität: spröde. Kristallform: trigonal; selten rhomboedrische Kristalle, meist derbe, körnige, spätige Massen. Entstehung: durch Magnesiumzufuhr aus Dolomiten; bei der Verwitterung von Serpentin. Vorkommen: große Verdrängungskörper in Dolomiten; in Talkschiefern; auf Klüften und Spalten von Serpentin. Begleitmineralien: Aragonit, Kalkspat, Dolomit, Apatit, Talk, Serpentin. Verwendung: zur Herstellung feuerfester Ziegel. Fundorte: Kraubath/Steiermark

(A), Sunk/Trieben (A), Millstätter Alpe/Radenthein (A), Mixnitz/Graz (A), Lacona/Elba (I). Ähnliche Mineralien: Kalkspat ist bereits in kalter Salzsäure löslich; Dolomit ist etwas weicher, aber oft nicht einfach zu unterscheiden.

71 Phillipsit

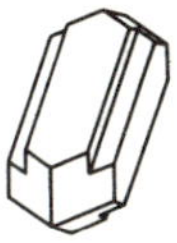

Chemische Formel: $KCa[Al_3Si_5O_{16}] \cdot 6\ H_2O$
Härte: 4–4½. Dichte: 2,2. Strichfarbe: weiß. Farbe: farblos, weiß, gelblich, rötlich. Glasglanz. Spaltbarkeit: deutlich. Bruch uneben. Tenazität: spröde. Kristallform: monoklin; sehr selten einfache Kristalle, meist Zwillinge und Vierlinge, die höhere Symmetrie vortäuschen, radialstrahlig, kugelig, fast immer aufgewachsen. Entstehung: bei der hydrothermalen Zersetzung von Feldspaten und Feldspatvertretern. Vorkommen: in Blasenhohlräumen von vulkanischen Gesteinen. Begleitmineralien: Faujasit, Chabasit, Natrolith. Fundorte: Vogelsberg/Hessen (D), Kaiserstuhl/Baden (D), Roßberg/Darmstadt (D), Groschlattengrün/Bayern (D), Salesel/Böhmen (CS), Aci Castello/Sizilien (I). Ähnliche Mineralien: Heulandit und Stilbit haben vollkommene Spaltbarkeit mit Perlmuttglanz auf den Spaltflächen; Thomsonit hat andere Kristallform; Harmotom kommt seltener in Hohlräumen von Ergußgesteinen vor, ist dann aber mit einfachen Mitteln nicht zu unterscheiden.

72 Siderit

Eisenspat

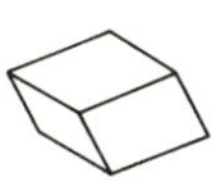

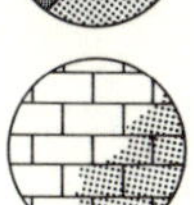

Chemische Formel: $FeCO_3$
Härte: 4–4½. Dichte: 3,7–3,9. Strichfarbe: weißlich. Farbe: gelbweiß, gelbbraun bis dunkelbraun, manchmal bläulich angelaufen. Glasglanz. Spaltbarkeit: vollkommen nach dem Rhomboeder. Bruch spätig. Tenazität: spröde. Kristallform: trigonal; rhomboedrische Kristalle, oft sattelförmig gekrümmt, selten Skalenoeder, oft derb. Entstehung: immer unter Luftabschluß; pegmatitisch; hydrothermal und durch kontaktmetasomatische Verdrängung; sedimentär durch Konzentration der Eisengehalte im Sediment. Vorkommen: in Pegmatiten; in Blasenhohlräumen von vulkanischen Gesteinen; als Gangart von hydrothermalen Gängen; in Stöcken und Linsen in metasomatisch veränderten Kalken; als Konkretionen oder in Lagen in Sedimenten; in Torfmooren. Begleitmineralien: Chalcedon, Schwerspat, Kalkspat, Erzmineralien. Besondere Eigenschaften: Braust nur mit heißer Salzsäure. Verwendung: als Eisenerz. Fundorte: vielerorts im Siegerland (D), Neudorf/Harz (D), Erzberg/Steiermark (A), Hüttenberg/Kärnten (A). Ähnliche Mineralien: Kalkspat braust schon mit verdünnter Salzsäure; Zinkblende hat andere Spaltbarkeit; die Unterscheidung von eisenhaltigem Dolomit ist mit einfachen Mitteln manchmal nicht möglich.

73 Goyazit

Hamlinit

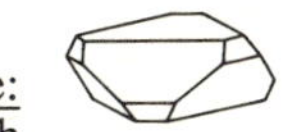

Chemische Formel: $SrAl_3[(OH)_6/PO_4/PO_3OH]$
Härte: 4½. Dichte: 3,2. Strichfarbe: weiß. Farbe: farblos, weiß, gelb. Glasglanz. Spaltbarkeit: nach der Basis vollkommen. Bruch uneben. Tenazität: spröde. Kristallform: trigonal; rhomboedrische Kristalle, seltener pseudohexagonal, aufgewachsen. Entstehung: aus hydrothermalen Lösungen. Vorkommen: in Drusen von Pegmatiten; auf alpinen Klüften; in Drusen von Dolomiten. Begleitmineralien: Zinkblende, Sulfosalze, Topas, Palermoit, Goedkenit. Fundorte: Fuchsbau/Fichtelgebirge (D) (von hier recht große, flächenreiche Kristalle), Lengenbach/Binntal (CH), Palermo Mine/New Hampshire (USA). Ähnliche Mineralien: Whitlockit ist weicher; Topas ist härter; Dolomit und Kalkspat haben andere Spaltbarkeit; Apatit ist härter.

Triphylin

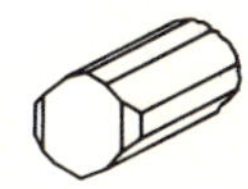

Chemische Formel: $Li(Fe,Mn)[PO_4]$
Härte: 4–5. Dichte: 3,4–3,6. Strichfarbe: grauweiß. Farbe: graugrün. Glasglanz. Spaltbarkeit: vollkommen nach drei Richtungen. Bruch splittrig. Tenazität: spröde. Kristallform: orthorhombisch; dicktafelige bis prismatische Kristalle selten, immer eingewachsen, meist derbe spätige Massen. Entstehung: aus der Schmelze. Vorkommen: in Pegmatiten; auf Zinnerzgängen. Begleitmineralien: Zwieselit, Heterosit, Graftonit und andere Phosphate. Verwendung: selten als Lithiumerz. Fundorte: Hagendorf/Oberpfalz (D), Hühnerkobel/Bayerischer Wald (D), Palermo Mine/New Hampshire (USA), vielerorts in den Black Hills (USA), Mangualde (P). Ähnliche Mineralien: Bei Beachtung von Spaltbarkeit und Farbe gibt es in gleicher Paragenese kein verwechselbares Mineral.

Variscit

Chemische Formel: $Al[PO_4] \cdot 2\ H_2O$
Härte: 4–5. Dichte: 2,52. Strichfarbe: weiß. Farbe: farblos, weiß, hellgrün bis grün. Glasglanz bis Wachsglanz. Spaltbarkeit: keine. Bruch muschelig. Tenazität: spröde bis milde. Kristallform: orthorhombisch; selten Kristalle, meist radialstrahlig, kugelig, krustig, in derben, dichten Massen. Entstehung: aus hydrothermalen Lösungen. Vorkommen: auf Klüften aluminiumreicher Gesteine. Begleitmineralien: Wavellit, Strengit, Klinovariscit. Verwendung: Wird manchmal zur Herstellung von Kunstgegenständen verschliffen. Fundorte: Meßbach/Plauen (DDR), Leoben/Steiermark (A), Montgomery County/Arkansas (USA), Mercur/Arkansas (USA). Ähnliche Mineralien: Strengit ist praktisch nie grün; Wavellit hat andere Kristallform.

74 Xenotim

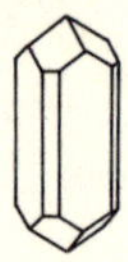
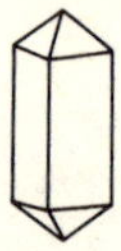

Chemische Formel: $Y[PO_4]$
Härte: 4–5. Dichte: 4,5–5,1. Strichfarbe: weiß. Farbe: gelb, braun, undurchsichtig; gelb bis farblos, durchsichtig. Fettglanz (undurchsichtig) bis Glasglanz (durchsichtig). Spaltbarkeit: vollkommen, aber oft nicht sichtbar. Bruch splittrig. Tenazität: spröde. Kristallform: tetragonal; prismatische bis tafelige Kristalle, ein- und aufgewachsen. Entstehung: bei der Bildung der Pegmatite; aus hydrothermalen Lösungen durch Auslaugung des Nebengesteins. Vorkommen: mikroskopisch in Graniten; in Pegmatiten (hier große Kristalle, undurchsichtig, Fettglanz, eingewachsen); auf alpinen Klüften (hier kleine Kristalle, durchsichtig, Glasglanz, aufgewachsen). Begleitmineralien: Zirkon, Monazit, Anatas. Verwendung: zur Gewinnung von Yttrium und den dieses Element begleitenden seltenen Erden. Fundorte: Evje (N), Binntal (CH), Rauris/Tauern (A). Ähnliche Mineralien: Zirkon ist härter.

75 Chabasit

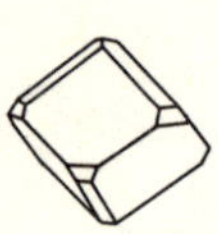
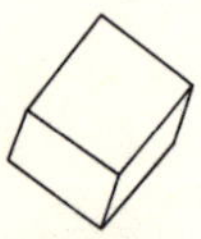

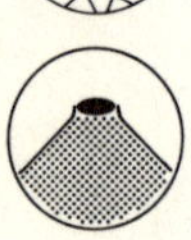

Chemische Formel: $Ca[Al_2Si_4O_{12}] \cdot 6\ H_2O$
Härte: 4½. Dichte: 2,08. Strichfarbe: weiß. Farbe: farblos, weiß, gelb, orange, braun. Glasglanz. Spaltbarkeit: undeutlich. Bruch uneben. Tenazität: spröde. Kristallform: trigonal; würfelähnliche Rhomboeder, oft Zwillinge, immer aufgewachsen. Entstehung: aus niedrigthermalen Lösungen. Vorkommen: in Blasenhohlräumen vulkanischer Gesteine; in Hohlräumen von Pegmatiten; auf alpinen Klüften. Begleitmineralien: Stilbit, Phillipsit, Natrolith, Heulandit. Fundorte: Freisen/Saarland (D), Vogelsberg/Hessen (D), Tittling/Bayerischer Wald (D), Baveno/Lago Maggiore (I). Ähnliche Mineralien: Kalkspat unterscheidet sich durch seine Spaltbarkeit und braust mit verdünnter Salzsäure; Flußspat hat ebenfalls deutliche Spaltbarkeit.

76 Harmotom

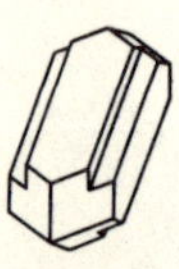
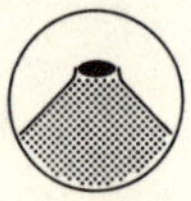
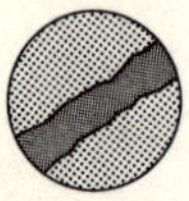

Chemische Formel: $Ba[Al_2Si_6O_{16}] \cdot 6\ H_2O$
Härte: 4½. Dichte: 2,44–2,50. Strichfarbe: weiß. Farbe: farblos, weiß, gelblich. Glasglanz. Spaltbarkeit: kaum erkennbar. Bruch muschelig. Tenazität: spröde. Kristallform: monoklin; fast immer Durchkreuzungszwillinge, aufgewachsen. Entstehung: aus niedrig temperierten hydrothermalen Lösungen. Vorkommen: in Hohlräumen von vulkanischen Gesteinen; in hydrothermalen Erzgängen; in Kieslagerstätten. Begleitmineralien: Stilbit, Heulandit, Brewsterit, Schwerspat. Fundorte: St. Andreasberg/Harz (D), Idar-Oberstein/Pfalz (D), Bodenmais/Bayerischer Wald (D), Strontian/Schottland (GB), Kongsberg/Kragerö (N). Ähnliche Mineralien: Die Unterscheidung von Phillipsit ist mit einfachen Mitteln nicht möglich, dieser tritt aber in Erzlagerstätten nicht auf.

77 Synchisit

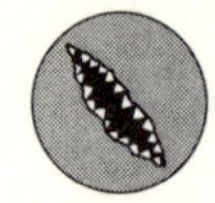

Chemische Formel: $CeCa[F/(CO_3)_2]$
Härte: 4½. Dichte: 4,35. Strichfarbe: weiß. Farbe: farblos, weißlich, gelb, orange, grünlich, grau. Glasglanz. Spaltbarkeit: kaum sichtbar. Bruch muschelig. Tenazität: spröde. Kristallform: pseudohexagonal; prismatische Kristalle, nach den Enden zu sich verjüngend, quergestreift, dünntafelig, blütenförmige Aggregate; praktisch immer aufgewachsen. Entstehung: aus hydrothermalen Lösungen. Vorkommen: in hydrothermalen Klüften; auf Klüften basischer Gesteine. Begleitmineralien: Bastnäsit, Anatas, Brookit, Titanit. Fundorte: Cervandone (I), Lodrino/Tessin (CH), Val Nalps (CH), Obersulzbachtal/Tauern (A), Rauris/Tauern (A), Mt. St.-Hilaire/Quebec (CDN), Asker/Oslo (N). Ähnliche Mineralien: Parisit kommt fast immer in anderer Paragenese vor.

78 Childrenit

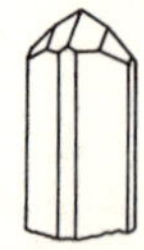
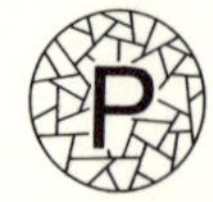

Chemische Formel: $(Fe,Mn)Al[(OH)_2/PO_4] \cdot H_2O$
Härte: 4½. Dichte: 3,2. Strichfarbe: weiß. Farbe: gelb bis braun. Glasglanz. Spaltbarkeit: meist nicht erkennbar. Bruch uneben. Tenazität: spröde. Kristallform: monoklin; prismatische bis nadelige Kristalle, seltener tafelig, krustig, derb. Entstehung: aus hydrothermalen Lösungen. Vorkommen: in Drusen in Pegmatiten. Begleitmineralien: Strunzit, Laueit, Roscherit. Fundorte: Hagendorf/Oberpfalz (D) (Childro-Eosphorit, ein Mischkristall mit dem manganreichen Endglied Eosphorit im Verhältnis etwa 1:1), St. Austell/Cornwall (GB), Palermo Mine/New Hampshire (USA), Taquaral/Minas Gerais (BR). Ähnliche Mineralien: Das manganreiche Endglied Eosphorit ist mit einfachen Mitteln nicht zu unterscheiden, doch treten beide nicht gemeinsam auf.

Colemanit

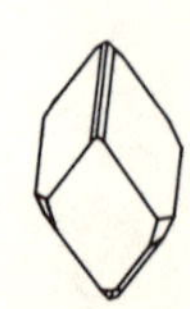

Chemische Formel: $Ca[B_3O_4(OH)_3] \cdot H_2O$
Härte: 4½. Dichte: 2,4. Strichfarbe: weiß. Farbe: farblos, weiß. Glasglanz. Spaltbarkeit: vollkommen. Bruch uneben. Tenazität: spröde. Kristallform: monoklin; prismatische Kristalle, radialstrahlige Aggregate, körnig, stengelig, derb. Entstehung: bei der Verdunstung borhaltiger Lösungen, insbesondere in ariden Klimata. Vorkommen: in Boraxseen und entsprechenden Sedimenten. Begleitmineralien: Realgar, Hydroboracit, Pandermit. Verwendung: als Borrohstoff. Fundorte: Death Valley/Kalifornien (USA), Panderma (TR). Ähnliche Mineralien: Borax und Soda sind weicher.

79 Scheelit

Tungstein

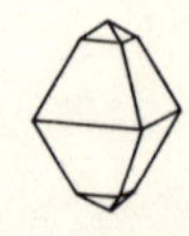

Chemische Formel: $CaWO_4$
Härte: 4½–5. Dichte: 5,9–6,1. Strichfarbe: weiß. Farbe: farblos, weiß, gelblich, grau, orange, braun. Fettglanz. Spaltbarkeit: meist schwer erkennbar.

Bruch muschelig. Tenazität: spröde. Kristallform: tetragonal; meist Dipyramiden, selten mit Basis, oft derb, körnig. Entstehung: pegmatitisch und pneumatolytisch; aus hydrothermalen Lösungen. Vorkommen: in Pegmatiten; in pneumatolytischen Gängen; in hydrothermalen Golderzgängen; auf alpinen Klüften. Begleitmineralien: Fluorit, Quarz, Zinnstein, Wolframit. Besondere Eigenschaften: Fluoresziert beim Bestrahlen mit der UV-Lampe. Verwendung: wichtiges Wolframerz. Fundorte: Pleystein/Oberpfalz (D), Felbertal/Tauern (A) (Scheelit derb in ehemaligen vulkanischen Gesteinen; eine der größten Wolframlagerstätten der Welt), Rauris/Tauern (A) (schöne orange Kristalle auf alpinen Klüften), Kammegg/Guttannen (CH), Zinnwald/Erzgebirge (CS), Schellgaden/Salzburg (A) (derb in Goldquarzgängen), Taewha Mine/Seoul (ROK) (von hier sehr große Kristalle). Ähnliche Mineralien: Anatas fluoresziert nicht und hat anderen Glanz; Fluorit hat Spaltbarkeit nach dem Oktaeder und anderen Glanz.

80 Apophyllit

Chemische Formel: $KCa_4[(F,OH)/(Si_4O_{10})_2] \cdot 8\ H_2O$
Härte: 4½–5. Dichte: 2,3–2,4. Strichfarbe: weiß. Farbe: farblos, weiß, gelb, grün, braun, rosa. Glasglanz, auf der Basis starker Perlmuttglanz. Spaltbarkeit: nach der Basis vollkommen. Bruch uneben. Tenazität: spröde. Kristallform: tetragonal; tafelige, würfelähnliche, prismatische Kristalle, auch bipyramidal, blättrig, körnig, derb. Entstehung: aus hydrothermalen Lösungen. Vorkommen: in Blasenhohlräumen von vulkanischen Gesteinen; in Drusen und auf Klüften von Erzgängen; auf alpinen Klüften. Begleitmineralien: Stilbit, Heulandit, Skolezit. Fundorte: St. Andreasberg/Harz (D), Kirchberg bei Niederrotweil/Kaiserstuhl (D), Seiser Alm/Südtirol (I), Paterson/New Jersey (USA), Poonah/Bombay (IND), Das-Antas-Tunnel/Rio Grande do Sul (BR). Ähnliche Mineralien: Kristallform und Glanz unterscheiden von allen anderen Mineralien der Paragenese.

81 Wollastonit

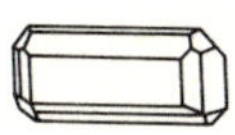

Chemische Formel: $Ca_3[Si_3O_9]$
Härte: 4½–5. Dichte: 2,8–2,9. Strichfarbe: weiß. Farbe: farblos, weiß, grau. Glasglanz, Aggregate Seidenglanz. Spaltbarkeit: vollkommen, aber wegen der faserigen Ausbildung meist nicht sichtbar. Bruch faserig. Tenazität: spröde. Kristallform: triklin; selten tafelige Kristalle, meist faserig, strahlig, grobspätig. Entstehung: bei der Kontaktmetamorphose von Kalken. Vorkommen: in metamorphen Kalken. Begleitmineralien: Grossular, Vesuvian, Diopsid, Kalkspat. Besondere Eigenschaften: Wird von Säuren unter Gelatinieren zersetzt. Verwendung: manchmal zu keramischen Zwecken; für Schweißstäbe. Fundorte: Kropfmühl/Passau (D), Auerbach/Bergstraße (D), Pargas (SF), Bellerberg/Eifel (D) (in kalziumhaltigen Auswürflingen). Ähnliche Mineralien: Tremolit ist härter und gegen Säuren beständig.

82 Hemimorphit

Kieselzinkerz

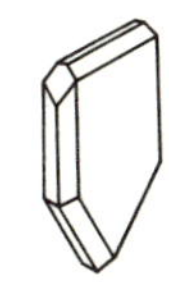

Chemische Formel: $Zn_4[(OH)_2/Si_2O_7] \cdot H_2O$
Härte: 5. Dichte: 3,3–3,5. Strichfarbe: weiß. Farbe: farblos, weiß, grünlich, braun, gelblich. Glasglanz. Spaltbarkeit: vollkommen. Bruch muschelig. Tenazität: spröde. Kristallform: orthorhombisch; prismatisch bis nadelig, tafelig, strahlig, nierig, stalaktitisch, krustig. Entstehung: bei der Verwitterung von Zinkerzen. Vorkommen: in der Oxidationszone von Zinklagerstätten. Begleitmineralien: Smithsonit, Hydrozinkit, Aurichalcit. Verwendung: als Zinkerz. Fundorte: Altenberg/Aachen (D), Mittenwald/Bayern (D), Bleiberg/Kärnten (A), Mina Ojuela/Durango (MEX), Sta. Eulalia/Chihuahua (MEX). Ähnliche Mineralien: Schwerspat ist deutlich schwerer.

83–85 Apatit

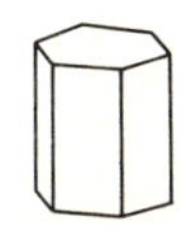
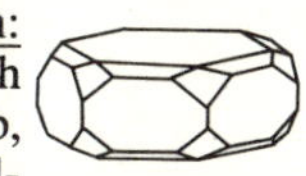

Chemische Formel: $Ca_5[(F,Cl)/(PO_4)_3]$
Härte: 5. Dichte: 3,16–3,22. Strichfarbe: weiß. Farbe: farblos, gelb, blau, grün, violett, rot. Glasglanz. Spaltbarkeit: nach der Basis manchmal deutlich. Bruch muschelig. Tenazität: spröde. Kristallform: hexagonal; prismatisch, lang- bis kurzsäulig, durch viele Flächen bisweilen kugelig, nadelig, auch derb, auf- und eingewachsen. Entstehung: bei der Kristallisation der Tiefengesteine; durch sedimentäre Konzentration von Phosphorgehalten organischer Herkunft; hydrothermal durch Auslaugung des Phosphorgehalts des Nebengesteins. Vorkommen: mikroskopisch in allen magmatischen Gesteinen; in freigewachsenen Kristallen auf deren Klüften und in Hohlräumen; in Pegmatiten; in alpinen Klüften; als Konkretionen und Lager in Sedimenten. Begleitmineralien: Magnetit, Anatas, Rutil, Nephelin, Leucit. Verwendung: zur Herstellung von Phosphatdünger. Fundorte: Laacher See/Eifel (D), Hagendorf/Oberpfalz (D), St. Gotthard (CH), Untersulzbachtal/Tauern (A), Jumilla (E), Durango (MEX), Panasqueira (P). Ähnliche Mineralien: Quarz, Beryll, Milarit, Phenakit sind härter; Calcit, Pyromorphit, Mimetesit sind weicher.

Herderit

Chemische Formel: $CaBe[(F,OH)/PO_4]$
Härte: 5. Dichte: 2,8–3. Strichfarbe: weiß. Farbe: farblos, weiß, gelblich, violett. Glasglanz. Spaltbarkeit: keine. Bruch muschelig. Tenazität: spröde. Kristallform: monoklin; prismatische Kristalle, aufgewachsen. Entstehung: aus hydrothermalen Lösungen. Vorkommen: in Drusen in Pegmatiten. Begleitmineralien: Topas, Turmalin, Apatit. Fundorte: Waldstein/Fichtelgebirge (D), Ehrenfriedersdorf/Sachsen (DDR), Auburn/Maine (USA), Stoneham/Maine (USA), Virgem da Lapa/Minas Gerais (BR). Ähnliche Mineralien: Apatit hat deutlich hexagonale Symmetrie; Topas und Quarz sind härter.

86 Pektolith

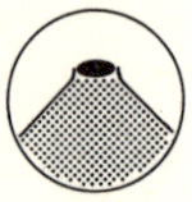

Chemische Formel: $Ca_2NaH[Si_3O_9]$
Härte: 5. Dichte: 2,8. Strichfarbe: weiß. Farbe: farblos, weiß. Glasglanz, in Aggregaten seidig. Spaltbarkeit: keine. Bruch muschelig, Aggregate faserig. Tenazität: spröde. Kristallform: triklin; selten prismatische Kristalle, meist faserige, radialstrahlige Aggregate. Entstehung: aus hydrothermalen Lösungen. Vorkommen: auf Klüften basischer Ergußgesteine. Begleitmineralien: Prehnit, Diopsid, Thomsonit, Grossular. Fundorte: Rauschermühle/Pfalz (D), Jeffrey Mine bei Asbestos/Quebec (CDN) (von hier schöne, prismatische Kristalle). Ähnliche Mineralien: Wollastonit kommt in ganz anderer Paragenese vor.

Hureaulith

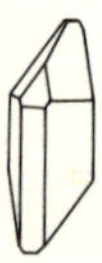

Chemische Formel: $(Mn,Fe)_5H_2[PO_4]_4 \cdot 4\ H_2O$
Härte: 5. Dichte: 3,2. Strichfarbe: weiß. Farbe: rosa, rötlich, bräunlich, gelb, weiß, farblos, Glasglanz. Spaltbarkeit: keine. Bruch uneben. Tenazität: spröde. Kristallform: monoklin; prismatische Kristalle mit schiefen Endflächen, strahlig, derb. Entstehung: bei der hydrothermalen Umwandlung primärer pegmatitischer Phosphate, insbesondere Triphylin. Vorkommen: in Phosphatpegmatiten. Begleitmineralien: Rockbridgeit, Phosphoferrit, Reddingit. Fundorte: Hagendorf/Oberpfalz (D), Hühnerkobel/Bayerischer Wald (D), Huréaux/Limoges (F), Branchville/Connecticut (USA), Sandamab/Erongo (NAM), Mangualde (P), Lavra do Criminoso/Minas Gerais (BR). Ähnliche Mineralien: Strengit hat andere Kristallform.

Crandallit

Chemische Formel: $CaAl_3H[(OH)_6/(PO_4)_2] \cdot H_2O$
Härte: 5. Dichte: 2,78. Strichfarbe: weiß. Farbe: farblos, weiß, beige, gelblich. Glasglanz. Spaltbarkeit: vollkommen nach der Basis, aber oft nicht erkennbar. Bruch uneben. Tenazität: spröde. Kristallform: trigonal; prismatische bis nadelige Kristalle mit dreieckiger Endfläche, radialstrahlig. Entstehung: aus hydrothermalen Lösungen. Vorkommen: auf Klüften phosphorhaltiger Sedimente. Begleitmineralien: Fluellit, Wavellit. Fundorte: Auerbach/Oberpfalz (D), Fairfield/Utah (USA), Tintic/Utah (USA). Ähnliche Mineralien: Von Wavellit unterscheidet die dreieckige Endfläche.

Sellait

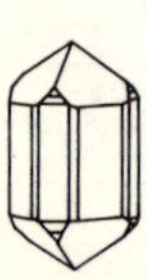

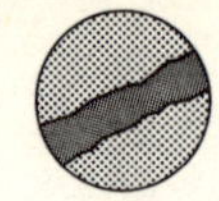

Chemische Formel: MgF_2
Härte: 5. Dichte: 3,0. Strichfarbe: weiß. Farbe: farblos, weiß. Glasglanz. Spaltbarkeit: keine. Bruch muschelig. Tenazität: spröde. Kristallform: tetragonal; selten prismatische Kristalle, radialstrahlig, krustig, derb. Entstehung: aus hydrothermalen Lösungen; aus vulkanischen Gasen. Vorkommen: in Flußspatgängen; in vulkanischen Auswürflingen. Begleitmineralien: Flußspat, Haematit, Sanidin, Topas. Fundorte: Grube Clara bei Oberwolfach/Schwarzwald (D) (von hier große radialstrahlige Aggregate), Üdersdorf/Eifel (D) (von hier gut ausgebildete kleine Kristalle in Einschlüssen in vulkanischen Schlacken), Mte. Somma/Vesuv (I), Gébroulat-Gletscher/Savoyen (F). Ähnliche Mineralien: Schwerspat ist deutlich schwerer und hat ausgezeichnete Spaltbarkeit; Topas hat andere Kristallform.

87 Smithsonit

Zinkspat

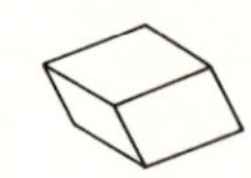

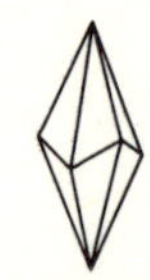

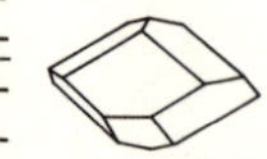

Chemische Formel: $ZnCO_3$
Härte: 5. Dichte: 4,3–4,5. Strichfarbe: weiß. Farbe: farblos, weiß, gelb, braun, rot, grün, blau, grau. Glasglanz. Spaltbarkeit: nach dem Rhomboeder vollkommen. Bruch uneben. Tenazität: spröde. Kristallform: trigonal; Skalenoeder und Rhomboeder, oft gerundet, nierig, stalaktitisch, schalig, derb. Entstehung: durch Verwitterung von Zinkerzen bei karbonatischem Nebengestein. Vorkommen: in der Oxidationszone von Zinklagerstätten. Begleitmineralien: Hydrozinkit, Wulfenit, Kalkspat, Zinkblende. Verwendung: wichtiges Zinkerz; war früher, bevor die Zinkblende verhüttet werden konnte, einziges Zinkerz. Fundorte: Altenberg/Aachen (D), Wiesloch/Baden (D), Bleiberg/Kärnten (A), Raibl (I), Lavrion/Athen (GR), Tsumeb/Otavibergland (NAM). Ähnliche Mineralien: Kalkspat braust im Gegensatz zu Zinkspat mit verdünnter Salzsäure.

Wardit

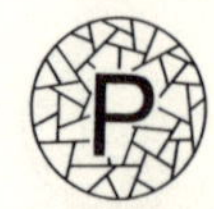

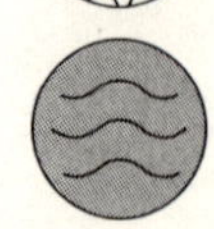

Chemische Formel: $NaAl_3[(OH)_4/(PO_4)_2] \cdot 2\ H_2O$
Härte: 5. Dichte: 2,81. Strichfarbe: weiß. Farbe: farblos, weiß, gelblich. Glasglanz. Spaltbarkeit: nach der Basis vollkommen. Bruch uneben. Tenazität: spröde. Kristallform: tetragonal; oktaederähnliche Bipyramiden, aufgewachsen, radialstrahlig. Entstehung: aus hydrothermalen Lösungen: Vorkommen: in Drusen von Pegmatiten; auf Klüften phosphathaltiger Sedimente. Begleitmineralien: Lazulith, Variscit. Fundorte: Wolfsberg/Spittal (A), Yukon/Alaska (USA), Fairfield/Utah (USA). Ähnliche Mineralien: Die typische Kristallform läßt bei Beachtung der Paragenese kaum Verwechslungen zu.

88 Datolith

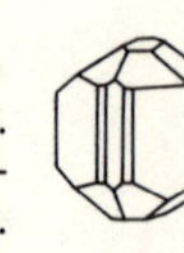

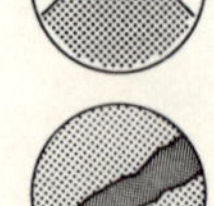

Chemische Formel: $CaB[OH/SiO_4]$
Härte: 5–5$^1/_2$. Dichte: 2,9–3,0. Strichfarbe: weiß. Farbe: farblos, weiß, gelblich. Glasglanz, auf Bruchflächen fettig. Spaltbarkeit: keine. Bruch muschelig. Tenazität: spröde. Kristallform: monoklin; kurzprismatische bis dicktafelige Kristalle, körnig, faserig, nierig, derb. Entstehung: aus niedrig temperierten hydrothermalen Lösungen. Vorkommen: in Blasenhohlräumen von vulkanischen Gesteinen, in Erzgängen, in alpinen Klüften. Begleitmineralien: Apophyllit, Stilbit, Heulandit. Fundorte: St. Andreasberg/Harz (D), Haslach/Schwarzwald (D), Seiser Alm/Südtirol (I), Paterson/New Jersey (USA). Ähnliche Mineralien: Kalkspat ist weicher; Apophyllit ist weicher und hat anderen Glanz.

89 Melilith

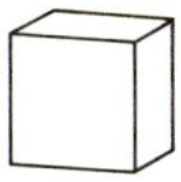

Chemische Formel: (Ca, Na)$_2$(Mg,Al,Fe)[Si_2O_7] Härte: 5–5½. Dichte: 2,9–3,0. Strichfarbe: weißlich. Farbe: farblos, gelb, braun, rot. Glasglanz, auf frischem Bruch und im angewitterten Zustand Fettglanz. Spaltbarkeit: meist nicht erkennbar. Bruch muschelig. Tenazität: spröde. Kristallform: tetragonal; würfelähnliche bis tafelige Kristalle, oft derb, eingewachsen. Entstehung: bei der Kristallisation vulkanischer Gesteine. Vorkommen: eingewachsen in vielen vulkanischen Gesteinen, auf deren Klüften auch aufgewachsene Kristalle. Begleitmineralien: Nephelin, Magnetit, Augit, Apatit. Fundorte: Herchenberg/Eifel (D), Üdersdorf/Eifel (D), (von hier auch rote Kristalle), Capo di Bove/Rom (I). Ähnliche Mineralien: Bei Beachtung der Paragenese kaum Verwechslungsmöglichkeiten.

90 Mesolith

Chemische Formel: $Na_2Ca_2[Al_2Si_3O_{10}]_3^- \cdot 8\ H_2O$ Härte: 5–5½. Dichte: 2,2. Strichfarbe: weiß. Farbe: farblos, weiß. Glas- bis Seidenglanz. Spaltbarkeit: meist nicht erkennbar. Bruch muschelig. Tenazität: spröde. Kristallform: monoklin; langprismatische bis nadelige Kristalle, faserige Aggregate. Entstehung: aus niedrig temperierten hydrothermalen Lösungen. Vorkommen: in Blasenhohlräumen von Ergußgesteinen. Begleitmineralien: Phillipsit, Stilbit, Apophyllit. Fundorte: Insel Skye (GB), Poonah/Bombay (IND). Ähnliche Mineralien: Natrolith und Skolezit sind mit einfachen Mitteln nicht zu unterscheiden.

91 Natrolith

Chemische Formel: $Na_2[Al_2Si_3O_{10}] \cdot 2\ H_2O$ Härte: 5–5½. Dichte: 2,2–2,4. Strichfarbe: weiß. Farbe: farblos, weiß, gelblich. Glasglanz. Spaltbarkeit: vollkommen, aber wegen der nadeligen Ausbildung der Kristalle meist nicht erkennbar. Bruch muschelig. Tenazität: spröde. Kristallform: orthorhombisch; prismatische bis nadelige Kristalle, faserige Krusten und Aggregate. Entstehung: aus niedrigthermalen Lösungen, durch Zersetzung von Nephelin, Sodalith. Vorkommen: in Blasenhohlräumen von vulkanischen Gesteinen; in Syeniten und Nephelinsyeniten. Begleitmineralien: Phillipsit, Analcim, Chabasit. Besondere Eigenschaften: Schmilzt schon an der Kerzenflamme. Verwendung: als Ionenaustauscher. Fundorte: Hohentwiel/Hegau (D), Vogelsberg/Hessen (D), Roßberg/Darmstadt (D), Aussig/Böhmen (CS). Ähnliche Mineralien: Mesolith und Skolezit lassen sich schwer unterscheiden, sind aber viel seltener, Skolezit kommt zudem oft in anderer Paragenese vor; Thomsonit hat andere Kristallform.

92, 93 Monazit

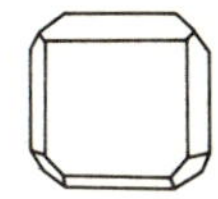

Chemische Formel: $CePO_4$ Härte: 5–5½. Dichte: 4,9–5,5. Strichfarbe: weiß. Farbe: farblos, orange, braun durchsichtig, braun bis dunkelbraun undurchsichtig. Glas- bis Fettglanz. Spaltbarkeit: manchmal sichtbar. Bruch muschelig. Tenazität: spröde. Kristallform: monoklin; dicktafelig bis prismatisch, seltener derb. Kristalle auf- und eingewachsen. Entstehung: bei der Auskristallisation magmatischer Gesteine; hydrothermal durch Auslaugung des Nebengesteins. Vorkommen: in Magmatiten mikroskopisch verteilt; in Pegmatiten; in Seifen; auf alpinen Klüften. Begleitmineralien: Quarz, Feldspat, Xenotim, Gadolinit, Anatas, Rutil. Verwendung: enthält manchmal Thorium; in diesem Falle wird er als Thoriumerz verwendet. Fundorte: Tittling/Bayerischer Wald (D), Iveland (N) (hier in Pegmatiten eingewachsene große, undurchsichtige Kristalle), Tavetsch/Graubünden (CH), Rauris/Tauern (A) (hier auf alpinen Klüften kleine, aufgewachsene, durchsichtige Kristalle). Ähnliche Mineralien: Titanit hat andere Kristallform.

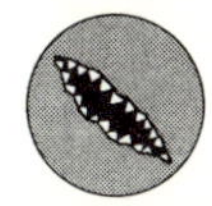

94 Titanit

Sphen

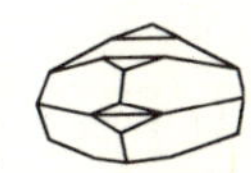

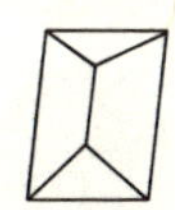

Chemische Formel: CaTi[O/SiO_4] Härte: 5–5½. Dichte: 3,4–3,6. Strichfarbe: weiß, selten leicht braun. Farbe: farblos, weiß, gelb, grünlich, rot, braun, schwarzbraun, blau. Harzglanz. Spaltbarkeit: nur schwer erkennbar. Bruch muschelig. Tenazität: spröde. Kristallform: monoklin; tafelig bis prismatisch, oft Durchkreuzungszwillinge. Entstehung: bei der Auskristallisation magmatischer Gesteine; bei der Metamorphose von Kalken. Vorkommen: in vielen Magmatiten und kristallinen Schiefern in alpinen Klüften, in Pegmatiten, in Marmoren. Begleitmineralien: Quarz, Feldspat, Anatas, Rutil, Kalkspat. Fundorte: Kropfmühl/Passau (D), Laacher See/Eifel (D), Felbertal/Tauern (A), St. Gotthard (CH), Pfitschtal/Tirol (A). Ähnliche Mineralien: Anatas ist deutlich tetragonal.

95 Wagnerit

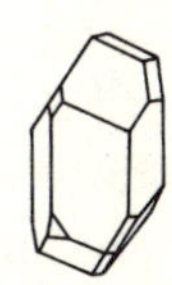

Chemische Formel: $Mg_2[F/PO_4]$ Härte: 5–5½. Dichte: 3–3,15. Strichfarbe: weiß. Farbe: weiß, meist gelb bis gelbbraun. Fettglanz. Spaltbarkeit: keine. Bruch muschelig. Tenazität: spröde. Kristallform: monoklin; prismatische Kristalle, häufig in der Längsrichtung gestreift, derb eingewachsen. Entstehung: aus hydrothermalen Lösungen. Vorkommen: auf Klüften und in Gängen innerhalb magnesiumreicher Gesteine. Begleitmineralien: Siderit, Magnesit, Quarz, Lazulith. Fundorte: Imlaugraben/Werfen (A) (von hier ganz ausgezeichnete Kristalle), Bodenmais/Bayerischer Wald (D). Ähnliche Mineralien: Siderit ist weicher; Quarz ist härter.

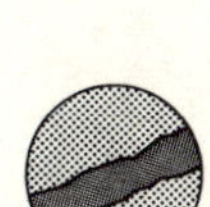

96 Thomsonit

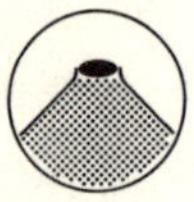

Chemische Formel: $NaCa_2[Al_5Si_5O_{20}] \cdot 6\ H_2O$ Härte: 5–5½. Dichte: 2,3–2,4. Strichfarbe: weiß. Farbe: farblos, weiß. Glasglanz. Spaltbarkeit: vollkommen. Bruch uneben. Tenazität: spröde. Kristallform: orthorhombisch; prismatische Kristalle, radialstrahlige Aggregate, faserig. Entstehung: aus hydrothermalen Lösungen. Vorkommen: in Blasenhohlräumen vulkanischer Gesteine. Begleitmineralien: Natrolith, Chabasit, Phillipsit. Fundorte: Arensberg bei Zilsdorf/Eifel (D), Roßberg/Darmstadt (D), Mte. Somma/Vesuv (I), Quiraing/Insel Skye (GB). Ähnliche Mineralien: Natrolith ist mit einfachen Mitteln schwer zu unterscheiden.

97 Lazulith

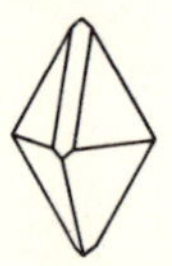

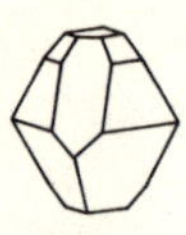

Blauspat

Chemische Formel: $(Mg,Fe)Al_2[OH/PO_4]_2$ Härte: 5–6. Dichte: 3,0. Strichfarbe: weiß. Farbe: hell- bis dunkelblau. Glas- bis Fettglanz. Spaltbarkeit: meist nicht erkennbar. Bruch splittrig. Tenazität: spröde. Kristallform: monoklin; Kristalle prismatisch, spitzpyramidal, tafelig, ein- und aufgewachsen, derb. Entstehung: bei der Metamorphose aluminium- und phosporreicher Sedimente. Vorkommen: in Quarziten; selten in Pegmatiten. Begleitmineralien: Quarz, Wagnerit. Fundorte: Werfen/Salzburg (A), Zermatt/Wallis (CH), Yukon Territory/Alaska (USA), Graves Mountain/Georgia (USA). Ähnliche Mineralien: Vivianit ist weicher; Scorzalith ist auf eisenreiche Paragenesen beschränkt.

98 Hauyn

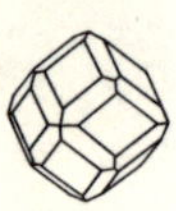

Chemische Formel: $(Na,Ca)_{8-4}[(SO_4)_{2-1}/(AlSiO_4)_6]$ Härte: 5–6. Dichte: 2,5. Strichfarbe: weiß. Farbe: farblos, weiß, grau, meist tiefblau, durchsichtig bis durchscheinend. Glasglanz. Spaltbarkeit: schlecht sichtbar. Bruch muschelig. Tenazität: spröde. Kristallform: kubisch; meist Rhombendodekaeder, andere Formen nur klein und selten, ein- und aufgewachsen. Entstehung: aus der Schmelze bei der Kristallisation vulkanischer Gesteine. Vorkommen: in Phonoliten, Basalten, in vulkanischen Auswürflingen. Begleitmineralien: Sanidin, Nephelin, Leucit, Augit, Hornblende. Fundorte: Niedermendig/Eifel (D), Laacher See/Eifel (D), Mte. Vulture/Melfi (I). Ähnliche Mineralien: Sodalith ist in gleicher Paragenese meist nicht blau; von Lapis-Lazuli in gleicher Paragenese kaum zu unterscheiden.

99 Cancrinit

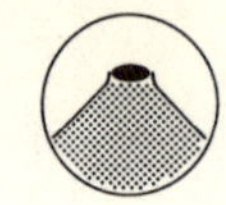

Chemische Formel: $Na_6Ca_2[(CO_3)_2/(AlSiO_4)_6]$ Härte: 5–6. Dichte: 2,4–2,6. Strichfarbe: weiß. Farbe: farblos, weiß, gelblich, rosa. Glasglanz, auf Spaltflächen Perlmuttglanz. Spaltbarkeit: nach der Basis vollkommen. Bruch uneben. Tenazität: spröde. Kristallform: hexagonal; prismatisch bis nadelig, seltener kurzsäulig, körnig, derb. Entstehung: aus der Schmelze. Vorkommen: in Nephelinsyeniten; in vulkanischen Auswürflingen. Begleitmineralien: Nephelin, Sanidin. Fundorte: Laacher See/Eifel (D), Miask/Ural (SU), Litchfield/Maine (USA). Ähnliche Mineralien: Nephelin hat viel schlechtere Spaltbarkeit.

100 Sodalith

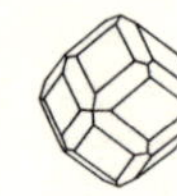

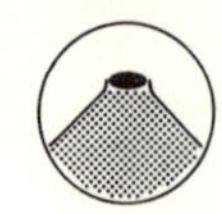

Chemische Formel: $Na_8[Cl_2/(AlSiO_4)_6]$ Härte: 5–6. Dichte: 2,3. Strichfarbe: weiß. Farbe: farblos, weiß, grau, blau. Glasglanz, auf dem Bruch Fettglanz. Spaltbarkeit: meist nicht sichtbar. Bruch muschelig. Tenazität: spröde. Kristallform: kubisch; Rhombendodekaeder, Zwillinge ähneln hexagonalen Prismen, auf- und eingewachsen, derb, körnig. Entstehung: aus der Schmelze bei der Kristallisation der Gesteine. Vorkommen: in Syeniten, in Basalten, Phonolithen und Tephriten, auf Klüften dieser Gesteine auch aufgewachsen, häufig auch in vulkanischen Auswürflingen. Begleitmineralien: Nephelin, Haematit, Pseudobrookit, Augit, Hornblende. Fundorte: Hochsimmer/Eifel (D), Bellerberg/Eifel (D), Mte. Somma/Vesuv (I). Ähnliche Mineralien: Leucit und Analcim zeigen andere Kristallform; Nosean ist im Gegensatz zu Sodalith fast immer nur in vulkanischen Schlacken aufgewachsen, derbe Einschlüsse sind nicht unterscheidbar.

101 Türkis

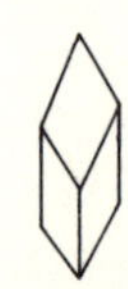

Chemische Formel: $CuAl_6[(OH)_2/PO_4]_4 \cdot 4\ H_2O$ Härte: 5–6. Dichte: 2,6–2,8. Strichfarbe: weiß. Farbe: hellblau, blaugrün, hellgrün. Wachsglanz bis matt. Spaltbarkeit: keine. Bruch muschelig. Tenazität: spröde. Kristallform: triklin; selten winzige rhomboederähnliche Kristalle, meist derbe, nierige Massen, krustig, als Spaltenfüllung. Entstehung: bei der Zersetzung aluminiumreicher Gesteine, die Kupfersulfide enthalten. Vorkommen: auf Klüften und als Spaltenfüllungen in den stark zersetzten Gesteinen. Begleitmineralien: Limonit, Chalcedon. Fundorte: Nishapur (IR), Los Cerillos/New Mexico (USA), Lynch Station/Pennsylvania (USA) (von hier winzige Kristalle). Ähnliche Mineralien: Chrysokoll ist weicher; Azurit ist viel tiefer blau; Variscit ist deutlich grün.

102 Opal

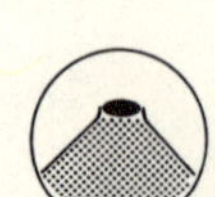

Chemische Formel: $SiO_2 \cdot nH_2O$ Härte: 5–6½. Dichte: 1,9–2,2. Strichfarbe: weiß. Farbe: farblos, durchsichtig (Hyalith); weiß, undurchsichtig (Milchopal); weißlich, bläulich mit Farbenspiel (Edelopal); rot bis orange, durchscheinend bis durchsichtig (Feueropal); grün, rot, braun, gelb, undurchsichtig (gemeiner Opal). Wachs- bis Glasglanz, manchmal irisierendes Farbenspiel. Spaltbarkeit: keine. Bruch muschelig. Tenazität: spröde. Kristallform: amorph; derb eingewachsen. Entstehung: durch Ausfällung aus kieselsäurereichen Lösungen als Kieselgel. Vorkommen: in Hohlräumen vulkanischer Gesteine; in Sedimenten in Höhe des

Grundwasserspiegels; als Absatz heißer Quellen (Geysirit). Begleitmineralien: Zeolithe, Chalcedon. Verwendung: als Schmuckstein (besonders Edelopal und Feueropal). Fundorte: Kaiserstuhl/Baden (D) (Hyalith), Querétaro (MEX) (Feueropal), Červenica/Prešov (CS), Lightning Ridge, Andamooka, Coober Pedy und White Cliffs (AUS). Ähnliche Mineralien: Chalcedon kann ähnlich sein, ist dann mit einfachen Mitteln von gemeinem Opal nicht zu unterscheiden; Edelopal unterscheidet sich immer durch sein Farbenspiel.

103 Skapolith

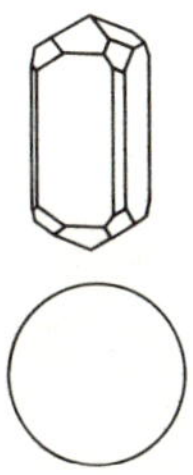

Mischkristallreihe mit den Endgliedern Marialith $Na_8[(Cl_2,SO_4,CO_3)/(AlSi_3O_8)_6]$ und Mejonit $Ca_8[(Cl_2,SO_4,CO_3)_2/(Al_2Si_2O_8)_6]$. Zwischenglieder mit mehr als 50% Marialith heißen Dipyr, solche mit mehr als 50% Mejonit heißen Mizzonit.
Härte: 5–6$^1/_2$. Dichte: 2,54–2,77. Strichfarbe: weiß. Farbe: farblos, weiß, gelblich, grünlich, bläulich, rötlich, violett. Glasglanz. Spaltbarkeit: nach dem Prisma vollkommen. Bruch muschelig. Tenazität: spröde. Kristallform: tetragonal; prismatische Kristalle, stengelige, strahlige, körnige Aggregate. Entstehung: bei der Einwirkung von Chlor auf Feldspäte; aus hydrothermalen Lösungen. Vorkommen: in Kontaktlagerstätten; in vulkanischen Auswürflingen; auf alpinen Klüften; in metamorphen Gesteinen; in Pegmatiten. Begleitmineralien: Muskovit, Kalkspat, Quarz. Verwendung: durchsichtige Varietäten als Schmuckstein. Fundorte: Kropfmühl/Passau (D), Saualpe/Kärnten (A), Lago Tremorgio/Tessin (CH), Renfrew/Ontario (CDN). Ähnliche Mineralien: Kalkspat ist trigonal und weicher; Zirkon ist härter; Vesuvian hat meist dunklere Farben und hat keine Spaltbarkeit.

104 Analcim

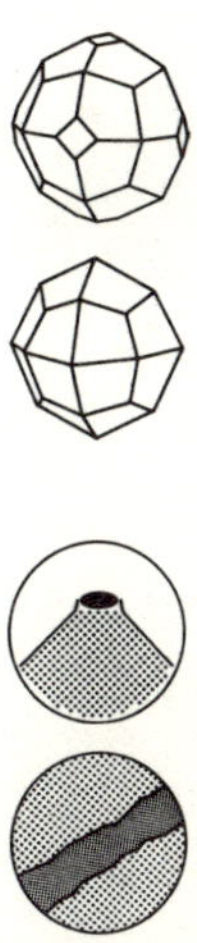

Chemische Formel: $Na[AlSi_2O_6] \cdot H_2O$
Härte: 5$^1/_2$. Dichte: 2,2–2,3. Strichfarbe: weiß. Farbe: farblos, weiß, rötlich, orange, gelb. Glasglanz. Spaltbarkeit: undeutlich. Bruch muschelig. Tenazität: spröde. Kristallform: kubisch, fast nur Deltoididikositetraeder, auch derb, oft aufgewachsen. Entstehung: hydrothermal aus niedrig temperierten Lösungen; als Umwandlungsprodukt von Nephelin. Vorkommen: in Blasenhohlräumen von vulkanischen Gesteinen; auf Erzgängen; in Syeniten und Basalten eingewachsen. Begleitmineralien: Kalkspat, Apophyllit, Quarz, Zeolithe. Fundorte: Duingen/Hannover (D), Seiser Alm/Südtirol (I) (hier sehr große Kristalle), St. Andreasberg/Harz (D), Paterson/New Jersey (USA). Ähnliche Mineralien: Leucit in aufgewachsenen Kristallen ist mit einfachen Mitteln manchmal nicht leicht zu unterscheiden.

105 Perowskit

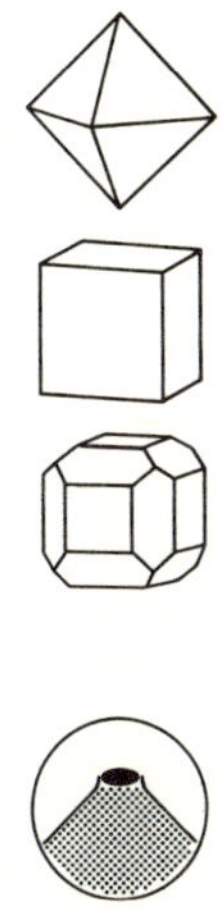

Chemische Formel: $CaTiO_3$
Härte: 5$^1/_2$. Dichte: 4,0–4,8. Strichfarbe: weiß bis grau. Farbe: pechschwarz, verschiedene Brauntöne von schwarz- bis gelbbraun, undurchsichtig bis durchscheinend. Fettglanz, mitunter metallisch. Spaltbarkeit: mäßig bis gut. Bruch uneben bis muschelig. Tenazität: spröde. Kristallform: orthorhombisch; pseudokubische Kristalle, meist Würfel mit abgestumpften Kanten und Ecken, seltener Oktaeder und Rhombendodekaeder, manchmal Kristallskelette; Kristalle auf- und eingewachsen, auch derbe feinkristalline Massen, selten traubig nierige Aggregate. Entstehung: während der Hauptkristallisation aus der Schmelze; hydrothermal unter Auflösung von titanhaltigen Mineralien. Vorkommen: als Nebengemengteil in Alkaligesteinen und deren Pegmatiten, zum Beispiel Alkalipyroxeniten und besonders Karbonatiten; in vielen Basalten, auf deren Klüften und in Hohlräumen; am Kontakt der genannten Gesteine mit Kalken; in kristallinen Schiefern der Epi- und Mesozone. Begleitmineralien: Nephelin, Leucit, Melilith, Magnetit, Pyroxen in vulkanischen Gesteinen, Klinochlor, Magnetit, Diopsid, Vesuvian und Titanit auf Klüften in Metamorphiten. Fundorte: Hannebacher Ley und andere Orte in der Eifel (D) (hier sehr schöne Kristallskelette), Val Malenco (I) (hier sehr große Kristalle auf Klüften im Serpentinit), Zermatt/Wallis (CH), Brennkogel/Großglockner (A). Ähnliche Mineralien: Magnetit ist magnetisch und hat schwarze Strichfarbe; Melanit ist härter.

106 Bavenit

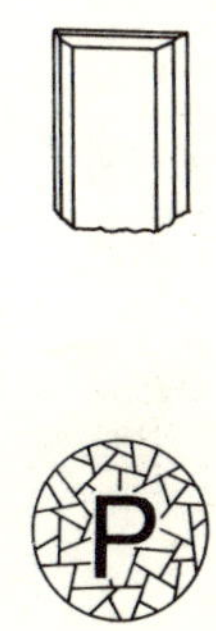

Chemische Formel: $Ca_4Al_2Be_2[(OH)_2/Si_9O_{26}]$
Härte: 5$^1/_2$. Dichte: 2,7. Strichfarbe: weiß. Farbe: farblos, weiß. Glasglanz, auf Spaltflächen Perlmuttglanz. Spaltbarkeit: vollkommen. Bruch blättrig. Tenazität: spröde. Kristallform: orthorhombisch; tafelige bis nadelige Kristalle, oft zu Rosetten gruppiert, filzig, blättrig, pulvrig, derb, aufgewachsen. Entstehung: bei der hydrothermalen Zersetzung von Berylliummineralien, insbesondere Beryll. Vorkommen: in Drusen in Pegmatiten; auf alpinen Klüften. Begleitmineralien: Milarit, Bityit, Bertrandit, Zeolithe. Fundorte: Tittling/Bayerischer Wald (D), Böckstein/Gasteiner Tal (A), Baveno/Lago Maggiore (I), Beura/Valle d'Ossola (I), Gotthardstraßentunnel/St. Gotthard (CH). Ähnliche Mineralien: Stilbit und Laumontit haben andere Kristallform; Tremolit ist härter; typisch ist die Paragenese mit anderen Berylliummineralien.

107 Brasilianit

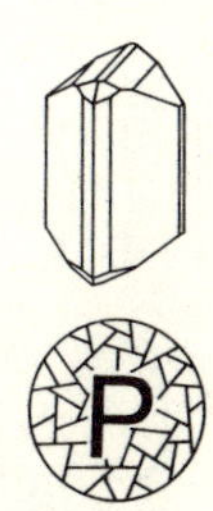

Chemische Formel: $NaAl_3[(OH)_2/PO_4]_2$
Härte: 5$^1/_2$. Dichte: 2,98. Strichfarbe: weiß. Farbe: gelb bis weißlich. Glasglanz. Spaltbarkeit: vollkommen senkrecht zur b-Achse. Bruch uneben. Tenazität: spröde. Kristallform: monoklin; prismatische Kristalle, aufgewachsen. Entstehung: aus hydrothermalen Lösungen. Vorkommen: in Drusen in Pegmatiten. Begleitmineralien: Muskovit, Albit, Mikro-

klin. Verwendung: selten als Schmuckstein. Fundorte: Spittal/Drau (A), Consolheiras Pena/Minas Gerais (BR). Ähnliche Mineralien: Topas und Albit sind härter.

108 Skolezit

Chemische Formel: $Ca[Al_2Si_3O_{10}] \cdot 3\ H_2O$
Härte: 5½. Dichte: 2,26–2,40. Strichfarbe: weiß. Farbe: farblos, weiß. Glasglanz. Spaltbarkeit: vollkommen, aber an den nadeligen Kristallen schlecht erkennbar. Bruch muschelig. Tenazität: spröde. Kristallform: monoklin; nadelige bis prismatische Kristalle, radialstrahlige Aggregate. Entstehung: aus hydrothermalen Lösungen. Vorkommen: auf Klüften von Graniten und Syeniten; auf alpinen Klüften; in Blasenhohlräumen vulkanischer Gesteine. Begleitmineralien: Apophyllit, Laumontit, Stilbit, Heulandit. Fundorte: Stubachtal/Tauern (A), Arvigo/Tessin (CH), Berufjord (IS), Poonah/Bombay (IND), Das-Antas-Tunnel/Rio Grande do Sul (BR). Ähnliche Mineralien: Natrolith ist generell etwas feinfaseriger und auf vulkanische Gesteine beschränkt, sonst aber mit einfachen Mitteln kaum zu unterscheiden.

109 Anatas

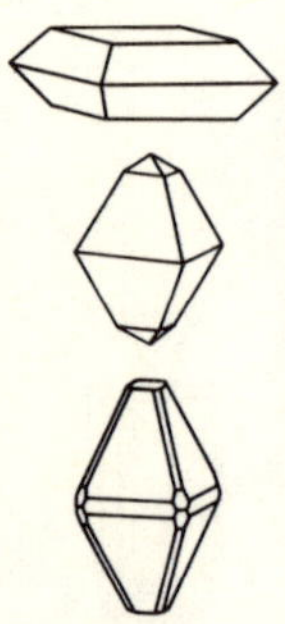

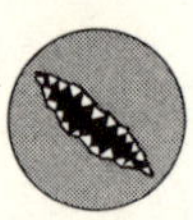

Chemische Formel: TiO_2
Härte: 5½–6. Dichte: 3,8–3,9. Strichfarbe: weiß. Farbe: farblos, rosa, rot, gelb, braun, blau, schwarz. Metallglanz bis Diamantglanz. Spaltbarkeit: meist nicht sichtbar. Bruch uneben. Tenazität: spröde. Kristallform: tetragonal; spitze bis flache Bipyramiden, tafelig, praktisch nur aufgewachsen. Kristalle oft horizontal gestreift. Entstehung: hydrothermal durch Auslaugung des Nebengesteins und durch Zersetzung von titanhaltigen Mineralien. Vorkommen: in alpinen Klüften; mikroskopisch in Sanden, Tonen, Sandsteinen. Begleitmineralien: Brookit, Rutil, Titanit, Quarz, Haematit, Feldspat. Fundorte: Rauris/Tauern (A), Zillertal (A), Binntal (CH), Tavetsch/Graubünden (CH). Ähnliche Mineralien: Magnetit und Haematit haben anderen Strich; Brookit hat andere Kristallform.

110 Brookit

Arkansit

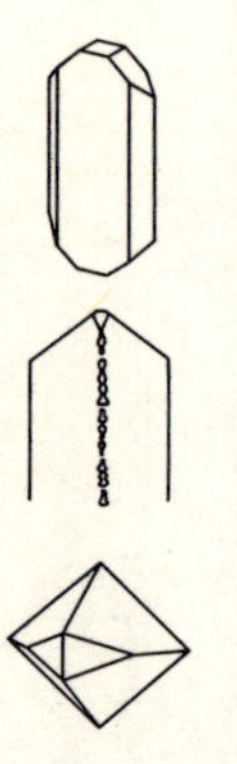

Chemische Formel: TiO_2
Härte: 5½–6. Dichte: 4,1. Strichfarbe: hellbräunlich bis weiß. Farbe: braun, grünlich bis schwärzlich, meist durchscheinend. Diamantglanz. Spaltbarkeit: undeutlich. Bruch uneben. Tenazität: spröde. Kristallform: orthorhombisch; dünntafelige Kristalle, selten scheinbar hexagonale Dipyramiden (Arkansit). Die tafeligen Kristalle der alpinen Klüfte sind oft gestreift und zeigen oft in der Mitte eine schwärzliche sanduhrförmige Zeichnung. Entstehung: hydrothermal durch Auslaugung des Nebengesteins. Vorkommen: auf alpinen Klüften. Begleitmineralien: Anatas, Rutil, Quarz, Feldspat, Haematit, Titanit. Fundorte: Saalfelden/Salzburg (A), Eicham/Osttirol (A), Amsteg/Uri (CH), Magnet Cove/Arkansas (USA) (von hier die Arkansite). Ähnliche Mineralien: Haematit hat anderen Strich; Anatas ist immer deutlich tetragonal.

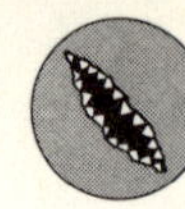

111 Willemit

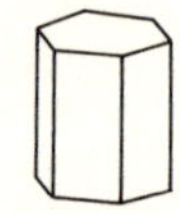

Chemische Formel: $Zn_2[SiO_4]$
Härte: 5½. Dichte: 4,0. Strichfarbe: weiß. Farbe: farblos, weiß, gelb, grünlich, grau, braun. Fettiger Glasglanz. Spaltbarkeit: keine. Bruch splittrig. Tenazität: spröde. Kristallform: trigonal; kurz- bis langprismatische Kristalle, körnig, derb. Entstehung: bei der Oxidation von Zinkmineralien; bei der metamorphen Umwandlung von Zinkmineralien. Vorkommen: in der Oxidationszone von Zinklagerstätten; in metamorphen Zinklagerstätten. Begleitmineralien: Zinkit, Franklinit, Smithsonit, Hydrozinkit. Verwendung: selten als Zinkerz. Fundorte: Altenberg/Aachen (D), Tsumeb/Otavibergland (NAM) (von hier ganz ausgezeichnete Kristalle), Chah Khuni Mine/Isfahan (IR), Franklin/New Jersey (USA) (von hier große derbe Massen, die stark grün fluoreszieren). Ähnliche Mineralien: Kalkspat, Pyromorphit, Mimetesit und Vanadinit sind weicher.

112 Pyrochlor

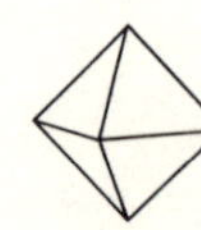

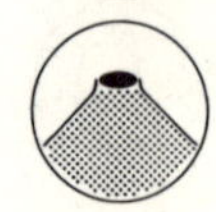

Chemische Formel:
$(Na, Ca, U)_2(Nb, Ti, Ta)_2O_6(OH, F, O)$
Härte: 5½–6. Dichte: 4,3–6,4. Strichfarbe: weiß. Farbe: gelb, orange, rötlich. Glasglanz. Spaltbarkeit: keine. Bruch muschelig. Tenazität: spröde. Kristallform: kubisch; meist Oktaeder, selten Würfel, ein- und aufgewachsen. Entstehung: bei der Kristallisation der Gesteine. Vorkommen: in Karbonatiten; in vulkanischen Auswürflingen. Begleitmineralien: Kalkspat, Biotit, Cancrinit. Verwendung: als Uran- und Nioberz. Fundorte: Laacher See/Eifel (D), Kaiserstuhl/Baden (D) (Koppit, ein Pyrochlor mit Cer in roten Oktaedern), in mehreren Karbonatiten im Gebiet des ostafrikanischen Grabens. Ähnliche Mineralien: Bei Beachtung der typischen Paragenese kaum Verwechslungen möglich.

113 Tremolit

Grammatit

Chemische Formel: $Ca_2Mg_5[OH/Si_4O_{11}]_2$
Härte: 5½–6. Dichte: 2,9–3,1. Strichfarbe: weiß. Farbe: weiß bis lichtgrün. Glasglanz. Spaltbarkeit: wegen der strahligen Ausbildung meist nicht erkennbar. Bruch faserig. Tenazität: spröde. Kristallform: monoklin; langprismatische, stengelige Kristalle, meist strahlig, eingewachsen. Entstehung: bei der Metamorphose von Kalksteinen. Vorkommen: in Marmoren, Dolomiten, Talkschiefern. Begleitmineralien: Kalkspat, Dolomit, Diaspor. Fundorte: Wunsiedel/Fichtelgebirge (D), Campolungo/Tessin (CH). Ähnliche Mineralien: Wollastonit wird von Salzsäure zersetzt und ist etwas weicher.

114 Nephelin

Eläolith

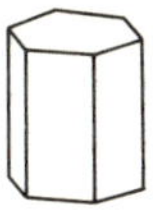

Chemische Formel: $KNa_3[AlSiO_4]_4$
Härte: 5½–6. Dichte: 2,60–2,65. Strichfarbe: weiß. Farbe: farblos, weiß, gelblich. Glasglanz. Spaltbarkeit: meist nicht erkennbar. Bruch muschelig. Tenazität: spröde. Kristallform: hexagonal; prismatische bis kurzsäulige Kristalle, ein- und aufgewachsen, körnig, derb. Entstehung: aus der Schmelze. Vorkommen: in Nephelinsyeniten und zugehörigen Pegmatiten; in Phonoliten, Basalten (auf Klüften der letzteren Gesteine auch Kristalle); in vulkanischen Auswürflingen. Begleitmineralien: Melilith, Apatit, Augit, Magnetit. Fundorte: Üdersdorf/Eifel (D), Bellerberg/Eifel (D), Laacher See/Eifel (D), Katzenbuckel/Odenwald (D), Chibina Tundra/Kola (SU), Capo di Bove/Rom (I). Ähnliche Mineralien: Apatit ist etwas weicher.

115 Rhodonit

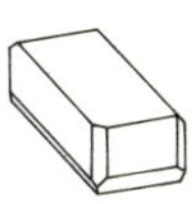

Chemische Formel: $CaMn_4[Si_5O_{15}]$
Härte: 5½–6½. Dichte: 3,73. Strichfarbe: weiß. Farbe: rosa, fleischrot, braunrot. Glasglanz. Spaltbarkeit: in zwei Richtungen vollkommen. Bruch uneben. Tenazität: spröde. Kristallform: triklin; tafelige bis prismatische Kristalle, oft gerundete Kanten, meist eingewachsen, spätig, derb. Entstehung: sedimentär in Sedimenten; bei der Metamorphose manganreicher Sedimente; aus hydrothermalen Lösungen. Vorkommen: lagig in Tonschiefern; in metamorphen Manganlagerstätten; in Erzgängen. Begleitmineralien: Rhodochrosit, Quarz, Spessartin, Bleiglanz, Pyrit. Verwendung: manchmal als Manganerz; schön gefärbte Varietäten als Schmuckstein. Fundorte: Laasphe/Westfalen (D), Pajsberg/Värmland (S), Långban/Värmland (S), Franklin/New Jersey (USA), San Marcel/Piemont (I), Broken Hill/Neusüdwales (AUS). Ähnliche Mineralien: Rhodochrosit ist weicher; Spessartin hat keine Spaltbarkeit; Pyroxmangit ist mit einfachen Mitteln nicht zu unterscheiden.

Pyroxmangit

Chemische Formel: $(Mn, Fe)_7[Si_7O_{21}]$
Härte: 6. Dichte: 3,9. Strichfarbe: weiß. Farbe: rosa, rotbraun. Glasglanz. Spaltbarkeit: in zwei Richtungen vollkommen. Bruch uneben. Tenazität: spröde. Kristallform: triklin; selten tafelige Kristalle, meist körnig, spätig, derb. Entstehung: bei der Metamorphose manganhaltiger Sedimente. Vorkommen: in metamorphen Manganlagerstätten. Begleitmineralien: Rhodochrosit, Spessartin, Rhodonit. Fundorte: Dürnstein/Steiermark (A), Långban/Värmland (S), Broken Hill/Neusüdwales (AUS). Ähnliche Mineralien: Rhodochrosit ist weicher; Spessartin hat keine Spaltbarkeit; Rhodonit ist mit einfachen Mitteln nicht zu unterscheiden. Pyroxmangit wurde früher meist mit Rhodonit verwechselt.

116 Diopsid

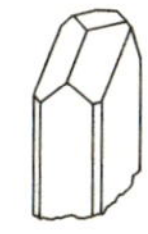

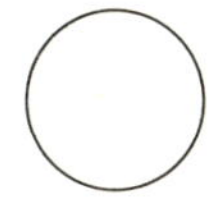

Chemische Formel: $CaMg[Si_2O_6]$
Härte: 6. Dichte: 3,3. Strichfarbe: weiß. Farbe: farblos, weiß, grün, blau, gelb, braun. Glasglanz. Spaltbarkeit: nach dem Prisma erkennbar, Winkel zwischen den Spaltflächen ungefähr 90°. Bruch uneben. Tenazität: spröde. Kristallform: monoklin; prismatische Kristalle, oft mit rechtwinkligem Querschnitt, nadelig, strahlig, stengelig, derb, ein- und aufgewachsen. Entstehung: aus der Schmelze; bei der Kontakt- und Regionalmetamorphose; aus hydrothermalen Lösungen. Vorkommen: in vielen Tiefengesteinen als Gemengteil; in Marmoren und Kalksilikatfelsen; auf alpinen Klüften. Begleitmineralien: Kalkspat, Wollastonit, Grossular, Vesuvian. Fundorte: Kropfmühl/Passau (D), Schwarzenstein/Zillertal (A), Mussa-Alp/Alatal (I), Cherbadung (I), Zermatt/Wallis (CH). Ähnliche Mineralien: Hornblende hat anderen Spaltwinkel; Epidot hat andere Kristallform und typische Farbe.

117 Amblygonit

Chemische Formel: $(Li, Na)\ Al[(F, OH)/PO_4]$
Härte: 6. Dichte: 3,0–3,1. Strichfarbe: weiß. Farbe: weiß, gelb, bläulich, grünlich, grau. Glasglanz, auf Spaltflächen Perlmuttglanz. Spaltbarkeit: in vier Richtungen verschieden gut. Bruch uneben. Tenazität: spröde. Kristallform: triklin; Kristalle äußerst selten, meist spätig, körnig, eingewachsen. Entstehung: bei der Bildung der Pegmatite; pneumatolytisch aus der Gasphase. Vorkommen: in Pegmatiten; auf pneumatolytischen Gängen. Begleitmineralien: Apatit, Zinnstein, Quarz, Feldspat, Spodumen. Verwendung: zur Gewinnung von Lithiumverbindungen. Fundorte: Montebras/Creuse (F), Caceres/Estremadura (E), Varuträsk (S), Etta Mine/Süddakota (USA) (von hier über metergroße Kristalle im Pegmatit). Ähnliche Mineralien: Derber Feldspat ist manchmal mit einfachen Mitteln nicht zu unterscheiden.

118 Milarit

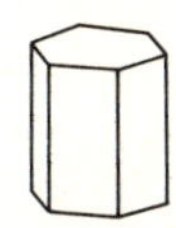

Chemische Formel: $KCa_2AlBe_2[Si_{12}O_{30}]$
Härte: 6. Dichte: 2,52. Strichfarbe: weiß. Farbe: farblos, weiß, durch Chloriteinschlüsse grün. Glasglanz. Spaltbarkeit: keine. Bruch muschelig. Tenazität: spröde. Kristallform: hexagonal; prismatische bis nadelige Kristalle, aufgewachsen. Entstehung: bei der Zersetzung von Beryll; aus hydrothermalen Lösungen. Vorkommen: in Drusen in Pegmatiten und in Hohlräumen ehemaliger Berylle; auf alpinen Klüften. Begleitmineralien: Bavenit, Bityit, Bertrandit. Fundorte: Tittling/Bayerischer Wald (D), Val Giuv (CH), Guttannen/Haslital (CH), Laperwitzbachgraben/Osttirol (A). Ähnliche Mineralien: Apatit ist weicher; Beryll ist härter.

119, 120 Kalifeldspat

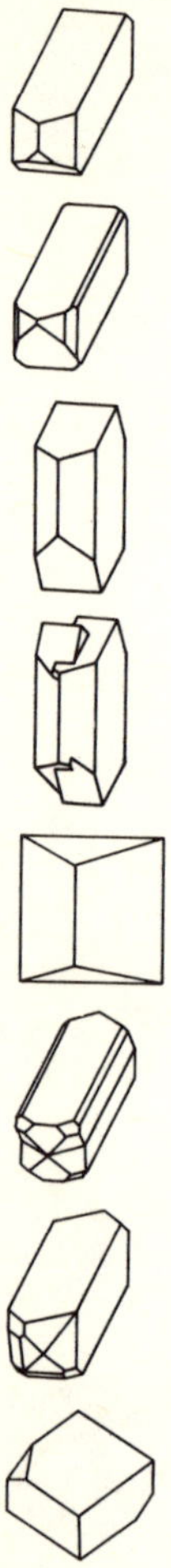

Hiervon existieren zwei Modifikationen: der bei hohen Temperaturen gebildete monokline Orthoklas und der bei niedrigen Temperaturen gebildete trikline Mikroklin. Orthoklas ist meist mehr oder weniger unter Beibehaltung der äußeren Form in Mikroklin umgewandelt, das heißt mikroklinisiert. Als Sanidin wird klarer, bei hohen Temperaturen gebildeter Kalifeldspat aus vulkanischen Gesteinen bezeichnet. Adular ist ein Kalifeldspat hydrothermaler Entstehung, der mit typischer Tracht besonders in alpinen Klüften auftritt. Amazonit ist ein grüner Kalifeldspat pegmatitischer Herkunft.
Chemische Formel: $K[AlSi_3O_8]$
Härte: 6. Dichte: 2,53–2,56. Strichfarbe: weiß. Farbe: farblos, weiß, gelb, braun, fleischrot, grün. Glasglanz. Spaltbarkeit: nach dem Basispinakoid vollkommen, nach dem seitlichen Pinakoid weniger vollkommen. Bruch muschelig. Tenazität: spröde. Kristallform: monoklin (Orthoklas) und triklin (Mikroklin); prismatische und tafelige Kristalle, auch rhomboedrischer Habitus (Adular), oft Zwillinge, wichtiger sind die Karlsbader, Bavenoer und Manebacher Zwillinge. Oft derb in großen Massen. Entstehung: aus der Schmelze bei der Kristallisation der Gesteine; aus hydrothermalen Lösungen. Vorkommen: in Graniten, Syeniten, Trachyten, Rhyolithen, Gneisen, Arkosen, Grauwacken, Pegmatiten; auf alpinen Klüften, auf Klüften und als Gangart in hydrothermalen Gängen. Begleitmineralien: Quarz, Muskovit, Biotit, Plagioklas, Granat, Turmalin und andere. Verwendung: als Rohstoff zur Porzellanherstellung. Fundorte: Hagendorf/Oberpfalz (D) (sehr großer Feldspatpegmatit), Drachenfels/Siebengebirge (D) (große Sanidinkristalle in Trachyt), Laacher See/Eifel (D) (Sanidin), Baveno/Lago Maggiore (I) (von hier besonders schöne Bavenoer Zwillinge), Habachtal/Tauern (A) (Adular), Maderaner Tal (CH) (Adular). Ähnliche Mineralien: Quarz hat keine Spaltbarkeit; Kalkspat, Schwerspat, Gips, Dolomit sind weicher; Plagioklas zeigt andere Kristallformen, ist im derben Zustand nicht immer mit einfachen Mitteln zu unterscheiden.

121, 122 Plagioklas

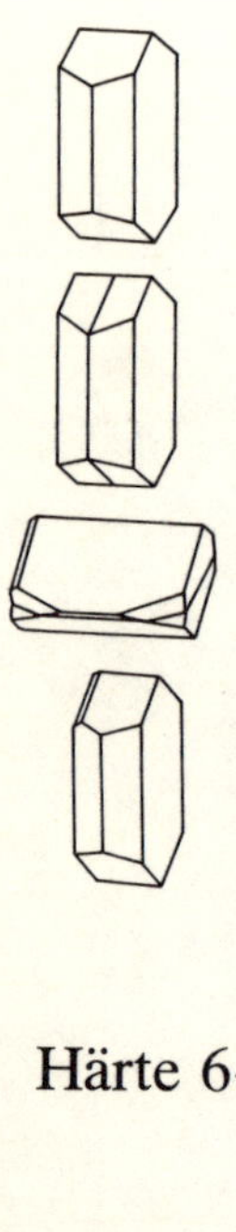

Die Plagioklase bilden eine Mischungsreihe mit den beiden Endgliedern Albit $Na[AlSi_3O_8]$ und Anorthit $Ca[Al_2Si_2O_8]$. Die Mischungsglieder haben je nach Mischungsverhältnis verschiedene Namen:

Albit	90–100% Albit
Oligoklas	70– 90% Albit
Andesin	50– 70% Albit
Labradorit	30– 50% Albit
Bytownit	10– 30% Albit
Anorthit	0– 10% Albit

Die Unterscheidung der einzelnen Mischungsglieder mit einfachen Mitteln ist meist nicht möglich, manchmal gibt die Paragenese Hinweise.
Härte: 6–6½. Dichte: 2,61–2,77. Strichfarbe: weiß. Farbe: farblos, weiß, grünlich, rötlich, grau. Glasglanz. Spaltbarkeit: nach dem Basispinakoid vollkommen, nach dem seitlichen Pinakoid weniger vollkommen. Bruch muschelig. Tenazität: spröde. Kristallform: triklin; prismatische bis tafelige Kristalle, häufig Zwillinge nach dem Albit- und dem Periklingesetz; Periklin wird der nach dem letzteren Gesetz verzwillingte, porzellanweiße Plagioklas der alpinen Klüfte genannt; häufig derb. Entstehung: aus der Schmelze bei der Kristallisation der Gesteine; aus hydrothermalen Lösungen. Vorkommen: in Graniten, Gabbros, Anorthositen (hier besonders anorthitreiche Mischkristalle), in Gneisen, Granuliten; auf alpinen Klüften; in Pegmatiten; auf Klüften in Erzgängen. Begleitmineralien: Kalifeldspat, Quarz, Biotit, Muskovit. Besondere Eigenschaften: Manche Plagioklase, besonders, aber nicht ausschließlich Labradorit, zeigen einen bläulichen Farbschimmer, das sogenannte Labradorisieren. Fundorte: Epprechtstein/Bayern (D) (Albitkristalle auf Mikroklin), Rauris/Tauern (A) (Periklin), Zillertal (A), Binntal (CH) (Periklin), Saalfelden/Salzburg (A) (Albit), Larvik (N), Labrador (CDN) (Labradorit). Ähnliche Mineralien: Kalifeldspat läßt sich mit einfachen Mitteln in derben Stücken oft nicht unterscheiden, Kristalle erlauben die Zuordnung; Quarz hat keine Spaltbarkeit; Kalkspat, Gips, Schwerspat, Dolomit sind weicher.

Klinohumit

Chemische Formel: $Mg_9[(OH, F)_2/(SiO_4)_4]$
Härte: 6–6½. Dichte: 3,0–3,2. Strichfarbe: weiß. Farbe: gelblich, orange, honigbraun. Glasglanz bis Harzglanz. Spaltbarkeit: kaum erkennbar. Bruch muschelig. Tenazität: spröde. Kristallform: monoklin; sehr flächenreiche Kristalle, meist derb, eingewachsen. Entstehung: bei der metamorphen Umwandlung von Kalken. Vorkommen: in vulkanischen Auswürflingen; in metamorphen Kalken. Begleitmineralien: Vesuvian, Diopsid, Phlogopit. Fundorte: Kropfmühl/Passau (D), Mte. Somma/Vesuv (I), Pargas (SF). Ähnliche Mineralien: Humit und Chondrodit sind mit einfachen Mitteln nicht zu unterscheiden.

123 Prehnit

Chemische Formel: $Ca_2Al[(OH)_2/AlSi_3O_{10}]$
Härte: 6–6½. Dichte: 2,8–3,0. Strichfarbe: weiß. Farbe: farblos, weiß, gelblich, grün. Glasglanz. Spaltbarkeit: nach der Basis erkennbar. Bruch uneben. Tenazität: spröde. Kristallform: orthorhombisch; tafelige, selten prismatische Kristalle, kugelige Gruppen, radialstrahlig, nierig, derb. Entstehung: aus hydrothermalen Lösungen. Vorkommen: in Blasenhohlräumen von vulkanischen Gesteinen; in Drusen in Pegmatiten; auf alpinen Klüften. Begleitmineralien: Pektolith, Stilbit, Heulandit, Laumontit. Fundorte: Rauschermühle/Pfalz (D), Tittling/Bayerischer Wald (D), Kropfmühl/Passau (D), Prehnitinsel im Habachtal/Tauern (A), Idar-Oberstein/Nahe (D), Seiser Alm/Südtirol (I), Bourg d'Oisans/Hautes-Alpes (F), Paterson/New Jersey (USA). Ähnliche Mineralien: Wavellit kommt in ganz anderer Paragenese vor, hat andere Kristallform; Stilbit und Heulandit haben andere Härte und Kristallform.

124 Mullit

Chemische Formel: $Al_8[O_3(O_{0,5}, OH, F)/AlSi_3O_{16}]$ Härte: 6–7. Dichte: 3,2–3,3. Strichfarbe: weiß. Farbe: farblos, weiß, violett. Glasglanz. Spaltbarkeit: wegen der nadeligen Ausbildung nicht sichtbar. Tenazität: spröde. Kristallform: orthorhombisch; nadelige Kristalle, Büschel, radialstrahlig. Entstehung: bei sehr starkem Erhitzen aluminiumreicher Silikate. Vorkommen: in vulkanischen Auswürflingen, Einschlüssen in Basalten. Begleitmineralien: Topas, Osumilith, Pyroxen, Hornblende, Pseudobrookit, Hämatit. Verwendung: Technisch sehr wichtig als – künstlich hergestellte – Komponente des Porzellans. Fundorte: Üversdorf/Eifel (D), Bellerberg/Eifel (D), Nickenich/Eifel (D). Ähnliche Mineralien: Sillimanit ist manchmal mit einfachen Mitteln nicht zu unterscheiden, die Paragenese ist aber typisch.

125 Vesuvian

Idokras

Chemische Formel: $Ca_{10}(Mg,Fe)_2Al_4[(OH)_4/(SiO_4)_5/(Si_2O_7)_2]$ Härte: 6½. Dichte: 3,27–3,45. Strichfarbe: weiß. Farbe: gelb, braun, grün. Glas- bis Fettglanz. Spaltbarkeit: keine. Bruch muschelig. Tenazität: spröde. Kristallform: tetragonal; lang- bis kurzprismatisch, säulig, strahlig (Egeran), körnig, derb. Entstehung: bei der Kontaktmetamorphose von Kalksteinen. Vorkommen: in metamorphen Kalksteinen; auf alpinen Klüften. Begleitmineralien: Grossular, Wollastonit, Diopsid. Fundorte: Göpfersgrün/Fichtelgebirge (D), Kropfmühl/Passau (D), Auerbach/Bergstraße (D), Monte Somma/Vesuv (I), Monte Monzoni/Predazzo (I), Zermatt/Wallis (CH). Ähnliche Mineralien: Grossular kann kurzprismatischem Vesuvian ähneln und ist dann nur schwer zu unterscheiden; Zirkon ist schwerer und härter.

126 Benitoit

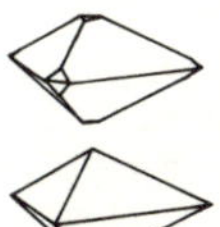

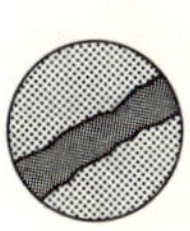

Chemische Formel: $BaTi[Si_3O_9]$ Härte: 6½. Dichte: 3,7. Strichfarbe: weiß. Farbe: blaß- bis tiefblau, selten rosa. Glasglanz. Spaltbarkeit: keine. Bruch muschelig. Tenazität: spröde. Kristallform: trigonal; dipyramidale Kristalle, eingewachsen. Entstehung: aus hydrothermalen Lösungen. Vorkommen: in hydrothermalen Gängen. Begleitmineralien: Natrolith, Neptunit, Joaquinit. Verwendung: selten als Schmuckstein. Fundorte: einziger Fundort ist die Dallas Gem Mine im San Benito County/Kalifornien (USA). Ähnliche Mineralien: Farbe und Kristallform verhindern jede Verwechslung.

127 Sillimanit

Chemische Formel: $Al_2[O/SiO_4]$ Härte: 6–7. Dichte: 3,2. Strichfarbe: weiß. Farbe: farblos, weiß, gelblich, grau. Glasglanz, in Aggregaten Seidenglanz. Spaltbarkeit: vollkommen, aber wegen der faserigen Ausbildung nicht erkennbar. Bruch uneben. Tenazität: spröde. Kristallform: orthorhombisch; kaum Einzelkristalle, meist faserig, strahlig, stengelig. Entstehung: bei der Metamorphose aluminiumreicher Gesteine. Vorkommen: in Gneisen, Glimmerschiefern, Eklogiten, Granuliten; in Pegmatiten innerhalb dieser Gesteine; selten in Einschlüssen in vulkanischen Gesteinen. Begleitmineralien: Cordierit, Granat, Quarz. Verwendung: zur Herstellung feuerfester Keramik. Fundorte: Bodenmais/Bayerischer Wald (D), Sellrain/Tirol (A). Ähnliche Mineralien: Asbestfasern sind biegsam.

Jadeit

Chemische Formel: $NaAl[Si_2O_6]$ Härte: 6½. Dichte: 3,2–3,3. Strichfarbe: weiß. Farbe: weiß, gelblich, grün, violett. Glasglanz. Spaltbarkeit: wegen der Ausbildung nicht erkennbar. Bruch muschelig. Tenazität: zäh. Kristallform: monoklin; kurzprismatische Kristalle äußerst selten, meist dichte, feinfilzige Aggregate. Entstehung: bei der Metamorphose; metasomatisch. Vorkommen: in kristallinen Schiefern. Begleitmineralien: Diopsid, Albit. Verwendung: als Schmuckstein; zu Kunstgegenständen. Fundorte: Santa Rita/Kalifornien (USA) (von hier Kristalle), Tawmaw (BUR) (fast die ganze zu Schmuck verarbeitete Jade stammt von hier). Immer wird Yünnan in China als Fundort angegeben. Dies stimmt jedoch nicht, dort wurde nie Jadeit gefunden, es wurde nur die aus Birma importierte Jade, auf die die Chinesen lange Zeit ein Monopol besaßen, in großem Stil verkauft. Ähnliche Mineralien: Mit dem Namen Jade darf an sich nur der Jadeit bezeichnet werden, oft wird aber auch der weniger wertvolle Nephrit als solche verkauft; Nephrit ist etwas weicher, aber sonst nicht einfach zu unterscheiden.

Bazzit

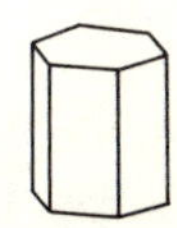

Chemische Formel: $Be_3Sc_2[Si_6O_{18}]$ Härte: 6½. Dichte: 2,8. Strichfarbe: weiß. Farbe: weiß, hellblau, blau. Glasglanz. Spaltbarkeit: kaum erkennbar. Bruch muschelig. Tenazität: spröde. Kristallform: hexagonal; prismatische Kristalle, derb. Entstehung: aus hydrothermalen Lösungen. Vorkommen: in Drusen von Pegmatiten; in alpinen Klüften. Begleitmineralien: Anatas, Bertrandit, Phenakit, Adular. Fundorte: Baveno/Lago Maggiore (I), Fibbia/St. Gotthard (CH), Grimsel (CH), Stremhörner/Val Strem (CH). Ähnliche Mineralien: Beryll läßt sich mit einfachen Mitteln nicht unterscheiden.

128 Cristobalit

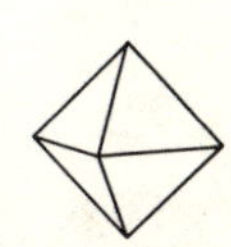

Chemische Formel: SiO_2 Härte: 6½. Dichte: 2,20. Strichfarbe: weiß. Farbe: trüb milchigweiß. Glasglanz. Spaltbarkeit: keine. Bruch muschelig. Tenazität: spröde. Kristallform: bei höheren Temperaturen kubisch gebildet, bei Abkühlung in die tetragonale Modifikation umgewandelt; meist Oktaeder, oft plattig verzerrt, selten

Würfel. Entstehung: vulkanisch. Vorkommen: auf Klüften und Drusen in sauren vulkanischen Gesteinen; in Obsidianen; im Reaktionssaum saurer Einschlüsse in Vulkaniten. Begleitmineralien: Tridymit, Hochquarz, Haematit, Pseudobrookit, Augit, Hornblende. Fundorte: Bellerberg/Eifel (D), Blaue Kuppe/Eschwege (D), San Cristobal (MEX). Ähnliche Mineralien: Die typische Paragenese, Kristallform und Farbe unterscheiden von allen anderen Mineralien.

Diaspor

Chemische Formel: AlOOH
Härte: 6½–7. Dichte: 3,3–3,5. Strichfarbe: weiß. Farbe: farblos, gelblich, bräunlich. Glasglanz, auf Spaltflächen Perlmuttglanz. Spaltbarkeit: ausgezeichnete blättrige Spaltbarkeit. Tenazität: spröde. Kristallform: orthorhombisch; tafelige Kristalle, blättrige Aggregate. Entstehung: durch Umwandlung aus Korund; bei der Metamorphose. Vorkommen: in kristallinen Schiefern; in Marmoren; im Bauxit. Begleitmineralien: Margarit, Korund. Fundorte: Greiner/Tirol (A), Campolungo/Tessin (CH), Prilep (YU), Chester/Massachusetts (USA). Ähnliche Mineralien: Glimmer sind viel weicher und biegsam.

129 Grossular

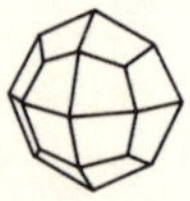
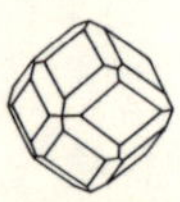

Chemische Formel: $Ca_3Al_2[SiO_4]_3$
Härte: 6½–7. Dichte: 3,59. Strichfarbe: weiß. Farbe: farblos, gelb, gelbbraun, grün, rot (Hessonit). Glasglanz. Spaltbarkeit: keine. Bruch muschelig. Tenazität: spröde. Kristallform: kubisch; Deltoidikositetraeder, Rhombendodekaeder, ein- und aufgewachsen, derb, körnig. Entstehung: bei der kontaktmetamorphen Umwandlung mergeliger Gesteine. Vorkommen: in Kontaktmarmoren; auf Klüften von Serpentiniten und Rodingiten. Begleitmineralien: Vesuvian, Diopsid, Wollastonit, Kalkspat, Chlorit. Verwendung: selten als Schmuckstein. Fundorte: Auerbach/Bergstraße (D), Bellerberg/Eifel (D), Alatal/Piemont (I), Val della Gava/Ligurien (I), Jeffrey Mine bei Asbestos/Quebec (CDN) (von hier ganz ausgezeichnete durchsichtige Kristalle). Ähnliche Mineralien: Die Paragenese ist sehr charakteristisch; Vesuvian ist meist deutlich prismatisch, derb oder kurzprismatisch mit einfachen Mitteln aber nur schwer zu unterscheiden.

130 Bertrandit

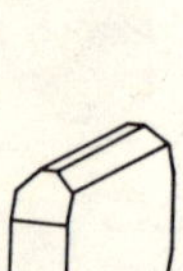

Chemische Formel: $Be_4[(OH)_2/Si_2O_7]$
Härte: 6½–7. Dichte: 2,60. Strichfarbe: weiß. Farbe: farblos, weiß, gelblich, durchsichtig. Glasglanz, auf der Basis Perlmuttglanz. Spaltbarkeit: nach der Basis vollkommen. Bruch muschelig. Tenazität: spröde. Kristallform: orthorhombisch; tafelige Kristalle, V-förmige Zwillinge, fast immer aufgewachsen. Entstehung: als hydrothermales Umwandlungsprodukt von Beryll. Vorkommen: in Drusen von Pegmatiten, insbesondere in Hohlräumen ehemaliger Beryllkristalle; auf alpinen Klüften. Begleitmineralien: Bavenit, Milarit, Phenakit. Fundorte: Tittling/Bayerischer Wald (D), Rauris/Tauern (A), Fibbia/St. Gotthard (CH), Spitzkopje (NAM), Stoneham/Maine (USA). Ähnliche Mineralien: Albit hat andere Kristallform; Schwerspat ist viel weicher; tafelige Quarzkristalle sind manchmal nicht einfach zu unterscheiden, aber die abweichende Symmetrie ist meist doch zu erkennen; Muskovit ist ebenfalls viel weicher.

131 Axinit

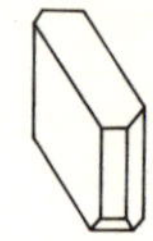
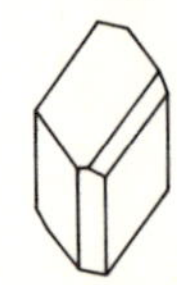

Chemische Formel:
$Ca_2(Fe,Mg,Mn)Al_2B[OH/O/(Si_2O_7)_2]$
Härte: 6½–7. Dichte: 3,3. Strichfarbe: weiß. Farbe: braun, grau, violett, blau, grünlich. Glasglanz. Spaltbarkeit: schlecht sichtbar. Bruch muschelig. Tenazität: spröde. Kristallform: triklin; tafelige, sehr scharfkantige Kristalle, meist aufgewachsen, derb, spätig, stengelig. Entstehung: bei der Kontaktmetamorphose kalkreicher Gesteine; aus hydrothermalen Lösungen. Vorkommen: in Kalksilikatgesteinen; in kontaktmetasomatischen Lagerstätten; auf alpinen Klüften; in Drusen von Graniten und Pegmatiten. Begleitmineralien: Klinozoisit, Magnesit, Babingtonit, Chlorit, Apatit. Fundorte: Maishofen/Zell am See (A), Piz Vallatscha/Graubünden (CH), Striegau/Schlesien (PL), Bourg d'Oisans/Hautes-Alpes (F). Ähnliche Mineralien: Die typisch scharfkantigen Kristalle sind kaum mit einem anderen Mineral verwechselbar; Kalkspat ist viel weicher.

132 Olivin

Peridot

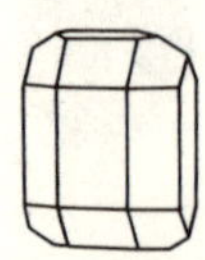
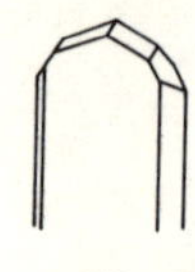
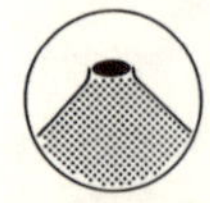

Olivine sind Mischkristalle mit den beiden Endgliedern Forsterit Mg_2SiO_4 und Fayalit Fe_2SiO_4.
Chemische Formel: $(Mg,Fe)_2[SiO_4]$
Härte: 6½–7. Dichte: 3,27–4,20. Strichfarbe: weiß. Farbe: gelblichgrün bis flaschengrün, rot, bräunlich. Glasglanz, etwas fettig. Spaltbarkeit: kaum erkennbar. Bruch muschelig. Tenazität: spröde. Kristallform: orthorhombisch; prismatische bis dicktafelige Kristalle, oft derb. Entstehung: aus der Schmelze bei der Kristallisation basischer Magmatite; metamorph aus kieselsäurereichen Dolomiten. Vorkommen: in Gabbros, Diabasen, Basalten; bildet monomineralisch das Gestein Dunit; auf Klüften der genannten Gesteine; in kristallinen Kalken; in Meteoriten. Begleitmineralien: Spinell, Augit, Diopsid, Hornblende. Fundorte: Dreiser Weiher/Eifel (D), Groschlattengrün/Bayern (D), Rifflkees/Stubachtal (A) (hier sehr schöne große Kristalle), Lago Bracciano (I). Ähnliche Mineralien: Apatit ist weicher.

133 Uwarowit

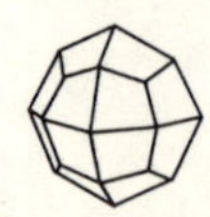

Chemische Formel: $Ca_3Cr_2[SiO_4]_3$
Härte: 6½–7½. Dichte: 3,40. Strichfarbe: weiß. Farbe: smaragdgrün. Glasglanz. Spaltbarkeit: keine. Bruch muschelig. Tenazität: spröde. Kristallform: kubisch; Rhombendodekaeder, ein- und aufgewachsen, körnig, derb. Entstehung: bei der Meta-

morphose von chromhaltigen Gesteinen; bei der hydrothermalen Umwandlung von Chrommineralien. Vorkommen: in Kontaktlagerstätten; auf Klüften von Serpentiniten; in metamorphen Lagerstätten. Begleitmineralien: Chromdiopsid, Chromit, Kämmererit. Verwendung: selten als Schmuckstein. Fundorte: St. Marcel/Aostatal (I), Franscia/Val Malenco (I), Prägraten/Osttirol (A), Outukumpu (SF), Jeffrey Mine bei Asbestos/Quebec (CDN). Ähnliche Mineralien: Grüner Grossular ist mit einfachen Mitteln nicht zu unterscheiden; charakteristisch ist die Vergesellschaftung mit anderen chromhaltigen Mineralien.

134 Spodumen

Chemische Formel: $LiAl[Si_2O_6]$
Härte: 6½–7. Dichte: 3,1–3,2. Strichfarbe: weiß. Farbe: farblos, weiß, rosa und violett (Kunzit), grün (Hiddenit), gelb, braun, Glasglanz. Spaltbarkeit: nach dem Prisma vollkommen. Bruch spätig. Tenazität: spröde. Kristallform: monoklin; tafelige Kristalle, seltener prismatisch, strahlig, spätig, derb, ein- und aufgewachsen. Entstehung: pegmatitisch; aus hydrothermalen Lösungen. Vorkommen: in Pegmatiten eingewachsen, trübe; in Drusen in diesen Pegmatiten durchsichtig und schön gefärbt. Begleitmineralien: Feldspat, Quarz, Beryll, Triphylin, Amblygonit. Verwendung: als Lithiumerz; die durchsichtigen und schön gefärbten Varietäten als Schmuckstein. Fundorte: Spittal/Drau (A), Varuträsk (S), Etta Mine/Black Hills (USA) (von hier riesige Kristalle bis zu 90 t Gewicht), Pala/Kalifornien (USA), Nuristan (AFG). Ähnliche Mineralien: Feldspat hat andere Spaltbarkeit.

135 Almandin

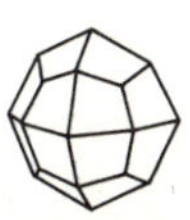

Chemische Formel: $Fe_3Al_2[SiO_4]_3$
Härte: 6½–7½. Dichte: 4,32. Strichfarbe: weiß. Farbe: rot, manchmal mit Stich ins Blaue, rotbraun, braun. Glasglanz. Spaltbarkeit: keine. Bruch muschelig. Tenazität: spröde. Kristallform: kubisch; Rhombendodekaeder und Deltoidikositetraeder, immer eingewachsen. Entstehung: bei der Metamorphose; aus der Schmelze. Vorkommen: in Glimmerschiefern, Gneisen, Granuliten, seltener in Pegmatiten. Begleitmineralien: Staurolith, Glimmer, Chlorit, Quarz, Feldspat. Verwendung: als Schmuckstein, als Schleifmittel. Fundorte: Bodenmais/Bayerischer Wald (D), Tittling/Bayerischer Wald (D), Zwiesler Waldhaus/Bayerischer Wald (D), Berliner Hütte/Zillertal (A), Stubaital/Zillertaler Alpen (A), Lölling/Kärnten (A), Fort Wrangel/Alaska (USA). Ähnliche Mineralien: Die Paragenese in Glimmerschiefern und Gneisen ist charakteristisch; in Pegmatiten ist Spessartin nicht immer leicht zu unterscheiden.

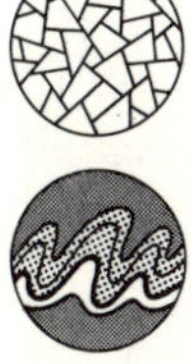

136 Andradit

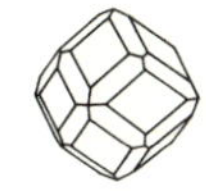

Chemische Formel: $Ca_3Fe_2[SiO_4]_3$
Härte: 6½–7½. Dichte: 3,86. Strichfarbe: weiß. Farbe: farblos, braun, grün, schwarz (Melanit, titanhaltiger Andradit). Glasglanz. Spaltbarkeit: keine. Bruch muschelig. Tenazität: spröde. Kristallform: kubisch; Rhombendodekaeder, ein- und aufgewachsen. Entstehung: bei der Kontaktmetamorphose; aus der Schmelze; aus hydrothermalen Lösungen. Vorkommen: in metamorphen Lagerstätten; auf Klüften von Serpentiniten; in vulkanischen Gesteinen (Melanit). Begleitmineralien: Chlorit, Diopsid, Magnetit, Perowskit. Fundorte: Badberg/Kaiserstuhl (D) (Melanit), Wurlitz/Fichtelgebirge (D) (Topazolith), Mussa Alp/Piemont (I) (Demantoid), Schwarzenberg/Sachsen (DDR), Bellerberg/Eifel (D). Ähnliche Mineralien: Grossular ist oft mit einfachen Mitteln nicht zu unterscheiden.

137, 141 Turmalin

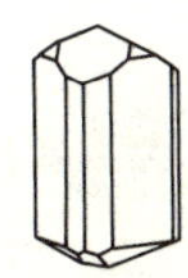
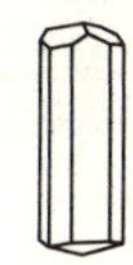

Die Turmaline sind eine Gruppe von Mischkristallen mit den folgenden sieben bisher bekannten Endgliedern:

Elbait	$Na(Li,Al)_3Al_6[(OH)_4/(BO_3)_3/Si_6O_{18}]$
Dravit	$NaMg_3Al_6[(OH)_4/(BO_3)_3/Si_6O_{18}]$
Schörl	$NaFe_3^{2+}(Al,Fe^{3+})_6[(OH)_4/(BO_3)_3/Si_6O_{18}]$
Buergerit	$NaFe_3^{3+}Al_6[F/O_3/(BO_3)_3/Si_6O_{18}]$
Tsilaisit	$NaMn_3Al_6[(OH)_4/(BO_3)_3/Si_6O_{18}]$
Uvit	$CaMg_3(Al_5Mg)[(OH)_4/(BO_3)_3/Si_6O_{18}]$
Liddicoatit	$Ca(Li,Al)_3Al_6[(OH)_4/(BO_3)_3/Si_6O_{18}]$

Härte: 7. Dichte: 3,0–3,25. Strichfarbe: weiß. Farbe: farblos, rosa (Rubellit), grün (Verdelith), blau (Indigolith), gelb, braun, schwarz, durchsichtig bis undurchsichtig. Glasglanz. Spaltbarkeit: keine. Bruch muschelig. Tenazität: spröde. Kristallform: trigonal; prismatische bis nadelige Kristalle, ein- und aufgewachsen, strahlig, stengelig, derb. Entstehung: aus der Schmelze; aus der Gasphase; aus hydrothermalen Lösungen; bei der Metamorphose. Vorkommen: in Graniten; in Pegmatiten; in pneumatolytischen Gängen; in hydrothermalen Gängen; in Drusen in Pegmatiten; auf alpinen Klüften; in Glimmerschiefern und Gneisen. Begleitmineralien: Quarz, Feldspat, Beryll, Glimmer. Verwendung: als Schmuckstein. Fundorte: Hörlberg bei Lam/Bayern (D) (Schörl), Epprechtstein/Fichtelgebirge (D), Rauris/Tauern (A), San Piero/Elba (I), Olgiasca/Comer See (I), Pala/Kalifornien (USA), vielerorts in Minas Gerais (BR), Varuträsk (S). Ähnliche Mineralien: Der meist deutlich dreiseitige Querschnitt unterscheidet von allen anderen Mineralien.

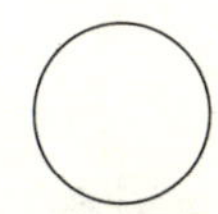

138 Tridymit

Chemische Formel: SiO_2
Härte: 6½–7. Dichte: 2,27. Strichfarbe: weiß. Farbe: farblos, weiß. Glasglanz. Spaltbarkeit: selten sichtbar. Bruch muschelig. Tenazität: spröde. Kristallform: hexagonal bei hohen Temperaturen gebildet, bei Abkühlung in die orthorhombische Modifikation umgewandelt. Tafelige Kristalle, fächerartige

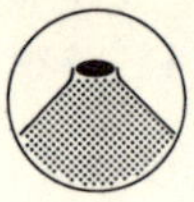

Drillinge, derb. Entstehung: aus der Gasphase. Vorkommen: auf Klüften und in Drusen saurer vulkanischer Gesteine; in der Kontaktzone saurer Einschlüsse in vulkanischen Gesteinen. Begleitmineralien: Cristobalit, Hochquarz, Haematit, Pseudobrookit, Augit, Hornblende. Fundorte: Bellerberg/Eifel (D), Perlenhardt/Siebengebirge (D), Colli Euganei (I) (hier oft in Quarz umgewandelt). Ähnliche Mineralien: Sanidin ist meist dicktafeliger und zeigt andere Kristallform; von den meisten anderen dünntafeligen, weißen Mineralien unterscheidet die Paragenese.

139 Boracit

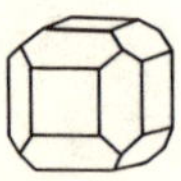

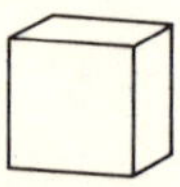

Chemische Formel: $Mg_3[Cl/B_7O_{13}]$
Härte: 7. Dichte: 2,9–3. Strichfarbe: weiß. Farbe: farblos, weiß, gelblich, grünlich, bläulich. Glasglanz. Spaltbarkeit: keine. Bruch muschelig. Tenazität: spröde. Kristallform: über 268 °C kubisch, darunter orthorhombisch; würfelige Kristalle, eingewachsen, derb, körnig, faserig. Entstehung: bei der Verdampfung von salzhaltigen Lösungen, insbesondere Meerwasser. Vorkommen: in Salzlagerstätten in Anhydrit oder Gips eingewachsen. Begleitmineralien: Gips, Anhydrit, Steinsalz, Carnallit. Verwendung: selten zur Herstellung von Borsäure. Fundorte: Staßfurt (DDR), Lüneburg/Niedersachsen (D). Ähnliche Mineralien: Steinsalz hat ausgezeichnete Spaltbarkeit; Flußspat ist weicher und hat ebenfalls ganz ausgezeichnete Spaltbarkeit.

140 Cordierit

Dichroit

Chemische Formel: $Mg_2Al_3[AlSi_5O_{18}]$
Härte: 7. Dichte: 2,6. Strichfarbe: weiß. Farbe: grau, blau, violett, grünlich bis gelb. Glasglanz bis Fettglanz. Spaltbarkeit: undeutlich. Bruch muschelig. Tenazität: spröde. Kristallform: orthorhombisch; sechs- und zwölfseitige Prismen, immer eingewachsen, oft gerundete Kanten, oft derb. Entstehung: bei der Metamorphose magnesium- und aluminiumhaltiger Sedimente. Vorkommen: in Gneisen und Kontaktgesteinen; in stark metamorphen Erzvorkommen. Begleitmineralien: Granat, Sillimanit, Spinell, Magnetkies. Besondere Eigenschaften: starker Pleochroismus: je nach Beobachtungsrichtung zeigen sich Farben zwischen violett und gelbgrau am gleichen Kristall. Kristalle oft in Glimmer umgewandelt, diese Pseudomorphosen heißen Pinit oder Gigantholith. Verwendung: Durchsichtige Kristalle werden selten als Edelstein verwendet. Fundorte: Bodenmais/Bayerischer Wald (D), Arber/Bayerischer Wald (D), Kragerö (N), Falun (S). Ähnliche Mineralien: Turmalin in ähnlicher Paragenese ist immer glänzend schwarz; von Quarz ist die Unterscheidung mit einfachen Mitteln nicht immer möglich, die Paragenese gibt aber immer deutliche Hinweise.

142 Spessartin

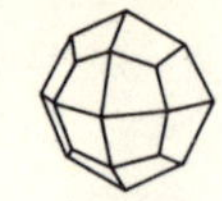

Chemische Formel: $Mn_3Al_2[SiO_4]_3$
Härte: 7. Dichte: 4,19. Strichfarbe: weiß. Farbe: rosa, orange, hell- bis dunkelbraun. Glasglanz. Spaltbarkeit: keine. Bruch muschelig. Tenazität: spröde. Kristallform: kubisch; Deltoidikositetraeder, ein- und aufgewachsen. Entstehung: aus der Schmelze; bei der metamorphen Umwandlung manganreicher Gesteine. Vorkommen: in metamorphen Manganlagerstätten; in Pegmatiten und Graniten. Begleitmineralien: Rhodonit, Pyroxmangit, Feldspat, Quarz. Fundorte: Aschaffenburg/Spessart (D), Arnbruck/Bayerischer Wald (D), Hörlberg bei Lam/Bayern (D), Pala/San Diego County (USA). Ähnliche Mineralien: Almandin ist mehr rotbraun, zeigt im Gegensatz zum Spessartin oft das Rhombendodekaeder.

143 Quarz

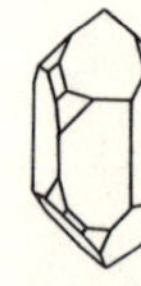

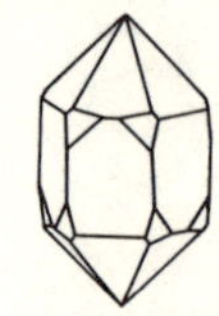

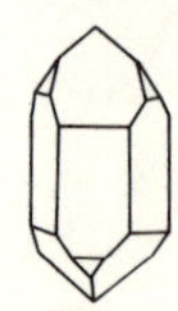

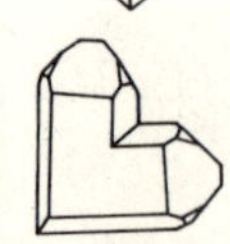

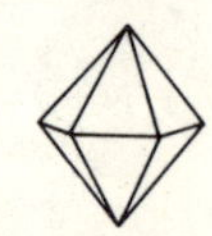

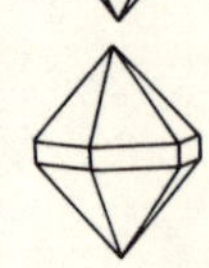

Chemische Formel: SiO_2
Härte: 7. Dichte: 2,65. Strichfarbe: weiß. Farbe: farblos und mannigfaltig gefärbt (siehe bei den Varietäten). Glasglanz bis Fettglanz. Spaltbarkeit: keine. Bruch muschelig. Tenazität: spröde. Kristallform: trigonal. Hochquarz (über 573 °C gebildet) hexagonal, Pseudomorphosen der trigonalen nach der hexagonalen Modifikation; meist hexagonales Aussehen, deutlich trigonale Kristalle sind bei tiefen Temperaturen gebildet, rechte und linke Formen manchmal plattig verzerrt, oft Zwillingsbildungen, erkennbar an der Stellung der Trapezoederflächen, häufiger sind Dauphineer (Links-Links und Rechts-Rechts) und Brasilianer Zwillinge (Links-Rechts), sowie Japaner Zwillinge mit einspringenden Winkeln; radialstrahlig (Sternquarz), stengelig, körnig, derb. Entstehung: aus der Schmelze; aus der Gasphase; aus hydrothermalen Lösungen; durch Konzentration geringer Kieselsäuregehalte in Sedimenten während der Diagenese, manche Mikroorganismen bauen ein Kieselskelett auf. Vorkommen: als Bestandteil von Graniten, Quarzporphyren, Gneisen, Pegmatiten; auf Drusen in Pegmatiten; in pneumatolytischen Gängen; als Gangart in Erzgängen; auf alpinen Klüften; Kristalle und Knollen in Sedimentgesteinen. Begleitmineralien: Kalkspat, Feldspat, Erze, Turmalin, Granat und viele andere.
Varietäten: Bergkristall: farblos, klar, durchsichtig; auf Klüften von Gneisen, Graniten, Marmoren und anderen Gesteinen, in Drusen in Pegmatiten, auf Klüften in Erzgängen. Rauchquarz: rauchig braun bis schwarz, durchsichtig bis undurchsichtig; Vorkommen wie Bergkristall. Amethyst: violett; in Blasenhohlräumen von Ergußgesteinen, auf Klüften in Erzgängen, auf alpinen Klüften. Citrin: gelb, selten in Pegmatiten und auf alpinen Klüften. Rosenquarz: rosa; Kristalle selten; in Pegmatiten. Eisenkiesel: rot durch Haematiteinschlüsse; auf Erzgängen, eingewachsen in Tonen und Gips. Milchquarz: weiß; getrübt durch Flüssigkeitseinschlüsse, sehr verbreitet, besonders in hydrothermalen Gängen. Chalcedon: niedrig, krustig, als Auskleidung von Hohlräumen in Ergußgesteinen und Erzgängen, auch als Lagen in Sedimentgesteinen. Farben sehr vielfältig: rot bis rotbraun (Karneol), grün (Chrysopras), blau, grau, Achat zeigt konzentrische Lagen verschiedener Fär-

bung, Onyx nur schwarze und weiße Lagen. Feuerstein, Flint: grau bis braun gefärbte Knollen in Sedimentgesteinen, insbesondere Kalken. Verwendung: Quarzsand und sonstiger reiner Quarz ist Rohstoff für die Glasindustrie; unverzwillingte Quarze werden zur Schwingquarzherstellung verwendet, hierzu dient aber heute fast nur mehr synthetisches Material; die schön gefärbten Varietäten werden als Schmucksteine geschätzt. Fundorte: Saldenburg/Bayerischer Wald (D) (Rauchquarze mit Phantom), Fuchsbau/Fichtelgebirge (D) (Rauchquarz), Göpfersgrün/Fichtelgebirge (D) (Bergkristalle), Usingen/Taunus (D) (Bergkristalle), Idar-Oberstein/Pfalz (D) (Amethyst, Achat), Rauris/Tauern (A) (Bergkristalle), Habachtal/Tauern (A) (Rauchquarze), Zinggenstock/Guttannen (CH) (Rauchquarze), St. Gotthard (CH) (Rauchquarze und Bergkristalle), Carrara (I) (Bergkristalle). Quarz ist außerordentlich weit verbreitet, in fast jedem Land gibt es Fundorte von gutem Quarz. Ähnliche Mineralien: Härte und Säurebeständigkeit unterscheiden von anderen Mineralien; Phenakit ist härter.

144 Zinnstein

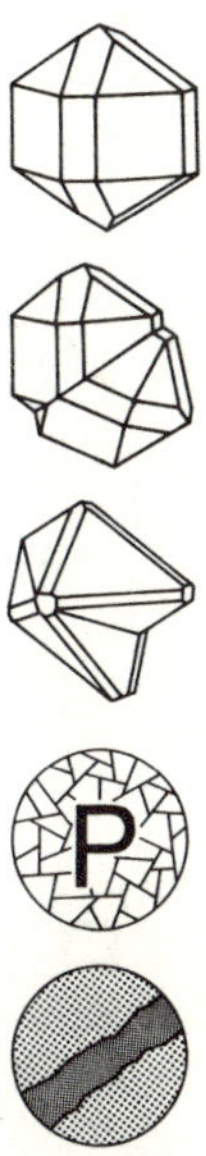

Kassiterit

Chemische Formel: SnO_2
Härte: 7. Dichte: 6,8–7,1. Strichfarbe: gelblich bis weiß. Farbe: farblos, rötlich, braun, braunschwarz. Blendeartiger bis Fettglanz. Spaltbarkeit: kaum sichtbar. Bruch muschelig. Tenazität: spröde. Kristallform: tetragonal; prismatische bis nadelige Kristalle, knieförmige Zwillinge, radialstrahlig, derb. Entstehung: pegmatitisch-pneumatolytisch; aus hydrothermalen Lösungen. Vorkommen: in Pegmatiten; in pneumatolytischen Gängen und Verdrängungen; in hydrothermalen Gängen; in Seifen. Begleitmineralien: Flußspat, Topas, Wolframit, Zinnkies, Magnetkies, Pyrit. Verwendung: wichtigstes Zinnerz. Fundorte: Fuchsbau/Fichtelgebirge (D), Altenberg/Sachsen (DDR), Zinnwald/Böhmen (CS), Cornwall (GB), (BOL). Ähnliche Mineralien: Die Kristallform und die hohe Dichte unterscheiden von fast allen anderen Mineralien; von Rutil unterscheiden der helle Strich und die Paragenese.

145 Pyrop

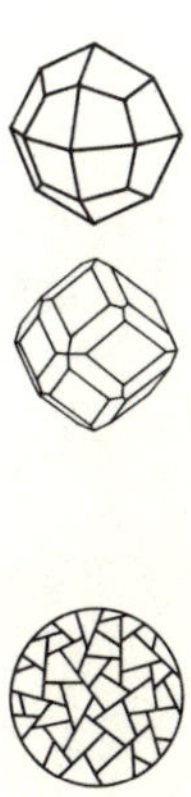

Chemische Formel: $Mg_3Al_2[SiO_4]_3$
Härte: 7–7½. Dichte: 3,58. Strichfarbe: weiß. Farbe: dunkelrot, blutrot, durchsichtig. Glasglanz. Spaltbarkeit: keine. Bruch muschelig. Tenazität: spröde. Kristallform: kubisch; Rhombendodekaeder, Deltoidikositetraeder, oft rundliche Körner, immer eingewachsen. Entstehung: aus der Schmelze. Vorkommen: in Ultrabasiten, Serpentiniten; in Seifen. Begleitmineralien: Diamant, Phlogopit, Olivin. Verwendung: als Schmuckstein. Fundorte: Zöblitz/Sachsen (DDR), Meronitz/Böhmen (CS), Gorduno/Tessin (CH), in den Diamantvorkommen Südafrikas. Ähnliche Mineralien: Die Paragenese ist charakteristisch; Almandin ist immer etwas bräunlicher, nie so rein dunkelrot.

Danburit

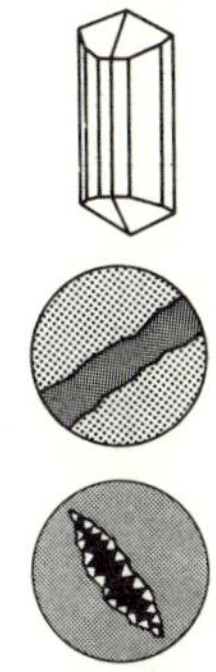

Chemische Formel: $Ca[B_2Si_2O_8]$
Härte: 7–7½. Dichte: 2,9–3,0. Strichfarbe: weiß. Farbe: farblos, weiß, Glasglanz. Spaltbarkeit: keine. Bruch muschelig. Tenazität: spröde. Kristallform: orthorhombisch; prismatische Kristalle, manchmal senkrecht gestreift. Entstehung: aus hydrothermalen Lösungen. Vorkommen: auf alpinen Klüften; in Erzgängen. Begleitmineralien: Quarz, Datolith, Pyrit. Fundorte: Piz Vallatscha/Graubünden (CH), Charcas/San Luis Potosi (MEX). Ähnliche Mineralien: Quarz hat andere Kristallform; Topas ist härter und hat gute Spaltbarkeit.

146 Staurolith

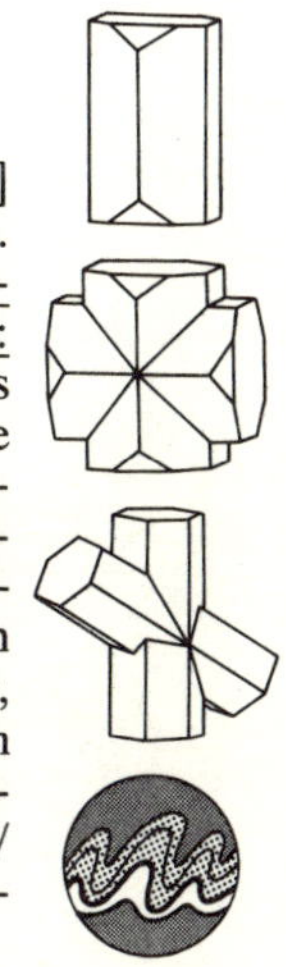

Chemische Formel: $2\,FeO \cdot AlOOH \cdot 4\,Al_2[O/SiO_4]$
Härte: 7–7½. Dichte: 3,7–3,8. Strichfarbe: weiß. Farbe: rot- bis schwarzbraun. Glasglanz. Spaltbarkeit: kaum sichtbar. Bruch muschelig. Tenazität: spröde. Kristallform: monoklin; prismatische bis langtafelige Kristalle, oft kreuzförmige Zwillinge (rechtwinklig oder mit etwa 60°), immer eingewachsen. Entstehung: bei der metamorphen Umwandlung von Tonschiefern und anderen aluminiumreichen Gesteinen. Vorkommen: in Glimmerschiefern und Gneisen. Begleitmineralien: Quarz, Glimmer, Disthen. Fundorte: Alpe Sponda/Tessin (CH), an mehreren Orten im Spessart (D), Radegund/Steiermark (A), Quimper/Bretagne (F), Franconia/New Hampshire (USA). Ähnliche Mineralien: Turmalin zeigt immer deutlich trigonale Symmetrie.

147 Andalusit

Chiastolith

Chemische Formel: $Al_2[O/SiO_4]$
Härte: 7½. Dichte: 3,1–3,2. Strichfarbe: weiß. Farbe: verschiedene Grautöne, gelblich, rötlich, grün, manchmal auch mehrfarbig. Glasglanz, aber meist getrübt. Spaltbarkeit: meist undeutlich. Bruch uneben. Tenazität: spröde. Kristallform: orthorhombisch; dicksäulig mit fast quadratischem Querschnitt, radialstrahlig, fast immer eingewachsen. Entstehung: bei der Kontakt- und Regionalmetamorphose. Vorkommen: in Gneisen und Glimmerschiefern; in Quarzknauern in metamorphen Gesteinen; in Tonschiefern; in Pegmatiten. Begleitmineralien: Quarz, Feldspat, Turmalin, Glimmer. Besondere Eigenschaften: randlich oft in Glimmer umgewandelt, dann viel weicher; Kristalle in Tonschiefern haben manchmal schwarzen, oft kreuzförmigen Kern (Chiastolith). Verwendung: zur Herstellung hochfeuerfester Keramik. Fundorte: Arnbruck/Bayern (D), Lisens/Tirol (A), Gefrees/Bayern (D) (Chiastolith). Ähnliche Mineralien: Turmalin hat andere Kristallform; Hornblende, Augit, Aktinolith haben andere Spaltbarkeit.

Euklas

Chemische Formel: $AlBe[OH/SiO_4]$
Härte: 7½. Dichte: 3,0–3,1. Strichfarbe: weiß. Farbe: farblos, hellgrün. Glasglanz. Spaltbarkeit: nach dem Prisma sehr vollkommen. Bruch muschelig. Tenazität: spröde. Kristallform: monoklin; prismatische Kristalle, in der Längsrichtung meist stark gestreift. Entstehung: aus hydrothermalen Lösungen. Vorkommen: in Drusen von Pegmatiten; auf alpinen Klüften. Begleitmineralien: Herderit, Periklin, Quarz. Fundorte: Epprechtstein/Fichtelgebirge (D), Rauris/Tauern (A), Bôa Vista/Ouro Preto (BR). Ähnliche Mineralien: Albit ist weicher.

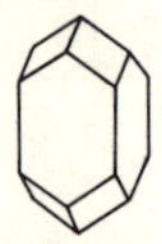
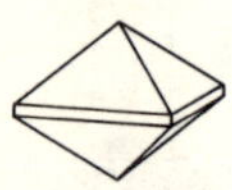

148 Zirkon

Chemische Formel: $Zr[SiO_4]$
Härte: 7½. Dichte: 4,55–4,67. Strichfarbe: weiß. Farbe: farblos, weiß, rosa, gelb, grün, blau, braun, braunrot. Diamantartiger Glanz, auf Bruchflächen Fettglanz. Spaltbarkeit: kaum bemerkbar. Bruch muschelig. Tenazität: spröde. Kristallform: tetragonal; prismatische bis bipyramidale Kristalle, auf-, häufiger eingewachsen. Entstehung: bei der Kristallisation der Pegmatite und magmatischen Gesteine; aus hydrothermalen Lösungen; bei der Zersetzung des Nebengesteins der alpinen Klüfte bleiben oft Kriställchen des beständigen Zirkons zurück, die dann wie aufgewachsen erscheinen. Vorkommen: in Graniten, Syeniten, Rhyolithen, Trachyten, vulkanischen Auswürflingen, Pegmatiten; auf alpinen Klüften; in Seifen. Begleitmineralien: Baddeleyit, Xenotim, Monazit. Verwendung: zur Herstellung von Zirkonoxid; für feuerfestes Porzellan; durchsichtige Kristalle zu Schmuckzwecken. Fundorte: Hagendorf/Oberpfalz (D), Hühnerkobel/Bayerischer Wald (D), Ohhof/Bayerischer Wald (D), Zinggenstock/Haslital (CH), Burgumer Alp/Südtirol (I), Laacher See/Eifel (D) (hier schöne aufgewachsene Kristalle in Sanidinauswürflingen). Ähnliche Mineralien: Vesuvian zeigt im Gegensatz zum Zirkon fast immer die Basis; Zinnstein ist schwerer.

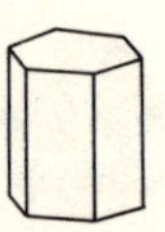
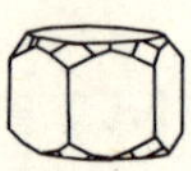

149 Beryll

Chemische Formel: $Al_2Be_3[Si_6O_{18}]$
Härte: 7½–8. Dichte: 2,63–2,80. Strichfarbe: weiß. Farbe: farblos, gelb (Goldberyll), rosa (Morganit), rot, blau (Aquamarin), grün (Smaragd). Glasglanz. Spaltbarkeit: nach der Basis manchmal erkennbar. Bruch muschelig. Tenazität: spröde. Kristallform: hexagonal; prismatische Kristalle, selten flächenreicher, eingewachsen (trübe) und aufgewachsen (durchsichtig). Entstehung: pegmatitisch; aus hydrothermalen Lösungen. Vorkommen: in Pegmatiten eingewachsen; in Drusen in Pegmatiten aufgewachsen; in Glimmerschiefern; in hydrothermalen Kalkspatgängen. Begleitmineralien: Feldspat, Quarz, Phenakit, Kalkspat. Verwendung: wichtigstes Berylliumerz, die durchsichtigen Varietäten sind beliebte Schmucksteine. Fundorte: Hagendorf/Oberpfalz (D), Hühnerkobel/Bayerischer Wald (D), Tittling/Bayerischer Wald (D), Habachtal/Tauern (A) (Smaragde in Glimmerschiefern), vielerorts im Bergell (CH), San Piero/Elba (I) (Morganit und farblose aufgewachsene Kristalle in Drusen des Pegmatits), Agua Preta/Minas Gerais (BR), Pala/Kalifornien (USA), Muzo (CO), Chivor (CO) (ausgezeichnete Smaragde), Thomas Range/Utah (USA) (roter Beryll), Takowaja bei Swerdlowsk/Ural (SU) (Smaragd mit Phenakit und Alexandrit). Ähnliche Mineralien: Apatit ist viel weicher.

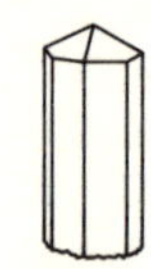

150 Topas

Chemische Formel: $Al_2[F_2/SiO_4]$
Härte: 8. Dichte: 3,5–3,6. Strichfarbe: weiß. Farbe: farblos, weiß, gelb, blau, grün, rot, violett, braun. Glasglanz. Spaltbarkeit: vollkommen nach der Basis. Bruch muschelig. Tenazität: spröde. Kristallform: orthorhombisch; kurz- oder langsäulige Kristalle, derb, strahlig. Entstehung: bei der Einwirkung fluorhaltiger Gase auf Feldspäte. Vorkommen: in Pegmatiten, pneumatolytischen Bildungen; in Seifen. Begleitmineralien: Zinnstein, Fluorit, Turmalin, Quarz. Verwendung: zu Schmuckzwecken. Fundorte: Fuchsbau/Fichtelgebirge (D), Epprechtstein/Fichtelgebirge (D), Schneckenstein (DDR), Thomas Range/Utah (USA), San Luis Potosi (MEX), Ouro Preto/Minas Gerais (BR). Ähnliche Mineralien: Quarz ist leichter und hat keine Spaltbarkeit; Flußspat ist weicher.

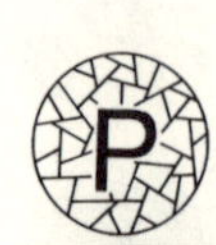

Phenakit

Chemische Formel: $Be_2\,[SiO_4]$
Härte: 8. Dichte: 3,0. Strichfarbe: weiß. Farbe: farblos, gelblich, rosa, weiß. Glasglanz. Spaltbarkeit: keine. Bruch muschelig. Tenazität: spröde. Kristallform: trigonal; prismatische bis tafelige, linsenförmige Kristalle, Prismen senkrecht gestreift, ein- und aufgewachsen. Entstehung: pneumatolytisch und aus hydrothermalen Lösungen. Vorkommen: in Glimmerschiefern zusammen mit Smaragd; in Drusen und auf Klüften von Pegmatiten und Graniten; auf alpinen Klüften. Begleitmineralien: Smaragd, Bertrandit, Chrysoberyll, Apatit. Fundorte: Habachtal/Tauern (A) (große Kristalle mit Smaragd im Glimmerschiefer eingewachsen), Rauris/Tauern (A), Reckingen/Wallis (CH), Spitzkopje (NAM), Takowaja/Ural (SU). Ähnliche Mineralien: Quarz ist etwas weicher und auf den Prismen immer quergestreift.

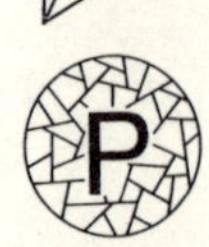

151 Chrysoberyll

Alexandrit

Chemische Formel: Al_2BeO_4
Härte: 8½. Dichte: 3,7. Strichfarbe: weiß. Farbe: gelb, grün. Glasglanz. Spaltbarkeit: nach der Basis erkennbar. Bruch muschelig. Tenazität: spröde. Kristallform: orthorhombisch; dicktafelige Kristalle, Drillinge ähneln hexagonalen Dipyramiden, ein- und aufgewachsen. Entstehung: pegmatitisch. Vorkommen: in Pegmatiten und Glimmerschiefern; auf Seifen. Begleitmineralien: Smaragd, Phenakit. Ver-

wendung: als Schmuckstein. Besondere Eigenschaften: manche grünen Chrysoberylle (Alexandrite) erscheinen in künstlichem Licht rot. Fundorte: Takowaja/Ural (SU), Maršova/Mähren (CS). Ähnliche Mineralien: Die hohe Härte läßt kaum Verwechslungen zu; Topas hat immer sehr gute Spaltbarkeit.

152 Korund

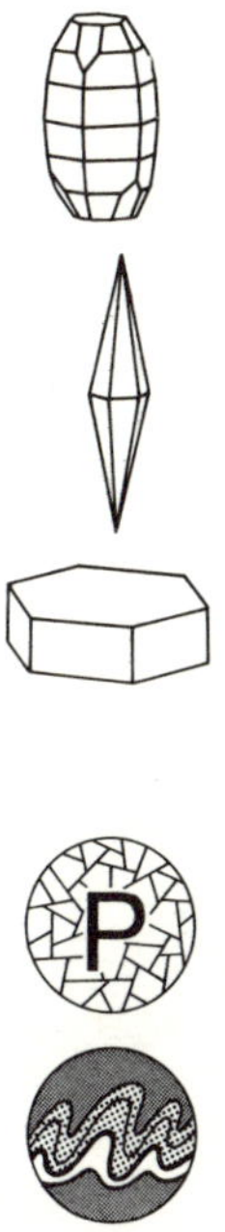

Chemische Formel: Al_2O_3
Härte: 9. Dichte: 3,9–4,1. Strichfarbe: weiß. Farbe: viele Farbvarietäten, zum Beispiel blau (Saphir), rot (Rubin), gelb, grün, braun, violett, weiß, farblos. Glasglanz. Spaltbarkeit: schlecht, manchmal Absonderung nach der Basis. Bruch muschelig. Tenazität: spröde. Kristallform: trigonal; prismatische, bipyramidale, tafelige Kristalle, oft tönnchenförmig, derb. Entstehung: aus der Schmelze; bei der Kontakt- und Regionalmetamorphose. Vorkommen: in Pegmatiten, Peridotiten, Amphiboliten, Gneisen, Marmoren; als Fremdeinschluß in vulkanischen Gesteinen, in Seifen. Besondere Eigenschaften: Fluoresziert bei Bestrahlung mit der UV-Lampe. Begleitmineralien: Spinell, Magnetit, Enstatit, Diaspor, Kalkspat. Verwendung: als Polier- und Schleifmittel, zu Schmuckzwecken. Künstlicher Korund kann nach dem Verneuil-Verfahren sehr einfach hergestellt werden, Verwendung als Schmuckstein, Lagerstein für Uhren, für Rubinlaser. Fundorte: Campolungo/Tessin (CH), Froland (N), Mysore (IND), Ratnapura (CL), Mogok (BUR), Longido (EAT) (von hier die großen in grünem Zoisit eingewachsenen Rubine). Ähnliche Mineralien: Härte und Dichte sowie die Kristallform unterscheiden von allen anderen Mineralien.

153 Diamant

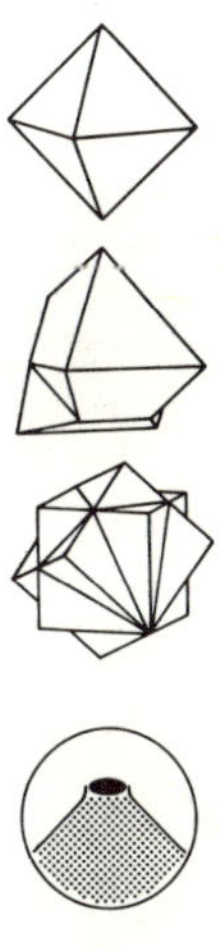

Chemische Formel: C
Härte: 10. Dichte: 3,52. Strichfarbe: weiß. Farbe: farblos, weiß, gelb, braun, rötlich, grünlich, blau, grau. Diamantglanz. Spaltbarkeit: nach dem Oktaeder vollkommen. Bruch muschelig. Tenazität: spröde. Kristallform: kubisch; am häufigsten Oktaeder, seltener Würfel, radialstrahlig. Entstehung: bei sehr hohen Drucken und Temperaturen. Vorkommen: in basischen vulkanischen Gesteinen, insbesondere Kimberliten, die sogenannte Pipes bilden; in Seifen, den aus ihnen entstandenen Konglomeraten und metamorphen Schiefern. Begleitmineralien: Pyrop, Olivin, Phlogopit, in Seifen zusammen mit anderen Schwermineralien. Verwendung: als Schleifmittel, für Bohrkronen, zur Schmuckherstellung. Die künstliche Herstellung von Diamant gelang bei Temperaturen von ungefähr 1400 °C und Drucken von über 60000 Athmosphären. Mittlerweile werden bereits bis zu 50% der Industriediamanten künstlich hergestellt. Fundorte: Premier Mine/Kimberley (ZA) und andere in (ZA) (primäre Lagerstätten in Pipes), (NAM) (hier in Brandungsseifen), Sibirien (SU), (IND), (BR), (ZR), (ANG). Ähnliche Mineralien: Die hohe Härte unterscheidet von anderen Mineralien.

154 Kupfervitriol

Chalkanthit

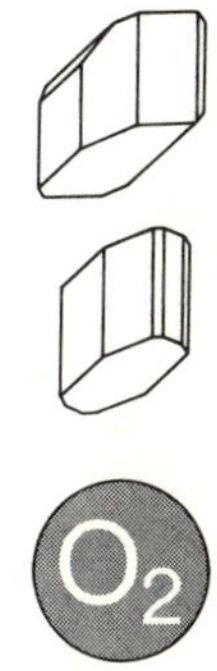

Chemische Formel: $CuSO_4 \cdot 5\,H_2O$
Härte: 2½. Dichte: 2,2–2,3. Strichfarbe: blau. Farbe: blau. Glasglanz. Spaltbarkeit: kaum erkennbar. Bruch muschelig. Tenazität: spröde. Kristallform: triklin; prismatische, linsenförmige Kristalle selten, stalaktitisch, krustig, derb. Entstehung: bei der Verwitterung von Kupfermineralien. Vorkommen: in der Oxidationszone von Kupferlagerstätten, meist nur in ariden Klimata. Begleitmineralien: Kupferkies, Malachit, Brochantit. Fundorte: Sommerkahl/Spessart (D), Lavrion/Athen (GR), Chuquicamata (RCH). Ähnliche Mineralien: Azurit ist dunkler blau.

155 Linarit

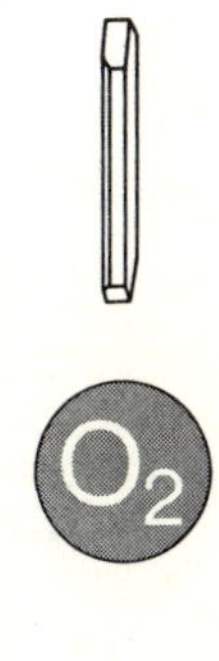

Chemische Formel: $PbCu[(OH)_2/SO_4]$
Härte: 2½. Dichte: 5,3–5,5. Strichfarbe: hellblau. Farbe: blau. Glasglanz. Spaltbarkeit: sichtbar, aber nur bei größeren Kristallen erkennbar. Bruch muschelig. Tenazität: spröde. Kristallform: monoklin; prismatische bis seltener tafelige Kristalle, oft flächenreich, krustig, erdig. Entstehung: bei der Verwitterung von Kupfer- und Bleierzen. Vorkommen: in der Oxidationszone von Lagerstätten, die sowohl blei- als auch kupferführend sind. Begleitmineralien: Bleiglanz, Kupferkies, Brochantit, Malachit. Besondere Eigenschaften: Beim Betupfen mit Salzsäure wird das Mineral hellblau bis weiß. Fundorte: Oberschulenberg/Harz (D), Linares (E), Tsumeb/Otavibergland (NAM), Tintic/Utah (USA). Ähnliche Mineralien: Azurit braust beim Betupfen mit Salzsäure und wird nicht heller.

156 Cyanotrichit

Lettsomit, Kupfersamterz

Chemische Formel: $Cu_4Al_2[(OH)_{12}/SO_4] \cdot 2\,H_2O$
Härte: 3½–4. Dichte: 2,76–2,95. Strichfarbe: blau. Farbe: himmelblau. Seiden- bis Glasglanz. Spaltbarkeit: keine. Bruch uneben. Tenazität: spröde. Kristallform: orthorhombisch; haarförmig, nadelig bis langtafelig, büschelig, radialstrahlig. Entstehung: bei der Verwitterung von Kupfererzen. Vorkommen: in der Oxidationszone von Kupfervorkommen. Begleitmineralien: Brochantit, Smithsonit, Malachit, Azurit. Fundorte: Cap Garonne/Var (F), Lavrion/Athen (GR), Grandview Mine/Grand Canyon (USA). Ähnliche Mineralien: Azurit ist viel dunkler.

157 Azurit

Kupferlasur

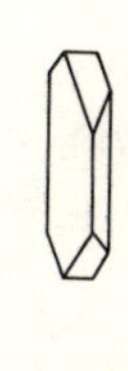

Chemische Formel: $Cu_3[OH/CO_3]_2$
Härte: 3½–4. Dichte: 3,7–3,9. Strichfarbe: blau. Farbe: tiefblau, derb etwas heller. Glasglanz. Spaltbarkeit: vollkommen. Bruch muschelig. Tenazität: spröde. Kristallform: monoklin; säulige bis tafelige

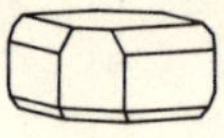
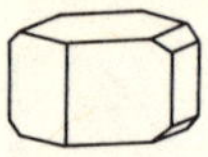
Kristalle, oft zu kugeligen Gruppen und Krusten verwachsen, radialstrahlig, derb, erdig. Entstehung: bei der Verwitterung arsenhaltiger Kupfererze. Vorkommen: in der Oxidationszone von Kupferlagerstätten, besonders solchen, unter deren Primärerzen sich Tennantit befindet. Begleitmineralien: Malachit, Cuprit und viele andere Oxidationsmineralien. Besondere Eigenschaften: Braust beim Betupfen mit verdünnter Salzsäure. Verwendung: selten als Schmuckstein. Fundorte: Altenmittlau/Spessart (D), Neubulach/Schwarzwald (D), Leogang/Salzburg (A), Chessy/Lyon (F), Bisbee (USA), Tsumeb/Otavibergland (NAM) (von hier ganz ausgezeichnete und große Kristalle). Ähnliche Mineralien: Farbe, Salzsäureprobe und das Vorkommen in der Oxidationszone kupferhaltiger Lagerstätten unterscheiden Azurit von praktisch allen anderen Mineralien.

158 Langit

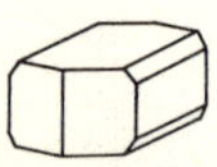

Chemische Formel: $Cu_3[(OH)_4/SO_4] \cdot H_2O$
Härte: 3–4. Dichte: 3,48–3,50. Strichfarbe: bläulich. Farbe: blau mit leichtem Stich ins Grüne. Glasglanz. Spaltbarkeit: schlecht. Bruch muschelig. Tenazität: spröde. Kristallform: orthorhombisch; prismatische bis dicktafelige Kristalle, selten Skelettbildung. Entstehung: bei der Oxidation von Kupfersulfiden. Vorkommen: in der Oxidationszone von Kupferlagerstätten. Begleitmineralien: Brochantit, Posnjakit, Malachit, Libethenit. Fundorte: Hagendorf/Oberpfalz (D), Rudolfstein/Fichtelgebirge (D), Gratlspitz/Brixlegg (A), Maubach/Eifel (D), Wittichen/Schwarzwald (D), Oberschulenberg/Harz (D), Cornwall (GB). Ähnliche Mineralien: Posnjakit ist immer dünntafelig mit guter Spaltbarkeit.

159 Lapis-Lazuli

Lasurit

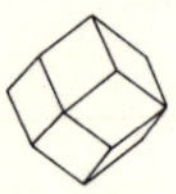

Chemische Formel: $Na_8[S/(AlSiO_4)_6]$
Härte: 5–6. Dichte: 2,38–2,42. Strichfarbe: blau. Farbe: blau. Glasglanz, auf dem Bruch Fettglanz. Spaltbarkeit: kaum erkennbar. Bruch muschelig bis uneben. Tenazität: spröde. Kristallform: kubisch; selten Rhombendodekaeder, immer eingewachsen, meist derb, körnig, dicht. Entstehung: bei der kontaktmetasomatischen Umwandlung von Kalken mit Natrium- und Schwefelgehalten oder bei entsprechender Zufuhr. Vorkommen: in natriumreichen Marmoren. Begleitmineralien: Diopsid, Sodalith, Pyrit, Kalkspat. Verwendung: als Schmuckstein; zur Herstellung von Kunstgegenständen. Fundorte: Sare-Sang/Badakshan (AFG), Baikalsee (SU), San Bernardino County/Kalifornien (USA). Ähnliche Mineralien: Sodalith in gleicher Lagerstätte ist mit einfachen Mitteln nicht zu unterscheiden; Azurit braust mit verdünnter Salzsäure.

160 Erythrin

Kobaltblüte

Chemische Formel: $Co_3[AsO_4]_2 \cdot 8\ H_2O$
Härte: 2. Dichte: 3,07. Strichfarbe: rosa. Farbe: rot mit Stich ins Violette (»pfirsichblütenrot«). Glasglanz, auf Spaltflächen Perlmuttglanz. Spaltbarkeit: vollkommen. Bruch uneben. Tenazität: milde; dünne Blättchen biegsam. Kristallform: monoklin; nadelige bis tafelige Kristalle, strahlige Büschel, erdig, krustig, derb. Entstehung: bei der Verwitterung von Kobalterzen. Vorkommen: in der Oxidationszone von Kobaltlagerstätten, die Erze oft krustenförmig überziehend. Begleitmineralien: Safflorit, Kobaltglanz, Skutterudit. Besondere Eigenschaften: Wird beim Erhitzen blau. Fundorte: Wittichen/Schwarzwald (D), Riechelsdorf/Hessen (D), Bieber/Hessen (D), Schneeberg/Sachsen (DDR), Bou Azzer (MA) (von dort ganz ausgezeichnete große Kristalle), Talmessi (IR). Ähnliche Mineralien: Die charakteristische Farbe erlaubt keine Verwechslung.

161 Zinnober

Cinnabarit

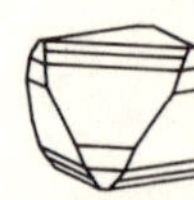

Chemische Formel: HgS
Härte: 2–2½. Dichte: 8,1. Strichfarbe: rot. Farbe: hellrot, dunkelrot, braunrot. Diamantglanz, feinkörnig oft matt. Spaltbarkeit: nach dem Prisma vollkommen. Bruch splittrig. Tenazität: milde. Kristallform: trigonal, dicktafelige bis rhomboedrische Kristalle selten, meist derb, körnig, erdig, strahlig. Entstehung: aus sehr niedrig temperierten Lösungen im Gefolge von absterbendem Vulkanismus; bei der Verwitterung von quecksilberhaltigen Mineralien (zum Beispiel Fahlerz). Vorkommen: in niedrig temperierten hydrothermalen Gängen; in der Oxidationszone von Erzlagerstätten; an Austrittsstellen von vulkanischen Gasen auf dem Nebengestein. Begleitmineralien: Quarz, Chalcedon, Pyrit. Verwendung: wichtigstes Quecksilbererz. Fundorte: Moschellandsberg/Pfalz (D), Turracher Höhe (A), Almaden (E), Monte Amiata (I), Idria (YU). Ähnliche Mineralien: Rote Zinkblende ist viel leichter, härter und hat andere Spaltbarkeit; Haematit und Rutil sind härter; Cuprit unterscheidet sich durch die Salzsäureprobe.

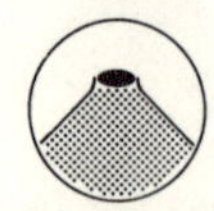
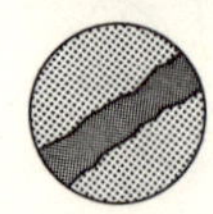

162 Proustit

Lichtes Rotgültigerz

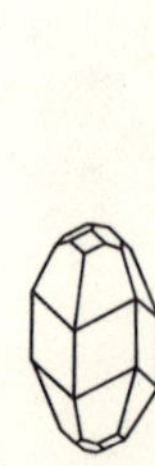

Chemische Formel: Ag_3AsS_3
Härte: 2½. Dichte: 5,5–5,7. Strichfarbe: scharlachrot. Farbe: scharlach- bis zinnoberrot. Metallglanz, manchmal matt angelaufen. Spaltbarkeit: nach dem Rhomboeder manchmal erkennbar. Bruch muschelig. Tenazität: spröde. Kristallform: trigonal; prismatische bis pyramidale Kristalle, meist aufgewachsen, oft derb. Entstehung: aus hydrothermalen Lösungen. Vorkommen: in subvulkanischen Gold-Silber-Lagerstätten; in hydrothermalen Gängen. Begleitmineralien: Argentit, Stephanit, Polybasit, gediegen Silber, Rhodochrosit, gediegen Wis-

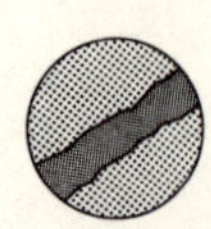

mut. Besondere Eigenschaften: Dunkelt am Licht nach (unter Lichtabschluß aufbewahren). Verwendung: als Silbererz. Fundorte: Wittichen/Schwarzwald (D), Oberschlema/Sachsen (DDR), Markirch/Vogesen (F), Chañarcillo (RCH). Ähnliche Mineralien: Pyrargyrit ist dunkler und hat dunkleren Strich.

163 Kupfer

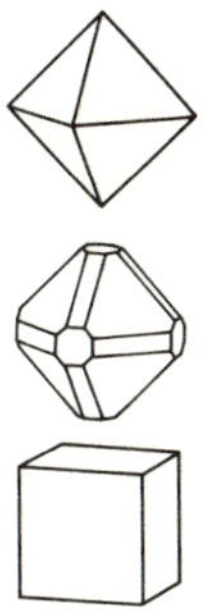

Chemische Formel: Cu
Härte: $2\frac{1}{2}$–3. Dichte: 8,93. Strichfarbe: kupferrot, metallisch. Farbe: kupferrot, oft dunkler angelaufen. Metallglanz. Spaltbarkeit: keine. Bruch hakig. Tenazität: milde, dehnbar. Kristallform: kubisch; Würfel, Oktaeder, meist stark verzerrt, skelettförmig, blech-, drahtförmig, derb. Entstehung: an der Grenze von Oxidations- und Zementationszone; selten aus hydrothermalen Lösungen. Vorkommen: in vielen Kupferlagerstätten, in Blasenhohlräumen von vulkanischen Gesteinen. Begleitmineralien: Malachit, Cuprit, Azurit, Kalkspat. Besondere Eigenschaften: Oberflächlich oft in Malachit umgewandelt. Verwendung: früher als leicht verwertbares Kupfererz, heute ohne jede wirtschaftliche Bedeutung. Fundorte: Grube Wolf bei Herdorf/Siegerland (D), Reichenbach/Odenwald (D), Keweenaw-Halbinsel (USA), Tsumeb/Otavibergland (NAM). Ähnliche Mineralien: Silber hat andere Farbe.

164 Pyrargyrit

Dunkles Rotgültigerz

Chemische Formel: Ag_3SbS_3
Härte: $2\frac{1}{2}$–3. Dichte: 5,85. Strichfarbe: kirschrot. Farbe: dunkelrot bis grauschwarz, rot durchscheinend. Metallglanz. Spaltbarkeit: nach dem Rhomboeder manchmal erkennbar. Bruch muschelig. Tenazität: spröde. Kristallform: trigonal; rhomboeder- und skalenoederähnliche Kristalle, manchmal prismatisch, immer aufgewachsen, derb. Entstehung: aus hydrothermalen Lösungen. Vorkommen: in Silbererzgängen. Begleitmineralien: Proustit, Argentit, Stephanit, Bleiglanz, Kalkspat. Verwendung: als Silbererz. Fundorte: St. Andreasberg/Harz (D), Freiberg/Sachsen (DDR), Příbram/Böhmen (CS), Hiendalaencina/Madrid (E), Guanajuato (MEX), Chañarcillo (RCH). Ähnliche Mineralien: Proustit ist heller rot; dunkel angelaufener Proustit unterscheidet sich durch den helleren Strich.

165 Krokoit

Rotbleierz

Chemische Formel: $PbCrO_4$
Härte: $2\frac{1}{2}$–3. Dichte: 5,9–6,0. Strichfarbe: orange. Farbe: rot mit gelegentlichem Stich ins Gelbe. Fett- bis Diamantglanz. Spaltbarkeit: erkennbar. Bruch muschelig. Tenazität: milde. Kristallform: monoklin; nadelige bis prismatische Kristalle, derb, als Anflug. Entstehung: beim Zusammentreffen bleihaltiger und chromhaltiger Verwitterungslösungen. Vorkommen: in der Oxidationszone von Bleilagerstätten, die in der Nähe ultrabasischer, chromhaltiger Gesteine liegen. Begleitmineralien: Cerussit, Pyromorphit, Dundasit. Fundorte: Obercallenberg (DDR), Beresowsk (SU), Dundas/Tasmanien (AUS). Ähnliche Mineralien: Zinnober hat andere Kristallform; Realgar unterscheidet sich durch seine Paragenese; Cuprit braust beim Betupfen mit Salzsäure.

166, 167 Cuprit

Rotkupfererz

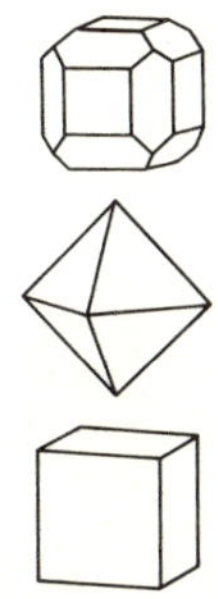

Chemische Formel: Cu_2O
Härte: $3\frac{1}{2}$–4. Dichte: 6,15. Strichfarbe: braunrot. Farbe: tiefrot bis braunrot. Metallglanz, in Aggregaten oft matt. Spaltbarkeit: nach dem Oktaeder erkennbar. Bruch muschelig. Tenazität: spröde. Kristallform: kubisch; oktaedrische, seltener würfelige Kristalle, haarförmig (Chalkotrichit), körnig, derb. Entstehung: bei der Oxidation reicher Kupfererze. Vorkommen: in der Oxidationszone von Kupferlagerstätten. Begleitmineralien: gediegen Kupfer, Malachit, Limonit. Besondere Eigenschaften: Braust beim Behandeln mit Salzsäure, oft oberflächlich in Malachit umgewandelt. Verwendung: manchmal als Kupfererz. Fundorte: Siegen (D), Chessy/Lyon (F), Tsumeb/Otavibergland (NAM), Onganja/Otavibergland (NAM), Bisbee/Arizona (USA). Ähnliche Mineralien: Zinnober und Haematit brausen nicht mit Salzsäure; Haematit ist härter, charakteristisch ist die Paragenese mit Malachit.

168 Heterosit

Chemische Formel: $Fe[PO_4]$
Härte: $4\frac{1}{2}$. Dichte: 3,4. Strichfarbe: braun bis violett. Farbe: dunkelbraun bis violett. Glasglanz bis matt. Spaltbarkeit: gut, oft wird die Spaltbarkeit des Triphylins, aus dem Heterosit meist entstanden ist, abgebildet. Bruch spätig. Tenazität: spröde. Kristallform: orthorhombisch; eingewachsene Kristalle sind immer Pseudomorphosen nach Triphylin, derbe spätige Massen. Entstehung: selten primär pegmatitisch, meist durch Umwandlung aus Triphylin. Vorkommen: in Phosphatpegmatiten. Begleitmineralien: Triphylin, Ferrisicklerit, Rockbridgeit, Vivianit. Besondere Eigenschaften: Wird beim Betupfen mit Salzsäure tief violett, die meisten im Handel erhältlichen Heterosite sind so behandelt. Fundorte: Hühnerkobel/Bayerischer Wald (D), Hagendorf/Oberpfalz (D), Sandamab/Usakos (NAM). Ähnliche Mineralien: Purpurit ist von Heterosit nicht zu unterscheiden, die Paragenese mit manganreichen Phosphaten gibt aber oft deutliche Hinweise.

Sphaerokobaltit

Kobaltspat

Chemische Formel: $CoCO_3$
Härte: 4. Dichte: 4,1. Strichfarbe: rötlich. Farbe: rosaviolett. Glasglanz. Spaltbarkeit: nach dem Grundrhomboeder. Bruch spätig. Tenazität: spröde. Kristallform: trigonal; selten rhomboedrische Kristalle, meist kugelige Aggregate. Entstehung: bei

der Verwitterung von Kobalterzen. Vorkommen: in der Oxidationszone von Kobaltlagerstätten. Begleitmineralien: Kobaltglanz, Kobaltblüte. Fundorte: Schneeberg/Sachsen (DDR), Bou Azzer (MA). Ähnliche Mineralien: Kobaltblüte hat andere Kristallform und blättrige Spaltbarkeit; kobalthaltiger Kalkspat braust beim Betupfen mit kalter Salzsäure.

Lepidokrokit

Rubinglimmer

Chemische Formel: FeOOH
Härte: 5. Dichte: 4,0. Strichfarbe: rötlich. Farbe: rubinrot bis gelbrot. Diamantglanz. Spaltbarkeit: vollkommene Spaltbarkeit parallel zur Tafelebene. Bruch uneben. Tenazität: spröde. Kristallform: orthorhombisch; tafelige Kristalle, strahlig, blättrig, derb. Entstehung: bei der Verwitterung von Eisenmineralien, insbesondere Pyrit. Vorkommen: in der Oxidationszone. Begleitmineralien: Goethit, Pyrolusit. Fundorte: Siegen (D), Hüttenberg/Kärnten (A), Grube Wolf/Herdorf (D). Ähnliche Mineralien: Von Goethit unterscheiden die rote Farbe und Strichfarbe; Haematit ist härter.

169, 170 Haematit

Roteisenstein, Eisenglanz

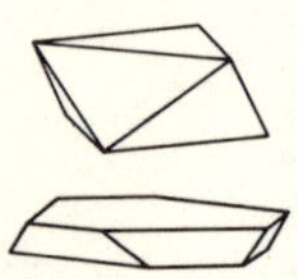

Chemische Formel: Fe_2O_3
Härte: 6½. Dichte: 5,2–5,3. Strichfarbe: rot bis rotbraun, bei geringen Titangehalten aber schwarz. Farbe: derbe Aggregate und dünne Blättchen rot, sonst metallisch schwarzgrau, oft bunt angelaufen. Metallglanz bis matt. Spaltbarkeit: keine, aber oft blättrig. Bruch muschelig. Tenazität: spröde. Kristallform: trigonal; dipyramidal, an Oktaeder erinnernd, dick- bis dünntafelig, oft derb, blättrig, radialstrahlige Aggregate mit glatter Oberfläche (roter Glaskopf), erdig, krustig. Entstehung: aus der Schmelze bei der Kristallisation der Gesteine; aus der Gasphase; aus hydrothermalen Lösungen; durch Oxidation anderer Eisenverbindungen. Vorkommen: mikroskopisch in fast allen Gesteinen, insbesondere in metamorphen Gesteinen, dort zum Teil auch größere Lagerstätten; in pneumatolytischen und hydrothermalen Gängen; an Austrittsstellen vulkanischer Gase (an sogenannten Fumarolenspalten); als färbender Bestandteil in vielen Sedimentgesteinen; in kontaktmetasomatischen Lagerstätten. Begleitmineralien: Magnetit, Pyrit. Verwendung: als wichtiges Eisenerz; dichter Haematit als Trauerschmuck (Blutstein). Fundorte: Nickenicher Sattel/Eifel (D) (von hier aus Fumarolenspalten schöne, zum Teil skelettförmige Kristalle), Rio Marina/Elba (I) (schöne Kristalle), Ritterpaß/Binntal (CH) (schöne blumenartige Aggregate von Kristallen, sogenannte Eisenrosen), Rauris/Tauern (A), mehrerorts in Cumberland (GB) (schöner roter Glaskopf). Ähnliche Mineralien: Cuprit, Zinnober und Realgar sind weicher; Magnetit hat schwarzen Strich, ebenso Ilmenit, der aber von titanhaltigem Haematit kaum zu unterscheiden ist.

171 Tirolit

Chemische Formel:
$Ca_2Cu_9[(OH)_{10}/(AsO_4)_4] \cdot 10\ H_2O$
Härte: 1½–2. Dichte: 3,2. Strichfarbe: blaugrün. Farbe: blaugrün bis hellgrün. Perlmuttglanz. Spaltbarkeit: nach der Basis sehr vollkommen. Bruch blättrig. Tenazität: milde, Blättchen biegsam. Kristallform: orthorhombisch; dünntafelige Kristalle, oft zu Rosetten verwachsen, derb, krustig, als Überzug, erdig. Entstehung: bei der Verwitterung von Tennantit. Vorkommen: in der Oxidationszone von Tennantitvorkommen. Begleitmineralien: Brochantit, Langit, Posnjakit. Fundorte: Brixlegg/Tirol (A), Schwaz/Tirol (A), Wittichen/Schwarzwald (D), Schneeberg/Sachsen (DDR). Ähnliche Mineralien: Posnjakit ist rein blau; Azurit ist dunkler blau; Brochantit ist rein grün.

172 Chlorit

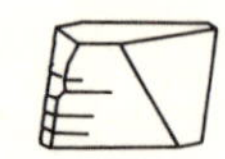

Chemische Formel:
$(Fe,Mg,Al)_6[(OH)_2/(Si,Al)_4O_{10}]$
Die Chlorite bilden eine Mischungsreihe mit vier theoretischen Endgliedern, die obige Formel ist sehr verallgemeinert. Wichtigere Glieder der Gruppe sind: Pennin (siliciumreich), Klinochlor (magnesium- und aluminiumreich), Chamosit (stark eisenhaltig), Rhipidolith (mittlere Eisengehalte, aluminiumreich).
Härte: 2. Dichte: 2,6–3,3 (je nach Eisengehalt). Strichfarbe: grün bis braun. Farbe: dunkelgrün bis braun. Glasglanz, auf Spaltflächen Perlmuttglanz. Spaltbarkeit: nach der Basis vollkommen. Bruch blättrig. Tenazität: milde. Kristallform: monoklin; dünn- bis dicktafelige Kristalle, Blättchen, wurmförmige Aggregate, körnig, sandförmig. Entstehung: aus hydrothermalen Lösungen, bei der Umwandlung von Silikaten. Vorkommen: in metamorphen Gesteinen (Chloritschiefer); auf alpinen Klüften; in Sedimenten. Begleitmineralien: Grossular, Rutil, Glimmer, Vesuvian, Diopsid. Fundorte: Krumltal in der Rauris/Tauern (A), Zermatt/Wallis (CH), Zillertal/Tirol (A), Alatal/Piemont (I). Ähnliche Mineralien: Glimmer sind härter.

173 Torbernit

Kupferuranglimmer

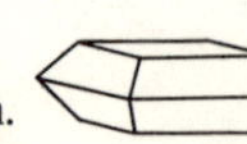

Chemische Formel: $Cu[UO_2/PO_4]_2 \cdot 8–12\ H_2O$
Härte: 2–2½. Dichte: 3,3–3,7. Strichfarbe: grün. Farbe: smaragdgrün. Glasglanz, auf Spaltflächen Perlmuttglanz. Spaltbarkeit: vollkommen nach der Basis. Bruch uneben. Tenazität: spröde bis milde. Kristallform: tetragonal; dünn- bis dicktafelig, bipyramidal, aufgewachsen, erdig, krustig. Entstehung: durch hydrothermale Umwandlung von Uranmineralien, insbesondere Pechblende, in Anwesenheit von Kupfermineralien. Vorkommen: in der Oxidationszone von Uranlagerstätten; auf Klüften von Graniten. Begleitmineralien: Autunit, Uranocircit, Flußspat, Baryt. Verwendung: als Uranerz. Fundorte: Rudolfstein/Fichtelgebirge (D), Menzenschwand/Schwarzwald (D), Franceville (GAB), Mu-

sonoi (ZR), Shinkolobwe (ZR). Ähnliche Mineralien: Autunit fluoresziert im Gegensatz zu Torbernit beim Bestrahlen mit UV-Licht; Zeunerit läßt sich mit einfachen Mitteln nicht unterscheiden, die Paragenese mit arsenhaltigen Mineralien gibt aber Hinweise.

174 Zeunerit

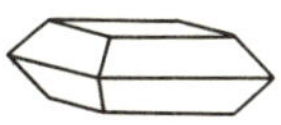

Chemische Formel: $Cu[UO_2/AsO_4]_2 \cdot 8\text{–}12\ H_2O$
Härte: 2–2½. Dichte: 3,79. Strichfarbe: grün. Farbe: smaragdgrün. Glasglanz, auf Spaltflächen Perlmuttglanz. Spaltbarkeit: nach der Basis vollkommen. Bruch uneben. Tenazität: spröde bis milde. Kristallform: tetragonal; tafelige bis bipyramidale Kristalle, Krusten. Entstehung: durch hydrothermale Umwandlung von Uranmineralien, insbesondere Pechblende, in Anwesenheit von Kupfer- und Arsenmineralien. Vorkommen: in der Oxidationszone von Uranlagerstätten. Begleitmineralien: Quarz, Schwerspat, Heinrichit. Fundorte: Menzenschwand/Schwarzwald (D), Wittichen/Schwarzwald (D). Ähnliche Mineralien: Torbernit ist mit einfachen Mitteln nicht zu unterscheiden, die Paragenese von Zeunerit mit anderen arsenreichen Mineralien gibt aber meist deutliche Hinweise.

175 Chrysokoll

Chemische Formel: $CuSiO_3 + aq.$
Härte: 2–4. Dichte: 2,0–2,2. Strichfarbe: grünlichweiß. Farbe: hellblau, blau, grünblau. Glasglanz, etwas fettig. Spaltbarkeit: keine. Bruch muschelig. Tenazität: spröde. Kristallform: meist amorph; traubige, nierige Massen, krustig, stalaktitisch, derb. Entstehung: bei der Verwitterung von Kupfermineralien. Vorkommen: in der Oxidationszone von Kupferlagerstätten. Begleitmineralien: Cuprit, Malachit, Azurit, Limonit. Verwendung: manchmal als Schmuckstein. Fundorte: Lizard/Cornwall (GB), Danielstollen bei Leogang/Salzburg (A), Mina Ojuela/Durango (MEX). Ähnliche Mineralien: Malachit hat andere Farbe; Türkis ist härter.

Klinoklas

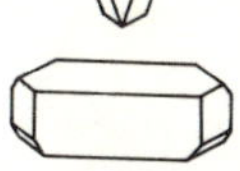

Chemische Formel: $Cu_3[(OH)_3/AsO_4]$
Härte: 2½–3. Dichte: 4,2–4,4. Strichfarbe: bläulichgrün. Farbe: grünlichblau bis fahlblau. Glasglanz. Spaltbarkeit: nach der Basis vollkommen. Bruch blättrig. Tenazität: spröde. Kristallform: monoklin; prismatische bis tafelige Kristalle, strahlig, nierig, krustig, als Überzug. Entstehung: bei der Verwitterung arsenhaltiger Kupfererze. Vorkommen: in der Oxidationszone von Kupferlagerstätten. Begleitmineralien: Olivenit, Chlorotil, Cuprit. Fundorte: Grube Clara bei Oberwolfach/Schwarzwald (D), Wheal Gorland/Cornwall (GB). Ähnliche Mineralien: Azurit ist dunkler blau.

176 Olivenit

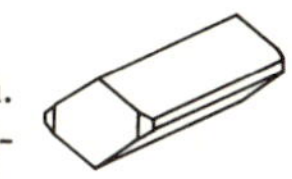

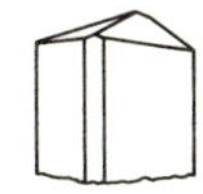

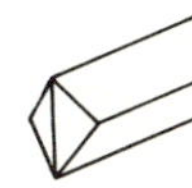

Chemische Formel: $Cu_2[OH/AsO_4]$
Härte: 3. Dichte: 4,3. Strichfarbe: gelb bis olivgrün. Farbe: hell- bis olivgrün, schwarzgrün, braun. Glasglanz. Spaltbarkeit: keine. Bruch muschelig. Tenazität: spröde. Kristallform: orthorhombisch; tafelige bis prismatische Kristalle, nadelig, haarförmig, faserig, strahlig, traubig, nierig, erdig. Entstehung: bei der Verwitterung arsenreicher Kupfererze. Vorkommen: in der Oxidationszone von arsenreichen Kupfergängen. Begleitmineralien: Chlorotil, Cornwallit, Tennantit, Klinoklas. Fundorte: Grube Clara bei Oberwolfach/Schwarzwald (D), Gratlspitz bei Brixlegg/Tirol (A), Wheal Gorland/Cornwall (GB), Tsumeb/Otavibergland (NAM). Ähnliche Mineralien: Adamin ist meist nicht so dunkel olivgrün, manchmal aber nicht einfach zu unterscheiden. Hinweise gibt die Paragenese von Adamin mit anderen zinkhaltigen Mineralien.

177 Atacamit

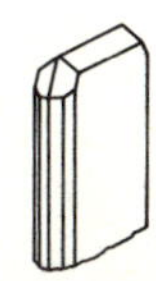

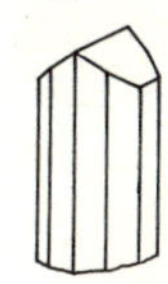

Chemische Formel: $Cu_2(OH)_3Cl$
Härte: 3–3½. Dichte: 3,76. Strichfarbe: grün. Farbe: smaragdgrün bis schwärzlichgrün. Glasglanz. Spaltbarkeit: vollkommen. Bruch muschelig. Tenazität: spröde. Kristallform: orthorhombisch; prismatische, selten tafelige Kristalle, strahlig, blättrig, krustig, derb, als Anflug. Entstehung: bei der Verwitterung von Kupfermineralien. Vorkommen: in der Oxidationszone von Kupferlagerstätten. Begleitmineralien: Cuprit, Malachit, gediegen Kupfer. Fundorte: Chuquicamata (RCH), Wallaroo (AUS). Ähnliche Mineralien: Malachit braust beim Betupfen mit Salzsäure; Brochantit ist etwas härter und nicht so schwärzlichgrün, Unterscheidung aber oft schwierig.

Mitridatit

Chemische Formel: $Ca_3Fe_4[(OH)_6/(PO_4)_4] \cdot 3\ H_2O$
Härte: 3½. Dichte: 3,2. Strichfarbe: olivgrün. Farbe: olivgrün. Glasglanz, meist aber matt. Spaltbarkeit: gut, aber praktisch nie erkennbar. Bruch uneben. Tenazität: spröde bis milde. Kristallform: monoklin; sehr selten winzige tafelige Kristalle, meist erdig, krustig. Entstehung: durch Verwitterung von Triphylin, auch noch auf der Halde. Vorkommen: in Phosphatpegmatiten, selten in sedimentären Eisenlagerstätten. Begleitmineralien: Triphylin und viele Sekundärphosphate. Fundorte: überall, wo Triphylin vorkommt, Hagendorf/Oberpfalz (D), Hühnerkobel/Bayerischer Wald (D), Palermo Mine/New Hampshire (USA), Bull Moose Mine/Black Hills (USA). Ähnliche Mineralien: In der Paragenese mit anderen Sekundärphosphaten in Phosphatpegmatiten nicht verwechselbar.

178 Mottramit

Chemische Formel: $Pb(Cu,Zn)[OH/VO_4]$
Härte: 3½. Dichte: 5,7–6,2. Strichfarbe: grün. Farbe: olivgrün bis schwarzgrün. Harzglanz. Spaltbarkeit: keine. Bruch uneben. Tenazität: spröde. Kristallform: orthorhombisch; selten prismatische Kristalle, meist strahlig, krustig, dendritisch. Entstehung: bei der Verwitterung von Kupfererzen in Anwesenheit vanadiumhaltiger Lösungen. Vorkommen: in der Oxidationszone von Kupfer-Blei-Zink-Lagerstätten. Begleitmineralien: Descloizit, Azurit, Malachit. Fundorte: Tsumeb/Otavibergland (NAM). Ähnliche Mineralien: Descloizit ist mehr braun; Malachit ist mehr smaragdgrün.

179 Mixit

Chemische Formel:
$(Bi,CaH)Cu_6[(OH)_6/(AsO_4)_3] \cdot 3\ H_2O$
Härte: 3–4. Dichte: 3,8. Strichfarbe: grün. Farbe: blaugrün bis gelbgrün. Glas- bis Seidenglanz. Spaltbarkeit: nicht erkennbar. Bruch faserig. Tenazität: spröde. Kristallform: hexagonal; nadelig, haarförmig, radialstrahlig, erdig, derb. Entstehung: bei der Verwitterung arsenhaltiger Kupfer-Wismut-Erze. Vorkommen: in der Oxidationszone von Gängen der Wismut-Kobalt-Nickel-Arsen-Formation. Begleitmineralien: Pharmakosiderit, Zeunerit, Arseniosiderit, Wittichenit, Emplektit. Fundorte: Wittichen/Schwarzwald (D), Joachimsthal/Böhmen (CS), Lavrion/Athen (GR). Ähnliche Mineralien: Chlorotil ist mit einfachen Mitteln nicht einfach zu unterscheiden, die Paragenese mit Wismuterzen gibt oft Hinweise.

180 Brochantit

Chemische Formel: $Cu_4[(OH)_6/SO_4]$
Härte: 3½–4. Dichte: 3,97. Strichfarbe: grün bis hellgrün. Farbe: smaragdgrün. Glasglanz, auf Spaltflächen Perlmuttglanz. Spaltbarkeit: vollkommen, wegen der nadeligen Kristalle oft nicht sichtbar. Bruch uneben. Tenazität: spröde. Kristallform: monoklin; nadelige, selten tafelige Kristalle, radialstrahlig, faserig, nierig, körnig, erdig. Entstehung: bei der Verwitterung von Kupfererzen, besonders in Gebieten mit wenig Niederschlägen. Vorkommen: in der Oxidationszone von Kupferlagerstätten. Begleitmineralien: Malachit, Azurit, Antlerit, Langit, Posnjakit. Fundorte: Wittichen/Schwarzwald (D), Lavrion/Athen (GR), Tsumeb/Otavibergland (NAM), Potrerillos (RCH). Ähnliche Mineralien: Malachit braust beim Betupfen mit Salzsäure; Atacamit ist etwas weicher und meist etwas dunkler, aber mit einfachen Mitteln ebenso wie Antlerit nicht leicht zu unterscheiden.

Laubmannit

Chemische Formel: $Fe_3^{2+}Fe_6^{3+}[(OH)_3/PO_4]_4$
Härte: 4. Dichte: 3,3. Strichfarbe: grün. Farbe: grau- bis olivgrün, gelbgrün. Glasglanz. Spaltbarkeit: wegen der strahligen Beschaffenheit nicht erkennbar. Bruch faserig. Tenazität: spröde. Kristallform: orthorhombisch; nadelige bis faserige Kristalle, Büschel, radialstrahlige Aggregate, kugelig, nierig. Entstehung: aus hydrothermalen Lösungen. Vorkommen: in phosphorhaltigen Brauneisenlagerstätten. Begleitmineralien: Rockbridgeit, Beraunit, Strengit, Kakoxen. Fundorte: Grube Rotläufchen/Waldgirmes (D) (von hier sehr schöne Kristalle), Grube Nitzelbuch bei Auerbach/Oberpfalz (D), Indian Mountain/Alabama (USA). Ähnliche Mineralien: Rockbridgeit ist meist dunkler, manchmal aber schwer zu unterscheiden; Laubmannit kann nadelige Fortwachsungen auf Rockbridgeit bilden.

181 Malachit

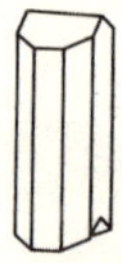

Chemische Formel: $Cu_2[(OH)_2/CO_3]$
Härte: 4. Dichte: 4,0. Strichfarbe: grün. Farbe: smaragdgrün. Glasglanz, in Aggregaten Seidenglanz, auch matt. Spaltbarkeit: gut, aber wegen der meist nadeligen oder strahligen Ausbildung praktisch nicht sichtbar. Bruch muschelig. Tenazität: spröde. Kristallform: monoklin; nadelige Büschel, strahlig, faserige Aggregate, nierige Krusten, derb, erdig. Entstehung: bei der Verwitterung von Kupfererzen. Vorkommen: in der Oxidationszone von Kupferlagerstätten. Begleitmineralien: Limonit, Azurit und andere Oxidationsmineralien. Besondere Eigenschaften: Braust beim Betupfen mit verdünnter Salzsäure. Verwendung: als Schmuckstein. Fundorte: Betzdorf/Siegerland (D), Lichtenfels/Bayern (D), Hüttenberg/Kärnten (A), Tsumeb/Otavibergland (NAM). Ähnliche Mineralien: Die anderen ähnlichen Mineralien brausen nicht beim Betupfen mit verdünnter Salzsäure.

182 Libethenit

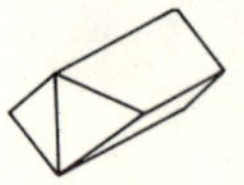

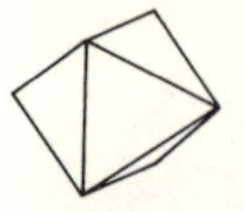

Chemische Formel: $Cu_2[OH/PO_4]$
Härte: 4. Dichte: 3,8. Strichfarbe: olivgrün. Farbe: dunkel- bis schwarzgrün. Glasglanz. Spaltbarkeit: keine. Bruch muschelig. Tenazität: spröde. Kristallform: orthorhombisch; prismatische bis oktaederähnliche Kristalle, aufgewachsen, radialstrahlige Aggregate, nierig, krustig. Entstehung: bei der Verwitterung von Kupfermineralien in Anwesenheit phosphorhaltiger Lösungen. Vorkommen: in der Oxidationszone von Kupferlagerstätten. Begleitmineralien: Euchroit, Pseudomalachit. Fundorte: Hagendorf/Oberpfalz (D), Libethen (CS), Yerington/Nevada (USA). Ähnliche Mineralien: Adamin und Olivenit sind mit einfachen Mitteln nicht zu unterscheiden, sind aber meist durch die Paragenese mit anderen Arsenaten gekennzeichnet.

Rosasit

Chemische Formel: $(Cu,Zn)_2[(OH)_2/CO_3]$
Härte: 4. Dichte: 4,0. Strichfarbe: blaugrün. Farbe: grün mit Stich ins Blaue. Glasglanz. Spaltbarkeit: wegen der nadeligen Ausbildung nicht zu erkennen. Bruch faserig. Tenazität: spröde. Kristallform: monoklin; keine Einzelkristalle, immer nadelige, radialstrahlige Aggregate, Krusten, Überzüge. Entstehung: bei der Verwitterung von Kupfer- und Zink-

erzen. Vorkommen: in der Oxidationszone von Kupfer-Zink-Lagerstätten. Begleitmineralien: Smithsonit, Hemimorphit, Linarit. Fundorte: Rosas Mine/Sardinien (I), 79 Mine/Hayden (USA), Lavrion/Athen (GR). Ähnliche Mineralien: Malachit ist smaragdgrün ohne blauen Stich; Chrysokoll braust nicht mit Salzsäure.

183 Pseudomalachit

Chemische Formel: $Cu_5[(OH)_2/PO_4]_2$
Härte: 4½. Dichte: 4,34. Strichfarbe: grün. Farbe: dunkel- bis schwärzlichgrün. Glas- bis Fettglanz. Spaltbarkeit: keine. Bruch muschelig. Tenazität: spröde. Kristallform: monoklin; tafelige Kristalle, oft radialstrahlig, nierig, krustig, erdig. Entstehung: bei der Verwitterung von Kupfererzen unter Einwirkung phosphorhaltiger Lösungen. Vorkommen: in der Oxidationszone von Kupferlagerstätten. Begleitmineralien: Kupferkies, Malachit. Fundorte: Joditz/Hof (D), Rheinbreitbach/Bad Honnef (D), Hagendorf/Oberpfalz (D). Ähnliche Mineralien: Malachit braust im Gegensatz zu Pseudomalachit beim Betupfen mit Salzsäure; Cornwallit ist mit einfachen Mitteln nicht zu unterscheiden, die Paragenese mit anderen arsenhaltigen Mineralien gibt aber meist deutliche Hinweise.

184 Bayldonit

Chemische Formel: $PbCu_3[OH/AsO_4]_2$
Härte: 4½. Dichte: 5,5. Strichfarbe: grün. Farbe: grün bis gelbgrün. Harzglanz. Spaltbarkeit: keine. Bruch uneben. Tenazität: spröde. Kristallform: monoklin; dicktafelige Kristalle, pseudohexagonale Drillinge, krustig, radialstrahlig, oft als Pseudomorphose nach Mimetesit. Entstehung: bei der Verwitterung kupfer- und bleihaltiger Erze mit Arsengehalten. Vorkommen: in der Oxidationszone. Begleitmineralien: Mimetesit, Azurit, Duftit. Fundorte: Reichenbach/Odenwald (D), Tsumeb/Otavibergland (NAM), St. Day/Cornwall (GB). Ähnliche Mineralien: Malachit ist immer nadelig; Olivenit hat andere Kristallform.

185 Konichalcit

Chemische Formel: $CaCu[OH/AsO_4]$
Härte: 4½. Dichte: 4,33. Strichfarbe: hellgrün. Farbe: hell- bis apfelgrün. Glasglanz. Spaltbarkeit: wegen der meist nadeligen Ausbildung nicht erkennbar. Bruch uneben. Tenazität: spröde. Kristallform: orthorhombisch; nadelige Kristalle, radialstrahlige Aggregate, nierig, warzig, krustig, als Überzug. Entstehung: bei der Verwitterung arsenhaltiger Kupfererze in Anwesenheit von Kalkstein. Vorkommen: in der Oxidationszone von Kupferlagerstätten. Begleitmineralien: Cuproadamin, Olivenit, Beudantit. Fundorte: Altenmittlau/Spessart (D), Lavrion/Athen (GR), Tsumeb/Otavibergland (NAM), Mina Ojuela/Durango (MEX). Ähnliche Mineralien: Die apfelgrüne Farbe ist sehr charakteristisch und unterscheidet von Malachit, Olivenit, Cuproadamin.

Rockbridgeit

Chemische Formel: $(Fe,Mn)Fe_4[(OH)_5/(PO_4)_3]$
Härte: 4½. Dichte: 3,4. Strichfarbe: grün bis braun. Farbe: schwarz, schwarzgrün, braun. Glasglanz. Spaltbarkeit: vorhanden, aber wegen der strahligen Beschaffenheit praktisch nie erkennbar. Bruch uneben. Tenazität: spröde. Kristallform: orthorhombisch; prismatische Kristalle, oft radialstrahlig, krustig, derb. Entstehung: durch hydrothermale Zersetzung von primär gebildeten Phosphaten. Vorkommen: in Phosphatpegmatiten; in Brauneisenlagerstätten, auf die phosphorhaltige Lösungen eingewirkt haben. Begleitmineralien: Beraunit, Strengit, Phosphosiderit. Fundorte: Hagendorf/Oberpfalz (D), Amberg/Oberpfalz (D), Hühnerkobel/Bayerischer Wald (D), Grube Rotläufchen/Waldgirmes (D), Palermo Mine/New Hampshire (USA). Ähnliche Mineralien: Frondelit ist von braunem Rockbridgeit mit einfachen Mitteln nicht zu unterscheiden.

Frondelit

Ein Rockbridgeit, der anstelle des zweiwertigen Eisens Mangan enthält: $(Mn,Fe)Fe_4(OH)_5/(PO_4)_3$. Farbe: braun. Vorkommen: in Phosaphatpegmatiten mit Manganvormacht; in kleinen Mengen auch sonst. Fundorte: Sapucaia (BR), Sandamab (NAM), Hagendorf/Oberpfalz (D).

Hagendorfit

Chemische Formel: $(Na,Ca)_2(Fe,Mn)_3[PO_4]_3$, Glieder der Mischungsreihe mit vorherrschend Kalzium und Eisen heißen Hühnerkobelit, mit vorherrschend Natrium und Mangan heißen Varulith.
Härte: 4–5. Dichte: 3,5–3,7. Strichfarbe: grün. Farbe: schwarzgrün. Glas- bis Fettglanz. Spaltbarkeit: in drei Richtungen erkennbar. Bruch spätig. Tenazität: spröde. Kristallform: monoklin; selten eingewachsene prismatische Kristalle, meist derbe spätige Massen. Entstehung: pegmatitisch. Vorkommen: in Phosphatpegmatiten. Begleitmineralien: Zwieselit, Triphylin, Wolfeit, Arrojadit. Fundorte: Hagendorf/Oberpfalz (D) (Hagendorfit), Hühnerkobel/Bayerischer Wald (D) (Hühnerkobelit), Varuträsk (S) (Varulith), Kaatiala (SF) (Varulith). Ähnliche Mineralien: Verwechslung mit anderen Phosphaten kaum möglich; Rockbridgeit ist immer strahlig, die Unterscheidung der einzelnen Glieder untereinander ist mit einfachen Mitteln nicht möglich, sie treten jedoch immer nur allein auf.

Cornwallit

Chemische Formel: $Cu_5[(OH)_2/PO_4]_2$
Härte: 4½–5. Dichte: 4–4,1. Strichfarbe: grün. Farbe: smaragdgrün. Glasglanz. Spaltbarkeit: keine. Bruch muschelig. Tenazität: spröde. Kristallform: monoklin; tafelige Kristalle, kugelig, radialstrahlig, krustig, nierig, erdig. Entstehung: bei der Verwitterung von arsenreichen Kupfererzen. Vorkommen: in der Oxidationszone arsenreicher Kupferlagerstätten. Begleitmineralien: Olivenit, Chlorotil, Klinoklas, Malachit. Fundorte: Grube Clara bei Ober-

wolfach/Schwarzwald (D), Freudenstadt/Schwarzwald (D). Ähnliche Mineralien: Malachit braust im Gegensatz zu Cornwallit beim Betupfen mit Salzsäure; Pseudomalachit ist mit einfachen Mitteln nicht zu unterscheiden, kommt aber nie in Paragenese mit Arsenaten vor.

186 Dioptas

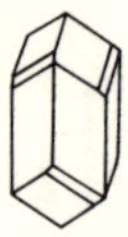

Chemische Formel: $Cu_6[Si_6O_{18}] \cdot 6\ H_2O$
Härte: 5. Dichte: 3,3. Strichfarbe: grün. Farbe: smaragdgrün. Glasglanz. Spaltbarkeit: nach dem Grundrhomboeder erkennbar. Bruch muschelig. Tenazität: spröde. Kristallform: trigonal; prismatische Kristalle, aufgewachsen. Entstehung: bei der Verwitterung von Kupfererzen in Anwesenheit kieselsäurereicher Lösungen. Vorkommen: in der Oxidationszone von Kupferlagerstätten. Begleitmineralien: Malachit, Azurit, Duftit, Wulfenit, Cerussit. Verwendung: selten als Schmuckstein verschliffen. Fundorte: Mammoth Mine bei Tiger/Arizona (USA), Tsumeb/Otavibergland (NAM), Guchab/Otavibergland (NAM), Mindouli (RCB). Ähnliche Mineralien: Malachit hat andere Kristallform und braust mit Salzsäure.

187 Pumpellyit

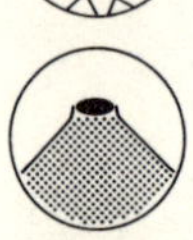

Chemische Formel:
$Ca_2MgAl_2[(OH)_2/SiO_4/Si_2O_7] \cdot H_2O$
Härte: $5^1/_2$. Dichte: 3,2. Strichfarbe: graugrün bis grün. Farbe: graugrün, schwarzgrün, dunkelgrün, selten rotbraun (Manganpumpellyit). Glasglanz. Spaltbarkeit: keine. Bruch muschelig bis uneben. Tenazität: spröde. Kristallform: monoklin; selten prismatische Kristalle, meist nadelig, radialstrahlige Aggregate, strahlig. Entstehung: aus hydrothermalen Lösungen. Vorkommen: in metamorphen Gesteinen; in Blasenhohlräumen vulkanischer Gesteine; in Drusen von Pegmatiten. Begleitmineralien: Epidot, Stilbit, Chabasit, Laumontit, Heulandit. Fundorte: Tittling/Bayerischer Wald (D) (nadelige Büschel in Drusen im Pegmatit), Herbornseelbach/Westerwald (D), Keweenaw-Halbinsel/Oberer See (USA), Lotru/Siebenbürgen (R). Ähnliche Mineralien: Epidot ist nicht so nadelig und etwas härter, prismatische Kristalle von Pumpellyit sind aber nur schwer zu unterscheiden.

Enstatit

Chemische Formel: $Mg_2[Si_2O_6]$
Härte: 5–6. Dichte: 3,1–3,2. Strichfarbe: weißlich bis grüngrau. Farbe: weiß, gelb, grün, bräunlich. Glasglanz. Spaltbarkeit: kaum erkennbar. Bruch muschelig. Tenazität: spröde. Kristallform: orthorhombisch; kurzprismatische Kristalle, oft spätig, derb. Entstehung: aus der Schmelze. Vorkommen: als Gemengteil in Noriten, Gabbros, Peridotiten, Andesiten, Melaphyren. Begleitmineralien: Talk, Apatit. Fundorte: Kjörrestad/Bamle (N) (große Kristalle), Bad Harzburg/Harz (D). Ähnliche Mineralien: Hornblende hat andere Spaltbarkeit.

188, 190 Aktinolith

Chemische Formel: $(Ca,Fe)_2(Mg,Fe)_5[OH/Si_4O_{11}]_2$
Härte: $5^1/_2$–6. Dichte: 2,9–3,1. Strichfarbe: grünlich. Farbe: hell- bis dunkelgrün. Glasglanz. Spaltbarkeit: vollkommen; Spaltwinkel etwa 120°. Bruch uneben. Tenazität: spröde. Kristallform: monoklin; stengelige bis nadelige Kristalle, strahlige bis faserige Aggregate, haarförmig (Amiant, Byssolith). Entstehung: bei der Regionalmetamorphose; aus der Umwandlung von Pyroxenen. Vorkommen: in Talk- und Chloritschiefern; in Eklogiten; auf alpinen Klüften (hier insbesondere Amiant). Begleitmineralien: Talk, Glimmer, Kalkspat, Epidot. Fundorte: Zillertal (A), Untersulzbachtal/Tauern (A) (Byssolith), Tavetsch/Graubünden (CH) (Amiant). Ähnliche Mineralien: Pyroxene haben anderen Spaltwinkel; Turmalin hat keine Spaltbarkeit.

189 Augit

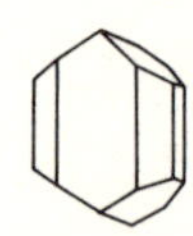

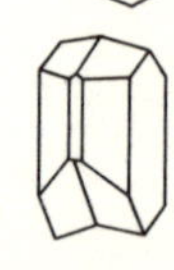

Chemische Formel: $(Ca,Mg,Fe)_2[(Si,Al)_2O_6]$
Härte: 6. Dichte: 3,3–3,5. Strichfarbe: grünlich. Farbe: dunkelgrün, schwarz. Glasglanz. Spaltbarkeit: nach dem Prisma deutlich, Spaltwinkel ungefähr 90°. Bruch muschelig. Tenazität: spröde. Kristallform: monoklin; kurz- bis langprismatische Kristalle, manchmal tafelig verzerrt, oft Zwillinge mit einspringenden Winkeln, die Kristalle haben vier- oder achtseitigen Querschnitt; auch nadelig, körnig, derb, ein- und aufgewachsen. Entstehung: aus der Schmelze. Vorkommen: in vielen Gesteinen als Gemengteil; schöne Kristalle in Tuffen und vulkanischen Sanden. Begleitmineralien: Biotit, Olivin, Hornblende. Fundorte: Bellerberg/Eifel (D) (nadelige Kristalle, grün, orange), Firmerich/Eifel (D) (große Kristalle in Tuffen), Vesuv/Neapel (I), Buffaure/Fassatal (I). Ähnliche Mineralien: Hornblende hat andere Spaltbarkeit und mehr sechsseitigen Querschnitt.

Fassait

Aluminiumreicher Augit, hellgrün bis grün, Vorkommen in Kontaktmarmoren, zum Beispiel am Mte. Monzoni/Fassatal (I) (von hier schöne Kristalle).

Omphazit

Dem Fassait chemisch praktisch gleich, entstanden bei höchstgradiger Metamorphose, zum Beispiel in Eklogiten.

Hedenbergit

Chemische Formel: $CaFe[Si_2O_6]$
Härte: 6. Dichte: 3,55. Strichfarbe: hellbraun bis grünlich. Farbe: dunkelgrün bis schwarz. Glasglanz. Spaltbarkeit: nach dem Prisma erkennbar, Spaltwinkel ungefähr 90°. Bruch spätig. Tenazität: spröde. Kristallform: monoklin; selten prismatische Kristalle mit quadratischem Querschnitt, meist radialstrahlig, stengelig, derb. Entstehung: kontaktmetasoma-

tisch. Vorkommen: in kontaktmetasomatischen Eisenlagerstätten. Begleitmineralien: Magnetit, Pyrit, Haematit, Arsenkies, Ilvait. Fundorte: Rio Marina/Elba (I), Campiglia Marittima/Livorno (I). Ähnliche Mineralien: Bei Beachtung der typischen Paragenese kaum Verwechslungen möglich; Hornblenden haben anderen Spaltwinkel.

Akmit

Ägirin

Chemische Formel: $NaFe[Si_2O_6]$
Härte: $6-6\frac{1}{2}$. Dichte: 3,55–3,60. Strichfarbe: gelblich bis dunkelgrün. Farbe: schwarz, dunkelgrün, dunkelbraun. Glasglanz bis Harzglanz. Spaltbarkeit: nach dem Prisma, Spaltwinkel ungefähr 90°. Bruch muschelig. Tenazität: spröde. Kristallform: monoklin; prismatische Kristalle, nadelig, haarförmig, strahlig, stengelig, ein- und aufgewachsen. Entstehung: aus der Schmelze; aus hydrothermalen Lösungen. Vorkommen: in Alkaligesteinen und deren Pegmatiten. Begleitmineralien: Feldspat, Nephelin, Eudialyt. Fundorte: Mt. Saint-Hilaire/Quebec (CDN), Lovozero Tundra/Kola (SU), Langesundfjord (N). Ähnliche Mineralien: Hornblende hat andere Spaltbarkeit; Turmalin hat andere Kristallform und ist härter.

Gadolinit

Chemische Formel: $Y_2FeBe_2[O/SiO_4]_2$
Härte: $6\frac{1}{2}$. Dichte: 4,0–4,7. Strichfarbe: grünlich. Farbe: schwarz, grünschwarz, braunschwarz, undurchsichtig; grün, hellgrün bis blaugrün, durchsichtig. Pechglanz bis Glasglanz. Spaltbarkeit: meist nicht erkennbar. Bruch muschelig. Tenazität: spröde. Kristallform: monoklin; derbe Massen eingewachsen (undurchsichtig, Pechglanz), prismatische Kristalle aufgewachsen (durchsichtig, Glasglanz). Entstehung: pegmatitisch; aus hydrothermalen Lösungen. Vorkommen: in Pegmatiten; auf alpinen Klüften. Begleitmineralien: Synchisit, Aeschynit, Xenotim, Monazit. Fundorte: Evje (N), Rauris/Tauern (A), Böckstein/Gasteiner Tal (A), Piz Blas und Piz Rondadura im Val Nalps (CH). Ähnliche Mineralien: Der grüne aufgewachsene Gadolinit ist nicht zu verwechseln; die Unterscheidung des schwarzen eingewachsenen Gadolinits von anderen schwarzen Mineralien ist durch die Strichfarbe möglich, aber nicht immer einfach.

191 Realgar

Chemische Formel: AsS
Härte: $1\frac{1}{2}$. Dichte: 3,5–3,6. Strichfarbe: orangegelb. Farbe: tiefrot bis etwas orange, durchscheinend bis undurchsichtig. Diamantglanz. Spaltbarkeit: kaum erkennbar. Bruch muschelig. Tenazität: dünne Blättchen biegsam, milde. Kristallform: monoklin; prismatische Kristalle, meist recht klein, blättrig, nadelig, pulvrig, derb. Entstehung: aus hydrothermalen Lösungen meist niedriger Temperatur. Vorkommen: auf Erzgängen niedriger Bildungstemperatur; als Abscheidung aus heißen Quellen; aus vulkanischen Gasen; auf Tonen und Kalksteinen; Verwitterungsprodukt von arsenhaltigen Erzen. Begleitmineralien: Auripigment, Dolomit, arsenhaltige Erzmineralien. Besondere Eigenschaften: Zerfällt unter Lichteinwirkung langsam in ein gelbliches Pulver (daher im Dunkeln aufbewahren!). Fundorte: Nußloch-Wiesloch/Baden-Württemberg (D), Cavnic (R), Baia Sprie (R), Lengenbach/Binntal (CH) (von hier besonders schöne und große Kristalle neben vielen seltenen Arsenmineralien), Allchar/Makedonien (YU), Matra/Korsika (F). Ähnliche Mineralien: Zinnober ist viel schwerer und hat vollkommene Spaltbarkeit; Cuprit braust mit verdünnter Salzsäure.

192 Auripigment

Rauschgelb

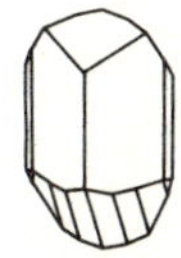

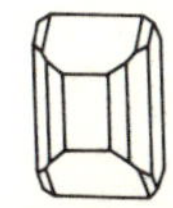

Chemische Formel: As_2S_3
Härte: $1\frac{1}{2}-2$. Dichte: 3,48. Strichfarbe: hellgelb. Farbe: zitronengelb bis orangegelb. Fettglanz. Spaltbarkeit: sehr vollkommen. Bruch blättrig. Tenazität: milde, schneidbar, Blättchen biegsam. Kristallform: monoklin; linsenförmige Kristalle, radialstrahlige Aggregate, blättrig, strahlig, derb. Entstehung: aus niedrig temperierten hydrothermalen Lösungen; bei der Verwitterung von Arsenmineralien. Vorkommen: in hydrothermalen Gängen; in Tongesteinen. Begleitmineralien: Realgar, Arsenmineralien. Fundorte: Lengenbach/Binntal (CH), Dellach/Drau (A), Matra/Korsika (F), Allchar/Makedonien (YU). Ähnliche Mineralien: Greenockit hat andere Kristallform, kommt meist nur pulvrig vor und hat ganz andere Paragenese.

193 Heinrichit

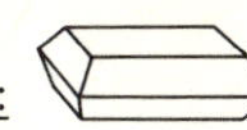

Chemische Formel: $Ba[UO_2/AsO_4]_2 \cdot 8-10\ H_2O$
Härte: $2\frac{1}{2}$. Dichte: 3,6. Strichfarbe: gelblich. Farbe: gelb bis gelbgrün. Glasglanz, auf Spaltflächen Perlmuttglanz. Spaltbarkeit: nach der Basis vollkommen. Bruch uneben. Tenazität: spröde bis milde. Kristallform: tetragonal; tafelige Kristalle. Entstehung: durch hydrothermale Umwandlung von Uranmineralien, insbesondere Pechblende. Vorkommen: in der Oxidationszone von Uranlagerstätten mit arsenreichen Mineralien. Begleitmineralien: Zeunerit, Schwerspat, Quarz. Besondere Eigenschaften: Fluoresziert unter der UV-Lampe. Fundorte: Menzenschwand/Schwarzwald (D), Wittichen/Schwarzwald (D). Ähnliche Mineralien: Autunit und Uranocircit sind mit einfachen Mitteln nicht zu unterscheiden, die arsenreiche Paragenese gibt aber oft deutliche Hinweise.

194 Uranocircit

Bariumuranglimmer

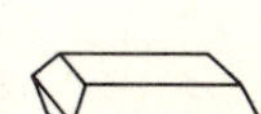

Chemische Formel: $Ba[UO_2/PO_4]_2 \cdot 8\ H_2O$
Härte: $2\frac{1}{2}$. Dichte: 3,5. Strichfarbe: gelblich. Farbe: gelb mit Stich ins Grüne. Glasglanz, auf Spaltflächen Perlmuttglanz. Spaltbarkeit: vollkommen nach der

Basis. Bruch uneben. Tenazität: spröde bis milde. Kristallform: tetragonal; tafelige Kristalle. Entstehung: durch hydrothermale Umwandlung von Uranmineralien, insbesondere Pechblende. Vorkommen: in der Oxidationszone von Uranlagerstätten. Begleitmineralien: Schwerspat, Torbernit, Bergenit, Autunit. Besondere Eigenschaften: Uranocircit fluoresziert unter der UV-Lampe. Fundorte: Wölsendorf/Oberpfalz (D), Menzenschwand/Schwarzwald (D), Bergen/Vogtland (DDR). Ähnliche Mineralien: Torbernit ist grün und fluoresziert nicht; Autunit ist mit einfachen Mitteln nur schwer zu unterscheiden.

195 Gold

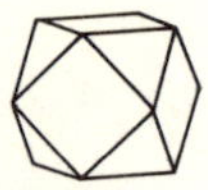
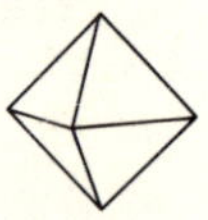
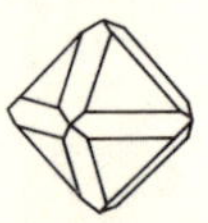
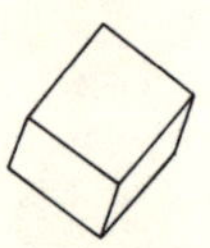

Chemische Formel: Au
Härte: 2½–3. Dichte: 15,5–19,3. Strichfarbe: goldgelb, metallisch. Farbe: gold- bis messinggelb. Metallglanz. Spaltbarkeit: keine. Bruch hakig. Tenazität: milde, sehr dehnbar, kann zu Plättchen gehämmert werden. Kristallform: kubisch; Oktaeder, Würfel, gut ausgebildete Kristalle selten; meist verzerrte Kristalle, Skelettformen, blech-, drahtförmig, oft derb, eingewachsen. Entstehung: hydrothermal; sekundär in Seifen. Vorkommen: in hydrothermalen Gängen hoher bis mäßiger Temperatur, dort in Drusen und Höhlungen schöne Kristalle; in Seifen in Flüssen und Bächen. Begleitmineralien: Quarz, Arsenkies, Pyrit, Turmalin, Fluorit, Goldtelluride. Verwendung: Gediegen Gold ist wichtigstes Golderz, es handelt sich aber hier kaum um mit dem Auge sichtbares »Freigold«, sondern um mikroskopisches, in anderen Mineralien eingewachsenes Gold. Das Metall wird verwendet zu Schmuck, als Münzmetall, für chemische Geräte und in der Elektroindustrie. Fundorte: Brandholz/Fichtelgebirge (D), Rauris/Tauern (A), Gastein/Tauern (A), Calanda (CH), Rosia Montana (R), Kalifornien (USA), Witwatersrand (ZA) (größter Goldproduzent der Welt, es handelt sich dabei um eine uralte fossile Seifenlagerstätte). Ähnliche Mineralien: Pyrit, Kupferkies und Markasit haben anderen Strich.

196 Uranophan

Uranotil

Chemische Formel: $CaH_2[UO_2/SiO_4]_2 \cdot 5\,H_2O$
Härte: 2½. Dichte: 3,9. Strichfarbe: hellgelb. Farbe: strohgelb bis tiefgelb. Glasglanz. Spaltbarkeit: wegen der nadeligen Ausbildung nicht erkennbar. Tenazität: spröde. Kristallform: monoklin. Nadelige bis haarförmige Kristalle, büschelige Aggregate, strahlig, derb, erdig. Entstehung: bei der Verwitterung von Pechblende. Vorkommen: in der Oxidationszone von Uranvorkommen. Begleitmineralien: Uranglimmer. Fundorte: Wölsendorf/Oberpfalz (D), Menzenschwand/Schwarzwald (D), Shinkolobwe/Shaba (ZR), Bancroft/Ontario (CDN). Ähnliche Mineralien: Der viel seltenere Beta-Uranophan ist mit einfachen Mitteln nicht zu unterscheiden; sonst ist bei Beachtung der Paragenese kaum eine Verwechslung möglich.

197 Kakoxen

Chemische Formel: $Fe_4[OH/PO_4]_3 \cdot 12\,H_2O$
Härte: 3. Dichte: 2,3. Strichfarbe: weiß bis gelblich. Farbe: goldgelb bis bräunlich. Seidenglanz bis Glasglanz. Spaltbarkeit: nicht erkennbar wegen der nadeligen Ausbildung. Tenazität: spröde. Kristallform: hexagonal; nadelig, haarförmig, meist kugelige Aggregate, faserige Krusten, radialstrahlig. Entstehung: bei der hydrothermalen Umwandlung von Eisenphosphaten; bei der Einwirkung phosphorhaltiger Lösungen auf Limonit. Vorkommen: in Phosphatpegmatiten; in Brauneisenlagerstätten. Begleitmineralien: Beraunit, Strengit, Rockbridgeit. Fundorte: Hagendorf/Oberpfalz (D), Amberg/Oberpfalz (D), Grube Rotläufchen/Waldgirmes (D), Indian Mountain/Alabama (USA). Ähnliche Mineralien: Strunzit ist blasser gelb, aber manchmal nicht einfach zu unterscheiden.

Greenockit

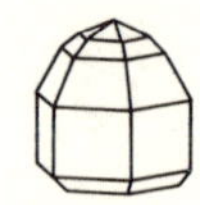

Chemische Formel: CdS
Härte: 3–3½. Dichte: 4,9–5,0. Strichfarbe: gelb. Farbe: gelb, honiggelb, orangegelb. Kristalle Fett- bis Diamantglanz, sonst matt. Spaltbarkeit: nach dem Prisma, aber nur an Kristallen erkennbar. Bruch muschelig. Tenazität: spröde. Kristallform: hexagonal; pyramidale Kristalle, auf einer Seite durch die Basis begrenzt, sehr selten, meist nur als pulvriger, erdiger Belag. Entstehung: bei der Verwitterung der Zinkblende aus deren Kadmium-Gehalt. Vorkommen: als Anflug auf Zinkblende. Begleitmineralien: Zinkblende, Wurtzit. Fundorte: Hagendorf/Oberpfalz (D), Achselalm/Hollersbachtal (A), Příbram/Böhmen (CS), Llallagua (BOL). Ähnliche Mineralien: Die Paragenese mit Zinkblende ist charakteristisch; Auripigment hat andere Spaltbarkeit und kommt in völlig anderer Paragenese vor, derber Greenockit ist zudem heller.

198 Beraunit

Chemische Formel: $Fe_3[(OH)_3/(PO_4)_2] \cdot 2\tfrac{1}{2}\,H_2O$
Härte: 3–4. Dichte: 2,9. Strichfarbe: gelb. Farbe: gelb, grün, braun, rot. Glasglanz. Spaltbarkeit: gut, aber nur an größeren Kristallen sichtbar. Bruch uneben. Tenazität: spröde. Kristallform: monoklin; tafelige bis nadelige Kristalle, radialstrahlig. Entstehung: bei der hydrothermalen Umwandlung von Eisenphosphaten; bei der Einwirkung phosphorhaltiger Lösungen auf Limonit. Vorkommen: in Phosphatpegmatiten; in Brauneisen-Lagerstätten. Begleitmineralien: Kakoxen, Strengit, Rockbridgeit, Laueit, Strunzit. Fundorte: Grube Rotläufchen/Waldgirmes (D), Hagendorf/Oberpfalz (D), Hühnerkobel/Bayerischer Wald (D), Pleystein/Oberpfalz (D), Palermo Mine/New Hampshire (USA). Indian Mountain/Alabama (USA). Ähnliche Mineralien: Gelber Beraunit ist mit einfachen Mitteln manchmal nicht von Strunzit zu unterscheiden.

199 Beudantit

Chemische Formel: $PbFe_3[(OH)_6/SO_4/AsO_4]$ Härte: 4. Dichte: 4,3. Strichfarbe: gelb. Farbe: gelb, braun, grünlich, oliv. Glasglanz. Spaltbarkeit: keine. Bruch muschelig. Tenazität: spröde. Kristallform: trigonal; rhomboedrische, pseudowürfelige Kristalle, tafelig, krustig, erdig, derb. Entstehung: bei der Verwitterung bleihaltiger Mineralien. Vorkommen: in der Oxidationszone. Begleitmineralien: Mimetesit, Jarosit, Limonit, Konichalcit. Fundorte: Horhausen/Westerwald (D), Grube Schöne Aussicht/Dernbach (D), Lavrion/Athen (GR). Ähnliche Mineralien: Jarosit und Natrojarosit sind etwas weicher und zeigen Spaltbarkeit.

Jarosit

Gelbeisenerz

Chemische Formel: $KFe_3[(OH)_6/(SO_4)_2]$ Härte: 3–4. Dichte: 3,1–3,3. Strichfarbe: gelb. Farbe: gelb bis braun. Glasglanz. Spaltbarkeit: nach der Basis manchmal erkennbar. Bruch uneben. Tenazität: spröde. Kristallform: trigonal; tafelige bis rhomboedrische Kristalle, körnig, pulvrig, krustig, als Überzug, erdig, traubig. Entstehung: bei der Verwitterung von Eisenmineralien, insbesondere Pyrit. Vorkommen: in der Oxidationszone. Begleitmineralien: Goethit. Fundorte: Barranco de Jaroso/Sierra Almagrera (E), Laacher See/Eifel (D). Ähnliche Mineralien: Limonit ist von derbem Jarosit oft nur schwer zu unterscheiden; Natrojarosit kann nur mit chemischen Methoden unterschieden werden.

Natrojarosit

Chemische Formel: $NaFe_3[(OH)_6/(SO_4)_2]$ In allen Eigenschaften wie Jarosit, von dem er nur durch chemische Methoden unterschieden werden kann. Fundort: Lavrion/Athen (GR).

Zinkit

Rotzinkerz

Chemische Formel: ZnO Härte: 4½–5. Dichte: 5,4–5,7. Strichfarbe: rötlichgelb. Farbe: tiefrot. Fettglanz. Spaltbarkeit: nach der Basis vollkommen. Bruch muschelig. Tenazität: spröde. Kristallform: hexagonal; Kristalle äußerst selten, meist derb, körnige, spätige Aggregate. Entstehung: bei der Metamorphose von Zinklagerstätten. Vorkommen: in stark metamorphen Zinklagerstätten. Begleitmineralien: Franklinit, Willemit, Kalkspat. Verwendung: als Zinkerz, sehr selten zu Schmuckzwecken verschliffen. Fundorte: sehr selten Bottino/Toskana (I), Haupterz in Franklin/New Jersey (USA). Ähnliche Mineralien: Cuprit braust beim Betupfen mit Salzsäure und ist etwas weicher.

Zwieselit

Chemische Formel: $(Fe,Mn)_2[F/PO_4]$ Härte: 5. Dichte: 3,5–3,9. Strichfarbe: gelblichgrau. Farbe: hell kastanienbraun, braun. Fettglanz. Spaltbarkeit: kaum sichtbar. Bruch uneben. Tenazität: spröde. Kristallform: monoklin; selten eingewachsene Kristalle mit ungefähr sechsseitigem Querschnitt, meist derbe, eingewachsene Massen. Entstehung: bei der Bildung der Pegmatite. Vorkommen: in Phosphatpegmatiten. Begleitmineralien: Wolfeit, Triphylin, Arrojadit, Apatit. Fundorte: Hühnerkobel/Bayerischer Wald (D), Hagendorf/Oberpfalz (D), Palermo Mine/New Hampshire (USA). Ähnliche Mineralien: Wolfeit ist auf den Spaltflächen gestreift und insgesamt etwas rötlicher.

Kainosit

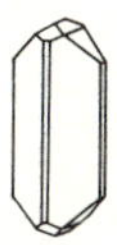

Chemische Formel: $Ca_2(Y,Ce)_2[CO_3/Si_4O_{12}]\cdot 2H_2O$ Härte: 5–6. Dichte: 3,5. Strichfarbe: gelblich. Farbe: gelbbraun undurchsichtig, gelb durchsichtig. Glasglanz. Spaltbarkeit: keine. Bruch muschelig. Tenazität: spröde. Kristallform: orthorhombisch; prismatische bis kurzprismatische Kristalle, eingewachsen und aufgewachsen. Entstehung: pegmatitisch; aus hydrothermalen Lösungen. Vorkommen: in Pegmatiten eingewachsen; auf alpinen Klüften aufgewachsen. Begleitmineralien: Fluorit, Haematit, Adular. Fundorte: Nordmark/Värmland (S), Gotthardtunnel/St. Gotthard (CH), Curnera im Tavetsch/Graubünden (CH), Baltschiedertal/Wallis (CH), Obersulzbachtal/Tauern (A). Ähnliche Mineralien: Anatas hat andere Symmetrie; Monazit hat andere Kristallform.

200 Berthierit

Chemische Formel: $FeSb_2S_4$ Härte: 2–3. Dichte: 4,6. Strichfarbe: braungrau. Farbe: stahlgrau, oft gelb angelaufen. Metallglanz. Spaltbarkeit: in Längsrichtung erkennbar. Bruch uneben. Tenazität: spröde. Kristallform: orthorhombisch; nadelig, faserig, strahlig. Entstehung: aus hydrothermalen Lösungen. Vorkommen: auf hydrothermalen Antimonerzgängen. Begleitmineralien: Quarz, Antimonit. Fundorte: St. Ulrich/Schwarzwald (D), Bräunsdorf/Freiberg (DDR). Ähnliche Mineralien: Antimonit ist heller.

201 Baumhauerit

Chemische Formel: $Pb_{12}As_{16}S_{36}$ Härte: 3. Dichte: 5,33. Strichfarbe: braun. Farbe: stahlgrau, oft tiefrote Innenreflexe. Metallglanz, manchmal matt. Spaltbarkeit: nur schlecht erkennbar. Bruch muschelig. Tenazität: spröde. Kristallform: triklin; prismatische Kristalle, meist mit gerundeten Kanten. Entstehung: beim Zusammentreffen von arsenhaltigen Lösungen mit Bleiglanz. Vorkommen: in Drusen im Dolomitmarmor und derb eingewachsen. Begleitmineralien: Dolomit, Realgar, Skleroklas. Fundorte: Bisher einziger Fundort ist der Lengenbach/Binntal (CH). Ähnliche Mineralien: Skleroklas hat schiefe Endflächen, ist nicht gerundet und hat keine roten Innenreflexe.

202 Skleroklas

Sartorit

Chemische Formel: $PbAs_2S_4$
Härte: 3. Dichte: 5,05. Strichfarbe: braun. Farbe: stahlgrau. Metallglanz. Spaltbarkeit: nur schlecht erkennbar. Bruch muschelig. Tenazität: spröde. Kristallform: monoklin; prismatische bis nadelige Kristalle mit schiefer Endfläche, oft längsgerieft. Entstehung: beim Zusammentreffen von arsenhaltigen Lösungen mit Bleiglanz. Vorkommen: in Drusen im Dolomitmarmor. Begleitmineralien: Dolomit, Realgar, Rathit, Baumhauerit. Besondere Eigenschaften: zerspringt schon bei sehr geringer Erwärmung, daher Vorsicht beim Beleuchten! Fundorte: Bisher einziger Fundort ist der Lengenbach/Binntal (CH). Ähnliche Mineralien: Baumhauerit hat meist mehr gerundete Flächen, charakteristisch für Skleroklas ist die schiefe Endfläche.

203 Descloizit

Chemische Formel: $Pb(Zn,Cu)[OH/VO_4]$
Härte: $3^1/_2$. Dichte: 5,5–6,2. Strichfarbe: hellbraun. Farbe: braun, rotbraun, gelbbraun, schwarzbraun. Harzglanz. Spaltbarkeit: keine. Bruch uneben. Tenazität: spröde. Kristallform: orthorhombisch; prismatische, selten tafelige Kristalle, oft dendritische Aggregate, radialstrahlig, krustig, derb. Entstehung: bei der Verwitterung von Zink- und Kupfererzen in Anwesenheit von Vanadium. Vorkommen: in der Oxidationszone von Blei-Zink-Lagerstätten. Begleitmineralien: Vanadinit, Wulfenit. Fundorte: Hofsgrund/Schwarzwald (D), Bleiberg/Kärnten (A), Hochobir/Kärnten (A), Abenab/Otavibergland (NAM), Tsumeb/Otavibergland (NAM). Ähnliche Mineralien: Magnetit ist härter; brauner Kalkspat oder Smithsonit sind leichter und zeigen deutliche Spaltbarkeit.

204, 205 Zinkblende

Sphalerit

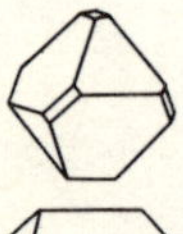

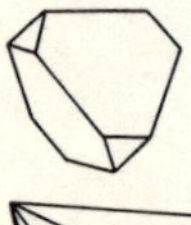

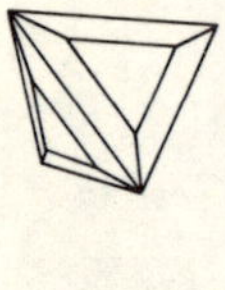

Chemische Formel: ZnS
Härte: $3^1/_2$–4. Dichte: 3,9–4,2. Strichfarbe: weiß, bei höheren Eisengehalten gelb bis braun. Farbe: gelb, braun, rot, grün, schwarz. Halbmetallischer Diamantglanz, in dichten Aggregaten auch Fettglanz. Spaltbarkeit: vollkommen nach dem Rhombendodekaeder. Bruch muschelig, splittrig. Tenazität: spröde. Kristallform: kubisch; oft aufgewachsene Kristalle, hauptsächlich Tetraeder, Rhombendodekaeder, durch Kombination zweier Tetraeder oft oktaederähnliche Kristalle, Flächen oft gestreift; häufig verzwillingt, kenntlich an der Streifung der Spaltflächen; derb, radialstrahlig, spätig, körnig. Entstehung: magmatisch bei der Kristallisation der Tiefengesteine; pegmatitisch und pneumatolytisch im Gefolge insbesondere von Graniten; hydrothermal von hoch- bis tiefthermal; sedimentär in Ablagerungen unter Sauerstoffabschluß. Vorkommen: in Graniten, in Gabbros; in Pegmatiten; in Zinnerzgängen; in kontaktmetasomatischen Lagerstätten; in hydrothermalen Gängen und Verdrängungslagerstätten; in sedimentären Lagerstätten und daraus entstandenen metamorphen Lagerstätten. Begleitmineralien: Bleiglanz, Pyrit, Magnetkies, Markasit, Kalkspat, Baryt, Kupferkies. Verwendung: wichtigstes Zinkerz. Fundorte: Hagendorf/Bayern (D) (Pegmatit mit eisenreicher Zinkblende), Bodenmais/Bayern (D) (metamorphe Magnetkieslagerstätte), außerordentlich viele hydrothermale Lagerstätten, zum Beispiel Schauinsland/Schwarzwald (D), Bad Grund/Harz (D), Trepča (YU) (hier sehr schöne Kristalle), Altenberg/Aachen (D), Bleiberg/Kärnten (A), ebenso sedimentäre Lagerstätten, teilweise leicht metamorphisiert, zum Beispiel Meggen/Sauerland (D), Rammelsberg/Harz (D). Ähnliche Mineralien: Unterscheidung von Bleiglanz, Granat, Fahlerz und Schwefel durch Härte und Spaltbarkeit.

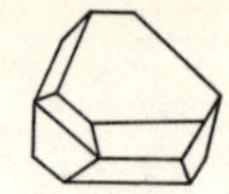

Wurtzit

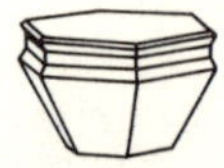

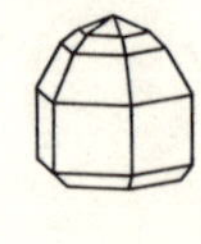

Chemische Formel: ZnS
Härte: $3^1/_2$–4. Dichte: 4,0. Strichfarbe: hellbraun. Farbe: hell- bis dunkelbraun. Harzglanz. Spaltbarkeit: nach der Basis und dem Prisma. Bruch uneben. Tenazität: spröde. Kristallform: hexagonal; spindelförmige Kristalle, Pyramiden mit Basis, horizontal gestreift, strahlig, nierig, faserig, dicht. Entstehung: aus hydrothermalen Lösungen. Vorkommen: in hydrothermalen Gängen. Begleitmineralien: Zinkblende, Bleiglanz, Pyrit, Markasit. Fundorte: Stolberg/Aachen (D), Přibram/Böhmen (CS), Butte/Montana (USA), Joplin/Missouri (USA). Ähnliche Mineralien: Zinkblende hat andere Kristallform und Spaltbarkeit. Vorsicht! Auch Zinkblende kann strahlig sein.

206 Manganit

Chemische Formel: MnOOH
Härte: 4. Dichte: 4,3–4,4. Strichfarbe: dunkelbraun. Farbe: braunschwarz bis schwarz, in dünnen Splittern rot durchscheinend. Metallglanz. Spaltbarkeit: deutlich. Bruch uneben. Tenazität: spröde. Kristallform: monoklin; lang- bis kurzprismatische Kristalle, selten tafelig, kreuzförmige Zwillinge, radialstrahlig, erdig, derb. Entstehung: aus hydrothermalen Lösungen; durch Auslaugung des manganhaltigen Nebengesteins. Vorkommen: in hydrothermalen Gängen; in Melaphyren und Porphyren. Begleitmineralien: Pyrolusit, Limonit, Braunit, Baryt, Kalkspat. Verwendung: als Manganerz. Fundorte: Ilfeld/Harz (DDR), Öhrenstock/Thüringen (DDR), Haute-Poirot/Vogesen (F). Ähnliche Mineralien: Goethit hat andere Farbe.

207 Goethit

Samtblende, Nadeleisenerz

Chemische Formel: FeOOH
Härte: 5–5½. Dichte: 4,3. Strichfarbe: braun bis braungelb. Farbe: lichtgelb, braun bis schwarzbraun. Metallglanz bis matt. Spaltbarkeit: vollkommen, aber oft nicht erkennbar. Bruch uneben. Tenazität: spröde. Kristallform: orthorhombisch; nadelige Kristalle, strahlige Aggregate mit glatter Oberfläche (brauner Glaskopf), derb, erdig. Entstehung: bei der Verwitterung anderer Eisenmineralien; selten hydrothermal. Vorkommen: in Blasenhohlräumen vulkanischer Gesteine (hier schöne Kristalle); in der Oxidationszone fast aller Erzlagerstätten (»eiserner Hut«). Begleitmineralien: kommt mit außerordentlich vielen verschiedenen Mineralien vor. Verwendung: als Eisenerz; feinkörnige Varietäten (Rasenerze, See-Erze) dienen als Filtermassen für Gase. Fundorte: Freisen/Saarland (D), vielerorts im Siegerland (D), Hüttenberg/Kärnten (A), Cornwall (GB). Ähnliche Mineralien: Lepidokrokit ist rötlicher.

208 Wolframit

Chemische Formel: $(Fe,Mn)WO_4$
Mischungsreihe mit den beiden Endgliedern Ferberit $FeWO_4$ und Hübnerit $MnWO_4$.
Härte: 5–5½. Dichte: 7,14–7,54. Strichfarbe: gelbbraun bis dunkelbraun, manchmal fast schwarz. Farbe: braun, rötlich durchscheinend (Hübnerit) bis fast schwarz (Ferberit). Fettiger Metallglanz. Spaltbarkeit: sichtbar. Bruch uneben. Tenazität: spröde. Kristallform: monoklin; tafelig bis prismatisch, auch nadelig, strahlig, spätig, derb. Entstehung: pegmatitisch und pneumatolytisch im Gefolge von Graniten; selten auch intramagmatisch. Vorkommen: in Graniten, Pegmatiten, pneumatolytischen Gängen, hydrothermalen Gängen. Begleitmineralien: Turmalin, Zinnstein, Quarz, Fluorit, Apatit, Arsenkies, Molybdänglanz. Verwendung: wichtiges Wolframerz. Fundorte: Rudolfstein/Fichtelgebirge (D), Zinnwald/Erzgebirge (CS), Pechtelsgrün/Vogtland (DDR), Pasto Bueno (PE) (schöne Hübnerite), Boulder/Colorado (USA), Panasqueira (P) (von hier ausgezeichnete Kristalle mit Apatit, Arsenkies), Taewha Mine/Seoul (ROK). Ähnliche Mineralien: Columbit ist etwas härter; Zinnstein hat andere Kristallform.

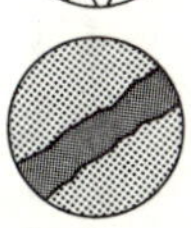

209 Chromit

Chromeisenerz

Chemische Formel: $(Fe,Mg)Cr_2O_4$
Härte: 5½. Dichte: 4,5–4,8. Strichfarbe: braun. Farbe: braunschwarz bis eisenschwarz. Metallglanz bis Fettglanz. Spaltbarkeit: keine. Bruch muschelig. Tenazität: spröde. Kristallform: kubisch; selten Oktaeder, meist körnig, derb, eingewachsen. Entstehung: aus der Schmelze. Vorkommen: Lager, Schichten in basischen Gesteinen, Gebbros, Peridotiten, Anorthositen und Serpentiniten; in Seifen. Begleitmineralien: Olivin, Magnetit, Anorthit, Pyroxene. Verwendung: einziges Chromerz. Fundorte: Kraubath/Steiermark (A), Guleman (TR), Great Dyke (RSR), Bushveld/Transvaal (ZA). Ähnliche Mineralien: Magnetit hat schwarzen Strich, die Paragenese in basischen Gesteinen ist sehr charakteristisch.

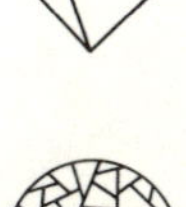

210 Hausmannit

Chemische Formel: Mn_3O_4
Härte: 5½. Dichte: 4,7–4,8. Strichfarbe: braun bis rötlich. Farbe: eisenschwarz, etwas bräunlich. Metallglanz. Spaltbarkeit: vollkommen nach der Basis. Bruch uneben. Tenazität: spröde. Kristallform: tetragonal; oktaederähnliche Kristalle, körnig, derb. Entstehung: durch metamorphe Umwandlung. Vorkommen: in metamorphen Manganlagerstätten; selten auf hydrothermalen Mangangängen. Begleitmineralien: Braunit, Manganit, Piemontit. Fundorte: Ilfeld/Harz (DDR), Öhrenstock/Thüringen (DDR), Långban/Värmland (S). Ähnliche Mineralien: Magnetit hat schwarzen Strich; Braunit hat viel schlechtere Spaltbarkeit, meist nicht erkennbar.

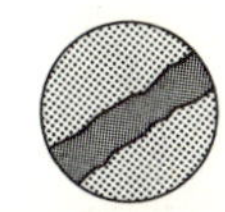

211 Neptunit

Chemische Formel: $Na_2FeTi[Si_4O_{12}]$
Härte: 5½. Dichte: 3,23. Strichfarbe: braun. Farbe: schwarz bis dunkelbraun. Glasglanz. Spaltbarkeit: meist nicht erkennbar. Bruch muschelig. Tenazität: spröde. Kristallform: monoklin; prismatische Kristalle, oft flächenreich. Entstehung: aus hydrothermalen Lösungen. Vorkommen: in Nephelinsyenitpegmatiten; in Natrolithgängen in basischen Gesteinen. Begleitmineralien: Benitoit, Natrolith, Aegirin. Fundorte: Dallas Gem Mine/San Benito County/Kalifornien (USA), Igaliko/Grönland (DK), Halbinsel Kola (SU). Ähnliche Mineralien: Turmalin hat andere Kristallform und ist härter, die Paragenese ist sehr typisch und gibt deutliche Hinweise.

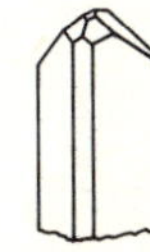

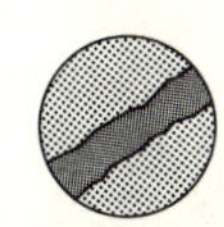

212 Rotnickelkies

Nickelin

Chemische Formel: NiAs
Härte: 5½. Dichte: 7,8. Strichfarbe: schwarzbraun. Farbe: metallisch rosa, dunkler angelaufen. Metallglanz. Spaltbarkeit: meist nicht sichtbar. Bruch muschelig. Tenazität: spröde bis milde. Kristallform: hexagonal; sehr selten hexagonale Kristalle, fast immer derb. Entstehung: aus hydrothermalen Lösungen; selten aus der Schmelze. Vorkommen: in hydrothermalen Erzgängen; in Gabbros. Begleitmineralien: Maucherit, Schwerspat, Arsenkies, Nickelblüte. Besondere Eigenschaften: Löst sich in konzentrierten Säuren mit grüner Farbe. Verwendung: als Nickelerz. Fundorte: Riechelsdorf/Hessen (D), Bieber/Hessen (D), Schneeberg/Sachsen (DDR), Zinkwand/Schladming (A), Eisleben/Harz (DDR) (von hier auch Kristalle), Cobalt/Ontario (CDN). Ähnliche Mineralien: Maucherit ist etwas heller, mit einfachen Mitteln nur schwer zu unterscheiden.

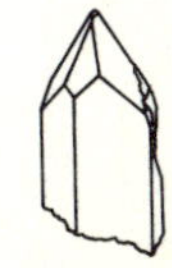

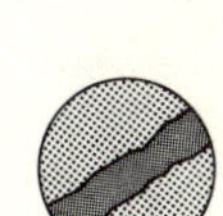

Aeschynit

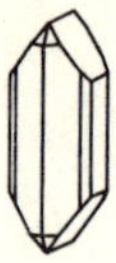

Chemische Formel: $(Ce,Th,Ca)(Ti,Nb,Ta)_2O_6$
Härte: 5–6. Dichte: 4,9–5,1. Strichfarbe: gelbbraun. Farbe: braun bis eisenschwarz (eingewachsen), gelblich bis braun durchscheinend (aufgewachsen). Pechglanz (eingewachsen), Glasglanz (aufgewachsen). Spaltbarkeit: keine. Bruch muschelig. Tenazität: spröde. Kristallform: orthorhombisch; tafelige bis prismatische Kristalle, derb eingewachsen. Entstehung: pegmatitisch aus der Schmelze; aus hydrothermalen Lösungen. Vorkommen: in Granitpegmatiten; auf alpinen Klüften. Begleitmineralien: Xenotim, Monazit, Anatas, Brookit. Fundorte: Rauris/Tauern (A) (sehr schöne aufgewachsene Kristalle in alpinen Klüften), Böckstein/Gasteiner Tal (A), Piz Blas/Val Nalps (CH), Hitterö/Stockholm (S), Miask/Ural (SU). Ähnliche Mineralien: Rutil hat tetragonale Symmetrie; Orthit ist in aufgewachsenen Kristallen etwas mehr violett, hat andere Strichfarbe, ebenso Samarskit und Gadolinit.

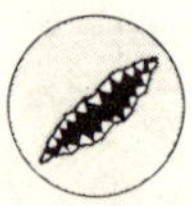

213 Hypersthen

Chemische Formel: $(Fe,Mg)_2[Si_2O_6]$
Härte: 5–6. Dichte: 3,5. Strichfarbe: grünlich- bis bräunlichweiß. Farbe: schwarz, dunkelbraun, dunkelgrün. Glasglanz, oft metallischer Schimmer auf Absonderungsflächen. Spaltbarkeit: erkennbar, oft blättrige Absonderung. Bruch uneben. Tenazität: spröde. Kristallform: orthorhombisch; tafelige bis prismatische Kristalle, ein- und aufgewachsen, blättrig, körnig, derb. Entstehung: aus der Schmelze; bei der Metamorphose. Vorkommen: in Noriten und Gabbros; in metamorphen Schiefern; in Andesiten und Trachyten, auf deren Klüften; in vulkanischen Auswürflingen. Begleitmineralien: Olivin, Diopsid, Zirkon, Magnetkies. Fundorte: Bodenmais/Bayerischer Wald (D), Laacher See/Eifel (D). Ähnliche Mineralien: Die monoklinen Pyroxene unterscheiden sich durch die Kristallform; Bronzit und Enstatit sind mit einfachen Mitteln oft nicht zu unterscheiden.

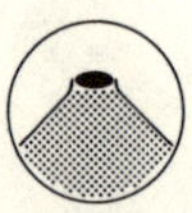

214, 215 Hornblende

Chemische Formel:
$(Ca,Na,K)_{2-3}(Mg,Fe,Al)_5[(OH,F)_2/(Si,Al)_2Si_6O_{22}]$
Härte: 5–6. Dichte: 2,9–3,4. Strichfarbe: graugrün bis graubraun. Farbe: dunkelgrün, schwarz. Glasglanz. Spaltbarkeit: vollkommen; die Spaltflächen bilden einen Winkel von etwa 120°. Bruch uneben. Tenazität: spröde. Kristallform: monoklin; prismatische Kristalle mit oft dreiflächiger Endbegrenzung, stengelige Aggregate, derb. Entstehung: als Gemengteil magmatischer Gesteine; bei der Kontaktmetamorphose. Vorkommen: in Graniten, Syeniten, Dioriten und vielen vulkanischen Gesteinen; auf deren Klüften; in Gneisen. Begleitmineralien: Biotit, Augit, Magnetit. Fundorte: vielerorts in der Eifel (D), Saualpe (A), Pargas (SF), Bilin/Böhmen (CS). Ähnliche Mineralien: Augit hat anderen Spaltwinkel; Turmalin hat keine Spaltbarkeit.

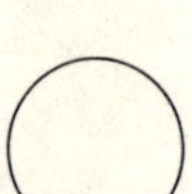

216 Fergusonit

Chemische Formel: $Y(Nb,Ta)O_4$
Härte: 5–6½. Dichte: 4,7–6,2. Strichfarbe: hellbraun. Farbe: braun bis schwarz. Fettglanz. Spaltbarkeit: keine. Bruch muschelig bis uneben. Tenazität: spröde. Kristallform: tetragonal; pyramidale Kristalle, immer eingewachsen, derb. Entstehung: pegmatitisch aus der Schmelze. Vorkommen: in Granitpegmatiten. Begleitmineralien: Monazit, Samarskit, Priorit. Fundorte: Helle/Arendal (N), Ytterby (S). Ähnliche Mineralien: Samarskit, Aeschynit haben andere Strichfarbe; Monazit hat vollkommene Spaltbarkeit.

217 Bronzit

Chemische Formel: $(Mg,Fe)_2[Si_2O_6]$
Härte: 5–6. Dichte: 3,2–3,4. Strichfarbe: bräunlichweiß. Farbe: braun, grünlich. Auf Absonderungsflächen seiden- bis metallartiger Glanz. Spaltbarkeit: kaum erkennbar, aber blättrige bis faserige Absonderung. Bruch blättrig bis faserig. Tenazität: spröde. Kristallform: orthorhombisch; blättrige bis faserige Aggregate. Entstehung: aus der Schmelze. Vorkommen: in Noriten, zum Teil regelrechte Bronzitfelse bildend; in Peridotiten; in Meteoriten. Begleitmineralien: Ilmenit, Chromit, Olivin, Serpentin. Fundorte: Bad Harzburg/Harz (D), Kraubath/Steiermark (A), Bushveld/Transvaal (ZA). Ähnliche Mineralien: Der metallische Glanz auf den Absonderungsflächen ist charakteristisch und unterscheidet von anderen Mineralien; Hypersthen und Enstatit sind mit einfachen Mitteln oft nicht zu unterscheiden.

218 Samarskit

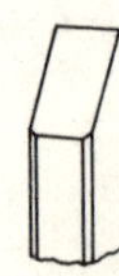

Chemische Formel: $(Y,U,Ca)(Nb,Fe)_2(O,OH)_6$
Härte: 6. Dichte: 5,5–6,2. Strichfarbe: dunkelbraun, etwas rötlich. Farbe: schwarz. Pechglanz. Spaltbarkeit: keine. Bruch muschelig. Tenazität: spröde. Kristallform: tafelige bis prismatische Kristalle sind selten, meist derb, eingewachsen. Entstehung: pegmatitisch aus der Schmelze. Vorkommen: in Granitpegmatiten. Begleitmineralien: Gadolinit, Orthit, Columbit. Fundorte: Tittling/Bayerischer Wald (D) (von hier tafelige Kristalle), Evje (N), Miask/Ural (SU), Pikes Peak/Colorado (USA). Ähnliche Mineralien: Columbit hat anderen Glanz; Aeschynit hat andere Strichfarbe, ebenso Gadolinit.

219 Pseudobrookit

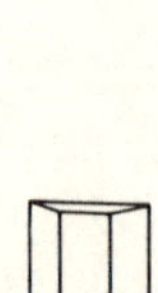

Chemische Formel: Fe_2TiO_5
Härte: 6. Dichte: 4,4. Strichfarbe: bräunlich bis rötlich, ockergelb. Farbe: rot, schwarz, rotschwarz. Metallglanz. Spaltbarkeit: kaum erkennbar. Bruch muschelig. Tenazität: spröde. Kristallform: orthorhombisch; prismatische bis tafelige Kristalle. Entstehung: durch Zersetzung von Ilmenit. Vorkommen: in Drusen und Hohlräumen in vulkanischen Gesteinen. Begleitmineralien: Topas, Pyroxen, Hornblende, Tridymit. Fundorte: Bellerberg/Eifel (D), Em-

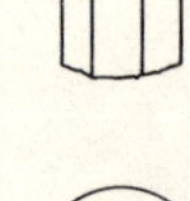

melberg/Eifel (D), Thomas Range/Utah (USA), La Celia/Jumilla (E). Ähnliche Mineralien: Bei Beachtung der Paragenese keine Verwechslungen möglich.

220, 221 Rutil

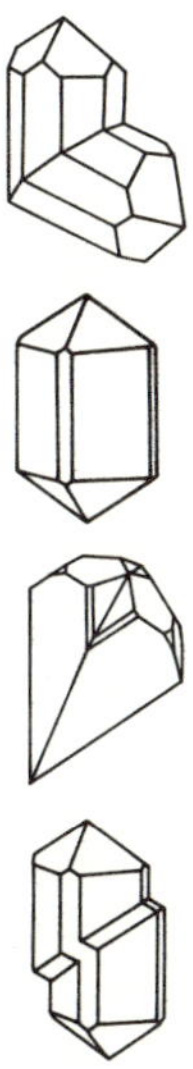

Chemische Formel: TiO_2
Härte: 6. Dichte: 4,2–4,3. Strichfarbe: gelblichbraun. Farbe: gelblichbraun, braunrot, rot, schwarz. Diamant- bis Metallglanz. Spaltbarkeit: vollkommen nach dem Prisma, aber nur an dicken Kristallen sichtbar. Bruch muschelig. Tenazität: spröde. Kristallform: tetragonal; prismatische bis nadelige Kristalle, haarförmig; knieförmige Zwillinge, durch stetige Verzwillingung entstehen Ringe und regelrechte Gitter (Sagenit). Entstehung: pegmatitisch und hydrothermal; bei der Metamorphose; bei der Zersetzung titanhaltiger Mineralien. Vorkommen: in Pegmatiten, besonders im Gefolge von Gabbros; auf alpinen Klüften; in Sedimentgesteinen; eingewachsene, zum Teil große Kristalle in metamorphen Gesteinen; in Seifen. Begleitmineralien: Anatas, Brookit, Titanit, Quarz, Feldspat, Haematit. Besondere Eigenschaften: Rutilkristalle sind oft in geordneter Weise auf Haematitkristallen aufgewachsen (epitaktische Verwachsung). Verwendung: bei der Porzellanmalerei; zur Herstellung von Titan und anderen Titanverbindungen. Fundorte: Rauris/Tauern (A), Binntal (CH), Campolungo/Tessin (CH), Magnet Cove/Arkansas (USA). Ähnliche Mineralien: Turmalin ist härter und hat anderen Glanz; Magnetit hat anderen Strich.

222 Helvin

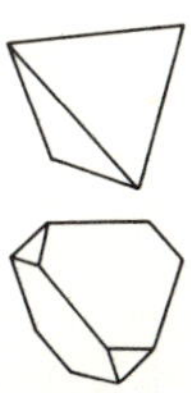

Chemische Formel: $(Fe,Mn,Zn)_8[S_2/(BeSiO_4)_6]$, die Endglieder der Mischkristallreihe heißen Danalith (Fe), Helvin (Mn) und Genthhelvin (Zn).
Härte: 6. Dichte: 3,1–3,66. Strichfarbe: bräunlich. Farbe: hellgelb, rötlichbraun, dunkelbraunrot. Glasglanz. Spaltbarkeit: keine. Bruch muschelig. Tenazität: spröde. Kristallform: kubisch; Tetraeder, selten Rhombendodekaeder, aufgewachsen, eingewachsen, körnig, dicht. Entstehung: durch kontaktmetasomatische Umwandlung. Vorkommen: in Skarnlagerstätten. Begleitmineralien: Fluorit, Granat. Fundorte: Schwarzenberg/Sachsen (DDR), Capnic/Baia Mare (R), Hörtekollen/Oslo (N), Mt. St.-Hilaire/Quebec (CDN). Ähnliche Mineralien: Die tetraedrischen Kristalle sind sehr charakteristisch; Zinkblende hat deutliche Spaltbarkeit; rhombendodekaedrische Kristalle und derbe Massen sind von Granat nur sehr schwer zu unterscheiden.

223 Franklinit

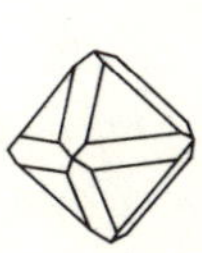

Chemische Formel: $ZnFe_2O_4$
Härte: $6–6\frac{1}{2}$. Dichte: 5,0–5,2. Strichfarbe: rotbraun. Farbe: schwarz. Metallglanz. Spaltbarkeit: keine. Bruch muschelig. Tenazität: spröde. Kristallform: kubisch; meist Oktaeder, derb, eingewachsen. Entstehung: bei der metamorphen Umwandlung von Zinklagerstätten. Vorkommen: in metamorphen Zinklagerstätten. Begleitmineralien: Zinkit, Willemit, Kalkspat. Fundort: Franklin/New Jersey (USA). Ähnliche Mineralien: Von Magnetit unterscheidet die Paragenese mit Zinkmineralien; Gahnit ist härter.

224 Graphit

Chemische Formel: C
Härte: 1. Dichte: 2,1–2,3. Strichfarbe: grau, metallisch. Farbe: dunkel bis hell stahlgrau, undurchsichtig. Metallglanz bis matt. Spaltbarkeit: nach der Basis sehr vollkommen. Tenazität: biegsam, milde. Kristallform: hexagonal; tafelige Kristalle, meist nur eingewachsene Blättchen, blättrige Aggregate, dicht, erdig, schuppig. Entstehung: bei der Metamorphose von Sedimenten aus organischen Substanzen; selten aus anorganischen Lösungen in Pegmatiten. Vorkommen: in kristallinen Schiefern und Marmoren, oft große Linsen und Schichten; als Spaltenfüllung in Pegmatiten; in winzigen Schüppchen in vielen magmatischen Gesteinen; selten in einigen Meteoriten. Begleitmineralien: Kalkspat, Wollastonit, Chondrodit, Humit, Forsterit, Spinell, Titanit. Besondere Eigenschaften: schreibt auf Papier. Verwendung: zur Herstellung von Schmelztiegeln; als Schmiermittel; als Rostschutzfarbe; zur Bleistiftherstellung; äußerst reiner Graphit wird in Atomreaktoren als »Bremssubstanz« verwendet; wird heute für die technische Verwendung in großen Mengen auch künstlich hergestellt. Fundorte: Kropfmühl bei Passau (D) (hier auch kleine Kristalle im Marmor), Pargas (SF), Kaiserberg/Steiermark (A), Sri Lanka (CL) (hier als Spaltenfüllungen im Pegmatit), (RM), (MEX). Ähnliche Mineralien: Molybdänglanz ist etwas härter, sein Strich ist, mit der Ecke einer zweiten Strichtafel verrieben, etwas grünlich, der Strich von Graphit hingegen bleibt metallisch grau.

225 Molybdänglanz

Molybdänit

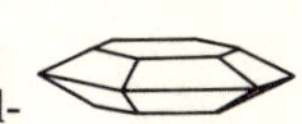

Chemische Formel: MoS_2
Härte: $1–1\frac{1}{2}$. Dichte: 4,7–4,8. Strichfarbe: dunkelgrau. Farbe: bleigrau mit Stich ins Violette, undurchsichtig. Metallglanz. Spaltbarkeit: nach der Basis vollkommen. Tenazität: biegsam, milde. Kristallform: hexagonal; selten tafelige Kristalle, meist eingewachsene Blättchen, schuppige, blättrige Aggregate, derb. Entstehung: pegmatitisch und pneumatolytisch im Gefolge von Graniten; selten auch kontaktmetasomatisch; häufiger hydrothermal. Vorkommen: in Orthoklaspegmatiten; in pneumatolytischen Bildungen; in Quarzgängen; in Granatfelsen. Begleitmineralien: Quarz, Pyrit, Wolframit, Molybdänocker. Besondere Eigenschaften: Wird der Strich mit der Ecke einer weiteren Strichtafel verrieben, zeigt er eine schmutziggrüne Farbe. Verwendung: wichtigstes Molybdänerz; das Metall wird hauptsächlich als Stahlveredler verwendet; feinkörniger, künstlich hergestellter Molybdänglanz dient als Schmiermittel. Fundorte: Auerbach/Bergstraße (hier Kontaktbildung) (D), Waldkirchen/Bayerischer Wald (D) (hier in Pegmatiten und Quarzgän-

gen), vielerorts im sächsisch-böhmischen Erzgebirge, Cornwall (GB), (N), (USA). Ähnliche Mineralien: Der verriebene Strich von Graphit ist mehr metallisch und nicht grün; Haematit hat rote, Ilmenit schwarze Strichfarbe, beide sind viel härter als Molybdänglanz; die Unterscheidung von dem sehr seltenen Tungstenit ist mit einfachen Mitteln nicht möglich.

Tungstenit

Chemische Formel: WS_2
In allen physikalischen Eigenschaften wie Molybdänglanz. Kristallform: hexagonal; winzige eingewachsene Blättchen. Vorkommen: in Marmoren und Dolomitmarmoren; in metamorphen Scheelitlagerstätten. Begleitmineralien: Kalkspat, Dolomit, Molybdänglanz, Scheelit. Fundorte: Tux/Tirol (A), Felbertal/Tauern (A) (hier im Scheelit), Crevola d'Ossola (I) (hier im Dolomitmarmor eingewachsen).

226 Nagyagit

Chemische Formel: Au $(Pb,Sb,Fe)_8(Te,S)_{11}$
Härte: 1–1½. Dichte: 7,4–7,6. Strichfarbe: grauschwarz. Farbe: dunkel bleigrau. Metallglanz. Spaltbarkeit: nach der Basis vollkommen. Bruch hakig. Tenazität: Blättchen biegsam. Kristallform: orthorhombisch, pseudotetragonal; tafelige Kristalle, blättrige Aggregate. Entstehung: aus hydrothermalen Lösungen. Vorkommen: in subvulkanischen Golderzgängen. Begleitmineralien: Krennerit, Sylvanit, gediegen Gold. Fundorte: Sacaramb (früher Nagyag)/Siebenbürgen (R), Cripple Creek/Colorado (USA). Ähnliche Mineralien: Molybdänglanz hat anderen Strich; Graphit schreibt auf Papier, färbt ab.

227 Covellin

Kupferindig

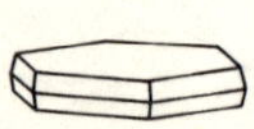

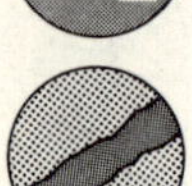

Chemische Formel: CuS
Härte: 1½–2. Dichte: 4,68. Strichfarbe: blauschwarz, verrieben dunkelblau. Farbe: blauschwarz. Matt. Spaltbarkeit: nach der Basis vollkommen. Tenazität: milde, dünne Blättchen biegsam. Kristallform: hexagonal; tafelige bis blättrige Kristalle, meist derb, krustig, Überzüge. Entstehung: bei der Verwitterung von Kupfersulfiden; selten aus vulkanischen Gasen. Vorkommen: auf hydrothermalen Gängen; als Überzug auf Kupfersulfiden. Begleitmineralien: Pyrit, Kupferkies, Kupferglanz, Enargit, Fahlerz. Besondere Eigenschaften: Bei Benetzen mit Wasser wird die Farbe violett, nach Entfernung des Wassers zeigt der Covellin wieder die alte blauschwarze Farbe. Fundorte: Grube Clara bei Oberwolfach/Schwarzwald (D), Hagendorf/Oberpfalz (D), Bor/Serbien (YU), Butte/Montana (USA). Ähnliche Mineralien: Die blauschwarze Farbe und der Farbwechsel beim Eintauchen in Wasser verhindern eine Verwechslung.

228 Lengenbachit

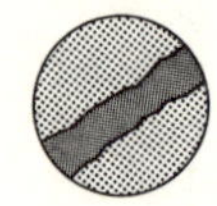

Chemische Formel: $Pb_{37}Ag_7Cu_6As_{23}S_{78}$
Härte: 1–2. Dichte: 5,80–5,85. Strichfarbe: schwarz mit Stich ins Braune. Farbe: bleigrau bis schwarzgrau, oft mit bunten Anlauffarben. Metallglanz. Spaltbarkeit: vollkommen. Tenazität: Blättchen biegsam, dehnbar. Kristallform: triklin; sehr dünne Blättchen, oft gebogen, manchmal längsgestreift, selten radialstrahlig, immer aufgewachsen. Entstehung: beim Auftreffen von arsenhaltigen Lösungen auf Bleiglanz. Vorkommen: in Drusen im Dolomitmarmor. Begleitmineralien: Bleiglanz, Dolomit, Realgar. Besondere Eigenschaften: Schreibt auf Papier. Fundorte: Bisher einziger Fundort ist der Lengenbach/Binntal (CH). Ähnliche Mineralien: Die blättchenartige Ausbildung und besonders die Biegsamkeit unterscheiden von allen anderen Sulfiden.

229 Blei

Chemische Formel: Pb
Härte: 1½. Dichte: 11,4. Strichfarbe: grau. Farbe: bleigrau, oft dunkler angelaufen. Matt. Spaltbarkeit: keine. Bruch hakig. Tenazität: milde, schneidbar. Kristallform: kubisch; Würfel und Oktaeder, meist nur Bleche, Körner, drahtförmig, ein- und aufgewachsen. Entstehung: nur unter extrem reduzierenden Bedingungen. Vorkommen: in metamorphen Manganlagerstätten. Begleitmineralien: Manganophyllit, Braunit, Lithargit. Fundorte: Långban/Värmland (S), Franklin/New Jersey (USA), Ilimaussaq/Grönland (DK). Ähnliche Mineralien: Bei Beachtung der Paragenese keine Verwechslungen möglich.

230 Polybasit

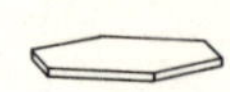

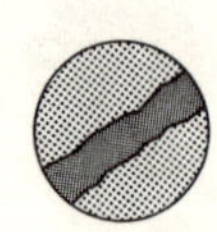

Chemische Formel: $(Ag, Cu)_{16}Sb_2S_{11}$
Härte: 1½–2. Dichte: 6,0–6,2. Strichfarbe: schwarz bis rötlich. Farbe: eisenschwarz, an den Ecken rot durchscheinend. Metallglanz. Spaltbarkeit: nach der Basis vollkommen. Bruch uneben. Tenazität: milde. Kristallform: monoklin, pseudohexagonal; sechsseitige Tafeln mit Dreiecksstreifung, derb. Entstehung: aus hydrothermalen Lösungen. Vorkommen: in Silbererzgängen. Begleitmineralien: Argentit, gediegen Silber, Pyrargyrit, Stephanit. Fundorte: St. Andreasberg/Harz (D), Freiberg/Sachsen (DDR), Příbram/Böhmen (CS), Guanajuato (MEX). Ähnliche Mineralien: Stephanit ist etwas härter und besitzt nicht die charakteristische Dreiecksstreifung.

231 Sylvanit

Schrifterz

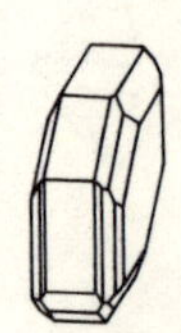

Chemische Formel: $AgAuTe_4$
Härte: 1½–2. Dichte: 8,0–8,3. Strichfarbe: grau. Farbe: silbergrau, weißlich, oft dunkler angelaufen. Metallglanz. Spaltbarkeit: vollkommen. Bruch uneben. Tenazität: milde. Kristallform: monoklin; prismatische bis tafelige Kristalle, oft gestreift, bil-

den oft federförmige oder schriftartige Gruppen, selten derb. Entstehung: aus hydrothermalen Lösungen. Vorkommen: in hydrothermalen Gängen. Begleitmineralien: Nagyagit, Krennerit, Calaverit. Verwendung: selten als Golderz. Fundorte: Sacaramb (früher Nagyag)/Siebenbürgen (R), Cripple Creek/Colorado (USA). Ähnliche Mineralien: Tetradymit hat andere Kristallform.

232 Antimonit

Antimonglanz

Chemische Formel: Sb_2S_3
Härte: 2. Dichte: 4,6–4,7. Strichfarbe: dunkelgrau. Farbe: bleigrau, undurchsichtig. Metallglanz. Spaltbarkeit: sehr vollkommen. Tenazität: dünne Blättchen biegsam, milde. Kristallform: orthorhombisch; prismatische bis nadelige Kristalle, meist aufgewachsen, häufig verbogen, stengelig, radialstrahlig, körnig, derb, dicht. Entstehung: aus hydrothermalen Lösungen; seltener auch durch Metasomatose. Vorkommen: auf hydrothermalen Gängen, insbesondere auf Antimonit-Quarz-Gängen, seltener neben anderen Sulfiden auf Blei- und Silbererzgängen; selten metasomatisch in Kalksteinen. Begleitmineralien: Gold, Arsenkies, Zinnober, Realgar, Quarz. Verwendung: bei weitem wichtigstes Antimonerz; Antimon wird zur Herstellung von Weichloten und von Letternmetall gebraucht. Fundorte: Brandholz/Fichtelgebirge (D) (hier zusammen mit gediegen Gold), Wolfsberg/Harz (D), Baia Sprie (R) (von hier ganz ausgezeichnete und große Kristalle), Toskana (I), Schlaining/Burgenland (A). Ähnliche Mineralien: Bismuthinit ist viel schwerer und mehr gelblichweiß.

233 Emplektit

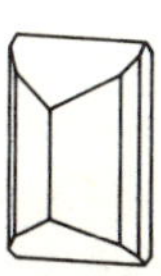

Chemische Formel: $CuBiS_2$
Härte: 2. Dichte: 6,38. Strichfarbe: schwarz. Farbe: stahlgrau, gelb anlaufend. Metallglanz. Spaltbarkeit: manchmal sichtbar. Bruch uneben. Tenazität: milde. Kristallform: orthorhombisch; nadelige bis prismatische Kristalle, längsgestreift, strahlig, derb, eingewachsen. Entstehung: aus hydrothermalen Lösungen. Vorkommen: in hydrothermalen Gängen, insbesondere der Wismut-Kobalt-Nickel-Formation. Begleitmineralien: Wittichenit, Skutterudit, Baryt, Quarz. Fundorte: Wittichen/Schwarzwald (D), Grube Käfersteige/Pforzheim (D), Cerro de Pasco (PE). Ähnliche Mineralien: Die Unterscheidung von anderen Sulfosalzen ist mit einfachen Mitteln meist nicht möglich; Wittichenit ist etwas schwärzer und hat keine Spaltbarkeit.

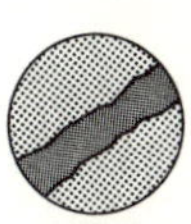

234 Bismuthinit

Wismutglanz

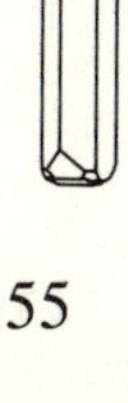

Chemische Formel: Bi_2S_3
Härte: 2. Dichte: 6,8–7,2. Strichfarbe: grau. Farbe: bleigrau bis gelblichweiß, undurchsichtig. Metallglanz. Spaltbarkeit: sehr vollkommen. Tenazität: dünne Kristalle biegsam, milde. Kristallform: orthorhombisch; prismatische bis nadelige Kristalle, aufgewachsen und oft eingewachsen, stengelig, strahlig, derb. Entstehung: aus hydrothermalen Lösungen. Vorkommen: auf Gängen der Zinn- und Silber-Kobalt-Formation; seltener in Kontaktlagerstätten und in Pegmatiten. Begleitmineralien: Gold, Wismut, Kupferkies, Arsenkies, Pyrit, Zinnstein. Verwendung: wichtigstes Wismuterz. Fundorte: Schneeberg, Altenberg/Sächsisches Erzgebirge (DDR), Cornwall (GB), Tasna (BOL), Llallagua (BOL) (hier sehr große Kristalle). Ähnliche Mineralien: Antimonit ist viel leichter und etwas grauer.

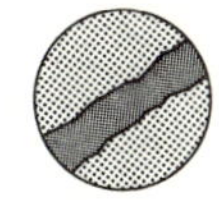

235 Silberglanz

Argentit, Akanthit

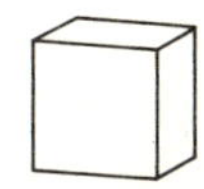

Chemische Formel: Ag_2S
Härte: 2. Dichte: 7,3. Strichfarbe: schwarz, glänzend. Farbe: bleigrau, meist schwarz angelaufen. Auf frischen Bruchflächen Metallglanz, aber bald matt angelaufen. Spaltbarkeit: meist undeutlich. Bruch muschelig bis uneben. Tenazität: geschmeidig, schneidbar, prägbar (es wurden sogar Münzen daraus geprägt). Kristallform: über 179 °C kubisch (Argentit), darunter monoklin (Akanthit). Alle kubischen Kristalle sind Pseudomorphosen der monoklinen nach der kubischen Modifikation. Würfelige, oktaedrische Kristalle (Argentit), nadelige, lanzettförmige Kristalle (Akanthit), derb, skelettförmig, dendritisch. Entstehung: aus hydrothermalen Lösungen. Vorkommen: in hydrothermalen Silbererzgängen, insbesondere in der Zementationszone. Begleitmineralien: gediegen Silber, Polybasit, Stephanit, Pyrargyrit, Proustit. Verwendung: wichtiges Silbererz. Fundorte: Freiberg/Sachsen (DDR), Schneeberg/Sachsen (DDR), Kongsberg/Kragerö (N), Sta. Eulalia/Chihuahua (MEX), Guanajuato (MEX). Ähnliche Mineralien: Bleiglanz hat bessere Spaltbarkeit und ist nicht geschmeidig.

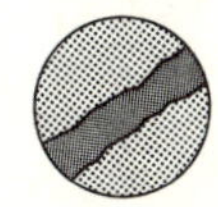

236 Wismut

Chemische Formel: Bi
Härte: 2–2 1/2. Dichte: 9,7–9,8. Strichfarbe: bleigrau, metallisch. Farbe: silberweiß mit Stich ins Rötliche, oft dunkler angelaufen. Metallglanz. Spaltbarkeit: nach der Basis vollkommen. Bruch hakig bis uneben. Tenazität: bei plötzlicher Druckeinwirkung (Hammerschlag) spröde, aber schneidbar. Kristallform: trigonal, würfelähnliche Kristalle sehr selten, meist derb, körnig, blättrig, gestrickt, dendritisch, Plättchen, Bleche. Entstehung: pegmatitisch und pneumatolytisch; aus hydrothermalen Lösungen. Vorkommen: in Pegmatiten; in Zinnerzgängen; in hydrothermalen Gängen der Wismut-Kobalt-Nickel-Formation. Begleitmineralien: Wismutglanz, Zinnstein, Chloantit, Safflorit, Skutterudit. Besondere Eigenschaften: durch wiederholte Verzwillingung auf den Spaltflächen oft gestreift. Fundorte: Wittichen/Schwarzwald (D), Altenberg/Sachsen (DDR) (hier in Zinnerzgängen), Schneeberg/Sachsen (DDR), Tasna (BOL). Ähnliche Mineralien: Die geringe Härte, die Farbe und die charakteristische Streifung auf den Spaltflächen verhindern Verwechslungen.

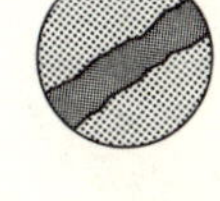

237 Jamesonit

Federerz

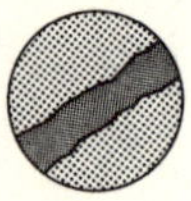

Chemische Formel: $Pb_4FeSb_6S_{14}$
Härte: 2½. Dichte: 5,63. Strichfarbe: schwarzgrau. Farbe: bleigrau. Metallglanz. Spaltbarkeit: wegen der Ausbildung fast nie erkennbar. Tenazität: spröde. Kristallform: monoklin; nadelige bis haarförmige Kristalle, radialstrahlige Aggregate, büschelig. Entstehung: aus hydrothermalen Lösungen. Vorkommen: auf hydrothermalen Erzgängen als Bildung niedrigerer Temperaturen. Begleitmineralien: Zinkblende, Arsenkies, Magnetkies, Pyrit. Fundorte: Waldsassen/Oberpfalz (D), St. Andreasberg/Harz (D), Freiberg/Sachsen (DDR), Příbram/Böhmen (CS), Zacatecas (MEX) (von hier außerordentlich dicke, prismatische Kristalle). Ähnliche Mineralien: Die Unterscheidung von Boulangerit ist mit einfachen Mitteln meist nicht möglich, derbe, dichte Aggregate sind fast immer Boulangerit.

238 Kylindrit

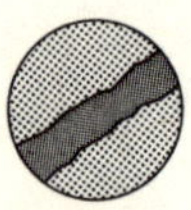

Chemische Formel: $Pb_3Sn_4Sb_2S_{14}$
Härte: 2½. Dichte: 5,4. Strichfarbe: grauschwarz. Farbe: schwarzgrau. Metallglanz. Spaltbarkeit: keine. Bruch muschelig bis uneben. Tenazität: spröde. Kristallform: unsicher; röhrchenförmige Individuen. Entstehung: aus hydrothermalen Lösungen. Vorkommen: in Zinnerzlagerstätten. Begleitmineralien: Franckeit, Teallit, Zinnkies. Fundorte: Poopó (BOL). Ähnliche Mineralien: Die typische Ausbildung läßt keine Verwechslungen zu.

239 Calaverit

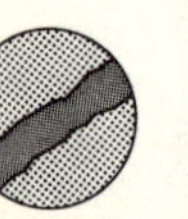

Chemische Formel: $AuTe_2$
Härte: 2½. Dichte: 9,3. Strichfarbe: gelbgrau. Farbe: silberweiß mit Stich ins Gelbe. Metallglanz. Spaltbarkeit: keine. Bruch muschelig. Tenazität: spröde bis milde. Kristallform: monoklin; prismatische Kristalle, längsgestreift, sehr flächenreich, oft derb. Entstehung: aus hydrothermalen Lösungen. Vorkommen: in hydrothermalen Gängen. Begleitmineralien: Nagyagit, Sylvanit, Krennerit. Verwendung: als Golderz. Fundorte: Sacaramb (früher Nagyag)/Siebenbürgen (R), Cripple Creek/Colorado (USA). Ähnliche Mineralien: Sylvanit unterscheidet sich durch die gute Spaltbarkeit.

240 Boulangerit

Plumosit

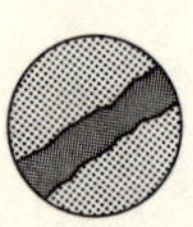

Chemische Formel: $Pb_5Sb_4S_{11}$
Härte: 2½. Dichte: 5,8–6,2. Strichfarbe: schwarz. Farbe: bleigrau. Metallglanz, in sehr feinen Aggregaten Seidenglanz. Spaltbarkeit: keine. Bruch: uneben. Tenazität: spröde. Kristallform: monoklin; nadelige bis haarförmige Kristalle, strahlige Aggregate, feinkörnig, faserig, dicht. Entstehung: aus hydrothermalen Lösungen. Vorkommen: auf Bleilagerstätten. Begleitmineralien: Zinkblende, Bleiglanz, Arsenkies, Magnetkies. Fundorte: Grube Silberwiese bei Oberlahr/Schwarzwald (D), Clausthal/Harz (D), Příbram/Böhmen (CS), Trepča (YU) (von hier der sogenannte Plumosit in schönen filzigen Aggregaten). Ähnliche Mineralien: Jamesonit läßt sich mit einfachen Mitteln meist nicht unterscheiden, derbe, dichte Aggregate sind fast immer Boulangerit.

241 Stephanit

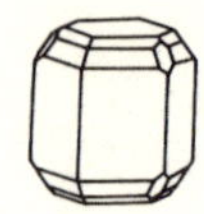

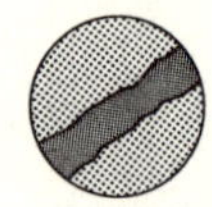

Chemische Formel: Ag_5SbS_4
Härte: 2½. Dichte: 6,2–6,3. Strichfarbe: glänzend schwarz. Farbe: bleigrau, eisenschwarz, oft schwarz angelaufen. Metallglanz, wenn angelaufen matt. Spaltbarkeit: kaum erkennbar. Bruch muschelig bis uneben. Tenazität: milde. Kristallform: orthorhombisch; durch Verzwillingung pseudohexagonale Kristalle, prismatisch, dicktafelig, rosettenförmige Aggregate, meist Kristalle, selten derb. Entstehung: aus hydrothermalen Lösungen. Vorkommen: in Silbererzgängen. Begleitmineralien: Argentit, Polybasit, Pyrargyrit, Argentopyrit. Verwendung: als Silbererz. Fundorte: St. Andreasberg/Harz (D), Freiberg/Sachsen (DDR), Příbram/Böhmen (CS), Guanajuato (MEX). Ähnliche Mineralien: Polybasit ist etwas weicher, seine Kristalle zeigen fast immer charakteristische Dreiecksstreifung; Argentit hat andere Spaltbarkeit.

242 Bleiglanz

Galenit

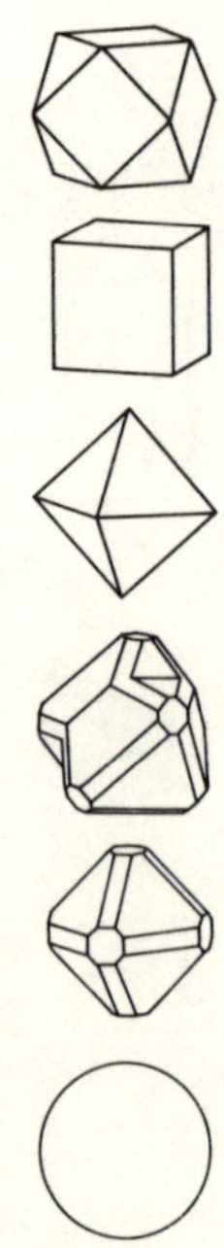

Chemische Formel: PbS
Härte: 2½–3. Dichte: 7,2–7,6. Strichfarbe: grauschwarz. Farbe: bleigrau. Starker Metallglanz, oft matt und blau angelaufen. Spaltbarkeit: sehr vollkommen nach dem Würfel. Tenazität: milde. Kristallform: kubisch, oft derb, manchmal aufgewachsene Kristalle, meist Würfel, Oktaeder oder Kombinationen beider. Entstehung: selten pegmatitisch und pneumatolytisch, meist hydrothermal, auch kontaktmetasomatisch, sedimentär, metamorph. Vorkommen: in Pegmatiten; in hydrothermalen Gängen hoher bis niedriger Temperatur; als Verdrängung in Kalken, in sedimentären und daraus entstandenen metamorphen Sulfidlagerstätten. Begleitmineralien: Zinkblende, Kupferkies, Pyrit, Schwerspat, Silbersulfide. Verwendung: wichtigstes Bleierz, oft wichtiger Silberträger durch mikroskopisch eingewachsene Silbererze. Fundorte: Bad Grund/Harz (D), Neudorf/Harz (D), Christian Levin/Essen (D), Bleialf/Eifel (D), Maubach/Eifel (D), Bleiberg/Kärnten (A), Trepča (YU). Ähnliche Mineralien: Bei Beachtung von Farbe, Glanz, vollkommener Spaltbarkeit kaum Verwechslung möglich; Silberglanz ist viel weicher und schneidbar.

243 Bournonit

Rädelerz

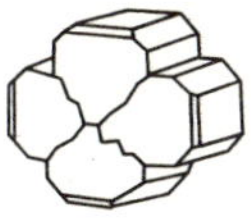
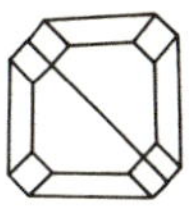
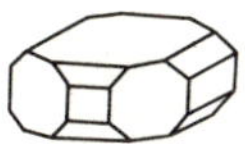
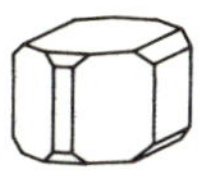

Chemische Formel: $PbCuSbS_3$
Härte: 2½–3. Dichte: 5,7–5,9. Strichfarbe: grau. Farbe: stahlgrau, bleigrau, eisenschwarz. Metallglanz, oft matt angelaufen. Spaltbarkeit: kaum sichtbar. Bruch muschelig. Tenazität: spröde bis leicht milde. Kristallform: orthorhombisch; dicktafelige Kristalle, oft Zwillinge, die an Zahnräder erinnern (Rädelerz), oft derb. Entstehung: aus hydrothermalen Lösungen. Vorkommen: auf hydrothermalen Gängen. Begleitmineralien: Siderit, Bleiglanz, Zinkblende. Besondere Eigenschaften: äußerlich manchmal in gelben Bindheimit umgewandelt. Verwendung: als Blei- und Kupfererz. Fundorte: Horhausen/Westerwald (D), Clausthal/Harz (D), Freiberg/Sachsen (DDR), Příbram/Böhmen (CS), Waldsassen/Oberpfalz (D), Hüttenberg/Kärnten (A). Ähnliche Mineralien: Fahlerz hat andere Kristallform, in derben Aggregaten nicht immer einfach zu unterscheiden.

244 Kupferglanz

Chalkosin

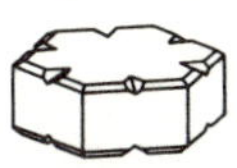
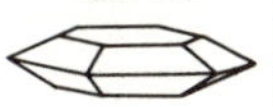

Chemische Formel: Cu_2S
Härte: 2½–3. Dichte: 5,7–5,8. Strichfarbe: schwärzlich bis dunkelgrau, glänzend. Farbe: dunkel bleigrau bis schwärzlich. Metallglanz, oft matt angelaufen. Spaltbarkeit: nicht sichtbar. Bruch muschelig. Tenazität: milde. Kristallform: unter 103°C monoklin, darüber hexagonal; durch Verzwillingung entstehen Kristalle mit orthorhombischer Symmetrie, auch pseudohexagonale Drillinge, tafelig bis prismatisch, oft derb. Entstehung: aus hydrothermalen Lösungen; bei der Verwitterung von anderen Kupfersulfiden. Vorkommen: in hydrothermalen Gängen, insbesondere in der Zementationszone. Begleitmineralien: Covellin, Enargit, Bornit, Fahlerz. Verwendung: wichtiges Kupfererz. Fundorte: Kupferberg/Schlesien (PL), Redruth/Cornwall (GB), Butte/Montana (USA), Tsumeb/Otavibergland (NAM). Ähnliche Mineralien: Die Tenazität unterscheidet von anderen Sulfiden; Digenit ist etwas bläulicher, aber oft schwer zu unterscheiden.

245 Bornit

Buntkupferkies

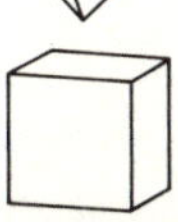
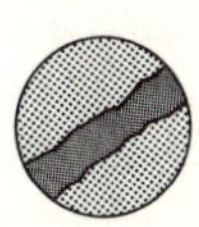

Chemische Formel: Cu_5FeS_4
Härte: 3. Dichte: 4,9–5,3. Strichfarbe: grauschwarz. Farbe: im frischen Bruch rötlichsilbergrau mit Stich ins Violette, schon nach wenigen Stunden bunt angelaufen. Metallglanz. Spaltbarkeit: kaum sichtbar. Bruch muschelig. Tenazität: milde. Kristallform: über 228°C kubisch, darunter trigonal-pseudokubisch; sehr selten würfelige Kristalle, meist derb, eingewachsen. Entstehung: pegmatitisch; bei der Einwirkung heißer Wässer auf Kupferkies; aus hydrothermalen Lösungen. Vorkommen: in Pegmatiten; in hydrothermalen Gängen, besonders auch in der Zementationszone; in alpinen Klüften. Begleitmineralien: Kupferglanz, Kupferkies, Magnetit, Gold. Verwendung: wichtiges Kupfererz. Fundorte: Kupferberg/Sachsen (DDR), mancherorts im Siegerland (D), Redruth/Cornwall (GB), Butte/Montana (USA), Tsumeb/Otavibergland (NAM), Gastacher Wände/Osttirol (A) (hier große Kristalle mit gediegen Gold in alpinen Klüften). Ähnliche Mineralien: Die typischen Anlauffarben unterscheiden von fast allen anderen Sulfiden; angelaufener Kupferkies ist im frischen Bruch gelb. Vorsicht! Im Handel wird oft künstlich behandelter Kupferkies mit Anlauffarben als Buntkupferkies verkauft.

246 Jordanit

Chemische Formel: $Pb_4As_2S_7$
Härte: 3. Dichte: 6,4. Strichfarbe: schwarz. Farbe: dunkel bleigrau. Metallglanz. Spaltbarkeit: vollkommen. Bruch uneben. Tenazität: spröde bis milde. Kristallform: monoklin; tafelige, oft flächenreiche Kristalle, durch Zwillingsbildung oft stark gestreift, derb; kugelige, schalige Massen. Entstehung: aus hydrothermalen Lösungen. Vorkommen: in arsenreichen Blei-Zink-Lagerstätten. Begleitmineralien: Zinkblende (insbesondere Schalenblende), Bleiglanz, Sartorit, Baumhauerit, Realgar. Fundorte: Lengenbach/Binntal (CH) (von hier besonders schöne Kristalle), Wiesloch/Baden (D) (von hier traubig mit Zinkblende). Ähnliche Mineralien: Gratonit hat andere Kristallform; Bleiglanz hat vollkommene Spaltbarkeit nach dem Würfel; Bournonit hat andere Kristallform und etwas helleren Strich; die Unterscheidung von Geokronit ist mit einfachen Mitteln meist nicht möglich, die Paragenese gibt jedoch Hinweise.

Tenorit

Kupferschwärze

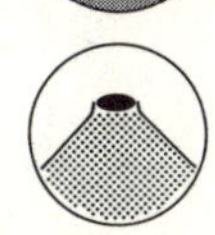

Chemische Formel: CuO
Härte: 3–4. Dichte: 6,0. Strichfarbe: schwarz. Farbe: schwarz. Glas- bis Metallglanz, aber meist matt. Spaltbarkeit: nicht feststellbar. Tenazität: Kristalle biegsam. Kristallform: monoklin; äußerst selten tafelige Kristalle, fast immer erdige Krusten. Entstehung: aus vulkanischen Gasen, bei der Verwitterung von Kupfererzen. Vorkommen: an Austrittsstellen vulkanischer Gase, auf Kupferlagerstätten. Begleitmineralien: Cuprit, Kupfererze. Fundorte: Vesuv/Neapel (I) (von hier Kristalle), Waldsassen/Oberpfalz (D), Ducktown/Tennessee (USA). Ähnliche Mineralien: Die Unterscheidung von anderen erdigen schwarzen Mineralien ist mit einfachen Mitteln nicht möglich, die Paragenese mit anderen Kupfermineralien gibt aber oft Hinweise.

247 Tennantit

Arsenfahlerz

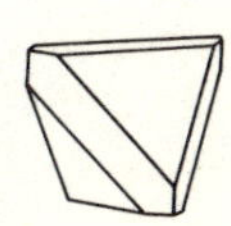

Chemische Formel: $Cu_3AsS_{3,25}$
Härte: 3–4. Dichte: 4,6–5,2. Strichfarbe: schwarz, beim Verreiben bräunlichrot. Farbe: stahlgrau, in dünnsten Splittern rötlich durchscheinend. Metall-

glanz, oft matt. Spaltbarkeit: keine. Bruch muschelig. Tenazität: spröde. Kristallform: kubisch; tetraedrische Kristalle, manchmal durch Flächenreichtum fast kugelig (Binnit), körnig, derb. Entstehung: aus hydrothermalen Lösungen. Vorkommen: in hydrothermalen Gängen. Begleitmineralien: Pyrit, Kupferkies, Arsenkies, Enargit, Bleiglanz, Zinkblende. Verwendung: als Kupfererz. Fundorte: Lengenbach/Binntal (CH) (von hier besonders flächenreiche Binnite), Freiberg/Sachsen (DDR), Markirch/Vogesen (F), Butte/Montana (USA), Tsumeb/Otavibergland (NAM). Ähnliche Mineralien: Arsenkies ist härter; Bleiglanz hat ausgezeichnete Spaltbarkeit; Tetraedrit ist etwas heller und hat keinen beim Verreiben rötlichbraunen Strich, ist aber mit einfachen Mitteln oft nur schwer zu unterscheiden; die Anwesenheit von Azurit als Oxidationsmineral ist ein deutlicher Hinweis auf das Vorkommen von arsenhaltigen Mineralien (insbesondere Tennantit); Enargit hat vollkommene Spaltbarkeit.

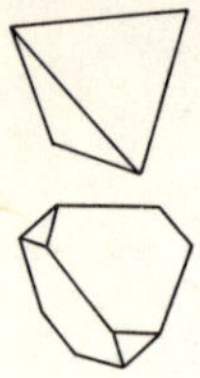

248 Tetraedrit

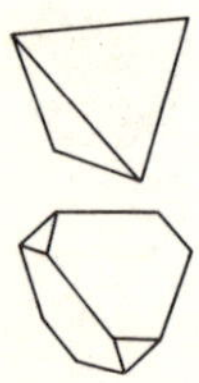

Chemische Formel: $CuSb_3S_{3,25}$
Härte: 3–4. Dichte: 4,6–5,2. Strichfarbe: schwarz. Farbe: stahlgrau bis eisenschwarz. Metallglanz, häufig aber auch matt. Spaltbarkeit: praktisch völlig fehlend. Bruch muschelig. Tenazität: spröde. Kristallform: kubisch, meist nur Tetraeder, selten flächenreicher, oft derb. Entstehung: hauptsächlich hydrothermal. Vorkommen: selten in Pegmatiten; meist in hydrothermalen Gängen. Begleitmineralien: Pyrit, Zinkblende, Kupferkies, Arsenkies, Bleiglanz, Silbererze. Verwendung: als Kupfererz. Fundorte: Clausthal/Harz (D), Freiberg/Sachsen (DDR), Baia Sprie (R). Ähnliche Mineralien: Zinkblende und Bleiglanz unterscheiden sich durch ihre Spaltbarkeit; Kupferkies hat andere Farbe.

249 Arsen

Scherbenkobalt

Chemische Formel: As
Härte: 3–4. Dichte: 5,4–5,9. Strichfarbe: schwarz. Farbe: schwarz bis schwarzgrau. Auf frischem Bruch Metallglanz, aber schnell angelaufen und matt. Spaltbarkeit: nicht sichtbar. Bruch: uneben. Tenazität: spröde. Kristallform: trigonal; würfelähnliche bis nadelige Kristalle sehr selten, meist schalig, kugelig, glaskopfartig, strahlig, dicht. Entstehung: aus hydrothermalen Lösungen. Vorkommen: in arsenführenden Silber- und Kobalterzgängen. Begleitmineralien: gediegen Silber, Polybasit, Safflorit, Dyskrasit. Fundorte: St. Andreasberg/Harz (D), Schneeberg/Sachsen (DDR), Freiberg/Sachsen (DDR), Wittichen/Schwarzwald (D), Markirch/Vogesen (F), Kongsberg/Kragerö (N), Příbram/Böhmen (CS). Ähnliche Mineralien: Nieriger Pyrit und Markasit sind härter; Goethit hat andere Strichfarbe.

250 Millerit

Haarkies

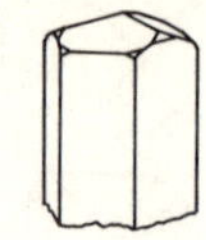

Chemische Formel: NiS
Härte: 3½. Dichte: 5,3. Strichfarbe: grünlichschwarz. Farbe: messinggelb. Metallglanz. Spaltbarkeit: vollkommen, aber wegen der Ausbildung fast nie erkennbar. Tenazität: spröde. Kristallform: trigonal; nadelige, meist haarförmige Kristalle, sehr selten derb. Entstehung: aus hydrothermalen Lösungen. Vorkommen: in Nickellagerstätten, hier aus anderen Nickelerzen entstanden. Begleitmineralien: Gersdorffit, Bravoit, Kalkspat. Fundorte: Wissen/Sieg (D), Riechelsdorf/Hessen (D), Saarbrükken/Saarland (D). Ähnliche Mineralien: Die typische Ausbildung und die Farbe erlauben keine Verwechslung.

251 Enargit

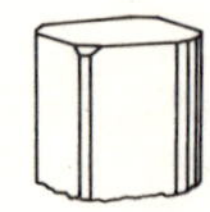

Chemische Formel: Cu_3AsS_4
Härte: 3½. Dichte: 4,4. Strichfarbe: schwarz. Farbe: stahlgrau bis eisenschwarz mit Stich ins Violette. Metallglanz. Spaltbarkeit: vollkommen nach dem Prisma. Bruch uneben. Tenazität: spröde. Kristallform: orthorhombisch, pseudohexagonal; prismatische Kristalle, oft längsgestreift, auch sternförmige Drillinge, oft strahlig, körnig, derb. Entstehung: aus hydrothermalen Lösungen. Vorkommen: in arsenreichen Kupfererzgängen. Begleitmineralien: Tennantit, Kupferglanz. Verwendung: wichtiges Kupfererz. Fundorte: Grube Clara bei Oberwolfach/Schwarzwald (D), Brixlegg/Tirol (A), Butte/Montana (USA), Cerro de Pasco (PE). Ähnliche Mineralien: Arsenkies ist härter; Fahlerz hat andere Kristallform und keine Spaltbarkeit.

252 Cubanit

Chemische Formel: $CuFe_2S_3$
Härte: 3½–4. Dichte: 4,10. Strichfarbe: schwarz. Farbe: bronzegelb. Metallglanz. Spaltbarkeit: meist nicht erkennbar. Bruch muschelig. Tenazität: spröde. Kristallform: orthorhombisch; prismatische Kristalle, längsgestreift, meist aber derb. Entstehung: aus hydrothermalen Lösungen; durch Entmischung eines Kupferkies-Cubanit-Hochtemperaturmischkristalls. Vorkommen: lamellar mit Kupferkies verwachsen in fast allen höher temperierten Kupferlagerstätten. Begleitmineralien: Kupferkies, Magnetkies, Siderit. Fundorte: Morro Velho (BR) (von hier schöne Kristalle), Sudbury/Ontario (CDN). Ähnliche Mineralien: Die feinen Verwachsungen mit Kupferkies sind mit einfachen Mitteln nicht zu unterscheiden; die Kristalle unterscheiden sich von gestreckten Pyritkristallen durch ihre dunklere Farbe und die Längsstreifung.

253, 256 Eisen

Chemische Formel: Fe, meteoritisches Eisen ist nikkelreich
Härte: 4–5. Dichte: 7,88. Strichfarbe: stahlgrau, glänzend. Farbe: stahlgrau bis eisenschwarz. Metallglanz. Spaltbarkeit: keine. Bruch hakig. Tenazität: dehnbar. Kristallform: kubisch; Kristalle natürlich nicht bekannt, meist Schüppchen, Tröpfchen, unregelmäßige Massen. Entstehung: nur unter extrem sauerstoffarmen Bedingungen. Vorkommen: in Basalten, in Meteoriten. Begleitmineral: Wüstit. Besondere Eigenschaften: Wird vom Magneten angezogen. Fundorte: Bühl/Kassel (D), Disko/Grönland (DK). Meteoritenfälle sind aus allen Ländern der Erde bekannt. Ähnliche Mineralien: Paragenese und Tenazität verhindern Verwechslungen.

254 Kupferkies

Chalkopyrit

Chemische Formel: $CuFeS_2$
Härte: $3^1/_2$–4. Dichte: 4,2–4,3. Strichfarbe: grünlichschwarz. Farbe: messinggelb mit grünlichem Stich, oft bunt angelaufen. Metallglanz. Spaltbarkeit: kaum bemerkbar. Bruch muschelig. Tenazität: spröde. Kristallform: tetragonal; tetraeder- und oktaederähnliche Kristalle, durch polysynthetische Verzwillingung oft schwer deutbare Formen, meist derb. Entstehung: bei der Kristallisation von Tiefengesteinen; pegmatitisch und pneumatolytisch; häufig hydrothermal; in Sedimenten nur unter Luftabschluß. Vorkommen: in Graniten und Gabbros, in Pegmatiten und Zinnerzgängen, in hydrothermalen Gängen, in Schwarzschiefern. Begleitmineralien: Pyrit, Zinkblende, Magnetkies, Fahlerz, Flußspat, Kalkspat, Schwerspat, Dolomit, Quarz. Verwendung: wichtiges Kupfererz. Fundorte: In Erzlagerstätten sehr verbreitet; Bodenmais/Bayerischer Wald (D), Bad Grund/Harz (D), Rammelsberg/Harz (D), Mansfelder Kupferschiefer. Schöne Kristalle aus den Siegerländer Gängen. Ähnliche Mineralien: Pyrit ist härter; Magnetkies hat mehr braune Farbe; Gold ist weicher und schneidbar.

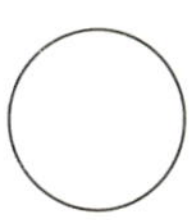

255 Magnetkies

Pyrrhotin

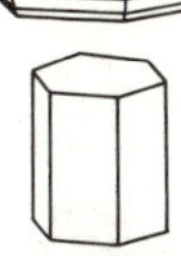

Chemische Formel: FeS
Härte: 4. Dichte: 4,6. Strichfarbe: grauschwarz. Farbe: bronzefarben mit Stich ins Braune (tombakfarben). Metallglanz. Spaltbarkeit: selten sichtbar. Bruch uneben. Tenazität: spröde. Kristallform: hexagonal; selten prismatische Kristalle, fast immer derb. Entstehung: Bei der Auskristallisation in Tiefengesteinen kann sich Magnetkies zu größeren Lagerstätten anreichern; hydrothermal besonders bei hohen Temperaturen; bei der Metamorphose. Vorkommen: in großen Erzkörpern in Tiefengesteinen, insbesondere Gabbros; in Pegmatiten und Zinnerzgängen; in hydrothermalen Gängen; in metamorphen Kieslagerstätten. Begleitmineralien: Pyrit, Pentlandit, Zinkblende, Kupferkies, Quarz, Magnetit. Verwendung: selten als Eisenerz; zur Herstellung von Polierrot; bei Gehalten an Pentlandit als Nickelerz. Fundorte: Bodenmais/Bayerischer Wald (D), Waldsassen/Oberpfalz (D) (metamorphe Lagerstätten), St. Andreasberg/Harz (D), Trepča (YU) (hier schöne Kristalle), Naica (MEX). Ähnliche Mineralien: Pyrit und Kupferkies sind viel gelber, Pyrit ist zudem härter; Zinkblende hat vollkommene Spaltbarkeit.

Pentlandit

Chemische Formel: $(Ni,Fe)_9S_8$
Härte: $3^1/_2$–4. Dichte: 4,6–5,0. Strichfarbe: schwarz. Farbe: gelblich mit Stich ins Braune. Metallglanz. Spaltbarkeit: nach dem Oktaeder in gröberen Partien manchmal erkennbar. Bruch muschelig. Tenazität: spröde. Kristallform: kubisch; Kristalle äußerst selten, meist derb, eingewachsen. Entstehung: aus der Schmelze. Vorkommen: in basischen Gesteinen, zum Beispiel Peridotiten, Gabbros; in liquidmagmatischen Sulfidlagerstätten. Begleitmineralien: Magnetkies, Kupferkies, Pyrit. Verwendung: wichtigstes Nickelerz. Fundorte: Horbach/Schwarzwald (D), Sohland/Spree (DDR), Petsamo (SF), Sudbury/Ontario (CDN). Ähnliche Mineralien: Pyrit ist härter; Magnetkies ist etwas dunkler, aber oft nur schwer zu unterscheiden.

257 Linneit

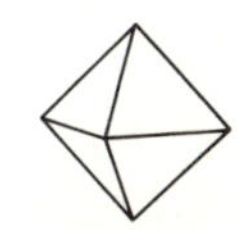

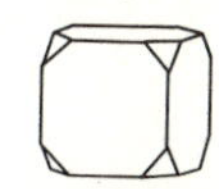

Chemische Formel: Co_3S_4
Härte: $4^1/_2$–$5^1/_2$. Dichte: 4,8–5,8. Strichfarbe: schwarzgrau. Farbe: silberweiß bis stahlgrau. Metallglanz. Spaltbarkeit: nach dem Würfel manchmal gut erkennbar. Bruch muschelig. Tenazität: spröde. Kristallform: kubisch; meist Oktaeder, seltener mit dem Würfel kombiniert, meist derb eingewachsen. Entstehung: aus hydrothermalen Lösungen. Vorkommen: in hydrothermalen Gängen und Verdrängungen. Begleitmineralien: Siderit, Kobaltglanz. Verwendung: als Kobalterz. Fundorte: Müsen/Siegerland (D), Bastnäs (S), Mine La Motte/Missouri (USA). Ähnliche Mineralien: Skutterudit und Kobaltglanz sind mit einfachen Mitteln nicht leicht zu unterscheiden; Skutterudit ist etwas härter.

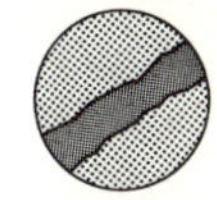

Safflorit

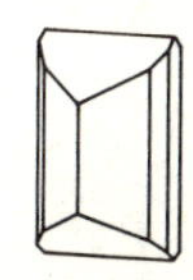

Chemische Formel: $CoAs_2$
Härte: $4^1/_2$–$5^1/_2$. Dichte: 6,9–7,3. Strichfarbe: schwarz. Farbe: zinnweiß, an Luft bald dunkler werdend, Metallglanz. Spaltbarkeit: kaum sichtbar. Bruch muschelig. Tenazität: spröde. Kristallform: monoklin; sehr kleine tafelige Kristalle, meist zu sternförmigen Drillingen verwachsen, derb. Entstehung: aus hydrothermalen Lösungen. Vorkommen: auf hydrothermalen Kobalt-Nickel-Silber-Gängen. Begleitmineralien: gediegen Arsen, Kalkspat, Kobaltblüte. Besondere Eigenschaften: Riecht beim Zerreiben nach Arsen. Verwendung: manchmal als Kobalterz. Fundorte: Niederramstadt/Darmstadt (D), Mackenheim/Odenwald (D), St. Andreasberg/Harz (D), Wittichen/Schwarzwald (D), Schneeberg/Sachsen (DDR), Cobalt/Ontario (CDN).

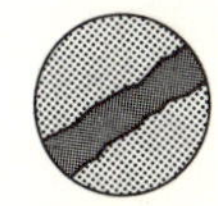

Ähnliche Mineralien: Arsenkies ist härter; Rammelsbergit bildet keine sternförmigen Drillinge; Chloantit, Skutterudit haben andere Kristallform; die letzten drei sind in derben Aggregaten nur schwer zu unterscheiden.

258 Davidit

Chemische Formel: $(Ce,La,U)_x(U,Fe)(Ti,Fe)_6O_{13-x}$
Härte: 5. Dichte: 4,5. Strichfarbe: braunschwarz. Farbe: schwarz. Fettglanz. Spaltbarkeit: keine. Bruch muschelig. Tenazität: spröde. Kristallform: trigonal; dicktafelige Kristalle, oft eingewachsen, derb. Entstehung: pegmatitisch; aus hydrothermalen Lösungen. Vorkommen: in Pegmatiten; auf alpinen Klüften. Begleitmineralien: Uranglimmer, Orthit. Verwendung: bei höheren Urangehalten als Uranerz. Fundorte: Lohningerbruch/Rauris (A), Radium Hill/Südaustralien (AUS), Iveland (N). Ähnliche Mineralien: Gadolinit hat grünlichen Strich.

259 Ludwigit

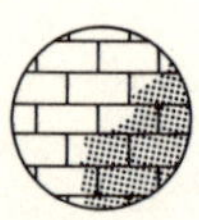

Chemische Formel: $(Mg,Fe)_2Fe[O_2/BO_3]$
Härte: 5. Dichte: 3,7–4,2. Strichfarbe: blaugrün bis schwarz. Farbe: schwarz. Seidenglanz. Spaltbarkeit: keine. Bruch strahlig. Tenazität: spröde. Kristallform: orthorhombisch; strahlige bis faserige Aggregate, derb, dicht. Entstehung: durch Borzufuhr bei kontaktmetasomatischen Umwandlungen. Vorkommen: in kontaktmetasomatischen Lagerstätten. Begleitmineralien: Magnetit, Zinnstein, Vonsenit. Fundorte: Pöhla/Sachsen (DDR), Vaskö/Banat (R). Ähnliche Mineralien: Turmalin ist härter; Hedenbergit ist mehr grünlich; Ilvait ist etwas härter, hat anderen Glanz.

260 Löllingit

Arsenikalkies

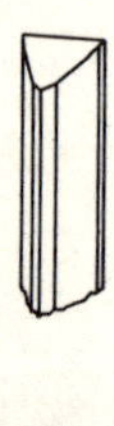

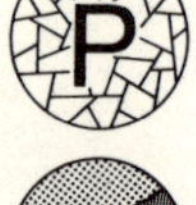

Chemische Formel: $FeAs_2$
Härte: 5. Dichte: 7,1–7,4. Strichfarbe: grauschwarz. Farbe: silberweiß, dunkler anlaufend. Metallglanz. Spaltbarkeit: erkennbar nach der Basis. Bruch uneben. Tenazität: spröde. Kristallform: orthorhombisch; nadelige bis prismatische Kristalle, selten, meist strahlig, stengelig, körnig, eingewachsen. Entstehung: pneumatolytisch und pegmatitisch; meist aus hydrothermalen Lösungen. Vorkommen: in Zinnerzgängen; in Pegmatiten; in hydrothermalen Gängen; in Verdrängungslagerstätten. Begleitmineralien: Siderit, Arsenkies. Fundorte: Hüttenberg/Kärnten (A), Zinkwand/Schladming (A), St. Andreasberg/Harz (D), Cobalt/Ontario (CDN). Ähnliche Mineralien: Arsenkies ist leichter, im frischen Bruch etwas dunkler und etwas weicher, mit einfachen Mitteln schwer zu unterscheiden; Pyrit und Markasit sind härter; Magnetkies ist weicher; Safflorit bildet typische Drillinge, im derben Zustand ebenso wie Rammelsbergit schwer zu unterscheiden.

261 Maucherit

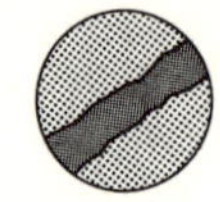

Chemische Formel: $Ni_{11}As_8$
Härte: 5. Dichte: 8,0. Strichfarbe: bräunlich bis schwärzlich. Farbe: rötlichsilberweiß, oft dunkler angelaufen. Metallglanz. Spaltbarkeit: keine. Bruch muschelig. Tenazität: spröde. Kristallform: tetragonal; selten tafelige Kristalle, quirlige Aggregate, blättrig, stengelig, derb. Entstehung: aus hydrothermalen Lösungen. Vorkommen: in Kobalt-Nickel-Arsen-Gängen. Begleitmineralien: Rotnickelkies, Kalkspat, Kobaltglanz, Chloantit. Fundorte: Eisleben/Harz (DDR) (von hier sehr schöne Kristalle), Zinkwand/Schladming (A), Cobalt/Ontario (CDN). Ähnliche Mineralien: Rotnickelkies hat mehr prismatische Kristalle, in derbem Zustand mit einfachen Mitteln nicht zu unterscheiden.

262 Ilmenit

Titaneisenerz

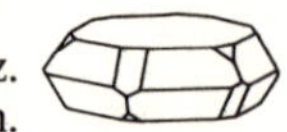

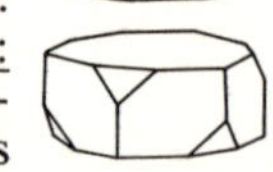

Chemische Formel: $FeTiO_3$
Härte: 5–6. Dichte: 4,5–5,0. Strichfarbe: schwarz. Farbe: eisenschwarz, manchmal mit violettem Stich. Metallglanz, aber oft matt angelaufen. Spaltbarkeit: keine. Bruch muschelig bis uneben. Tenazität: spröde. Kristallform: trigonal; rhomboedrische, dick- bis dünntafelige Kristalle, körnig, derb. Entstehung: aus der Schmelze bei der Kristallisation magmatischer Gesteine; pegmatitisch; aus hydrothermalen Lösungen. Vorkommen: in magmatischen Gesteinen, große Lagerstätten in basischen Gesteinen; in Pegmatiten; in Seifen. Begleitmineralien: Haematit, Magnetit. Verwendung: zur Herstellung von weißer Farbe, dem sogenannten Titanweiß. Fundorte: Ekersund (N), Routivare (S), St. Gotthard (CH) (Ilmenitrosen), Bourg d'Oisans/Hautes-Alpes (F). Ähnliche Mineralien: Magnetit hat andere Kristallform; Haematit hat roten Strich; die Unterscheidung von titanhaltigem Haematit (mit schwarzem Strich), insbesondere aus alpinen Klüften, ist oft schwer.

263 Allanit

Orthit

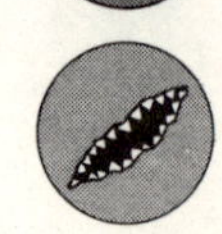

Chemische Formel:
$Ca(Ce,Th)(Fe,Mg)Al_2[O/OH/SiO_4/Si_2O_7]$
Härte: 5½. Dichte: 3,0–4,2. Strichfarbe: grüngrau bis braunschwarz. Farbe: pechschwarz. Fettiger Glasglanz. Spaltbarkeit: nicht erkennbar. Bruch muschelig. Tenazität: spröde. Kristallform: monoklin; selten tafelige Kristalle, meist derb eingewachsen. Entstehung: aus der Schmelze bei der Kristallisation der Gesteine und Pegmatite; aus hydrothermalen Lösungen. Vorkommen: in Graniten, Syeniten, Dioriten, Gneisen; in Pegmatiten; auf alpinen Klüften. Begleitmineralien: Monazit, Xenotim, Feldspat, Quarz. Fundorte: Tittling/Bayerischer Wald (D), St. Gotthard (CH), Laacher See/Eifel (D) (schöne Kristalle in vulkanischen Auswürflingen), Hitterö/Stockholm (S), Amherst County/Virginia (USA). Ähnliche Mineralien: Die Unterscheidung von anderen schwarzen, derben Pegmatitmineralien ist mit einfachen Mitteln oft nicht möglich.

264 Chloantit

Weißnickelkies

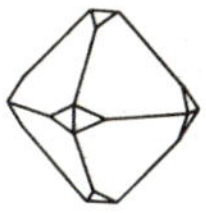
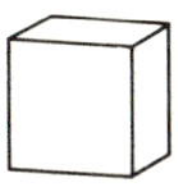

Chemische Formel: $(Ni,Co)As_3$
Härte: $5^{1}/_{2}$. Dichte: 6,4–6,6. Strichfarbe: grauschwarz. Farbe: zinnweiß, oft dunkler angelaufen. Metallglanz. Spaltbarkeit: keine. Bruch uneben. Tenazität: spröde. Kristallform: kubisch; würfelige Kristalle, körnig, derb, eingewachsen. Entstehung: aus hydrothermalen Lösungen. Vorkommen: in hydrothermalen Kobalt-Nickel-Lagerstätten. Begleitmineralien: Skutterudit, Safflorit, Rotnickelkies, Maucherit. Verwendung: falls in größeren Mengen auftretend, wichtiges Nickelerz. Fundorte: Riechelsdorf/Hessen (D), Schneeberg/Sachsen (DDR), Zinkwand/Schladming (A). Ähnliche Mineralien: Skutterudit ist mit einfachen Mitteln nicht zu unterscheiden, Überzüge von Nickelblüte geben aber deutliche Hinweise auf Chloantit; Safflorit und Rammelsbergit sind etwas weicher und schwerer, haben andere Kristallform.

265 Kobaltglanz

Cobaltin

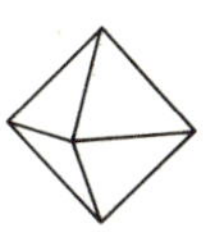
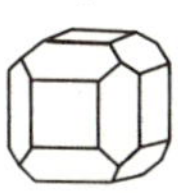

Chemische Formel: $CoAsS$
Härte: $5^{1}/_{2}$. Dichte: 6,0–6,4. Strichfarbe: grauschwarz. Farbe: silberweiß mit Stich ins Rötliche. Metallglanz. Spaltbarkeit: kaum sichtbar. Bruch muschelig. Tenazität: spröde. Kristallform: kubisch; Würfel, Oktaeder und Rhombendodekaeder, meist miteinander kombiniert; Kristalle immer eingewachsen, derb. Entstehung: aus hydrothermalen Lösungen; bei der Metamorphose von Kobaltlagerstätten. Vorkommen: in hydrothermalen Gängen der arsenidischen Kobalt-Nickel-Formation; in regionalmetamorphen Lagerstätten. Begleitmineralien: Kupferkies, Magnetkies, Cubanit, gediegen Wismut, Skutterudit, Chloantit. Verwendung: als Kobalterz. Fundorte: Tunaberg (S), Riddarhyttan (S), Müsen/Siegerland (D), Eiserfeld/Siegerland (D), Cobalt/Ontario (CDN). Ähnliche Mineralien: Ullmannit ist mit einfachen Mitteln nur schwer unterscheidbar, ist aber viel seltener, die Spaltbarkeit nach dem Würfel ist etwas deutlicher, typisch ist die Paragenese mit anderen Kobalterzen; Anflüge von Kobaltblüte erleichtern die Unterscheidung von Nickelerzen.

266 Arsenkies

Arsenopyrit

Chemische Formel: $FeAsS$
Härte: $5^{1}/_{2}$–6. Dichte: 5,9–6,2. Strichfarbe: schwarz. Farbe: zinnweiß bis stahlgrau, oft dunkler angelaufen. Metallglanz. Spaltbarkeit: undeutlich. Bruch uneben. Tenazität: spröde. Kristallform: orthorhombisch; Kristalle oktaederähnlich bis prismatisch, oft Zwillinge, zum Teil sternförmig, häufig derb. Entstehung: pneumatolytisch; hydrothermal. Vorkommen: in Zinnerzgängen; in hydrothermalen Gängen. Begleitmineralien: Pyrit, Gold, Magnetkies, Siderit, Kupferkies, Kobalt-Nickel-Erze. Verwendung: Mikroskopisch fein verteiltes Gold kann Arsenkies zum Golderz machen; zur Arsenproduktion. Fundorte: Waldsassen/Oberpfalz (D), Brandholz/Fichtelgebirge (D), Freiberg/Sachsen (DDR), Mitterberg/Salzburg (A), Böckstein/Gasteiner Tal (A), Hospental (CH). Ähnliche Mineralien: Pyrit, Markasit haben andere Farbe; Magnetkies ist weicher.

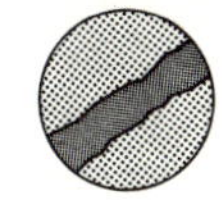

267 Ilvait

Lievrit

Chemische Formel: $CaFe_2^{2+}Fe^{3+}[OH/O/Si_2O_7]$
Härte: $5^{1}/_{2}$–6. Dichte: 4,1. Strichfarbe: schwärzlich. Farbe: schwarz. Glasglanz, etwas harzig. Spaltbarkeit: kaum erkennbar. Bruch muschelig. Tenazität: spröde. Kristallform: orthorhombisch; prismatische Kristalle, strahlig, stengelig, körnig, derb. Entstehung: bei der Kontaktmetamorphose und Kontaktpneumatolyse eisenreicher Gesteine. Vorkommen: in eisenreichen Kontaktlagerstätten. Begleitmineralien: Hedenbergit, Magnetit, Pyrit, Haematit, Arsenkies. Fundorte: Kupferberg/Schlesien (PL), Campiglia/Toskana (I), Rio Marina/Elba (I), Insel Serifos (GR). Ähnliche Mineralien: Turmalin ist härter; Strahlstein hat andere Paragenese und andere Spaltbarkeit; Ludwigit hat anderen Strich.

268 Columbit

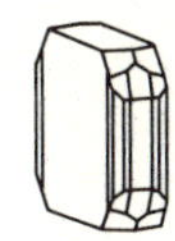

Die Columbite sind Mischungsglieder einer Mischungsreihe von Niobit $(Fe,Mn)Nb_2O_6$ und Tantalit $(Fe,Mn)Ta_2O_6$.
Härte: 6. Dichte: 5,3(Niobit)-8,1(Tantalit). Strichfarbe: braun bis schwarz. Farbe: braunschwarz bis schwarz. Pechglanz. Spaltbarkeit: kaum sichtbar. Bruch muschelig. Tenazität: spröde. Kristallform: orthorhombisch; tafelige bis nadelige Kristalle, strahlig, meist eingewachsen. Entstehung: aus der Schmelze. Vorkommen: in Alkaligraniten; in Pegmatiten. Begleitmineralien: Pechblende, Quarz, Feldspat. Verwendung: zur Gewinnung von Niob und Tantal. Fundorte: Hagendorf/Oberpfalz (D), Hühnerkobel/Bayerischer Wald (D), Varuträsk (S), Kaatiala (SF). Ähnliche Mineralien: Haematit hat anderen Strich; Ilmenit hat andere Kristallform.

269 Pechblende

Uraninit

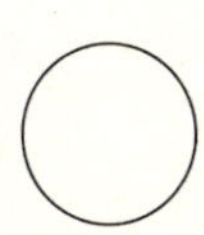

Chemische Formel: UO_2
Härte: 6, derb oft niedriger. Dichte: 9,1–10,6. Strichfarbe: schwarz. Farbe: schwarz, grau, bräunlich. Fettglanz, oft matt. Spaltbarkeit: meist nicht sichtbar. Bruch muschelig. Tenazität: spröde. Kristallform: kubisch; Würfel, Oktaeder, nierig, traubig, erdig, derb. Entstehung: pegmatitisch; aus hydrothermalen Lösungen; in Sedimenten durch organische Substanzen gefällt. Vorkommen: in Pegmatiten; mikroskopisch in Graniten; in hydrothermalen Gängen; in Sandsteinen, besonders in fossilen Fluß-

läufen; in präkambrischen Seifen. Begleitmineralien: Coffinit, Brannerit, Uranglimmer, Uranophan. Verwendung: als Uranerz. Fundorte: Hagendorf/Oberpfalz (D), Wölsendorf/Oberpfalz (D), Menzenschwand/Schwarzwald (D), Wittichen/Schwarzwald (D), Joachimsthal/Böhmen (CS), Schneeberg/Sachsen (DDR), Aue/Sachsen (DDR), Shinkolobwe/Shaba (ZR), Franceville (GAB), Lodève/Hérault (F). Ähnliche Mineralien: Bleiglanz hat ausgezeichnete Spaltbarkeit; Magnetit hat anderen Glanz.

270 Pyrit

Schwefelkies

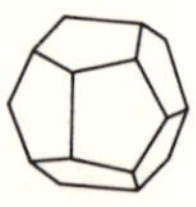

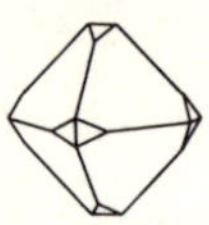

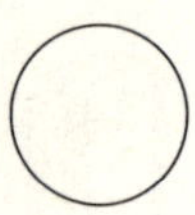

Chemische Formel: FeS_2
Härte: 6–6½. Dichte: 5,0–5,2. Strichfarbe: grünlichschwarz. Farbe: hell messingfarben. Metallglanz. Spaltbarkeit: keine. Bruch muschelig. Tenazität: spröde. Kristallform: kubisch; Würfel mit gestreiften Flächen, Oktaeder, Pentagondodekaeder, radialstrahlig, nierig, oft auch derb. Entstehung: aus der Schmelze; aus der Gasphase; aus hydrothermalen Lösungen. Vorkommen: in Gesteinen; in intramagmatischen Lagerstätten; in hydrothermalen Gängen; als Konkretion in Sedimenten; in metamorphen Lagerstätten. Begleitmineralien: Zinkblende, Bleiglanz, Quarz, Kalkspat. Verwendung: selten als Eisenerz; zur Herstellung von Schwefelsäure. Fundorte: Rio Marina/Elba (I), Gavorrano/Toskana (I), Ambas Aguas/Logroño (E), Murgul (TR), Cassandra/Chalkidiki (GR), Pasto Bueno (PE), Grube Bayerland bei Waldsassen/Oberpfalz (D). Ähnliche Mineralien: Markasit hat andere Kristallform und ist einen Stich grünlicher.

271 Skutterudit

Speiskobalt

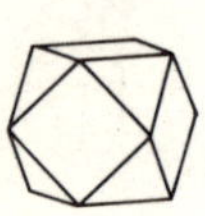
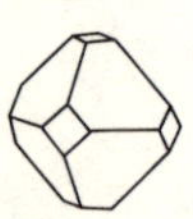

Chemische Formel: $(Co,Ni)As_3$
Härte: 6. Dichte: 6,8. Strichfarbe: schwarz. Farbe: zinnweiß. Metallglanz. Spaltbarkeit: keine. Bruch muschelig bis uneben. Tenazität: spröde. Kristallform: kubisch; oktaedrische Kristalle, oft derb. Entstehung: aus hydrothermalen Lösungen. Vorkommen: in Kobalt-Nickel-Lagerstätten. Begleitmineralien: Chloantit, Kobaltglanz. Verwendung: manchmal als Kobalterz. Fundorte: Bieber/Hessen (D), Riechelsdorf/Hessen (D), Zinkwand/Schladming (A), Skutterud (N), Wittichen/Schwarzwald (D), Schneeberg/Sachsen (DDR). Ähnliche Mineralien: Chloantit ist mit einfachen Mitteln nicht zu unterscheiden, häufig geben aber Überzüge von Kobalt- oder Nickelblüte deutliche Hinweise; Safflorit und Rammelsbergit sind etwas weicher und haben andere Kristallform.

272 Pyrolusit

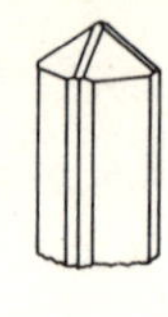

Chemische Formel: MnO_2
Härte: 6, aber in Aggregaten oft scheinbar viel niedriger. Dichte: 4,9–5,1. Strichfarbe: schwarz. Farbe: silbergrau bis grauschwarz. Metallglanz bis matt. Spaltbarkeit: keine. Bruch muschelig, in Aggregaten bröckelig bis faserig. Tenazität: spröde. Kristallform: tetragonal; prismatische Kristalle, radialstrahlig, erdig, krustig, Pyrolusit bildet oft Pseudomorphosen nach Manganit und zeigt dann dessen Kristallform. Entstehung: bei der Oxidation anderer Manganmineralien, sedimentär als Ausscheidung aus dem Meerwasser. Vorkommen: in hydrothermalen Gängen, insbesondere in deren Oxidationszone; in Sedimenten als Oolithen. Begleitmineralien: Manganit, Kryptomelan, Psilomelan, Limonit. Verwendung: als Manganerz. Fundorte: Waldalgesheim/Bingerbrück (D), Lindener Mark/Gießen (D), Gremmelsbach/Schwarzwald (D), Hüttenberg/Kärnten (A), Öhrenstock/Thüringen (DDR), Nicopol (SU). Ähnliche Mineralien: Manganit hat braunen Strich; Kryptomelan ist weicher, hat andere Farbe; Antimonit ist nicht so spröde.

273, 274 Markasit

Speerkies, Kammkies

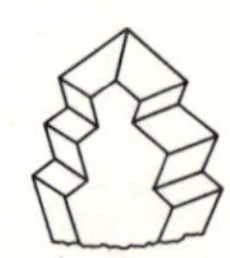

Chemische Formel: FeS_2
Härte: 6–6½. Dichte: 4,8–4,9. Strichfarbe: grünlichschwarz. Farbe: messinggelb mit Stich ins Grüne. Metallglanz. Spaltbarkeit: schlecht. Bruch uneben. Tenazität: spröde. Kristallform: orthorhombisch; tafelige Kristalle, oft zu gezackten Gruppen verwachsen, durch Verzwillingung speerspitzenähnliche Aggregate (Speerkies), strahlig, schalig, nierig, derb. Entstehung: aus niedrig temperierten hydrothermalen Lösungen. Vorkommen: in hydrothermalen, niedrig temperierten Verdrängungslagerstätten; als Konkretionen in Sedimenten. Begleitmineralien: Pyrit, Magnetkies. Fundorte: Bad Grund/Harz (D), Grube Levin/Essen (D), Joplin/Missouri (USA). Ähnliche Mineralien: Pyrit hat keinen grünlichen Stich und andere Kristallform, derb schwer zu unterscheiden. Vorsicht! Auch Pyrit kann strahlig sein, die meisten radialstrahligen Konkretionen sind Pyrit. Kupferkies ist weicher; Magnetkies und Arsenkies haben andere Farbe.

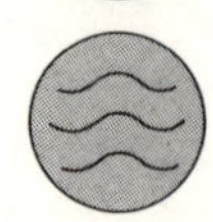

275 Magnetit

Magneteisenerz

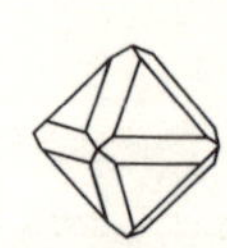
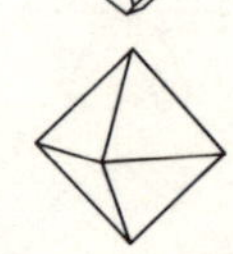
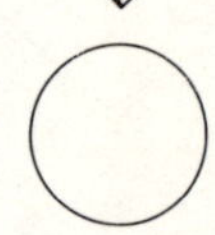

Chemische Formel: Fe_3O_4
Härte: 6–6½. Dichte: 5,2. Strichfarbe: schwarz. Farbe: eisenschwarz. Matter Metallglanz. Spaltbarkeit: kaum erkennbar. Bruch muschelig. Tenazität: spröde. Kristallform: kubisch; Oktaeder, Rhombendodekaeder, selten andere Formen; Kristalle auf- und eingewachsen, derbe Massen. Entstehung: bei der Kristallisation der Gesteine aus der Schmelze; kontaktpneumatolytisch; durch Metamorphose aus anderen Eisenmineralien; aus hydrothermalen Lösungen. Vorkommen: in allen magmatischen Gestei-

nen; in pneumatolytischen Verdrängungslagerstätten; in metamorphen Lagerstätten; in Chlorit- und Talkschiefern als eingewachsene Kristalle; in hochtemperierten hydrothermalen Gängen; auf alpinen Klüften. Begleitmineralien: Pyrit, Ilmenit, Haematit, Apatit. Besondere Eigenschaften: magnetisch, lenkt die Kompaßnadel ab. Verwendung: als Eisenerz. Fundorte: Bodenmais/Bayerischer Wald (D), vielerorts in der Eifel (D) (aufgewachsene Kristalle auf Klüften von Vulkaniten), Binntal (CH) (aufgewachsene Kristalle auf alpinen Klüften), Zillertal (A), Kirunavaara (S), Elba (I), Brosso/Piemont (I). Ähnliche Mineralien: Alle ähnlichen Mineralien unterscheiden sich durch fehlenden oder viel schwächeren Magnetismus; Chromit hat hellbraunen Strich.

276 Epidot

Chemische Formel:
$Ca_2(Fe,Al)Al_2\ [O/OH/SiO_4/Si_2O_7]$
Härte: 6–7. Dichte: 3,3–3,5. Strichfarbe: grau. Farbe: gelbgrün, dunkelgrün, schwarzgrün. Glasglanz. Spaltbarkeit: schlecht sichtbar. Bruch muschelig. Tenazität: spröde. Kristallform: monoklin; prismatisch, selten dicktafelig, strahlige Aggregate, derb. Entstehung: durch Metamorphose und hydrothermale Umwandlung aus kalzium- und aluminiumhaltigen Silikaten. Vorkommen: in Drusen und Hohlräumen von Pegmatiten; in Epidotschiefern; auf Klüften von Graniten und metamorphen Gesteinen. Begleitmineralien: Aktinolith, Augit, Albit, Apatit, Quarz. Fundorte: Tittling/Bayerischer Wald (D), Saunstein/Bayerischer Wald (D), Knappenwand/Untersulzbachtal (A), Guttannen (CH), Bourg d'Oisans/Hautes-Alpes (F), Sulzer/Alaska (USA). Ähnliche Mineralien: Augit, Hornblende, Aktinolith haben andere Spaltbarkeit; Turmalin hat andere Kristallform.

Piemontit

Piemontit ist ein Epidot, bei dem das Eisen durch Mangan ersetzt ist.
Härte: 6½. Dichte: 3,4. Strichfarbe: schwärzlichrot. Farbe: hell- bis dunkelrot. Die anderen physikalischen Eigenschaften wie Epidot. Entstehung: bei der Metamorphose von manganhaltigen Sedimenten; aus hydrothermalen Lösungen. Vorkommen: in metamorphen Mangan-Lagerstätten; in Drusen von Pegmatiten. Begleitmineralien: Braunit, Rhodonit, Rhodochrosit. Fundorte: Falotta/Graubünden (CH), Tittling/Bayerischer Wald (D), Wimmertal (A), St. Marcel/Piemont (I). Ähnliche Mineralien: keine.

277 Klinozoisit

Chemische Formel: $3\ Ca_2Al_3[O/OH/SiO_4/\ Si_2O_7]$
Physikalische Eigenschaften wie Epidot. Farbe: grau, hellbraun, graubraun. Strichfarbe: grau bis weiß. Entstehung: aus hydrothermalen Lösungen. Vorkommen: in hydrothermalen Gängen; in metamorphen Gesteinen. Begleitmineralien: Axinit, Hornblendeasbest, Albit. Fundorte: Maishofen/Zell am See (A), Cap Corse/Korsika (F). Ähnliche Mineralien: Epidot ist immer etwas grün; Zoisit ist nicht immer einfach zu unterscheiden, hat andere Kristallform.

Zoisit

Chemische Formel: $Ca_2Al_3[O/OH/SiO_4/Si_2O_7]$
Härte: 6. Dichte. 3,2–3,4. Strichfarbe: hellgrau mit verschiedenen Farbstichen. Farbe: grau, braungrau, grünlich, rosarot (manganhaltig = Thulit), blau (Tansanit), grün. Glasglanz, auf Spaltflächen manchmal Perlmuttglanz. Spaltbarkeit: vollkommen nach dem Prisma. Bruch uneben. Tenazität: spröde. Kristallform: orthorhombisch; eingewachsene Kristalle, stengelig, strahlig, selten prismatisch aufgewachsen, spätig, faserig, derb. Entstehung: bei der metamorphen Umwandlung basischer Magmatite, pegmatitisch. Vorkommen: in Hornblendeschiefern; Eklogiten; in Pegmatiten. Begleitmineralien: Hornblende, Rubin, Disthen. Verwendung: Der durchsichtige Tansanit wird als Schmuckstein verschliffen, grünes Zoisitgestein mit Rubin von Longido/Tansania wird zu Kunstgegenständen verarbeitet. Fundorte: Weißenstein bei Stammbach/Bayern (D) (mehrere Dezimeter lange Prismen in Oligoklas-Zoisit-Pegmatit), Saualpe/Kärnten (A), Rauris/Tauern (A), Zermatt/Wallis (CH), Miralani Hills (EAT) (Tansanit). Ähnliche Mineralien: Klinozoisit ist manchmal nicht einfach zu unterscheiden, er ist etwas härter und hat andere Kristallform.

278 Thortveitit

Chemische Formel: $(Sc,Y)_2[Si_2O_7]$
Härte: 6½. Dichte: 3,6. Strichfarbe: grauweiß. Farbe: schmutziggrün. Glasglanz. Spaltbarkeit: kaum erkennbar. Bruch muschelig. Tenazität: spröde. Kristallform: monoklin; scharfkantige, prismatische Kristalle, immer eingewachsen. Entstehung: pegmatitisch. Vorkommen: in Granitpegmatiten. Begleitmineralien: Feldspat, Quarz. Fundorte: Iveland (N), Befanamo (RM). Ähnliche Mineralien: Monazit und Xenotim haben andere Kristallform.

279 Krokydolith

Chemische Formel: $Na_2Fe_4[OH/Si_4O_{11}]_2$
Härte: 6. Dichte: 3,3–3,4. Strichfarbe: blauschwarz bis blaugrau. Farbe: schwarzblau bis grünlichschwarz. Seidenglanz. Spaltbarkeit: keine. Bruch faserig. Tenazität: biegsam. Kristallform: monoklin; haarförmig bis faserig. Entstehung: bei Natriumüberschuß. Vorkommen: in natriumreichen Gesteinen. Begleitmineralien: Quarz, Limonit. Fundorte: Griquatown (ZA) (hier oft zersetzt und mit Quarz verwachsen als braunes Tigerauge), Golling/Salzburg (A). Ähnliche Mineralien: Feinfaseriger Turmalin ist härter; allerdings ist die Härteprüfung oft nur schwer durchzuführen.

280 Psilomelan

Chemische Formel: $BaMn_8O_{16}(OH)_4$
Härte: 6–6½, je nach Aggregatform sehr variabel. Dichte: 6,30–6,45. Strichfarbe: braunschwarz bis schwarz. Farbe: schwarz bis stahlgrau. Metallglanz. Spaltbarkeit: keine. Bruch uneben. Tenazität: spröde. Kristallform: monoklin; nierig, stalaktitisch, strahlig, derb. Entstehung: bei der Verwitterung von Mangankarbonaten und -silikaten. Vorkommen: in Verwitterungslagerstätten; als Konkretionen in Sedimenten; als Verdrängungen in Kalken. Begleitmineralien: andere Manganoxide. Fundorte: Schneeberg/Sachsen (DDR), Gremmelsbach/Schwarzwald (D). Ähnliche Mineralien: Kryptomelan ist weicher; Pyrolusit hat andere Kristallform, ist in Aggregaten aber nur schwer zu unterscheiden.

281 Coronadit

Chemische Formel: $Pb_2Mn_8O_{16}$
Härte: 6½–7. Dichte: 5,5. Strichfarbe: schwarz. Farbe: grauschwarz bis schwarz. Metallglanz bis matt. Spaltbarkeit: keine. Bruch uneben. Tenazität: spröde. Kristallform: tetragonal; radialstrahlig, glaskopfartig, nierig, erdig. Entstehung: bei der Verwitterung von Mangan- und Bleierzen. Vorkommen: in der Oxidationszone. Begleitmineralien: Psilomelan, Limonit, Bleiglanz. Fundorte: Broken Hill (AUS), Morenci/Arizona (USA). Ähnliche Mineralien: Andere Manganoxide unterscheiden sich durch die weniger hohe Dichte.

282 Bixbyit

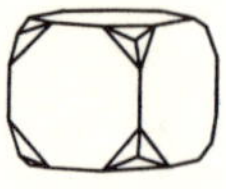

Chemische Formel: $(Mn,Fe)_2O_3$
Härte: 6½. Dichte: 4,9–5,0. Strichfarbe: schwarz. Farbe: schwarz. Metallglanz. Spaltbarkeit: nach dem Oktaeder erkennbar. Bruch uneben. Tenazität: spröde. Kristallform: kubisch; würfelige Kristalle, oft derb. Entstehung: bei der metamorphen Umwandlung von Manganerzen; aus der Gasphase. Vorkommen: in metamorphen Manganlagerstätten; in vulkanischen Gesteinen. Begleitmineralien: Topas, Spessartin, Braunit, Hausmannit. Fundorte: Thomas Range/Utah (USA), Postmasburg (ZA), Sitapar (IND). Ähnliche Mineralien: Magnetit hat keine Spaltbarkeit und bildet fast nie Würfel.

Die Gesteine

Was ist ein Gestein?

Gesteine begegnen Ihnen überall in Ihrer Umwelt. Denken Sie nur einmal an Ihren Tagesablauf, und Sie werden sehen, wo überall Ihnen Gesteine begegnen.
Früh am Morgen, wenn Sie aus dem Haus treten, sind Sie – weil noch etwas müde – unaufmerksam und stolpern über den Bordstein. Sie sind über ein Gestein, meist Granit, gestolpert. Auf dem Weg zu Ihrem Arbeitsplatz fahren Sie über eine gepflasterte Straße. Sie fahren über ein Gestein, ebenfalls fast immer Granit. Sie wollen noch schnell auf der Bank etwas erledigen. In der Eingangshalle fallen Ihnen Wandverkleidungen auf, die je nach Blickrichtung verschiedene blau schimmernde Flecken auf grauer Grundfläche zeigen. Wieder ist Ihnen ein Gestein aufgefallen, dieses Mal Syenit aus Norwegen. Am Wochenende machen Sie einen Ausflug, bei dem Sie auf einer mit Kies geschotterten Straße fahren müssen. Sie fahren wiederum auf Gestein, nämlich Kies. In einer kleinen Kirche betrachten Sie mittelalterliche Grabplatten aus einer weißen bis gelblichen, etwas körnigen Substanz. Sie betrachten Marmor, ein Gestein. Ihre Kinder haben in der Zwischenzeit auf einem nahegelegenen Spielplatz im Sand gespielt, ebenfalls ein Gestein. Auf der Heimfahrt machen Sie Rast in einem Café, dessen Terrasse mit Solnhofener Platten ausgelegt ist. Sie stehen auf Kalkstein. Tag für Tag begegnen Ihnen also im Alltagsleben Gesteine verschiedenster Art, die Sie vielleicht bisher gar nicht als solche erkannt haben.
Jetzt werden Sie vielleicht fragen: Was ist eigentlich ein Gestein? Ein Gestein ist ein natürlich entstandener Körper, der aus vielen Mineralien der gleichen oder verschiedener Arten besteht und eine Größe im Meter- bis Kilometerbereich hat. Ein Gestein kann so feinkörnig sein, daß die einzelnen Mineralkörner nur unter dem Mikroskop zu erkennen sind, es kann aber auch so grobkörnig sein, daß einzelne Körner einen Umfang von mehreren Metern erreichen. Die Bestandteile eines Gesteins müssen nicht, wie zum Beispiel bei Granit und Marmor, fest miteinander verwachsen sein. Ein Gestein kann auch, wie zum Beispiel Sand oder Kies, aus vielen gegeneinander beweglichen Teilchen (im genannten Fall den Sandkörnern beziehungsweise Kieselsteinen) bestehen. Die äußere Gestalt eines Gesteins ist immer durch seine Umgebung bestimmt und nur bedingt charakteristisch für seine Art. Ein Gestein kann einen Berg aufbauen, eine Spalte im Nebengestein ausfüllen, in Stücke geschlagen, durch Verwitterung in Körner zerfallen sein – immer ist es ein Gestein, ohne Rücksicht auf die äußere Gestalt. Ein Gestein kann auch aus Bruchstücken anderer Gesteine bestehen. Dies ist bei Kies und bei Konglomeraten oder Breccien der Fall.

Der Aufbau der Erde

Obwohl noch kein Mensch je in das tiefste Innere der Erde vorgedrungen ist, hat man doch aufgrund von Messungen der Erdbebenwellen eine heute allgemein anerkannte Theorie über den Aufbau der Erdkugel. Diese Theorie besagt, daß die Erde aus verschiedenen Schalen aufgebaut ist: Die Erdkruste reicht von der Oberfläche bis zu einer Tiefe von etwa 40 Kilometern. Sie besteht im wesentlichen aus den gleichen Gesteinen, die auch an der Erdoberfläche zu finden sind. Der äußere Teil der Erdkruste heißt auch Sial, wegen des Vorherrschens von Silicium-Aluminium-Ver-

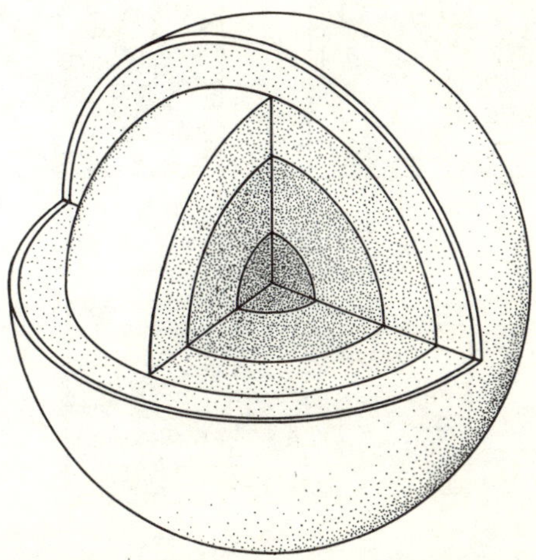

Der Schalenbau der Erde. Die Erdkugel ist aus verschiedenen Schalen aufgebaut. Dargestellt durch verschieden starke Rasterung sind von innen nach außen: der Erdkern, aufgeteilt in inneren und äußeren Kern, der Erdmantel, aufgeteilt in unteren und oberen Mantel, sowie ganz außen die Erdkruste.

bindungen, zum Beispiel Feldspäten, der darunter gelegene Teil Sima, wegen des Vorherrschens von Silicium-Magnesium-Verbindungen, zum Beispiel Olivin. Die Grenze zur nächsten Schicht, zum Erdmantel, wird nach dem gleichnamigen Geophysiker Mohorovičič-Diskontinuität, abgekürzt Moho, genannt.

Der Erdmantel reicht bis in eine Tiefe von etwa 2900 Kilometern. Er setzt sich hauptsächlich aus basischen Silikaten zusammen. Man unterteilt ihn in einen oberen und einen unteren Mantel, die Grenze liegt bei etwa 1000 Kilometern Tiefe. Die Dichte der Mineralien nimmt zum Erdkern hin zu, im oberen Mantel beginnt bereits die Umwandlung von Silikaten in Oxide.

Der Erdkern schließlich besteht nach der heute allgemein anerkannten Theorie nur mehr aus metallischen Substanzen, hauptsächlich aus Nickeleisen. Die Theorie über die Zusammensetzung des innersten Teils des Planeten Erde stützt sich auf das Vorkommen von Eisenmeteoriten, die die Forscher als Bruchstücke eines solchen Eisenkerns deuten.

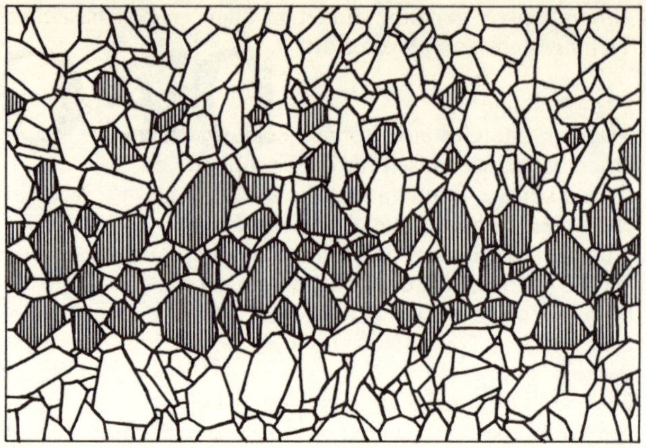

Typische Struktur eines basischen Tiefengesteins mit schichtiger Anordnung dunkler Gemengteile (zum Beispiel Chromit oder Magnetit). Bei der Abkühlung einer Gesteinsschmelze entstehen als erstes Kristalle der Mineralien mit dem höchsten Schmelzpunkt. Diese sinken aufgrund ihrer höheren Dichte nach unten und reichern sich in Schichten an. So entstehen dann Gesteine mit schichtiger Anordnung von Chromit, Magnetit oder anderen.

Die Entstehung der Gesteine

Die Gesteine werden, ihrer Entstehung entsprechend, in drei große Abfolgen eingeteilt:

Zur *magmatischen Abfolge* zählen alle Gesteine, die aus einer Schmelze entstanden sind. Ist die Schmelze im Erdinnern erstarrt, nennt man die entsprechenden Gesteine Tiefengesteine, wie zum Beispiel Granit, Diorit, Syenit. Ist sie an der Erdoberfläche oder kurz darunter erstarrt, nennt man die Gesteine Ergußgesteine oder Vulkanite, wie zum Beispiel Basalt, Andesit, Rhyolith.

Zur *sedimentären Abfolge* zählen Gesteine, die durch Verwitterung, Abtransport und Ablagerung (Sedimentation) entstanden sind, zum Beispiel Sand, Sandstein, Kalkstein. Ursachen ihrer Entstehung sind sowohl physikalische als auch chemische Vorgänge.

Zur *metamorphen Abfolge* zählen Gesteine, die durch Druck- und/oder Temperaturänderung aus anderen Gesteinen hervorgegangen sind, zum Beispiel Glimmerschiefer, Gneis, Eklogit. Von *Kontaktmetamorphose* spricht man, wenn ausschließlich hohe Temperaturen, hervorgerufen durch eindringendes Magma, auf bereits verfestigtes Gestein einwirken. *Regionalmetamorphose* liegt vor, wenn Gesteinsmassen in größere Tiefen verfrachtet werden, wobei Druck und Temperatur gleichzeitig ansteigen.

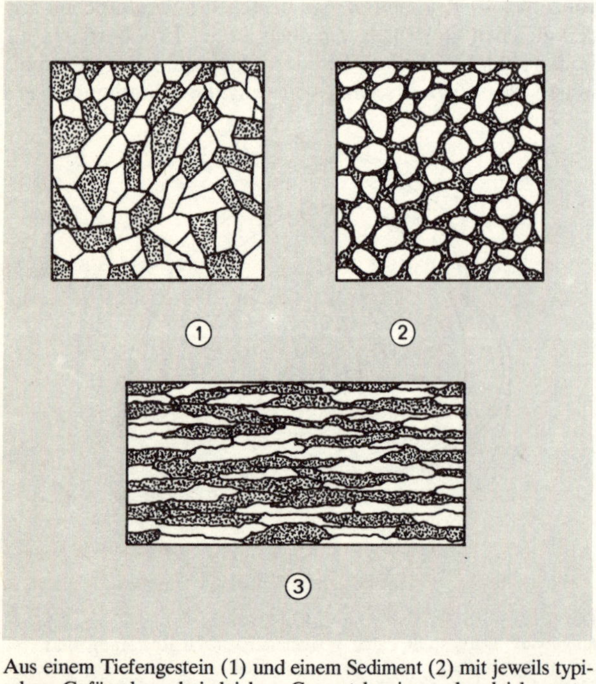

Aus einem Tiefengestein (1) und einem Sediment (2) mit jeweils typischem Gefüge kann bei gleichem Gesamtchemismus das gleiche metamorphe Gestein (3) entstehen.

Magmatische Abfolge

Zur magmatischen Abfolge gehören alle Gesteine, die aus der Schmelze, also aus geschmolzenem Gesteinsmaterial (Magma) entstanden sind. Dabei ist unerheblich, ob die Schmelze aus dem Erdinnern kommt oder durch Aufschmelzung bereits vorhandener Gesteine entstanden ist. Schmelzen bereits vorhandener Gesteine haben immer die gleiche Zusammensetzung wie die Gesteine, aus denen sie entstanden sind. Daher handelt es sich meist um Schmelzen, die beim Erstarren granitische Gesteine bilden.

Schmelzen aus dem Erdmantel haben dagegen eine sehr basische, siliciumarme Zusammensetzung. Wenn sie auskristallisieren, ergibt sich eine ganz bestimmte Ausscheidungsfolge der Mineralien: Zuerst kristallisiert Olivin, dann Pyroxen, Hornblende, Biotit und zuletzt Quarz. Hinzu kommt die kontinuierliche Ausscheidungsfolge der Feldspäte: Als erstes kristallisiert der Calciumfeldspat Anorthit, dann Bytownit, Labradorit, Andesin, Oligoklas bis zum calciumfreien Albit. Als letztes kristallisiert Kalifeldspat.

Sinken die zuerst gebildeten Kristalle in der Schmelze ab, so können sich Bereiche mit verschiedener chemischer Zusammensetzung von ganz basisch (siliciumarm) bis ganz sauer (siliciumreich) bilden. Dieser Vorgang, *magmatische*

Differentiation genannt, findet in allen großen basischen Tiefengesteinskomplexen statt.

Ergußgesteine

Magmatische Gesteine können sehr verschiedenartig aussehen. Charakteristisch für die Ergußgesteine ist ihre relativ feinkörnige Grundmasse, die auch viel glasige Substanz enthalten kann (Beispiele → Fotos Nr. 286 und 287). Ihr Aussehen verdanken diese Gesteine der Tatsache, daß sie an der Erdoberfläche sehr schnell erstarrt sind, so daß die Mineralien keine Zeit hatten, zu größeren Kristallen heranzuwachsen. Gesteinsglas (→ Foto Nr. 293) ist Schmelze, die so schnell erstarrt ist, daß sich die Atome und Moleküle überhaupt nicht mehr zu Kristallen ordnen konnten. In dieser Grundmasse schwimmen oft größere Einsprenglinge, die sich bereits in der Tiefe gebildet haben und mit der Schmelze heraufgebracht worden sind. Eine Struktur dieser Art nennt man *porphyrisch.* Manchmal sind die Einsprenglinge in bestimmte Richtungen eingeregelt und zeigen die Fließrichtung der Schmelze, der Fachmann sagt, das Gestein besitzt ein Fließgefüge.

An der Erdoberfläche ausgeflossene Gesteinsschmelze wird *Lava* genannt. Sie kann in den verschiedensten Formen auftreten. Schaumlava hat viele rundliche Poren, die bei der Erstarrung der Schmelze durch den schnellen Austritt der darin enthaltenen Gase entstanden sind. Zackenlava hat eine zackige, rauhe Oberfläche. Stricklava besteht aus langgezogenen, seilförmigen Gebilden. Geraten Bäume oder andere brennbare Gegenstände in einen Lavastrom, gehen sie wegen der großen Hitze sofort in Flammen auf und hinterlassen Abdrücke ihrer ursprünglichen Form in der erkalteten Lava. Von Vulkanen ausgeworfene Brocken glühenden Gesteins nennt man *vulkanische Bomben* oder *Lapilli.* Sind sie porös, bezeichnet man sie auch als *vulkanische Schlacken.* Schaumiges vulkanisches Glas, das auf Wasser schwimmt, heißt Bimsstein (→ Foto Nr. 301). Manche Vulkane lassen bei Ausbrüchen regelrechte Bimsregen niedergehen. Feinere Lockermassen, die von Vulkanen ausgeworfen werden, nennt man *vulkanische Aschen.* All diese Auswurfmassen lagern sich in der Umgebung von Vulkanen ab und bilden geschichtete Gesteine, sogenannte vulkanische Tuffe. Wenn die herausgeschleuderten Lavamassen noch flüssig den Boden erreichen, wenn sich Glutwolken aus dem Krater herabwälzen, entstehen tuffähnliche Gesteine, sogenannte *Schmelztuffe* oder *Ignimbrite,* deren Bestandteile ganz fest miteinander verschmolzen sind.

Wenn Lavaströme erkalten, entstehen durch Spannungen im Gestein polygonale, meist fünf- bis sechseckige Säulen, die sogenannten Basaltsäulen (→ Foto Seite 177). Erkaltet die ausgeflossene Lava durch den Kontakt mit Luft oder Wasser so schnell, daß sie nicht mehr auskristallisieren kann, so entsteht ein Gesteinsglas, der sogenannte Obsidian. Er kommt häufig zum Beispiel auf den Liparischen Inseln in Italien vor, ist meist dunkel und durch seinen muscheligen Bruch charakterisiert (→ Foto Nr. 293). Manchmal enthält er Einschlüsse von Mineralien, die sich bereits vor dem Ausfluß gebildet haben.

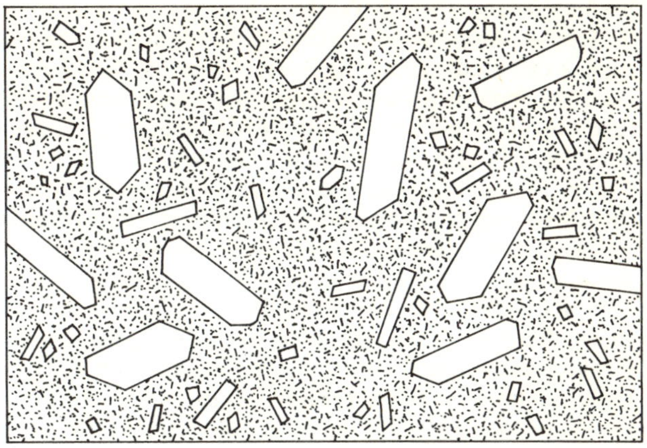

Porphyrische Struktur mit großen Einsprenglingen in feinerkörniger Grundmasse. Diese Struktur tritt sowohl bei Tiefen- als auch bei Ergußgesteinen auf. Allerdings ist die Grundmasse bei Ergußgesteinen meist sehr feinkörnig, während sie bei Tiefengesteinen mittelkörnig bis sogar grobkörnig sein kann.

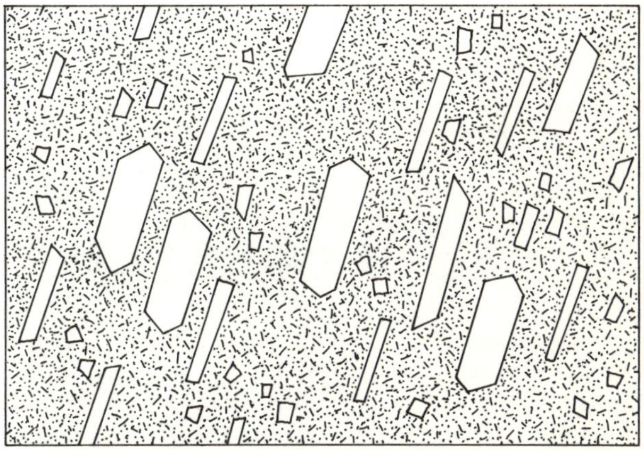

Porphyrische Struktur mit Fließgefüge. Diese Struktur findet sich besonders häufig bei Ergußgesteinen. Die Einsprenglinge sind mit ihrer Längsachse alle in eine Richtung eingeregelt und bilden so die Fließrichtung der ehemaligen Gesteinsschmelze ab. Auf diese Weise kann die Fließrichtung großer Ergußgesteinskörper festgestellt werden.

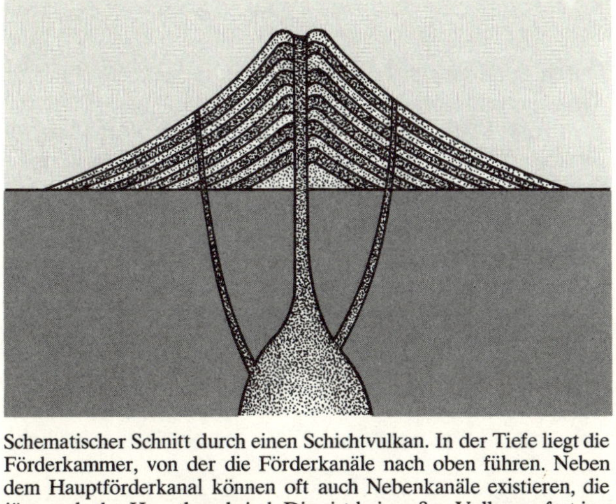

Schematischer Schnitt durch einen Schichtvulkan. In der Tiefe liegt die Förderkammer, von der die Förderkanäle nach oben führen. Neben dem Hauptförderkanal können oft auch Nebenkanäle existieren, die jünger als der Hauptkanal sind. Dies ist bei großen Vulkanen fast immer der Fall, die Neuförderung von vulkanischem Material erfolgt meist von solchen Seitenkanälen aus, bei starker Förderung können an anderen Austritt neue Seitenkrater entstehen.

Tiefengesteine

Tiefengesteine entstehen, wenn die Gesteinsschmelze bereits in der Tiefe erstarrt, weil sie auf dem Weg zur Oberfläche zu stark abgekühlt ist. Sie sind in der Regel grobkörniger als die Ergußgesteine, da sie nur langsam abgekühlt sind und die in ihnen enthaltenen Mineralien daher Zeit hatten, zu wachsen. Aus den gleichen Gründen enthalten diese Gesteine kein Gesteinsglas. Häufig jedoch sind Einschlüsse von anderen Gesteinen, die entweder aus der Tiefe mitgebracht wurden oder die vom umgebenden Gestein abbrachen und in die noch flüssige Schmelze hineinfielen. Auch bei Tiefengesteinen tritt häufig porphyrische Struktur auf, das heißt, sie enthalten in einer feinkörnigeren Grundmasse größere Einsprenglinge.

Tiefengesteine bilden oft große Intrusionskörper, die *konkordant* im Nebengestein eingelagert sein können, aber auch *diskordant* die Schichten des Nebengesteins durchbrechen können. Große diskordante Intrusionskörper, von denen man nicht weiß, wie tief sie in die Erdkruste hineinreichen, werden *Batholithe* genannt. *Ganggesteine* (→ Foto Nr. 319) füllen gangförmig Spalten im Nebengestein aus.

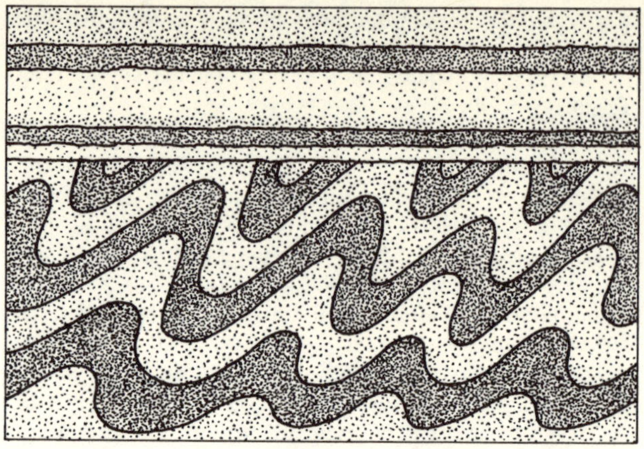

Diskordante Schichtung. Das konkordant geschichtete und leicht gefaltete Sediment wurde abgetragen, dabei wurden die Faltenrücken abgeschnitten und eine horizontale Verebnungsfläche geschaffen. Darauf wurden horizontal Sedimente abgelagert. Eine Diskordanz ist entstanden.

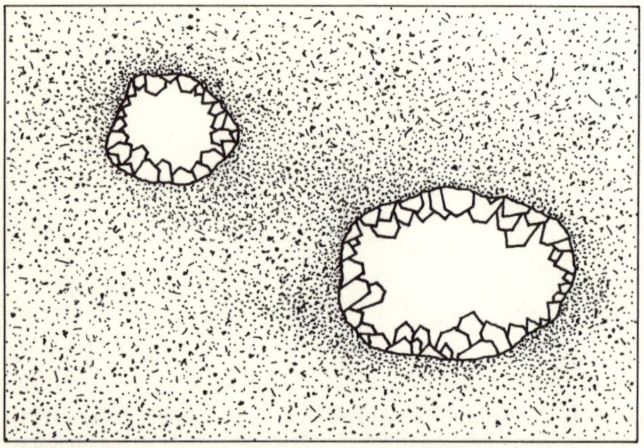

Diese Struktur ist typisch für ein Ergußgestein. Hohlräume, die ehemalige Gasblasen im schmelzflüssigen Gestein darstellen, sind mit jüngeren Mineralbildungen gefüllt. Dabei handelt es sich besonders häufig um Zeolithe, wie zum Beispiel Natrolith oder Chabasit. Auch Kalkspat und Argonit können oft in diesen Blasenhohlräumen gefunden werden.

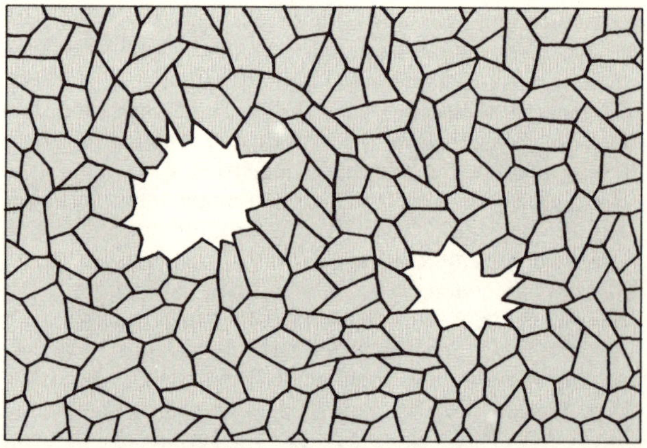

Tiefengestein mit miarolithischen Hohlräumen. Diese Hohlräume sind dadurch charakterisiert, daß der Übergang zum Gestein fließend ist und daß keine scharfe Grenze zwischen Gestein und Hohlraumbildungen besteht. Die Mineralien des Gesteins wachsen in den Hohlraum hinein und enden dort mit wohlausgebildeten Kristallflächen.

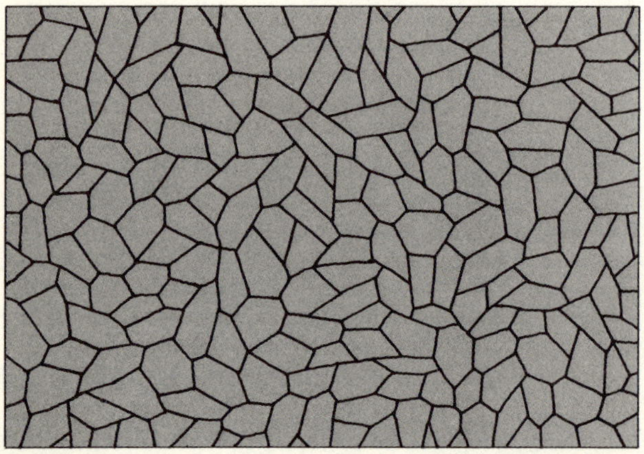

Gleichkörnige, regellose Struktur eines Tiefengesteins. Die einzelnen Mineralkörner sind mehr oder weniger gleichzeitig entstanden und meist unregelmäßig ausgebildet. Die starke Verzahnung der einzelnen Körner ist Grund für die hohe Festigkeit der meisten Tiefengesteine.

Durch Spannungen bei der Abkühlung entstehen in den Tiefengesteinskörpern zahlreiche Spalten und Trennflächen, die *Klüfte* genannt werden. Sie bieten oft Platz für jüngere Ganggesteine, Pegmatite oder hydrothermale Gangfüllungen (→ Seite 22f.).

Vulkanausbruch auf der Halbinsel Kamtschatka/Sowjetunion. ▷
Glühende Gesteinsfetzen werden bei dem explosionsartigen Ausbruch hoch in die Luft geschleudert.

Fladenlava vom Stromboli, Italien. Verkleinerung 2fach. Beim Erstarren flüssiger Lava an der Erdoberfläche bilden sich oft poröse, wulstige Formen, die oft auch die Fließrichtung der zähflüssigen Lava abbilden. Es entstehen bizarre Formen, die zu so anschaulichen Namen wie Stricklava, Zackenlava oder eben Fladenlava Anlaß gaben.

Grobkörniger Mischgranit von Landshaag bei Aschach in Oberösterreich. Verkleinerung 2fach. Im Bild deutlich sichtbar ist die typische Struktur eines porphyrischen Tiefengesteins. In einer mittelkörnigen Grundmasse aus Biotit, Feldspat und Quarz sind große Einsprenglinge von rötlichem Kalifeldspat eingewachsen.

Gefalteter Phyllit von der Lizumer Hütte in den Tarntaler Bergen, Österreich. Verkleinerung 2fach. Dieses Handstück zeigt die typische Struktur eines stark gefalteten metamorphen Gesteins. Durch den Angriff der Verwitterung wurden die einzelnen Falten noch zusätzlich besonders herauspräpariert.

Buntsandstein mit Kreuzschichtung aus dem oberen Neckartal. Verkleinerung 3fach. Die Kreuzschichtung ist typisches Anzeichen dafür, daß sich dieses Sedimentgestein im Mündungsbereich von Flüssen oder in bewegter Luft (Sanddünen) gebildet hat. Durch die Kreuzschichtung wird deutlich, was ursprünglich oben und unten war, weil sich die Schichten unten immer der Basis anschmiegen.

Sedimentgestein: Steilküste bei Bonifacio/Korsika. Deutlich sichtbar ist die horizontale Schichtung des Sedimentgesteins, die durch Brandung und Witterungseinflüsse stark herausgearbeitet ist. Vor der Küste liegen herabgestürzte Blöcke, deren Schichten aufgrund der Ortsveränderung nicht mehr horizontal liegen. Bei weiterem Ansturm der Brandung werden diese herabgestürzten Blöcke weiter zerkleinert, es entsteht Brandungsschotter. Sind die Stücke genügend zerkleinert, können sie vom Meer wieder wegtransportiert und anderswo wieder abgesetzt werden, ein neues Sedimentgestein wird gebildet.

In der folgenden Übersicht finden Sie eine Zusammenstellung der sich entsprechenden Tiefen- und Ergußgesteine mit ihren Hauptgemengteilen in vereinfachter Darstellung. Sehr seltene Glieder wurden weggelassen.

Tiefengestein	*Ergußgestein*	*Hauptgemengteile*
Alkaligranit	Alkalirhyolith	Kalifeldspat, Quarz, Natriumhornblende
Granit	Rhyolith	Kalifeldspat, Plagioklas, Quarz, Biotit
Granodiorit	Dazit	Plagioklas, Quarz, Kalifeldspat, Hornblende, Biotit
Tonalit		Plagioklas, Quarz, Hornblende, Biotit
Alkalisyenit	Alkalitrachyt	Kalifeldspat, Pyroxen, Natriumhornblende
Syenit	Trachyt	Kalifeldspat, Plagioklas, Hornblende, Pyroxen, Quarz
Monzonit	Latit	Plagioklas, Kalifeldspat, Pyroxen
Diorit	Andesit	Plagioklas, Hornblende, Pyroxen
Gabbro/Norit	Basalt	Plagioklas, Pyroxen
Nephelinsyenit	Phonolith	Kalifeldspat, Nephelin, Pyroxen
Essexit	Tephrit	Plagioklas, Pyroxen, Nephelin, Leucit
Peridotit		Olivin, Pyroxen
Dunit		Olivin
Pyroxenit		Pyroxen
	Nephelinit	Nephelin
	Leucitit	Leucit
	Melilithit	Melilith

Sedimentäre Abfolge

Durch chemische und physikalische Einflüsse an der Erdoberfläche werden Gesteine im Laufe der Zeit zerstört: sie verwittern.

Die Arten der Verwitterung

Die physikalische Verwitterung. Wenn Wasser in Gesteinsspalten oder Porenhohlräume eindringt und dann gefriert, dehnt es sich aus und zerstört das Gestein. Man spricht hier von Frostsprengung. Die Gesteine werden auf die gleiche Weise zerstört wie eine bis oben hin mit Wasser gefüllte und verschlossene Flasche, die im Winter gefriert und dann zerspringt. Durch starken Temperaturwechsel zwischen Tag und Nacht (der Temperaturunterschied in Wüstengebieten kann bis zu 60 °C betragen) wird Gestein ebenfalls zerstört.

Die chemische Verwitterung beruht auf der (wenn auch oft geringen) Löslichkeit von Mineralien in kohlendioxidhaltigem Wasser. Besonders Kalk- und Gipsgesteine sind relativ gut löslich. Man findet daher in diesen Gesteinen häufig Höhlen. Aber auch Silikatgesteine wie Granit, Gabbro und Gneis sind, wenn auch in geringerem Maße, löslich. Während die Alkalimetalle Natrium und Kalium gelöst und weggeführt werden, scheiden sich Aluminium und Silicium sehr schnell wieder aus. Wenn dies gleichzeitig geschieht, entstehen Tonminerale, wie zum Beispiel Kaolin, die Aluminium und Silicium enthalten. Wird dagegen das Silicium weggeführt, bleibt allein Aluminium übrig und es entsteht ein Gemenge von Aluminiumhydroxiden, der Bauxit. Aus eisenreichen Gesteinen entsteht auf gleiche Weise, besonders in tropischen Gegenden, der Laterit, ein Gestein, das reich an Eisenhydroxiden ist.

Chemische Verwitterung erfolgt immer dort, wo Wasser leicht eindringen kann, zum Beispiel an Klüften. Aus Silikatgesteinen entstehen rundliche Körper. Diese Art der Verwitterung, die besonders oft bei Graniten zu beobachten ist, wird *Wollsackverwitterung* (→ Foto Seite 183) genannt. Oft wird das Gestein durch die Einwirkung von Lösungen nur an den Korngrenzen gelockert. Dadurch entsteht ein lockeres Gefüge einzelner, voneinander getrennter, aber in sich unveränderter Mineralkörner, Aussehen und Struktur sind noch genau zu erkennen. Diesen Vorgang nennt man *Vergrusung.*

Die biologische Verwitterung beruht teils auf physikalischen, teils auf chemischen Vorgängen. Physikalisch ist die Sprengwirkung von Wurzeln, chemisch zum Beispiel die Ätzwirkung von Humussäuren auf Kalksteine.

Die Verwitterung eines Gesteins wird nur selten durch eine Art allein bewirkt, meist ist es eine Kombination aus allen drei Verwitterungsarten, die zur Zerstörung der Gesteine führt.

Kies ist ein Lockersediment, das aus gerundeten Gesteinsbruchstücken besteht. Kies findet sich besonders häufig in Flüssen und an Meeresufern. Bei Verkittung der Gesteinsbruchstücke und Verfestigung des Gesteins entsteht aus Kies ein Konglomerat.

◁ Kalksinterterrassen von Pamukkale/Türkei.

Transport der Verwitterungsprodukte

Die Bruchstücke eines durch Verwitterung zerstörten Gesteins werden meist schon nach kurzer Zeit von ihrem Entstehungsort wegtransportiert. Durch die Schwerkraft rutschen ganze Hänge abwärts, bewegen sich riesige Trümmermassen in Bergstürzen zu Tal. Wasser transportiert das Material dann in Bächen und Flüssen weiter. Dabei werden die Gesteinsstücke zerkleinert und abgerollt. Auch eine Sortierung nach Gewicht und Größe findet statt, denn kleinere, leichtere Partikel werden schneller und weiter befördert als schwere, große. Auch die durch chemische Verwitterung aus den Gesteinen gelösten Substanzen werden mit dem Wasser weitertransportiert.

Ablagerung (Sedimentation)

Reicht die Fließgeschwindigkeit eines Baches oder Flusses nicht mehr aus, um Gesteinsteile einer bestimmten Größe und eines bestimmten Gewichts zu bewegen, bleiben diese liegen, das heißt sie werden sedimentiert. Wenn ein Fluß genügend Transportkraft hat, bringt er einen Teil seiner Sedimentfracht bis ins Meer und setzt sie dort ab.

Transport ist jedoch nicht auf das Medium Wasser beschränkt, auch der Wind kann Partikel bewegen, was man

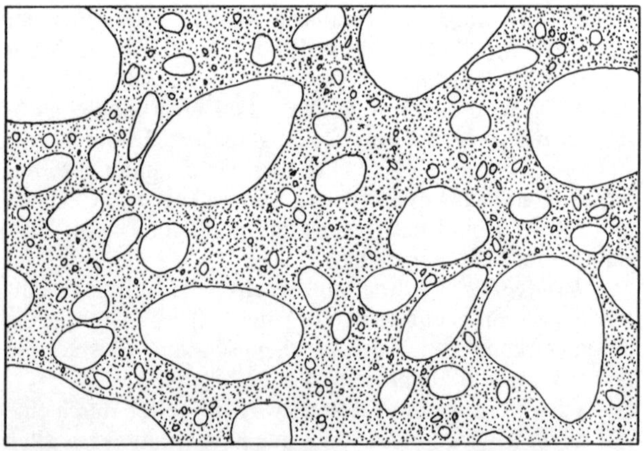

Ein Konglomerat besteht aus gerundeten Gesteinsbruchstücken, die mit einem Bindemittel, zum Beispiel Kalkspat oder Tonmineralien, zusammengekittet sind. Konglomerate sind, wie die Abrundung der Gesteine zeigt, meist nicht direkt am Bildungsort des Gesteins entstanden. In Meeressedimenten zeigen Konglomerate Küstennähe an.

am eindrucksvollsten an den Sandstürmen in Wüstengebieten erleben kann. Durch Wind transportierte und abgesetzte Sedimente bezeichnet man als *äolische Sedimente.* Auch die im Wasser chemisch gelösten Substanzen werden irgendwo wieder ausgefällt. Sie bilden die oft sehr feinkörnigen *chemischen Sedimente.*

Werden Lockersedimente von weiteren Sedimentmassen überlagert und dadurch immer stärkerem Druck ausgesetzt, verfestigen sie sich. Ihr Wassergehalt wird, wie bei einem Schwamm, den man zusammenpreßt, immer geringer. Einige ihrer Elemente, wie zum Beispiel Eisen und Silicium, beginnen zu wandern und bilden Konkretionen, rundliche feste Körper, die härter sind als das umgebende Gestein. Diese Erscheinung nennt man *Diagenese.*

Die Lockersedimente werden nach ihrer Korngröße eingeteilt. Von *Blockwerk* spricht man bei Korngrößen über 20 cm, als *Kies* werden Lockersedimente mit Korngrößen zwischen 20 cm und 2 mm bezeichnet, wie sie an Flußufern oft zu sehen sind. Geringere Korngrößen als 2 mm hat der *Sand,* Sedimente mit Korngrößen unter 0,02 mm werden als *Schluff* und *Ton* bezeichnet.

Sandsteine werden meist nach dem Bindemittel benannt, das die Sandkörner miteinander verkittet, zum Beispiel Kalksandstein, Quarzsandstein, Tonsandstein. Sandstein mit Feldspatgehalt heißt Arkose, mit Gesteinsbruchstükken Grauwacke.

Feinste Schwebeteilchen aus dem Wasser bilden nach Ablagerung *Ton,* nach Verfestigung wird daraus *Schieferton* und zuletzt *Tonschiefer.*

Sedimente, die vorwiegend aus Kalkspat oder Dolomit bestehen, werden als Kalkstein oder Dolomit bezeichnet. Dolomit entsteht meist nicht unmittelbar durch Ablagerung, sondern aus Kalkstein durch Zufuhr von Magnesium aus dem relativ magnesiumreichen Meerwasser. Kalkstein kann durch chemische Abscheidung von im Wasser gelöstem Calcium entstehen. Auf solche Weise gebildeter anorganischer Kalkstein ist jedoch sehr selten, fast immer handelt es sich auf der Erde um organischen Kalkstein, der aus tierischen oder pflanzlichen Resten besteht. Viele Lebewesen, zum Beispiel Muscheln, Schnecken, Kalkalgen, Korallen, bauen Schalen aus Calciumkarbonat auf. Sterben diese

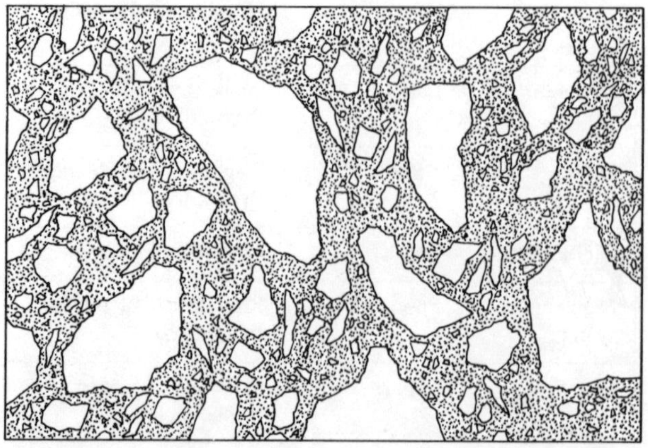

Eine Breccie besteht aus eckigen Gesteinsbruchstücken, die mit einem Bindemittel, zum Beispiel Kalkspat oder Tonmineralien, wieder zusammengekittet sind. Breccien zeigen an, daß die Gesteinsbruchstücke gar nicht oder nur sehr wenig weit vom Ort ihrer Entstehung wegtransportiert worden sind, weil sie sonst abgerundet worden wären.

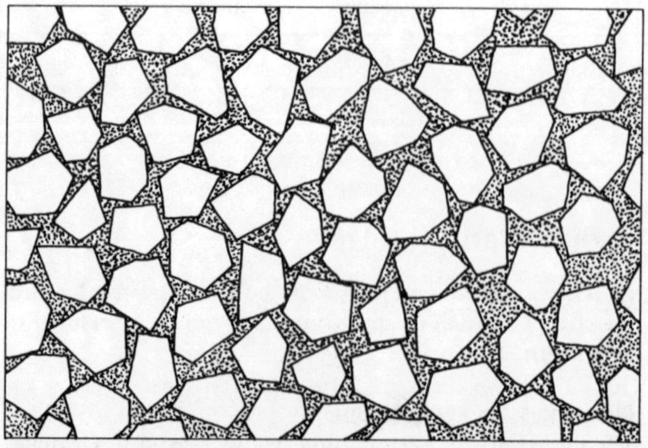

Typische Struktur eines Sedimentgesteins, das aus eckigen bis gerundeten Mineralkörnern, verkittet durch ein Bindemittel besteht. Handelt es sich zum Beispiel bei den Mineralkörnern um Quarz und beim Bindemittel um Kalkspat, so wird das Gestein Kalksandstein genannt.

Lebewesen ab, fallen die Kalkskelette zu Boden und bilden so langsam einen Kalkstein, der praktisch nur aus Fossilbruchstücken besteht. Organische Kalksteine werden oft nach den Fossilien benannt, aus denen sie aufgebaut sind, zum Beispiel Ammonitenkalk, Muschelkalk, Gastropodenkalk. Schillkalk besteht ausschließlich aus Muschelbruchstücken.

In bewegtem Flachwasser scheidet sich Kalk manchmal in konzentrischen Schalen um Sandkörner oder Fossilbruchstücke herum ab. So entsteht der Oolithkalk, ein aus lauter kleinen Kügelchen, den *Oolithen* zusammengesetzter Kalkstein (→ Foto Nr. 338). Auf ähnliche Weise werden Eisenoolithe und selten auch Manganoolithe gebildet. In heißen Quellen findet man manchmal auch größere Kalkkugeln (Sprudelstein, Erbsenstein). Kalksteine werden auch nach dem Ort ihrer Bildung benannt, zum Beispiel die Süßwasserkalke.

Aus kalkreichen Quellen und Bächen setzt sich lockerer Kalk ab und überkrustet Pflanzen, Schneckenhäuser und ähnliches. Diese Art Gestein nennt man *Kalksinter* oder *Travertin.* Es kann in kalkreichen Gewässern regelrechte Sinterterrassen bilden und das Wasser zu kleinen Seen aufstauen (→ Foto Seite 172). *Tropfsteine* entstehen, wenn

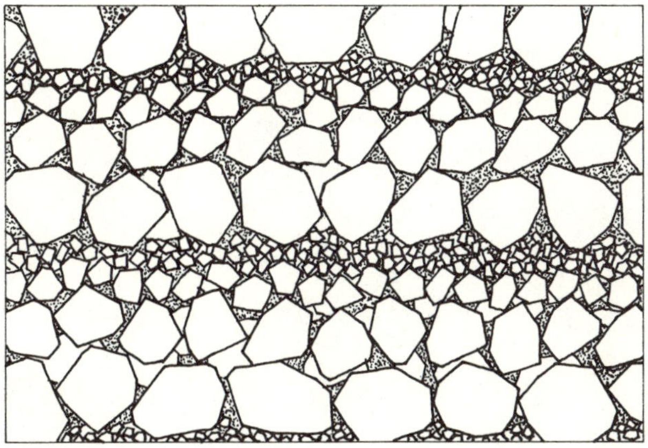

Gradierte Schichtung in einem Sediment. Von unten nach oben folgt immer feineres Sedimentmaterial. Diese Erscheinung kann unter anderem dadurch entstehen, daß beim Absinken im Wasser die schwersten, und damit auch größten Teilchen am schnellsten absinken und den Boden als erste erreichen. Die feinsten Teilchen brauchen zum Erreichen des Bodens am längsten und werden daher als oberste Schicht abgesetzt.

kalkhaltiges Wasser in Höhlen aus Spalten und Ritzen tropft. Es scheidet sich Kalk ab, der so Zapfen aus Kalksinter aufbaut, die vom Boden in die Höhe ragen oder von der Decke herabhängen (→ Foto Seite 189). Man nennt diese Gebilde *Stalagmiten* beziehungsweise *Stalaktiten.*

Metamorphe Abfolge

Wenn Druck- und/oder Temperaturveränderungen auf Gesteine einwirken, zum Beispiel durch Überlagerung mit Sedimenten und Versenkung in größere Tiefen, so bilden sich aus den vorhandenen Mineralien neue, die den neuen Bedingungen entsprechen. Voraussetzung für ihre Bildung ist allerdings ein ausreichend langer Zeitraum. Diesen Vorgang nennt man *Metamorphose,* die dabei entstehenden

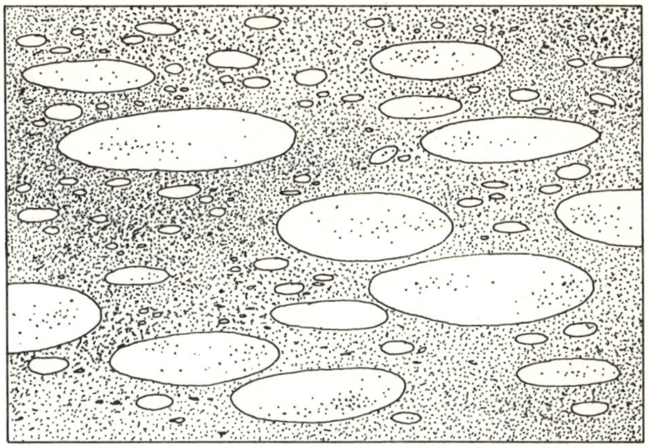

Wird ein Konglomerat weiter in die Tiefe versenkt, steigt der Überlagerungsdruck und das Gestein wird zusammengepreßt. Dabei werden die rundlichen Gesteinsbruchstücke gelängt. Es entsteht als Endprodukt der Umwandlung ein Konglomeratgneis.

Gesteinsbildungen metamorphe Gesteine. Bei steigendem Druck und/oder steigender Temperatur spricht man von *progressiver,* im umgekehrten Fall von *retrograder Metamorphose.*

Dringt Gesteinsschmelze in bereits verfestigtes Gestein ein und ruft durch Temperaturerhöhung eine Umwandlung dieses Gesteins hervor, handelt es sich um eine *Kontaktmetamorphose.* Typische Gesteine der Kontaktmetamorphose sind Hornfelse, Garbenschiefer, Knotenschiefer, Chiastolithschiefer und Marmore mit Wollastonit, Vesuvian, Granat.

Eine *Regionalmetamorphose* liegt vor, wenn Gesteinsmassen durch Absinken der Erdkruste und Überlagerung mit Sedimenten in größere Tiefen verfrachtet werden, wobei Druck und Temperatur ansteigen. Je nach Temperatur und Druck unterscheidet man verschiedene Zonen:

Epizone: 100°–300°C, schwacher Druck; typische Gesteine sind Phyllite, Chloritschiefer.

Mesozone: 300°–500°C, stärkerer Druck; typische Gesteine sind Glimmerschiefer, Amphibolite, Quarzite.

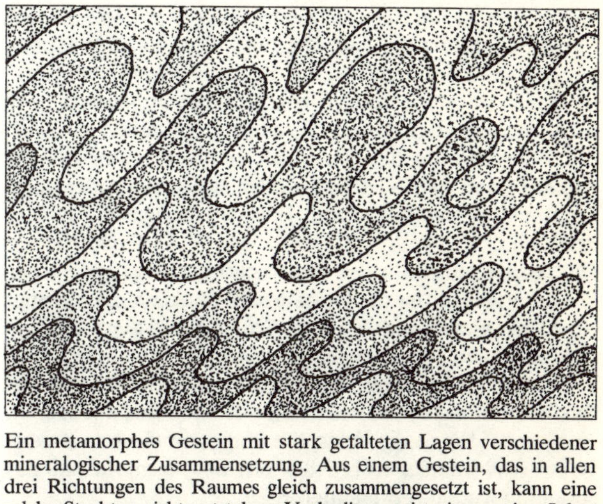

Ein metamorphes Gestein mit stark gefalteten Lagen verschiedener mineralogischer Zusammensetzung. Aus einem Gestein, das in allen drei Richtungen des Raumes gleich zusammengesetzt ist, kann eine solche Struktur nicht entstehen. Vorbedingung ist eine gewisse Inhomogenität des Ausgangsgesteins, die aber fast immer vorhanden ist. Bei der Abbildung handelt es sich um eine stark schematisierte Darstellung.

Katazone: 500°–800°C, hoher Druck; typische Gesteine sind Eklogit, Gneise und Granulite.
Steigt die Temperatur noch weiter an, so schmelzen die meist hellen Bestandteile des Gesteins mit niedrigerem Schmelzpunkt und sammeln sich in Lagen. Das Ergebnis dieses Vorgangs sind Gesteine mit Wechsellagerungen von hellen und dunklen Lagen. Diesen Vorgang der Teilaufschmelzung nennt der Fachmann *Anatexis.* Wird bei weiterer Temperaturzufuhr das Gestein völlig aufgeschmolzen, spricht man von *Palingenese.* Ihr verdanken viele Magmen von granitischen Gesteinen ihre Entstehung.

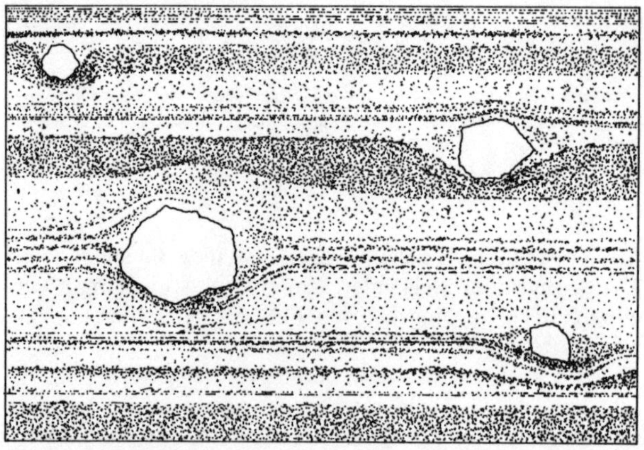

Typische Struktur eines stark metamorphen Gesteins, zum Beispiel eines Gneises. Bei der beginnenden Aufschmelzung des Gesteins haben sich die niedrigerschmelzenden hellen Bestandteile von den höherschmelzenden dunklen Bestandteilen getrennt. Ergebnis ist eine schlierige Anordnung heller und dunkler Gemengteile. Die großen Einsprenglinge sind während des Metamorphosevorgangs gewachsen. Daß nach Entstehung der Einsprenglinge der Metamorphosevorgang noch nicht beendet war, zeigt sich daran, daß Schlieren teilweise um die Einsprenglinge herumführen.

Gesteine sammeln

Die ganze Erdkugel besteht aus Gesteinen, daher kann man sie überall da sammeln, wo die oberste Erdschicht abgetragen ist oder gar nicht vorhanden war. Wie bei den Mineralien findet der Sammler besonders günstige Bedingungen in Steinbrüchen. Dort liegt das Gestein frei und befindet sich meist noch in frischem, durch Verwitterung nicht verändertem Zustand. Weitere Fundstellen sind Felsen, Blockschutthalden, aber auch auf frisch umgegrabenen Äckern kann man Gesteine finden. Über besondere Gesteinsaufschlüsse geben zum Beispiel geologische Führer Auskunft.
Die Sammelstücke sollen alle wichtigen Merkmale eines Gesteins zeigen. Ist das Gestein sehr feinkörnig, so genügt ein relativ kleines Stück, um die Struktur und alle Gemengteile erkennen zu lassen. Dagegen müssen Sie zum Beispiel von einem grobkörnigen Granit ein weit größeres Stück in Ihre Sammlung aufnehmen, um alle Merkmale erkennen zu können. Wenn die Feldspäte in diesem Gestein bereits 10 cm groß sind, kann ein Stück von 10 × 5 cm niemals das gesamte Gestein repräsentieren.
In der Regel werden etwa 9 × 12 cm große, rechteckige Handstücke geschlagen. Aufbewahrt und sortiert werden Gesteine in gleicher Weise wie die Mineralien (→ Die Mineraliensammlung Seite 25 ff.).
Eine gute Gesteinssammlung sollte möglichst alle Ausbildungsformen einer Gesteinsart enthalten: Also nicht nur einen einzigen Granit, sondern die verschiedensten Typen dieses Gesteins, zum Beispiel Biotitgranit, Zweiglimmergranit, Kristallgranit, feinkörnigen Granit, grobkörnigen Granit, porphyrischen Granit oder Granit von verschiedenen Fundorten. Wissenschaftlich besonders interessant sind Sammlungen, die den Gesteinsbestand eines bestimmten Gebiets oder einer bestimmten geologischen Einheit dokumentieren.

Bei der Erstarrung eines Lavastroms haben sich polygonale Säulen, die sogenannten Basaltsäulen, gebildet. ▷
Svartifoss bei Skaftafell/Island.

283 **Rhyolith.** Hauptgemengteile: Quarz, Kalifeldspat. Nebengemengteile: Plagioklas (Albit), Biotit. Im Bild: heller Rhyolith mit feinkörniger Grundmasse und größeren Einsprenglingen von Sanidin. Fundort: La Bourbante/Französisches Zentralmassiv. Verkleinerung 2fach.

284 **Rhyolith.** Hauptgemengteile: Quarz, Kalifeldspat. Nebengemengteile: Plagioklas (Albit), Biotit. Im Bild: Quarzporphyr (veraltete Bezeichnung für einen geologisch alten Rhyolith) mit feinkörniger, durch Eisen rot gefärbter Grundmasse und größeren Einsprenglingen von Quarz und Kalifeldspat. Fundort: Kastelruth/Südtirol. Verkleinerung 2fach.

285 **Dazit.** Hauptgemengteile: Plagioklas (Labradorit-Oligoklas), Quarz, Kalifeldspat. Nebengemengteile: Biotit, Hornblende, Pyroxen. Im Bild: Dazit mit feinkörniger Grundmasse und größeren Einsprenglingen von Plagioklas und Hornblende. Fundort: Sacaramb (früher Nagyag)/Siebenbürgen. Verkleinerung 2fach.

286 **Rhyolith.** Hauptgemengteile: Quarz, Kalifeldspat. Nebengemengteile: Plagioklas (Albit), Biotit. Im Bild: feinkörniger Liparit ohne größere Einsprenglinge; typisch für das Ergußgestein sind die winzigen Blasenhohlräume. Fundort: Kremnitz/Ungarn. Verkleinerung 2fach.

287 **Latit.** Hauptgemengteile: Plagioklas (Labradorit-Andesin), Sanidin, Pyroxen. Nebengemengteile: Hornblende, Biotit. Im Bild: feinkörniger, grauer Quarz-Latit, eine Varietät, die mit ihrem Quarz-Gehalt den Übergang zum Dazit bildet. Fundort: Stenzelberg/Siebengebirge. Verkleinerung 2fach.

288 **Trachyt.** Hauptgemengteile: Sanidin, Plagioklas (Andesin). Nebengemengteile: Biotit, Amphibol, Pyroxen. Im Bild: grauer Trachyt mit feinkörniger Grundmasse und größeren Einsprenglingen von Sanidin. Fundort: Laacher See/Eifel. Verkleinerung 3fach.

289 **Andesit.** Hauptgemengteile: Plagioklas (Labradorit-Andesit), Pyroxen, Hornblende. Nebengemengteile: Biotit, Magnetit. Im Bild: Andesit mit feinkörniger Grundmasse und größeren Einsprenglingen von Hornblende und Augit. Fundort: Deva/Ungarn. Verkleinerung 2fach.

290 **Andesit.** Hauptgemengteile: Plagioklas (Labradorit-Andesit), Pyroxen, Hornblende. Nebengemengteile: Biotit, Magnetit. Im Bild: Hornblendeandesit mit feinkörniger Grundmasse und besonders großen Einsprenglingen von Hornblende und Plagioklas. Fundort: Krivelje bei Bor/Jugoslawien. Verkleinerung 2fach.

291 **Basalt.** Hauptgemengteile: Plagioklas (Labradorit-Anorthit), Pyroxen, Magnetit. Nebengemengteile: Olivin, Hornblende, Biotit. Im Bild: Analcimbasalt mit feinkörniger Grundmasse und Einsprenglingen von Analcim, die bei Sonneneinwirkung zerfallen, daher wird dieser Basalt Sonnenbrenner genannt. Fundort: Römlinghoven/Siebengebirge. Verkleinerung 2fach.

292 **Basalt.** Hauptgemengteile: Plagioklas (Labradorit-Anorthit), Pyroxen, Magnetit. Nebengemengteile: Olivin, Hornblende, Biotit. Im Bild: Nephelinbasalt mit feinkörniger Grundmasse und größeren Einsprenglingen von Nephelin, die aber nur schwer erkennbar sind. Fundort: Forst/Rheinpfalz. Verkleinerung 2fach.

293 **Obsidian.** Hauptgemengteile: Gesteinsglas. Nebengemengteile: Cristobalit, Magnetit. Im Bild: schwarzer, glasiger Obsidian ohne Einsprenglinge; charakteristisch ist der typische muschelige Bruch. Fundort: Kötam Dagh/Eriwan/UdSSR. Verkleinerung 2fach.

294 **Basalt.** Hauptgemengteile: Plagioklas (Labradorit-Anorthit), Pyroxen, Magnetit. Nebengemengteile: Olivin, Hornblende, Biotit. Im Bild: poröse Basaltlava; charakteristisch sind die vielen kleinen Blasenhohlräume, die mehr als 50 Prozent des Gesteinsvolumens ausmachen und oft mit jüngeren Bildungen ausgefüllt sind. Fundort: Nickenich/Eifel. Verkleinerung 2fach.

295 **Phonolith.** Hauptgemengteile: Nephelin, Kalifeldspat, Aegirin. Nebengemengteile: Nosean, Hauyn, Sodalith, Olivin, Melanit, Natriumhornblende. Im Bild: feinkörniger Phonolith mit größeren Einsprenglingen von Kalifeldspat und Aegirin. Fundort: Kirchweiler/Kaiserstuhl. Verkleinerung 2fach.

296 **Phonolith.** Hauptgemengteile: Nephelin, Kalifeldspat, Aegirin. Nebengemengteile: Nosean, Hauyn, Sodalith, Olivin, Melanit, Natriumhornblende. Im Bild: heller, feinkörniger Selbergit (Noseanphonolith) mit größeren Einsprenglingen von Nosean. Fundort: Schellkopf/Brenk. Verkleinerung 2fach.

297 **Tephrit.** Hauptgemengteile: Plagioklas (Labradorit-Bytownit), monokliner Pyroxen. Nebengemengteile: Nephelin, Leucit, Amphibol, Biotit. Im Bild: feinkörniger Limburgit mit größeren Einsprenglingen von Augit und vielen Blasenhohlräumen. Fundort: Limburg/Kaiserstuhl. Verkleinerung 3fach.

298 **Tephrit.** Hauptgemengteile: Plagioklas (Labradorit-Bytownit), monokliner Pyroxen. Nebengemengteile: Nephelin, Leucit, Amphibol, Biotit. Im Bild: feinkörniger Leucittephrit mit großen eingewachsenen Leucitkristallen. Fundort: Capo di Bove/Rom. Verkleinerung 2fach.

299 **Leucitit.** Hauptgemengteile: Leucit. Nebengemengteile: Olivin, Pyroxen, Melilith. Im Bild: Leucitit mit großen Leucitkristallen, die durch eine feinkörnige Grundmasse aus Pyroxen und Olivin verkittet werden. Fundort: Lago di Bracciano/Rom. Verkleinerung 2fach.

300 **Nephelinit.** Hauptgemengteile: Nephelin. Nebengemengteile: Olivin, Pyroxen, Melilith, Perowskit. Im Bild: grobkörniger Nephelinit mit großen Nephelineinsprenglingen. Fundort: Melches/Vogelsberg. Verkleinerung 2fach.

301 **Bimsstein.** Hauptgemengteile: Gesteinsglas. Nebengemengteile: Sanidin, Hornblende, Pyroxen. Im Bild: schaumiger Bimsstein mit vielen Hohlräumen und faseriger Struktur mit kleinen Sanidineinsprenglingen. Fundort: Furnas/Azoren. Verkleinerung 2fach.

302 **Vulkanischer Tuff.** Gemengteile: vulkanische Auswürflinge, vulkanische Asche, Gesteinsglas, Augit. Im Bild: Phonolithtuff mit Gemengteilen sehr verschiedener Größe, die regellos verbacken sind. Fundort: Hohentwiel/Hegau. Verkleinerung 2fach.

Granit. Hauptgemengteile: Kalifeldspat, Plagioklas (Albit-Oligoklas), Quarz. Nebengemengteile: Biotit, Muskovit, Hornblende, Pyroxen. Im Bild: Kästeklippen im Harz. Die Verwitterung von Massengesteinen, wie zum Beispiel Granit, geschieht von Klüften und Spalten aus, auf denen das Wasser am besten zirkulieren kann. Von dort her wird das Gestein in seinen Korngrenzen gelockert. Der entstehende Gesteinsgrus wird ausgeschwemmt, wodurch locker aufeinandersitzende, gerundete Gesteinskörper entstehen, die regelrechte Felsburgen aufbauen können.

303 **Granit.** Hauptgemengteile: Kalifeldspat, Plagioklas (Albit-Oligoklas), Quarz. Nebengemengteile: Biotit, Muskovit, Hornblende, Pyroxen. Im Bild: feinkörniger Granit mit roten Kalifeldspäten, Biotit und Muskovit. Fundort: Grube Roland/Wölsendorf. Verkleinerung 2fach.

304 **Granit.** Hauptgemengteile: Kalifeldspat, Plagioklas (Albit-Oligoklas), Quarz. Nebengemengteile: Biotit, Muskovit, Hornblende, Pyroxen. Im Bild: feinkörniger Biotitgranit mit größeren, weißen Kalifeldspäten. Fundort: Gavorrano/Toskana. Verkleinerung 2fach.

305 **Granit.** Hauptgemengteile: Kalifeldspat, Plagioklas (Albit-Oligoklas), Quarz. Nebengemengteile: Biotit, Muskovit, Hornblende, Pyroxen. Im Bild: Kristallgranit mit feinkörniger Grundmasse und großen Einsprenglingen von Kalifeldspat. Fundort: Bergell/Schweiz. Verkleinerung 2fach.

306 **Tonalit.** Hauptgemengteile: Plagioklas (Oligoklas-Andesin), Quarz, Hornblende. Nebengemengteile: Biotit, seltener Muskovit, Pyroxen. Im Bild: mittelkörniger Tonalit mit deutlich sichtbaren Einsprenglingen von Hornblende. Fundort: Gardasee/Italien. Verkleinerung 2fach.

307 **Monzonit.** Hauptgemengteile: Plagioklas (Labradorit), Kalifeldspat, Pyroxen. Nebengemengteile: Quarz, Biotit. Im Bild: feinkörniger brauner Monzonit vom namengebenden Originalfundort. Fundort: Monzoni/Predazzo/Italien. Verkleinerung 2fach.

308 **Syenit.** Hauptgemengteile: Kalifeldspat, Plagioklas (Andesin-Oligoklas), Hornblende. Nebengemengteile: Biotit, Pyroxen, Quarz. Im Bild: grobkörniger Hornblendesyenit mit Einsprenglingen von Hornblende. Fundort: Senones/Vogesen. Verkleinerung 2fach.

309 **Diorit.** Hauptgemengteile: Plagioklas (Oligoklas-Andesin), Hornblende. Nebengemengteile: Quarz, Biotit, Pyroxen. Im Bild: feinkörniger Titanitfleckendiorit mit Einsprenglingen von Titanit, die immer von einem weißen Hof umgeben sind, in dem die schwarzen Gemengteile fehlen. Fundort: Schlägl/Oberösterreich. Verkleinerung 3fach.

310 **Diorit.** Hauptgemengteile: Plagioklas (Oligoklas-Andesin), Hornblende. Nebengemengteile: Quarz, Biotit, Pyroxen. Im Bild: mittelkörniger Glimmerdiorit mit größeren Einsprenglingen von Biotit. Fundort: Steinbruch Gerhardts/Waldviertel. Verkleinerung 2fach.

311 **Gabbro.** Hauptgemengteile: Plagioklas (Labradorit-Bytownit), monokliner Pyroxen, Nebengemengteile: Ilmenit, Magnetit, Hornblende, Olivin. Im Bild: grobkörniger Gabbro mit größeren Individuen von Pyroxen und Plagioklas, wegen seines Aussehens auch Forellenstein genannt. Fundort: Bombiani/Italien. Verkleinerung 2fach.

312 **Gabbro.** Hauptgemengteile: Plagioklas (Labradorit-Bytownit), monokliner Pyroxen. Nebengemengteile: Ilmenit, Magnetit, Hornblende, Olivin. Im Bild: sehr feinkörniger Gabbro mit typisch grünlichschwarzer Farbe. Fundort: Harzburg/Harz. Verkleinerung 2fach.

313 **Essexit.** Hauptgemengteile: Plagioklas (Labradorit), Kalifeldspat, Pyroxen, wobei der Plagioklas den Kalifeldspat überwiegt. Nebengemengteile: Sodalith, Nosean, Leucit, Nephelin, Biotit. Im Bild: feinkörniger Essexit mit Einsprenglingen von Pyroxen. Fundort: Crawfordjohn/Schottland. Verkleinerung 2fach.

314 **Nephelinsyenit.** Hauptgemengteile: Kalifeldspat, Nephelin, Albit. Nebengemengteile: Pyroxene, Amphibole, Olivin, Melanit, Cancrinit, Sodalith. Im Bild: grobkörniger Nephelinsyenit mit viel Kalifeldspat und schwarzem Amphibol. Fundort: Langesundfjord/Norwegen. Verkleinerung 2fach.

315 **Pyroxenit.** Hauptgemengteile: orthorhombischer Pyroxen, monokliner Pyroxen. Nebengemengteile: Chromit, Hornblende, Spinell, Titanit, Apatit, Perowskit. Im Bild: grobkörniger Pyroxenit mit Bronzit als Hauptgemengteil. Fundort: Webster County/North Carolina/USA. Verkleinerung 2fach.

316 **Peridotit.** Hauptgemengteile: Olivin, Pyroxen. Nebengemengteile: Spinell, Hornblende, Pyrop, Phlogopit. Im Bild: feinkörniger Peridotit mit größeren Einsprenglingen von Pyrop. Fundort: Alpe Arami/Tessin. Verkleinerung 2fach.

317 **Anorthosit.** Hauptgemengteile: Plagioklas (Labradorit-Bytownit). Nebengemengteile: Pyroxen, Olivin, Chromit, Magnetit. Im Bild: grobkörniger schwarzbrauner Anorthosit mit den deutlich sichtbaren Spaltflächen und blauem Labradorisieren des Feldspats. Fundort: Lac St. Jean/Quebec/Kanada. Verkleinerung 2fach.

318 **Anorthosit.** Hauptgemengteile: Plagioklas (Labradorit-Bytownit). Nebengemengteile: Pyroxen, Olivin, Chromit, Magnetit. Im Bild: grobkörniger weißer Anorthosit mit Pyroxen-Einsprenglingen. Fundort: Lac Manouan/Quebec/Kanada. Verkleinerung 2fach.

319 **Aplit.** Hauptgemengteile: Quarz, Kalifeldspat. Nebengemengteile: Biotit, Muskovit, Turmalin, Hornblende. Im Bild: feinkörniger heller Granitaplit als Gang in mittelkörnigem Biotitgranit. Fundort: Steinbruch Jahreiß/Tittling. Verkleinerung 3fach.

320 **Pegmatit.** Hauptgemengteile: Quarz, Kalifeldspat, Plagioklas. Nebengemengteile: Biotit, Muskovit, Lepidolith, Beryll, Topas, Turmalin, Zinnstein, Columbit, Triphylin. Im Bild: Pegmatit mit Quarz und rotem Kalifeldspat, eine kleine Kluft ist zum Teil mit Quarz gefüllt. Fundort: Grube Hermine/Wölsendorf. Verkleinerung 3fach.

321 **Karbonatit.** Hauptgemengteile: Kalkspat, Dolomit. Nebengemengteile: Phlogopit, Apatit, Nephelin, Perowskit, Monazit, Baryt, Pyrochlor. Im Bild: grobkörniger Karbonatit mit großen Phlogopit-Einsprenglingen. Fundort: Sud Ås/Schweden. Verkleinerung 2fach.

322 **Lamprophyr.** Hauptgemengteile: Biotit, Hornblende, Kalifeldspat, Plagioklas (Labradorit). Nebengemengteile: Pyroxen, Olivin. Im Bild: feinkörniger Kersantit mit überwiegendem Plagioklas. Fundort: Kropfmühl bei Hauzenberg/Bayerischer Wald. Verkleinerung 2fach.

Kalkstein. Hauptgemengteile: Kalkspat. Nebengemengteile: Limonit, Dolomit, Quarz, Tonmineralien, organische Substanzen. Im Bild: Tropfsteinhöhle Grotte de la Madeleine, Gorge de l'Ardèche/Frankreich. Durch kohlensäurereiches Wasser kann Kalkstein gelöst werden. Dadurch entstehen in kalkreichen Gebieten mit spärlichem Oberflächenbewuchs ganze Höhlensysteme. Wenn das kalkreiche Wasser aus Spalten austritt oder auf dem Boden auftrifft, wird der gelöste Kalk als Kalksinter abgeschieden; es bilden sich Stalaktiten und Stalagmiten, die in bizarren Formen ganze Höhlen, die sogenannten Tropfsteinhöhlen, auskleiden.

323 **Sandstein.** Hauptgemengteile: Sandkörner. Nebengemengteile: Glimmer, Feldspat, Kalkspat, Schwermineralien, Bindemittel ist Quarz oder Kalkspat. Im Bild: durch Eisenoxide rot gefärbter triassischer Buntsandstein. Fundort: Helgoland. Verkleinerung 2fach.

324 **Arkose.** Gemengteile: Körner von Quarz, Feldspat, Glimmer. Im Bild: ungleichkörnige Arkose, die durch Eisenoxide rot gefärbt ist; deutlich sichtbar sind die Feldspatbruchstücke. Fundort: Wernberg/Schmidgaden. Verkleinerung 2fach.

325 **Breccie.** Gemengteile: nicht abgerundete Gesteinsbruchstücke, Bindemasse sandig, kalkig oder tonig; es gibt auch Erzbreccien, in denen Erz- oder Gesteinsbruchstücke von Erz verkittet werden. Im Bild: Breccie aus kantigen Bruchstücken von Wettersteinkalk. Fundort: Partnachklamm bei Garmisch-Partenkirchen. Verkleinerung 2fach.

326 **Konglomerat.** Gemengteile: gerundete Schotter, Bindemittel kalkig-tonig, sandig. Im Bild: Nagelfluh, ein Konglomerat mit verschieden großen gerundeten Bruchstücken von kristallinen Gesteinen und Kalksteinen mit kalkigem bis tonigem Bindemittel. Fundort: Kiesgrube Talmühle bei Traunwalchen/Traunreuth. Verkleinerung 2fach.

327 **Kalkstein.** Hauptgemengteile: Kalkspat. Nebengemengteile: Limonit, Dolomit, Quarz, Tonmineralien, organische Substanzen. Im Bild: bituminöser Kalkmergel mit in Lagen angereicherten organischen Substanzen. Fundort: Zementwerk Marienstein. Verkleinerung 3fach.

328 **Kalkstein.** Hauptgemengteile: Kalkspat. Nebengemengteile: Limonit, Dolomit, Quarz, Tonmineralien, organische Substanzen. Im Bild: Kieselkalk mit hohem Quarzgehalt, der sich durch den Einschluß vieler Feuersteinknollen manifestiert. Fundort: Bopfingen/Schwäbische Alb. Verkleinerung 2fach.

329 **Kalkstein.** Hauptgemengteile: Kalkspat. Nebengemengteile: Limonit, Dolomit, Quarz, Tonmineralien, organische Substanzen. Im Bild: feinkörniger, wenig geschichteter Kalkstein aus dem Malm, der obersten Stufe des Jura. Fundort: Deppenhausen/Schwäbische Alb. Verkleinerung 3fach.

330 **Dolomit.** Hauptgemengteile: Dolomit. Nebengemengteile: Kalkspat, Limonit, Quarz. Im Bild: feinkörniger ungeschichteter Dolomit aus der Trias. Das Gestein, das optisch nicht von Kalkstein zu unterscheiden ist, läßt sich mit der Salzsäureprobe bestimmen. Fundort: Heimgarten/Eschenlohe. Verkleinerung 3fach.

331 **Kalksinter.** Travertin. Hauptgemengteile: Kalkspat. Nebengemengteile: Limonit, organische Substanzen. Im Bild: Süßwasserkalksinter, der organische Substanzen überkrustet hat; ein Blatt ist noch deutlich als Abdruck zu erkennen. Fundort: Pöhl bei Murnau/Oberbayern. Verkleinerung 2fach.

332 **Kalkstein.** Hauptgemengteile: Kalkspat. Nebengemengteile: Limonit, Dolomit, Quarz, Tonmineralien, organische Substanzen. Im Bild: durch die Einlagerung von organischen Substanzen schwarz gefärbter bituminöser Kalk. Jüngerer weißer Kalkspat hat Risse und Spalten im Gestein gefüllt. Fundort: Steinbruch Poppengrün/Frankenwald. Verkleinerung 2fach.

333 **Kalkstein.** Hauptgemengteile: Kalkspat. Nebengemengteile: Limonit, Dolomit, Quarz, Tonmineralien, organische Substanzen. Im Bild: durch Eisengehalte rotbraun gefärbter Korallenkalk aus dem Lias; die versteinerten Korallen sind deutlich als weiße Einlagerungen im Kalkstein zu erkennen. Fundort: Oberer Steinbruch bei Adnet/Österreich. Verkleinerung 2fach.

334 **Kalkstein.** Hauptgemengteile: Kalkspat. Nebengemengteile: Limonit, Dolomit, Quarz, Tonmineralien, organische Substanzen. Im Bild: rötlicher Kalkstein mit mehreren versteinerten Ammoniten, ausgestorbenen Weichtieren, die mit unseren Tintenfischen verwandt sind und eine spiralig eingerollte Schale besaßen. Fundort: Schlern/Seiser Alm. Verkleinerung 2fach.

335 **Kieselschiefer.** Hauptgemengteile: Quarz. Nebengemengteile: Limonit, Kalkspat, Rhodonit, Braunit, Rhodochrosit. Im Bild: durch Eisengehalte braunschwarz gefärbter Kieselschiefer; das Gestein ist sehr einfach an seiner großen Härte erkennbar. Fundort: Presseck/Frankenwald. Verkleinerung 2fach.

336 **Gips.** Hauptgemengteile: Gips. Nebengemengteile: Anhydrit, Kalkspat, Steinsalz, Tonmineralien. Im Bild: feinkörniger, dichter rosafarbener Gips aus dem Lettenkeuper der Trias; die rauhe Oberfläche läßt deutlich Auflösungserscheinungen durch zirkulierendes Wasser erkennen. Fundort: Gauchachtal/Döggingen. Verkleinerung 2fach.

337 **Kalkoolith.** Erbsenstein, Sprudelstein. Hauptgemengteile: Kalkspat, Aragonit. Nebengemengteile: Limonit, Chalcedon. Im Bild: weißer Aragonitoolith, der aus konzentrischen Kügelchen besteht, die mit weiterer Aragonitsubstanz verkittet sind. Fundort: Karlsbad/Tschechoslowakei. Verkleinerung 2fach.

338 **Kalkoolith.** Erbsenstein, Sprudelstein. Hauptgemengteile: Kalkspat, Aragonit. Nebengemengteile: Limonit, Chalcedon. Im Bild: durch Eisengehalte bräunlich gefärbte konzentrische Kügelchen aus Kalkspat, die mit Kalkspat verkittet sind. Fundort: Weserbergland. Verkleinerung 2fach.

Phyllit. Hauptgemengteile: Quarz, Serizit. Nebengemengteile: Graphit, Feldspat, Chlorit, Chloritoid. Im Bild: grauer Phyllit. Fundort: Kitzbühel/Österreich. Originalgröße. Phyllit entsteht bei niedriggradiger Metamorphose aus sandigen bis tonigen Sedimenten. Im Bild deutlich erkennbar ist die starke, durch seitliche Einengung bedingte Fältelung. Sie ermöglicht als typisches Merkmal die Einordnung in die Gruppe der metamorphen Gesteine.

339 **Chloritschiefer.** Hauptgemengteile: Chlorit. Nebengemengteile: Magnetit, Pyrit, Epidot, Hornblende, Albit. Im Bild: grüner dichter Chloritschiefer mit eingewachsenen, gut ausgebildeten Oktaedern von Magnetit. Fundort: Greiner/Zillertal. Verkleinerung 3fach.

340 **Glimmerschiefer.** Hauptgemengteile: Glimmer, Quarz. Nebengemengteile: Feldspat. Chlorit, Chloritoid, Granat, Turmalin. Im Bild: silbergrauer Glimmerschiefer mit garbenartigen, eingewachsenen Aggregaten von Hornblendekristallen. Fundort: St. Gotthard/Schweiz. Verkleinerung 2fach.

341 **Glimmerschiefer:** Hauptgemengteile: Glimmer, Quarz. Nebengemengteile: Feldspat, Chlorit, Chloritoid, Granat, Turmalin. Im Bild: silbergrauer Glimmerschiefer mit großen, eingewachsenen Kristallen von Almandin. Fundort: Stilluptal/Tirol. Verkleinerung 2fach.

342 **Phyllit.** Hauptgemengteile: Quarz, Serizit. Nebengemengteile: Graphit, Feldspat, Chlorit, Chloritoid. Im Bild: schwarzgrauer Biotitphyllit, der teilweise durch Limonit, der durch die Verwitterung von Eisenmineralien entstanden ist, braun gefärbt ist. Fundort: Mödring/Niederösterreich. Verkleinerung 3fach.

343 **Gneis.** Hauptgemengteile: Feldspat, Quarz, Glimmer. Nebengemengteile: Granat, Cordierit, Sillimanit, Hornblende. Im Bild: mittelkörniger, gleichköniger Gneis mit zwei verschiedenen Glimmern, Muskovit und Biotit als Gemengteile. Fundort: Unterried/Ötztal. Verkleinerung 2fach.

344 **Gneis.** Hauptgemengteile: Feldspat, Quarz, Glimmer. Nebengemengteile: Granat, Cordierit, Sillimanit, Hornblende. Im Bild: Augengneis, ein porphyrischer Gneis mit großen Feldspatindividuen in feinkörniger Grundmasse. Fundort: Griestalscharte/Zillertal. Verkleinerung 2fach.

345 **Gneis.** Hauptgemengteile: Feldspat, Quarz, Glimmer. Nebengemengteile: Granat, Cordierit, Sillimanit, Hornblende. Im Bild: stark inhomogener Konglomeratgneis; deutlich sind noch die Gesteinsbruchstücke des ehemaligen Konglomerats zu erkennen. Fundort: Hjerkinn/Provinz Österdalen/Norwegen. Verkleinerung 4fach.

346 **Gneis.** Hauptgemengteile: Feldspat, Quarz, Glimmer. Nebengemengteile: Granat, Cordierit, Sillimanit, Hornblende. Im Bild: grobkörniger Gneis mit Hornblende und Plagioklas als Hauptgemengteile. Fundort: Schweinheim/Spessart. Verkleinerung 2fach.

347 **Amphibolit.** Hauptgemengteile: Amphibole (Hornblende, Aktinolith). Nebengemengteile: Epidot, Plagioklas, Chlorit. Im Bild: granatführender Eklogitamphibolit, der bei der rückschreitenden Metamorphose aus Eklogit entstanden ist; das Gestein zeigt noch deutlich die Strukturmerkmale von Eklogit. Fundort: Saualpe/Kärnten. Verkleinerung 2fach.

348 **Amphibolit.** Hauptgemengteile: Amphibole (Hornblende, Aktinolith). Nebengemengteile: Epidot, Plagioklas, Chlorit. Im Bild: dunkler, massiger Amphibolit mit eingewachsenen Granatkristallen. Das Stück wird von einer hellen, jüngeren Aplitader durchzogen. Fundort: Weißenstein/Fichtelgebirge. Verkleinerung 2fach.

349 **Granulit.** Hauptgemengteile: Kalifeldspat, Plagioklas, Granat. Nebengemengteile: Disthen, Cordierit, Sillimanit. Im Bild: feinkörniger, leicht schichtiger Granulit mit deutlich sichtbaren Granat-Einsprenglingen. Fundort: Marbach/Donau. Verkleinerung 2fach.

350 **Eklogit.** Hauptgemengteile: Omphacit, Granat. Nebengemengteile: Disthen, Quarz, Amphibole. Im Bild: mittelkörniger Eklogit mit roten Granat-Einsprenglingen, die in Schlieren angereichert sind. Fundort: Weißenstein/Fichtelgebirge. Verkleinerung 3fach.

351 **Marmor.** Hauptgemengteile: Kalkspat. Nebengemengteile: Dolomit, Phlogopit, Vesuvian, Wollastonit, Diopsid, Graphit, Tremolit. Im Bild: Dolomitmarmor, bei dem der Gehalt an Dolomit den an Kalkspat überwiegt; typisch ist die feine zuckerförmige Struktur, die das Gestein leicht zerbröseln läßt. Fundort: Campolungo/Tessin. Verkleinerung 2fach.

352 **Marmor.** Hauptgemengteile: Kalkspat. Nebengemengteile: Dolomit, Phlogopit, Vesuvian, Wollastonit, Diopsid, Graphit, Tremolit. Im Bild: Wollastonit-Skarn mit weißem strahligem Wollastonit und braunem Granat. Fundort: Albigna-Stollen/Ivreazone/Italien. Verkleinerung 2fach.

353 **Marmor.** Hauptgemengteile: Kalkspat. Nebengemengteile: Dolomit, Phlogopit, Vesuvian, Wollastonit, Diopsid, Graphit, Tremolit. Im Bild: Silikatmarmor, der durch seinen Gehalt an Silikatmineralien (Tremolit, Diopsid und so weiter) dunkel gefärbt ist. Das Ausgangsgestein dieses Marmors war ein sehr kieselsäurereicher Kalkstein. Fundort: Spitz/Donau. Verkleinerung 2fach.

354 **Marmor.** Hauptgemengteile: Kalkspat. Nebengemengteile: Dolomit, Phlogopit, Vesuvian, Wollastonit, Diopsid, Graphit, Tremolit. Im Bild: grobkörniger Marmor, der lagenweise Anreicherungen von dunklen Mineralien (Graphit, Phlogopit) aufweist. Fundort: Holenbrunn/Fichtelgebirge. Verkleinerung 2fach.

355 Garbenschiefer. Hauptgemengteile: Glimmer, Quarz, Cordierit, Andalusit. Nebengemengteile: Magnetit, Graphit. Im Bild: Tonschiefer aus der Kontaktaureole eines Granits mit neugewachsenen Andalusitkristallen, die einen dunklen Kern aufweisen (Chiastolith). Deshalb heißt dieses Gestein auch Chiastolithschiefer. Fundort: Gefrees/Fichtelgebirge. Verkleinerung 3fach.

356 Hornfels. Hauptgemengteile: Andalusit, Cordierit, Plagioklas, Biotit, Hornblende. Nebengemengteile: Magnetit, Graphit. Im Bild: schwarzer Hornfels, der von einer weißen Quarzader durchzogen wird; dieses Gestein stammt aus dem innersten Kontaktbereich eines Granits mit dem ihm umgebenden Sedimentgestein. Fundort: Gufidaun/Klausen. Verkleinerung 2fach.

357 Quarzit. Hauptgemengteile: Quarz. Nebengemengteile: Glimmer, Feldspat, Schwermineralien. Im Bild: graubrauner feinkörniger Quarzit; dieses Gestein ist an seiner Homogenität und der hohen Härte leicht erkennbar. Fundort: Ebnath/Oberpfalz. Verkleinerung 2fach.

358 Serpentinit. Hauptgemengteile: Serpentin als Antigorit, seltener als Chrysotil. Nebengemengteile: Olivin, Magnetit, Magnesit, Talk. Im Bild: sogenannter edler Serpentin, krummschalige Aggregate mit lackartiger Oberfläche, typische Ausbildung des Serpentins in metamorphen Gebieten. Fundort: Islitz-Fälle/Tirol. Verkleinerung 2fach.

So gehen Sie beim Bestimmen von Gesteinen vor:

Das Bestimmen von Gesteinen ist normalerweise schwieriger und erfordert mehr Erfahrung als das Bestimmen von Mineralien. Viele Eigenschaften, wie zum Beispiel Dichte, Härte, Strichfarbe, Kristallform, sind bei Gesteinen nicht oder nur sehr bedingt bestimmbar.
Bei der Gesteinsbestimmung untersucht man zuerst einmal die Gesteinsstruktur, an der man erkennen kann, ob es sich um ein Tiefengestein, ein Ergußgestein, ein Sedimentgestein oder ein metamorphes Gestein handelt. Diese Grobbestimmung muß erfolgen, weil Gesteine auch bei gleicher Mineralzusammensetzung ganz verschiedener Entstehung sein und daher verschiedene Namen tragen können. Zum Beispiel kann es sich bei einem Gestein, das hauptsächlich aus Quarz und Feldspat besteht, um das Tiefengestein Granit, das Ergußgestein Rhyolith, das metamorphe Gestein Gneis oder das Sedimentgestein Arkose handeln. Im Kapitel »Die Entstehung der Gesteine« sind die wichtigeren Strukturtypen zeichnerisch dargestellt (Seite 166ff.). Beim Vergleich Ihrer Gesteinsprobe mit diesen Zeichnungen können Sie die Zugehörigkeit zu einer der vier großen Gesteinsgruppen feststellen. Um Ihnen das Auffinden zu erleichtern, sind die Gesteinsgruppen in Form von rechteckigen Symbolen im Bildteil und als Kolumnentitel im Textteil jeweils am Fuß der Seite verzeichnet.
Jetzt erst können Sie durch Bestimmung der im Gestein enthaltenen Mineralien die nähere Untersuchung Ihrer Probe nach den Steckbriefen und Fotos vornehmen. Im »Fotoatlas« sind die Ergußgesteine und die Tiefengesteine innerhalb ihrer Gruppe nach steigendem Siliciumgehalt geordnet. Gesteine mit hohem Siliciumgehalt werden also zuerst vorgestellt, Gesteine mit sehr geringem Siliciumgehalt stehen am Ende der Gruppe.
Bei den Sedimenten stehen auf der ersten Seite die Gesteine, deren Hauptgemengteile Quarzkörner oder Gesteinsbruchstücke sind, die folgenden Fotos zeigen die verschiedenen Ausbildungsarten der Karbonatgesteine. Auf der letzten Seite dieser Gruppe befinden sich zwei Gesteine, Kieselschiefer und Gips, die sich durch ihre Zusammensetzung von den anderen unterscheiden. In der Gruppe der metamorphen Gesteine stehen die Gesteine niedriger Metamorphose am Anfang, die weitere Reihenfolge entspricht dem steigenden Metamorphosegrad, bis hin zu den kontaktmetamorphen Gesteinen ganz am Ende.
Zur Bestimmung müssen Sie folgendermaßen vorgehen:
Sie bestimmen durch Vergleich mit den Zeichnungen der verschiedenen Gesteinsstrukturen auf Seite 166ff., zu welcher Gruppe Ihre Probe gehört. Dadurch erfahren Sie, in welcher Abteilung des Bild- und des Steckbriefteiles Sie nachschlagen müssen. Jetzt erst bestimmen Sie die einzelnen im Gestein enthaltenen Mineralien. Durch Vergleich mit dem Stichwort »Hauptgemengteile« können Sie das Gestein innerhalb der Gruppe einordnen.
Unter dem Stichwort »Ähnliche Gesteine« finden Sie Hinweise, wie Sie Verwechslungen vermeiden können.
Bitte halten Sie beim Gesteinsbestimmen mit dem »Fotoatlas« immer diese Reihenfolge ein. Stellen Sie immer zuerst fest, zu welcher Gruppe Ihr Gestein gehört und bestimmen Sie dann erst die Mineralien, aus denen das Gestein aufgebaut ist.

Die Symbole der Gesteinsgruppen

- Ergußgesteine
- Tiefengesteine
- Sedimentgesteine
- metamorphe Gesteine

Erklärung der Länderkennzeichen

A	Österreich
AFG	Afghanistan
ANG	Angola
AUS	Australien
B	Belgien
BOL	Bolivien
BR	Brasilien
BUR	Birma
CDN	Kanada
CH	Schweiz
CL	Ceylon, Sri Lanka
CO	Kolumbien
CS	Tschechoslowakei
D	Bundesrepublik Deutschland
DDR	Deutsche Demokratische Republik
DK	Dänemark
E	Spanien
EAT	Tansania
ET	Ägypten
F	Frankreich
GAB	Gabun
GB	Großbritannien
GR	Griechenland
H	Ungarn
I	Italien
IND	Indien
IR	Iran
IS	Island
MA	Marokko
MEX	Mexiko
N	Norwegen
NAM	Namibia, Südwest-Afrika
P	Portugal
PE	Peru
PL	Polen
R	Rumänien
RCB	Republik Kongo
RCH	Chile
RM	Madagaskar
ROK	Korea
RSR	Rhodesien, Zimbabwe
S	Schweden
SF	Finnland
SU	Sowjetunion
TR	Türkei
USA	Vereinigte Staaten von Amerika
WAN	Nigeria
YU	Jugoslawien
Z	Sambia
ZA	Südafrika
ZR	Zaire

◁ Palit ist ein biotitreiches Gestein, das durch große Feldspateinsprenglinge gekennzeichnet ist. Im Bild: Palit-Steinbruch am Saunstein/Bayerischer Wald.

283, 284, 286 Rhyolith

Ergußgestein

Hauptgemengteile: Quarz, Kalifeldspat. Nebengemengteile: Plagioklas (Albit), Biotit. Aussehen: sehr hell; Grundmasse äußerst feinkristallin mit Einsprenglingen von Sanidin (Kalifeldspat), oft Fließstrukturen. Entstehung: beim Austritt kieselsäurereicher Magmen; ist das analoge Ergußgestein zum Granit. Vorkommen: in Schloten, Stöcken, Gängen. Fundorte: Liparische Inseln (I) (Liparit), Thomas Range/Utah (USA), San Luis Potosi (MEX). Ähnliche Gesteine: Dazit enthält größere Mengen Plagioklase (Labradorit-Oligoklas); Trachyt und Latit enthalten als Hauptgemengteile Pyroxene.

285 Dazit

Ergußgestein

Hauptgemengteile: Plagioklas (Labradorit-Oligoklas), Quarz, Kalifeldspat. Nebengemengteile: Biotit, Hornblende, Pyroxen. Aussehen: hell- bis mittelgrau; Grundmasse äußerst feinkörnig, oft glasig, Einsprenglinge von Plagioklas, Quarz, seltener Biotit, Hornblende, oft Fließstrukturen. Entstehung: beim Austritt kieselsäurereicher Magmen; ist das dem Tonalit entsprechende Ergußgestein. Vorkommen: in Schloten, Stöcken, Decken. Fundorte: Lassen Peak/Kalifornien (USA), Siebenbürgen (R), Puy de Dôme/Zentralmassiv (F). Ähnliche Gesteine: Andesit enthält keinen Quarz; Rhyolith enthält anorthitärmeren Plagioklas.

287 Latit

Ergußgestein

Hauptgemengteile: Plagioklas (Labradorit-Andesin), Sanidin, Pyroxen. Nebengemengteile: Hornblende, Biotit. Aussehen: hell- bis mittelgrau; Grundmasse sehr feinkörnig, oft glasig, Einsprenglinge von Plagioklas, Pyroxen, Sanidin, manchmal Fließstrukturen. Entstehung: beim Austritt monzonitischer Magmen; ist das dem Monzonit entsprechende Ergußgestein. Vorkommen: in Strömen, Decken, Gängen. Fundorte: Puy de Dôme/Zentralmassiv (F), Stromboli (I), Latium (I). Ähnliche Gesteine: Dazit und Rhyolith enthalten Quarz; Andesit enthält keinen Kalifeldspat; Trachyt enthält Plagioklase, die weniger anorthitreich sind.

288 Trachyt

Ergußgestein

Hauptgemengteile: Sanidin, Plagioklas (Andesin). Nebengemengteile: Biotit, Amphibol, Pyroxen. Aussehen: weiß bis hellgrau; Grundmasse feinkörnig, große Einsprenglinge von Sanidin, die meist parallel geordnet sind und so Fließstrukturen anzeigen, porös, mit rauher Oberfläche. Entstehung: beim Austritt syenitischer Magmen; ist das dem Syenit entsprechende Ergußgestein. Vorkommen: in Lavaströmen, Stöcken, Kuppeln. Fundorte: Drachenfels/Siebengebirge (D), Cripple Creek/Colorado (USA), Mte. Amiata/Toskana (I), Lago Bracciano/Rom (I). Ähnliche Mineralien: Latit enthält anorthitreichere Plagioklase; Dazit und Rhyolith enthalten Quarz; Andesin enthält keinen Sanidin.

289, 290 Andesit

Ergußgestein

Hauptgemengteile: Plagioklas (Labradorit-Andesin), Pyroxen, Hornblende. Nebengemengteile: Biotit, Magnetit. Aussehen: braun bis braunschwarz; feinkörnige Grundmasse, manchmal glasig, Einsprenglinge von Plagioklas, Pyroxen, Hornblende. Entstehung: bei der Aufschmelzung ozeanischer Kruste in Subduktionszonen. Vorkommen: als Lavaergüsse, Stöcke, Kuppeln. Fundorte: Colli Euganei/Padua (I), Santorin (GR), Cascade Mountains/Oregon (USA). Ähnliche Gesteine: Dazit und Rhyolith enthalten Quarz; Latit enthält Sanidin.

291, 292, 294 Basalt

Ergußgestein

Hauptgemengteile: Plagioklas (Labradorit-Anorthit), Pyroxen, Magnetit. Nebengemengteile: Olivin, Hornblende, Biotit. Aussehen: schwarz bis grauschwarz, schwarzbraun; dicht, muscheliger Bruch, auch schlackig, mit rauher Oberfläche, Grundmasse sehr feinkörnig, meist wenige Einsprenglinge von Plagioklas, Pyroxen, Olivin. Entstehung: beim Austritt gabbroider Magmen. Vorkommen: in Lavaströmen, Decken (bildet hier oft große polygonale Säulen, die bei der Abkühlung entstanden sind); Stökke, Gänge. Verwendung: als Straßenschotter; als Pflasterstein. Fundorte: Groschlattengrün/Fichtelgebirge (D), Arensberg/Eifel (D), Kilauea/Hawai (USA), Vogelsberg/Hessen (D), Ätna/Sizilien (I), Hekla (IS). Ähnliche Gesteine: Basalt ist sehr variabel in seiner mineralogischen Zusammensetzung, was zu einer Vielzahl von Varietäten führt, die makroskopisch mit einfachen Mitteln nicht unterscheidbar sind; von anderen Gesteinen ist diese Gruppe von Gesteinen wegen ihres typischen Aussehens jedoch leicht zu unterscheiden.

293 Obsidian

Ergußgestein

Hauptgemengteile: Gesteinsglas. Nebengemengteile: Cristobalit, Magnetit. Aussehen: schwarz, braun, grünlich; glasig dicht, mit wenigen Einsprenglingen, durchscheinend bis undurchsichtig, muscheliger Bruch. Entstehung: bei sehr rascher Abkühlung insbesondere kieselsäurereicher Magmen. Vorkommen: Krusten auf Lava; Auswürflinge. Verwendung: In der Steinzeit wurden aus Obsidian Werkzeuge hergestellt. Fundorte: in fast allen rezenten Lavaergüssen, zum Beispiel Liparische Inseln

(I), Ätna/Sizilien (I). Ähnliche Gesteine: Die glasige Beschaffenheit macht Verwechslungen unmöglich.

295, 296 Phonolith

Ergußgestein

Hauptgemengteile: Nephelin, Kalifeldspat (Sanidin), Aegirin. Nebengemengteile: Nosean, Hauyn, Sodalith, Olivin, Melanit, Natriumhornblende. Aussehen: hell- bis dunkelgrau, braun, grünlich; feinkörnig mit Einsprenglingen von Sanidin, Hauyn, Nephelin, typisch muscheliger Bruch, gibt beim Anschlagen einen hellen Ton (Klingstein), oft Fließstrukturen. Entstehung: aus alkalireichen Magmen; ist das dem Nephelinsyenit entsprechende Ergußgestein. Vorkommen: als vulkanische Stöcke; auch in Gängen (Tinguait). Verwendung: als Baustein. Fundorte: Kaiserstuhl/Baden (D), Eifel (D), Vogelsberg/Hessen (D), Hegau/Singen (D), Albaner Berge/Rom (I), Roccamonfina/Caserta (I). Ähnliche Gesteine: Tephrit enthält zusätzlich noch Leucit, sonst unterscheidet der Gehalt an deutlich sichtbarem Nephelin.

297, 298 Tephrit

Ergußgestein

Hauptgemengteile: Plagioklas (Labradorit-Bytownit), monokliner Pyroxen. Nebengemengteile: Nephelin, Leucit, Amphibol, Biotit. Aussehen: grau bis schwarz; oft porös, feinkörnig mit Einsprenglingen (Leucit, Plagioklas). Entstehung: aus basischer Lava, oft durch Resorption karbonatischer Gesteine. Vorkommen: in Ergüssen, Gängen. Fundorte: Anguillara/Lago Bracciano (I), Kaiserstuhl/Baden (D), Eifel (D), Rhön (D). Ähnliche Gesteine: Charakteristisch ist die völlige Abwesenheit von Kalifeldspat; Basanit enthält zusätzlich Olivin.

Basanit

Ergußgestein

Hauptgemengteile: Plagioklas (Labradorit-Bytownit), monokliner Pyroxen. Nebengemengteile: Nephelin, Leucit, Olivin. Aussehen: grau bis schwarz; feinkörnig mit Einsprenglingen (Leucit, Plagioklas). Entstehung: aus basischen Laven. Vorkommen: in Ergüssen und Gängen. Fundorte: Laacher See/Eifel (D), Hawai (USA), Viterbo (I). Ähnliche Gesteine: Tephrit enthält keinen Olivin; Phonolith hat Kalifeldspäte.

299 Leucitit

Ergußgestein

Hauptgemengteile: Leucit. Nebengemengteile: Pyroxen, Olivin, Melilith. Aussehen: weiß bis hellgrau; Grundmasse feinkörnig, viele Einsprenglinge von Leucit, oft porös mit Hohlräumen. Entstehung: aus kieselsäureuntersättigten Magmen, die oft Nebengestein resorbiert haben. Vorkommen: in Gängen und Lavaströmen. Fundorte: Lago Bracciano/Latium (I), Acquapendente/Latium (I), Kaiserstuhl/Baden (D). Ähnliche Gesteine: Die großen Einsprenglinge von Leucit sind typisch; Tephrit und Basanit führen noch zusätzlich Plagioklas.

300 Nephelinit

Ergußgestein

Hauptgemengteile: Nephelin. Nebengemengteile: Olivin, Pyroxen, Melilith, Perowskit. Aussehen: hell- bis mittelgrau; feinkörnige Grundmasse mit Einsprenglingen von Nephelin, Pyroxen, oft porös. Entstehung: aus stark kieselsäureuntersättigten Magmen. Vorkommen: als Stöcke, Gänge. Fundorte: Katzenbuckel/Odenwald (D), Auvergne (F). Ähnliche Gesteine: Phonolith enthält auch Sanidin.

Melilithit

Ergußgestein

Hauptgemengteile: Melilith. Nebengemengteile: Nephelin, Leucit, Olivin, Pyroxen. Aussehen: hell- bis mittelbraun, grau; Grundmasse feinkörnig, Einsprenglinge von Melilith. Entstehung: aus kieselsäureuntersättigten Magmen bei hohen CO_2-Gehalten. Vorkommen: in Stöcken, Gängen. Fundorte: Orvieto/Etrurien (I), Hegau/Singen (D), Ähnliche Gesteine: Phonolith enthält auch Sanidin; Basalt enthält auch Plagioklas.

301 Bimsstein

Ergußgestein

Hauptgemengteile: Gesteinsglas. Nebengemengteile: Sanidin, Hornblende, Pyroxen. Aussehen: weiß bis hellgrau; blasig, mit vielen Hohlräumen, sehr leicht, schwimmt auf Wasser. Entstehung: bei gasreichen Vulkanausbrüchen. Vorkommen: in Schichten in den Auswurfmassen kieselsäurereicher Vulkane. Verwendung: zur Herstellung von Leichtbaustoffen. Fundorte: Laacher See/Eifel (D), Santorin (GR), Liparische Inseln (I), Vesuv/Neapel (I). Ähnliche Gesteine: Das geringe spezifische Gewicht macht Verwechslungen unmöglich.

302 Vulkanischer Tuff

Vulkanisches Sedimentgestein

Gemengteile: vulkanische Auswürflinge, vulkanische Asche, Gesteinsglas, Augit. Aussehen: grau, braun; sehr verschiedenkörnig, porös, häufig größere Einsprenglinge von Augit-, Hornblende-, Biotit- oder Sanidin-Kristallen, oft sehr schön geschichtet. Entstehung: durch Ablagerung und Verfestigung der von Vulkanen ausgestoßenen Lockermassen.

Vorkommen: in der Umgebung von Vulkanen. Verwendung: manchmal als Baustein. Fundorte: Laacher See/Eifel (D), Vesuv/Neapel (I), Ätna/Sizilien (I), Albaner Berge/Rom (I). Ähnliche Gesteine: Kalksinter braust beim Betupfen mit verdünnter Salzsäure.

Alkaligranit

Tiefengestein

Hauptgemengteile: Kalifeldspat, Quarz. Nebengemengteile: Plagioklas, Natriumhornblende, Biotit. Aussehen: weißlich, grau, grünlich, rötlich; mittel- bis grobkörnig, manchmal porphyrisch mit großen Kalifeldspäten. Entstehung: bei der Differentiation granitischer Magmen. Vorkommen: in den Randzonen großer Intrusivkörper; als Stöcke; eigenständige kleinere Intrusionen. Fundorte: Altenberg/Sachsen (DDR), Eibenstock/Sachsen (DDR), Mourne Mountains/Nordirland (GB), White Mountain/New Hampshire (USA). Ähnliche Gesteine: Granit hat neben Kalifeldspat in vergleichbaren Mengen auch Plagioklase; Granodiorit hat mehr Plagioklas als Kalifeldspat; Tonalit führt nur Plagioklas. Verwendung: als Baustein; zur Fassadenverkleidung; für Grabsteine.

303–305 Granit

Tiefengestein

Hauptgemengteile: Kalifeldspat, Plagioklas (Albit-Oligoklas), Quarz. Nebengemengteile: Biotit, Muskovit, Hornblende, Pyroxen, Turmalin. Je nach der Art der Nebengemengteile gibt es viele Varietäten: Biotitgranit, Muskovitgranit, Zweiglimmergranit, Hornblendegranit, Turmalingranit. Aussehen: weiß, grau, rötlich, grünlich; mittel- bis grobkörnig, oft porphyrisch mit großen Kalifeldspäten, häufig Einschlüsse von Fremdgesteinen, die oft ganz resorbiert (in Biotit umgewandelt) sind. Entstehung: beim Aufschmelzen von Sedimenten von granitischem Gesamtchemismus als letztes Stadium der Metamorphose (Palingenese); aus juvenilen Magmen aus dem Erdinneren. Vorkommen: bildet kleinere bis größere Intrusionen mit deutlichem Kontakt zum Nebengestein, Stöcke, Kuppeln, Gänge. Verwendung: als Baustein; im Straßenbau; als Schotter; als Fassadenverkleidung; als Grabstein. Fundorte: Tittlinger Granit/Bayerischer Wald (D) (mittelkörniger Biotitgranit), Saldenburger Granit/Bayerischer Wald (D) (porphyrischer Granit mit großen Kalifeldspäten), vielerorts im Schwarzwald (D), Harz (D), Fichtelgebirge (D), St. Gotthard (CH), Bergell (CH), Baveno/Lago Maggiore (I), Gavorrano/Toskana (I),Cornwall (GB). Granit ist ein außerordentlich weit verbreitetes Gestein. Ähnliche Gesteine: Alkaligranite führen nur Kalifeldspat; bei Granodiorit überwiegt der Plagioklas den Kalifeldspat; Tonalit enthält nur Plagioklas als einzigen Feldspat.

Granodiorit

Tiefengestein

Hauptgemengteile: Plagioklas (Oligoklas-Andesin), Kalifeldspat, Quarz. Nebengemengteile: Biotit, Hornblende, seltener Muskovit, Pyroxen. Aussehen: hell- bis dunkelgrau; mittel- bis grobkörnig, oft porphyrisch. Entstehung: bei der Aufschmelzung metamorpher Gesteine; durch Assimilation von Nebengestein. Vorkommen: in kleineren eigenständigen Intrusivkörpern; innerhalb großer differentierter Intrusionskomplexe. Verwendung: als Baustein. Fundorte: Bayerischer Wald (D), Harz (D), Schwarzwald (D), Mte. Capanne/Elba (I), Strontian/Schottland (GB). Ähnliche Gesteine: Granit führt mehr Kalifeldspat; Alkaligranit führt praktisch keinen Plagioklas; Tonalit führt praktisch keinen Kalifeldspat.

306 Tonalit

Tiefengestein

Hauptgemengteile: Plagioklas (Oligoklas-Andesin), Quarz, Hornblende. Nebengemengteile: Biotit, seltener Muskovit, Pyroxen. Aussehen: hell- bis dunkelgrau, oft hell mit dunklem Porphyroblasten (Hornblende, Biotit); mittel- bis grobkörnig. Entstehung: bei der Aufschmelzung von Gesteinen in großen Tiefen; als erstes Produkt der Differentiation granitischer Magmenkörper. Vorkommen: in großen granitischen Intrusionskörpern. Verwendung: als Baustein. Fundorte: Adamello (I), Fürstenstein/Bayerischer Wald (D) (quarzführender Diorit), Boulder/Montana (USA). Ähnliche Gesteine: Granodiorit, Granit und Alkaligranit führen alle Kalifeldspäte.

307 Monzonit

Tiefengestein

Hauptgemengteile: Plagioklas (Labradorit), Kalifeldspat, Pyroxen. Nebengemengteile: Quarz, Biotit. Aussehen: hell- bis dunkelgrau, grünlich, bräunlich; mittelkörnig, oft Fließstrukturen. Entstehung: durch lokale Umschmelzungen. Vorkommen: in kleinen Intrusionskörpern, Stöcken, Linsen. Fundorte: Monzoni/Predazzo (I), Plauenscher Grund/Dresden (DDR), Larvik/Oslo (N). Ähnliche Gesteine: Syenit enthält mehr Kalifeldspat und führt Plagioklase, die natriumreicher sind (Andesin); Gabbro und Norit enthalten keinen Kalifeldspat.

Alkalisyenit

Tiefengestein

Hauptgemengteile: Kalifeldspat, oft mit Albitentmischungen. Nebengemengteile: Biotit, Hornblende, Quarz, Pyroxen. Aussehen: hell- bis dunkelgrau, oft bläulich; mittel- bis grobkörnig, gleichkörnig. Entstehung: durch Differentiation syenitischer oder monzonitischer Magmen. Vorkommen: Stöcke,

Gänge in Randzonen syenitischer Intrusionen. Verwendung: schön gefärbte Varietäten als Zierstein (Fassadenverkleidung, Grabsteine). Fundorte: White Mountain/New Hampshire (USA), Marblehead/ Massachusetts (USA), Serra de Monchique (P). Ähnliche Gesteine: Anorthosite bestehen statt aus Kalifeldspat aus anorthitreichen Plagioklasen.

308 Syenit

Tiefengestein

Hauptgemengteile: Kalifeldspat, Plagioklas (Andesin-Oligoklas), Hornblende. Nebengemengteile: Biotit, Pyroxen, Quarz. Aussehen: hell- bis dunkelgrau; mittel- bis grobkörnig, selten porphyrisch, manchmal drusig, porös. Entstehung: durch Differentiation aus basischeren Magmen. Vorkommen: in kleineren eigenständigen Intrusivkörpern; in differentiierten Gabbrointrusionen. Fundorte: Seußen und Wölsau/Fichtelgebirge (D), Plauenscher Grund/Dresden (DDR), Biella (I). Ähnliche Gesteine: Granit hat Quarz als Hauptgemengteil; Diorit enthält praktisch keinen Kalifeldspat.

309, 310 Diorit

Tiefengestein

Hauptgemengteile: Plagioklas (Oligoklas-Andesin), Hornblende. Nebengemengteile: Quarz, Biotit, Pyroxen. Aussehen: mittel- bis dunkelgrau, schwärzlich; fein- bis mittelkörnig, manchmal porphyrisch, selten auch in kugeliger Struktur (Kugeldiorit). Entstehung: bei der Differentiation granitischer Magmen als erste Ausscheidung. Vorkommen: als Randfazies großer saurer Intrusionen; in kleinen eigenständigen Intrusionen. Fundorte: mehrerorts im Schwarzwald (D), im Bayerischen Wald (D), Odenwald (D), Stavanger/Oslo (N), Schottland (GB). Ähnliche Gesteine: Gabbro enthält anorthitreicheren Plagioklas, sowie Pyroxen als Hauptgemengteil.

Norit

Tiefengestein

Hauptgemengteile: Plagioklas (Labradorit-Bytownit), orthorhombischer Pyroxen. Nebengemengteile: Olivin, Hornblende, Kalifeldspat, Magnetit, Ilmenit. Aussehen: mittel- bis dunkelgrau, schwarzbraun; mittel- bis grobkörnig, gleichkörnig, oft geschichtet, mit Fließstrukturen. Entstehung: bei der Differentiation basischer Magmen. Vorkommen: in geschichteten basischen Intrusionen; als kleinere eigenständige Intrusionskörper. Fundorte: Bushveld/ Transvaal (ZA), Sudbury/Ontario (CDN), Stillwater-Komplex/Montana (USA). Ähnliche Gesteine: Gabbro unterscheidet sich nur durch das Vorherrschen von monoklinem Pyroxen, was mit einfachen Mitteln nicht feststellbar ist; Pyroxenit enthält praktisch keinen Plagioklas; Anorthosit enthält praktisch keinen Pyroxen.

311, 312 Gabbro

Tiefengestein

Hauptgemengteile: Plagioklas (Labradorit-Bytownit), monokliner Pyroxen. Nebengemengteile: Ilmenit, Magnetit, Hornblende, Olivin. Aussehen: mittel- bis dunkelgrau, hell- bis dunkelgrün, schwarzbraun; mittel- bis grobkörnig, manchmal porphyrisch, oft gebändert, mit Fließstrukturen. Entstehung: durch Differentiation aus ultrabasischen Magmen des Erdmantels. Vorkommen: in großen geschichteten basischen Intrusionen; in eigenständigen kleineren und größeren Intrusionen. Fundorte: Radautal/Harz (D), Zermatt/Wallis (CH), Bushveld/ Transvaal (ZA), Stillwater-Komplex/Montana (USA) Pavone/Ivrea (I). Ähnliche Gesteine: Norit unterscheidet sich nur durch das Auftreten von orthorhombischen Pyroxenen, was mit einfachen Mitteln nicht feststellbar ist; Pyroxenit enthält praktisch keinen Plagioklas; Anorthosit enthält praktisch keinen Pyroxen.

Olivingabbro

Tiefengestein

Hauptgemengteile: Plagioklas (Labradorit-Bytownit), monokliner Pyroxen, Olivin. Nebengemengteile: Hornblende, Magnetit, Ilmenit. Aussehen: graugrün bis graubraun, schwärzlich, manchmal mit Stich ins Violette; mittelkörnig, gebändert mit Fließstrukturen. Entstehung: durch Differentiation basischer Magmen. Vorkommen: in großen geschichteten basischen Intrusionen. Fundorte: Radautal/Harz (D) (eigentlich schon ein Olivin-Norit), Zermatt/ Wallis (CH), Bushveld/Transvaal (ZA), Stillwater-Komplex/Montana (USA), Sudbury/Ontario (CDN). Ähnliche Gesteine: Gabbro enthält kaum Olivin; Peridotit enthält kaum Plagioklas.

313 Essexit

Tiefengestein

Hauptgemengteile: Plagioklas (Labradorit), Kalifeldspat, Pyroxen, wobei der Plagioklas den Kalifeldspat überwiegt. Nebengemengteile: Sodalith, Nosean, Leucit, Hornblende, Nephelin, Biotit. Aussehen: dunkelgrau bis schwarz; fein- bis mittelkörnig, manchmal mit Einsprenglingen von Plagioklas. Entstehung: aus stark alkalischen Magmen. Vorkommen: in kleineren Intrusionskörpern, oft zusammen mit anderen Alkaligesteinen; als vulkanische Auswürflinge. Fundorte: Lanarkshire/Schottland (GB), Mte. Somma/Vesuv (I), Mte. Monzoni/Südtirol (I). Ähnliche Gesteine: Monzonit enthält keine Feldspatvertreter; Nephelinsyenit enthält keinen Labradorit; Nephelinmonzonit enthält Kalifeldspat und Plagioklas zu etwa gleichen Teilen; Theralith enthält nur Plagioklas. Beide Gesteine sind viel seltener als Essexit.

314 Nephelinsyenit

Tiefengestein

Hauptgemengteile: Kalifeldspat, Albit, Nephelin. Nebengemengteile: Pyroxene, Amphibole, Olivin, Melanit, Cancrinit, Sodalith. Aussehen: hell, weiß, gelblich, bräunlich, selten dunkel; mittel- bis grobkörnig. Entstehung: aus sehr alkalireichen Magmen. Vorkommen: in oft ringförmigen Intrusionskörpern, allein oder mit anderen Alkaligesteinen vergesellschaftet. Fundorte: Chibina Tundra/Halbinsel Kola (SU), Litchfield/Maine (USA), Bancroft/Ontario (CDN). Ähnliche Gesteine: Das charakteristische Auftreten von körnigem Nephelin verhindert Verwechslungen.

315 Pyroxenit

Tiefengestein

Hauptgemengteile: orthorhombischer Pyroxen, monokliner Pyroxen. Nebengemengteile: Chromit, Hornblende, Spinell, Titanit, Apatit, Perowskit. Aussehen: braun bis schwarz, schwarzgrün; sehr unterschiedliche Körnung, die sogar innerhalb eines Aufschlusses wechseln kann, gleichkörnig. Entstehung: bei der Differentiation basischer Magmen. Vorkommen: innerhalb basischer magmatischer Schichtfolgen; in kleineren eigenständigen Intrusionen; als vulkanische Auswürflinge. Fundorte: Laacher See/Eifel (D), Mte. Somma/Vesuv (I), Bushveld-Komplex/Transvaal (ZA), Stillwater-Komplex/Montana (USA), Ivrea-Zone (I). Ähnliche Gesteine: Die mineralische Zusammensetzung mit Pyroxenen als einzigen Hauptgemengteilen verhindert Verwechslungen.

Hornblendit

Tiefengestein

Hauptgemengteile: Hornblende. Nebengemengteile: Pyroxene, Olivin, Magnetit, Chromit, Biotit, Granat. Aussehen: braun bis grün, schwarz; sehr unterschiedliche Körnung, die innerhalb eines Aufschlusses wechseln kann, gleichkörnig. Entstehung: bei der Differentiation basischer Magmen. Vorkommen: Linsen, Gänge in Verbindung mit Ultrabasiten; Gabbros und selten Dioriten; als vulkanische Auswürflinge. Fundorte: Ariège/Pyrenäen (F), Laacher See/Eifel (D), Argyllshire/Schottland (GB), Brandberget/Oslo (N). Ähnliche Gesteine: Wenn die Unterscheidung von Hornblende und Pyroxen getroffen ist, kann das Gestein nicht verwechselt werden.

316 Peridotit

Tiefengestein

Hauptgemengteile: Olivin, Pyroxen (Peridotit mit orthorhombischem Pyroxen heißt Harzburgit, mit orthorhombischem und monoklinem Pyroxen und Spinell heißt er Lherzolith). Nebengemengteile: Spinell, Hornblende, Chromit, Pyrop, Phlogopit. Aussehen: hell- bis dunkelgrün; mittelkörnig, zum Teil porphyrisch durch das Vorhandensein großer Pyroxenindividuen, manchmal deutlich erkennbare Zonierung. Entstehung: bei der Differentiation basischer Magmen; durch Hochtransport aus dem Erdmantel; es wird angenommen, daß der Erdmantel zu großen Teilen aus peridotitischen Gesteinen besteht. Vorkommen: an der Basis magmatischer Schichtenfolgen; als Einschlüsse in Basalten; in Ophiolithkomplexen; als kleinere eigenständige Intrusionen. Fundorte: Bushveld-Komplex/Transvaal (ZA), Stillwater-Komplex/Montana (USA), Zermatt/Wallis (CH). Ähnliche Gesteine: Dunit hat außer Olivin keine anderen Hauptgemengteile.

Dunit

Tiefengestein

Hauptgemengteile: Olivin. Nebengemengteile: Chromit, Spinell, Magnetit, Pyroxen, Hornblende. Aussehen: hellgrün bis grün; mittelkörnig, manchmal sind weitläufige Bänderungen sichtbar. Entstehung: bei der Differentiation basischer Magmen. Vorkommen: als unterste Schicht in differentiierten Magmenkörpern; in kleinen Intrusionen, Schloten, Gängen. Fundorte: Insel Skye (GB), Insel Seberget/Rotes Meer (ET), Bushveld/Transvaal (ZA). Ähnliche Gesteine: Peridotit hat neben Olivin noch weitere Hauptgemengteile.

317, 318 Anorthosit

Tiefengestein

Hauptgemengteile: Plagioklas (Labradorit-Bytownit). Nebengemengteile: Pyroxen, Olivin, Chromit, Magnetit. Aussehen: weiß, grau, schwärzlich, grünlich, rötlich; mittel- bis grobkörnig, gleichkörnig. Entstehung: bei der Differentiation basischer Magmen. Vorkommen: als Schichten; Lagen innerhalb basischer Intrusionskomplexe. Verwendung: schön gefärbte und strukturierte Varietäten als Zierstein (Grabsteine, Frontverkleidungen). Fundorte: Bushveld/Transvaal (ZA), Stillwater-Komplex/Montana (USA). Ähnliche Gesteine: Die fast monomineralische Zusammensetzung aus anorthitreichen Plagioklasen läßt keine Verwechslungen zu.

319 Aplit

Ganggestein

Hauptgemengteile: Quarz, Kalifeldspat. Nebengemengteile: Biotit, Muskovit, Turmalin, Hornblende. Aussehen: weiß bis hellgrau; feinkörnig, manchmal zoniert. Entstehung: am Ende des Kristallisationsvorgangs der Intrusivkörper. Vorkommen: als Gänge. Fundorte: Tittling/Bayerischer Wald (D), Epprechtstein/Fichtelgebirge (D), Hagendorf/Oberpfalz (D). Aplite finden sich in allen Granitgebieten. Ähnliche Gesteine: Pegmatit ist viel grobkörniger.

320 Pegmatit

Ganggestein

Hauptgemengteile: Quarz, Kalifeldspat, Plagioklas. Nebengemengteile: Biotit, Muskovit, Lepidolith, Beryll, Topas, Turmalin, Zinnstein, Columbit, Triphylin und viele andere seltene Mineralien. Aussehen: sehr verschiedenfarbig; außerordentlich grobkörnig (Korngröße bis über mehrere Meter), häufig zoniert (am Rand feinere Körnung, die nach innen immer gröber wird, im Inneren oft Quarzkern), oft mit Drusen und Hohlräumen. Entstehung: am Ende der Massenkristallisation der Gesteine aus den übrigbleibenden leichtflüchtigen Bestandteilen und den Elementen, die in das Gitter der normalen Gesteinsmineralien nicht eingebaut werden können. Vorkommen: als Gänge, Stöcke, blasenförmige Körper, Schlieren, meist im Gefolge von Graniten; es können aber auch andere Gesteine Pegmatite bilden, zum Beispiel Gabbros, Nephelinsyenite und viele andere, sie sind aber viel seltener als Granitpegmatite. Verwendung: Wird abgebaut zur Gewinnung von Feldspat, Quarz und anderen Mineralien. Fundorte: Tittling/Bayerischer Wald (D) (mit Beryll und vielen anderen seltenen Berylliummineralien), Hagendorf/Oberpfalz (D) (mit Phosphatmineralien), Hühnerkobel/Bayerischer Wald (D) (mit Phosphatmineralien), Epprechtstein/Fichtelgebirge (D), San Piero/Elba (I), Bergell (CH), Wolfsberg/Spittal (A), Mangualde (P), Lavra da Ilha/Minas Gerais (BR), Palermo Mine/New Hampshire (USA), Evje (N), Varuträsk (S), Viitaniemi (SF). Ähnliche Gesteine: Die Grobkörnigkeit läßt kaum Verwechslungen zu; Aplit ist viel feinkörniger.

321 Karbonatit

Ergußgestein und Tiefengestein

Hauptgemengteile: Kalkspat, Dolomit. Nebengemengteile: Phlogopit, Apatit, Nephelin, Perowskit, Monazit, Baryt, Pyrochlor. Aussehen: weiß, gelblich, grau, braun; mittel- bis grobkörnig, auch pegmatitische Ausbildung ist bekannt. Entstehung: aus Karbonatschmelzen, die aus dem unteren Erdmantel stammen. Vorkommen: in Stöcken und Gängen innerhalb von Alkaligesteinskomplexen; es wurden auch Ergüsse von Karbonatitlaven beobachtet (Oldoinyo Lengai (EAT)). Fundorte: Kaiserstuhl/Baden (D) (mit Koppit und Dysanalyt), Alnö (S), Magnet Cove/Arkansas (USA), Oka (CDN), Phalabora (ZA). Ähnliche Gesteine: Marmor kommt normalerweise nicht mit Alkaligesteinen vor.

322 Lamprophyr

Ganggestein

Hauptgemengteile: Biotit, Hornblende, Kalifeldspat, Plagioklas (Labradorit). Nebengemengteile: Pyroxen, Olivin; Glimmerlamprophyre mit dominierendem Kalifeldspat heißen Minette, solche mit dominierendem Plagioklas heißen Kersantit, Spessartit ist Hornblendelamprophyr mit vorherrschend Plagioklas, Vogesit dasselbe mit vorherrschend Kalifeldspat. Aussehen: dunkelgrau, dunkelbraun bis schwarz; feinkörnig, manchmal porphyrisch mit Einsprenglingen von Biotit oder Hornblende. Entstehung: am Ende der Kristallisation von größeren Intrusivkörpern. Vorkommen: in Gängen und Spalten im Gefolge von granitischen bis gabbroiden Gesteinen. Fundorte: in allen größeren Intrusionskomplexen. Ähnliche Gesteine: als dunkle Ganggesteine sind die Lamprophyre unverwechselbar, die Unterscheidung innerhalb der Gruppe ist aber mit einfachen Mitteln meist nicht möglich.

Sand

Sedimentgestein

Hauptgemengteile: Quarzkörner. Nebengemengteile: Glimmer, Feldspat, Schwerminerale. Aussehen: weiß, gelblich, grau, braun, schwarz; fein- bis grobkörnig, locker, nicht verfestigt. Entstehung: bei der Erosion kristalliner Gesteine. Vorkommen: in Binnengewässern und Meeresgewässern; an Stränden; in Wüsten. Verwendung: zur Betonherstellung im Bauwesen; beim Straßen- und Wegebau. Fundorte: Sand ist ein allverbreitetes Lockergestein, spezielle Fundorte zu nennen, ist unmöglich. Ähnliche Gesteine: Lehm und Ton sind plastisch.

323 Sandstein

Sedimentgestein

Hauptgemengteile: Quarzkörner. Nebengemengteile: Glimmer, Feldspat, Kalkspat, Schwermineralien; Bindemittel ist Quarz oder Kalkspat. Aussehen: weiß, hell- bis dunkelgrau, braun; fein- bis mittelkörnig, oft geschichtet. Entstehung: bei der Sedimentation der Abtragungsrückstände kristalliner Gesteine. Vorkommen: in allen Schichtfolgen; immer in Kontinentnähe. Fundorte: Sandstein ist außerordentlich weit verbreitet, zum Beispiel in der deutschen Trias (Buntsandstein, Schilfsandstein, Stubensandstein), im Tertiär (Molassesandstein des Alpenvorlandes). Ähnliche Gesteine: Arkosen enthalten Feldspat; Grauwacken enthalten zusätzlich noch Gesteinsbruchstücke als Hauptgemengteile.

Diatomeenerde

Kieselgur

Sedimentgestein

Hauptgemengteile: mikroskopisch kleine Kieselskelette von Diatomeen (Einzellern). Aussehen: weiß; erdig, sehr feinkörnig. Entstehung: durch Ablagerung von Diatomeenschalen. Vorkommen: Schichten und Bänke innerhalb sedimentärer Schichtenfolgen. Verwendung: als Poliermittel; bei der Herstellung von Dynamit als Bindemittel für das Nitroglycerin. Fundorte: Lüneburger Heide/Niedersachsen (D), Vogelsberg/Hessen (D), Mte. Amiata/Toskana (I). Ähnliche Gesteine: Eventuell ähnliche Kalkabscheidungen brausen beim Betupfen mit verdünnter Salzsäure.

324 Arkose

Sedimentgestein

Gemengteile: Körner von Quarz, Feldspat, Glimmern. Aussehen: hell- bis dunkelgrau, gelblich, rötlich; mittelkörnig, oft ungleichkörnig, manchmal geschichtet. Entstehung: bei der Verwitterung von Tiefengesteinen; der Transportweg muß so kurz sein, daß der Feldspat nicht zerstört werden konnte. Vorkommen: in Süß- und Salzwasserablagerungen entlang größerer kristalliner Komplexe; immer in Küstennähe. Fundorte: Schwarzwald (D), Vogesen (F). Ähnliche Gesteine: Sandstein enthält keine Feldspatkörner; Grauwacke enthält zusätzlich Gesteinsbruchstücke.

325 Breccie

Sedimentgestein

Gemengteile: nicht abgerundete Gesteinsbruchstücke, Bindemasse sandig, kalkig oder tonig; es gibt auch Erzbreccien, in denen Erz- oder Gesteinsbruchstücke von Erz verkittet werden. Aussehen: sehr unterschiedlich gefärbt; grobkörnig, oft mit sehr verschiedenen Korngrößen. Entstehung: bei mechanischer Zerstörung von Gesteinen und nachfolgender Wiederverfestigung ohne Weitertransport. Vorkommen: in Gebieten mit starker mechanischer Bewegung der Gesteine, zum Beispiel entlang von Störungszonen. Fundorte: Erzbreccien finden sich in vielen Erzlagerstätten, zum Beispiel Schauinsland/Schwarzwald (D), Bleiberg/Kärnten (A), Raibl/Tarvisio (I), Salafossa (I). Gesteinsbreccien finden sich vielerorts, lokal meist eng begrenzt in Gebieten starker tektonischer Bewegungen, zum Beispiel in den Alpen. Ähnliche Gesteine: Konglomerate bestehen aus abgerundeten Gesteinsbruchstücken.

326 Konglomerat

Sedimentgestein

Gemengteile: gerundete Schotter, Bindemittel kalkig-tonig, sandig. Aussehen: sehr unterschiedlich gefärbt; grobkörnig, oft mit sehr verschiedenen Korngrößen, manchmal geschichtet. Entstehung: durch Verfestigung von Fluß- und Meeresschottern. Vorkommen: in Süßwasser- und Meeressedimenten, oft an der Basis einer Schichtenfolge, deutet auf starke Durchbewegung des Wassers; in Meeressedimenten auch in Küstennähe. Fundorte: vielerorts im Alpenvorland, in der deutschen Trias, im Miozän Niederbayerns, Witwatersrand-Konglomerat (ZA) (gold- und uranführendes Konglomerat). Ähnliche Gesteine: Breccien bestehen aus unabgerundeten Gesteinsbruchstücken.

Grauwacke

Sedimentgestein

Gemengteile: Körner von Quarz und Feldspat, Gesteinsbruchstücke, Bindemittel tonig. Aussehen: grau, braun (durch Eisenoxide), grün (durch Chlorit); mittelkörnig, ungleichkörnig. Entstehung: durch Ablagerung von Verwitterungsprodukten kristalliner Gesteine in Küstennähe. Vorkommen: in Meeresablagerungen am Kontinentalabhang. Fundorte: in vielen sedimentären Schichtenfolgen, zum Beispiel häufig im Gebiet des Mittelrheins, im englischen Paläozoikum. Ähnliche Gesteine: Arkose und Sandstein enthalten keine Gesteinsbruchstücke.

327–329, 332–334 Kalkstein

Sedimentgestein

Hauptgemengteile: Kalkspat. Nebengemengteile: Limonit, Dolomit, Quarz, organische Substanzen. Aussehen: weiß, gelblich, bräunlich, grau, schwarz; fein- bis grobkörnig, gebankt oder massiv, oft zu Platten spaltbar, enthält oft viele Fossilien, kann bis zu fast 100% aus Fossilresten (zum Beispiel Muschelschalen) bestehen (Lumachelle). Entstehung: meist organisch aus dem durch Lebewesen produzierten Kalk; selten durch anorganische Fällung. Vorkommen: Kalksteine sind in allen sedimentären Schichtenfolgen außerordentlich verbreitet. Verwendung: Schön gefärbte und gezeichnete Varietäten werden als Zierstein verwendet; man bezeichnet sie im Handel meist als Marmor, was aber vom gesteinskundlichen Standpunkt aus falsch ist, da dieser Name den metamorphen Kalksteinen vorbehalten ist. Fundorte: Schwäbische und Fränkische Alb (D), in den Kalkalpen; besonders hervorzuheben sind die Solnhofer Plattenkalk, die zur Lithographie verwendet wurden und die neben vielen anderen seltenen Fossilien den Urvogel Archäopterix enthielten; es ist sinnlos, bei der Allverbreitung des Kalksteins weitere Fundorte anzugeben. Ähnliche Gesteine: Dolomit braust nicht mit verdünnter Salzsäure; Marmor unterscheidet sich durch Gehalte an charakteristisch metamorphen Mineralien wie zum Beispiel Phlogopit.

330 Dolomit

Sedimentgestein

Hauptgemengteile: Dolomit. Nebengemengteile: Kalkspat, Limonit, Quarz. Aussehen: weiß, gelblich, bräunlich, grau, schwarz; fein- bis mittelkörnig, gleichkörnig, enthält manchmal Fossilien. Entstehung: selten primär gefällt, meist aus Kalksteinen durch Magnesiumaustausch mit magnesiumhaltigen Wässern oder Gesteinen entstanden. Vorkommen: in vielen sedimentären Schichtenfolgen. Fundorte: Dolomit ist äußerst verbreitet, nach ihm benannt sind die Dolomiten, die allerdings bei weitem nicht nur aus Dolomit bestehen; er findet sich auch in der Schwäbischen und Fränkischen Alb (D) und in den Kalkalpen. Ähnliche Gesteine: Kalksteine brausen im Gegensatz zu Dolomit beim Betupfen mit verdünnter Salzsäure.

331 Kalksinter

Travertin

Sedimentgestein

Hauptgemengteile: Kalkspat. Nebengemengteile: Limonit, organische Substanzen. Aussehen: weiß bis bräunlich; feinkörnig bis faserig, sehr porös, viele Hohlräume, oft organische Substanzen (Gras, Holz, Schneckenhäuser) umkrustend. Entstehung: Ausfällung aus kalkreichem Wasser; Kalksinter ist oft geologisch äußerst jung, die Bildung findet auch heute noch statt, an geeigneten Stellen kann man innerhalb kürzester Zeit ins Wasser gelegte Gegenstände »versteinern« lassen (zum Beispiel in Karlsbad (CS)). Vorkommen: am Austritt heißer Quellen; an Flüssen und Bächen, die kalkreiches Wasser führen. Fundorte: Donaueschingen (D), Polling/Oberbayern (D) (hier wurden jungsteinzeitliche Gefäße im Kalksinter eingeschlossen gefunden), Pamukkale (TR) (hier bildet Kalksinter wunderschöne Terrassen, über die das Wasser in Stufen herunterfällt). Ähnliche Gesteine: Das Vorhandensein von Kalkspat als einzigem Hauptgemengteil unterscheidet von eventuell ähnlichen vulkanischen Tuffen.

335 Kieselschiefer

Sedimentgestein

Hauptgemengteile: Quarz. Nebengemengteile: Limonit, Kalkspat, Rhodonit, Braunit, Rhodochrosit. Aussehen: grau, braun, rötlich; dicht, muscheliger Bruch, geschichtet. Entstehung: bei der Verfestigung organogener Kieselsäure; aus Kieselskeletten von Radiolarien (Radiolarit). Vorkommen: schichten- und lagenförmig in Kalksteinen, als Lagen innerhalb sedimentärer Schichtenfolgen. Verwendung: als Schleifstein. Fundorte: Radiolarite sind recht häufig im alpinen Jura, zum Beispiel im Allgäu (D), am Oberhalbstein (CH). Ähnliche Gesteine: Härte und Säurebeständigkeit unterscheiden von anderen Gesteinen.

336 Gips

Sedimentgestein

Hauptgemengteile: Gips. Nebengemengteile: Anhydrit, Steinsalz, Kalkspat, Tonmineralien. Aussehen: weiß, gelblich, bräunlich, rötlich, grünlich, grau; fein- bis grobkörnig, selten geschichtet. Entstehung: bei der Eindampfung von Meerwasser, oft aber aus primär ausgefälltem Anhydrit entstanden, dabei sind die Lagen dann wegen des größeren Gips-Volumens oft wurmförmig gekrümmt (Gekrösegips). Vorkommen: in sedimentären Schichtenfolgen, insbesondere in Verbindung mit Salzlagerstätten. Fundorte: Förste/Harz (D), Hall/Tirol (A), Staßfurt (DDR) und an vielen anderen Orten. Ähnliche Gesteine: Anhydrit unterscheidet sich von Gips durch die anders geartete Spaltbarkeit, die aber nicht immer erkennbar ist, feinkörnige Varietäten sind nur schwer zu unterscheiden.

Anhydrit

Sedimentgestein

Hauptgemengteile: Anhydrit. Nebengemengteile: Gips, Steinsalz, Boracit. Aussehen: weiß, bläulich, violett, gelblich, braun; fein- bis mittelkörnig, manchmal strahlig aufgebaut. Entstehung: bei der Eindampfung von Meerwasser. Vorkommen: in sedimentären Schichtenfolgen in Zusammenhang mit Salzlagerstätten. Fundorte: Förste/Harz (D), Staßfurt (DDR), Berchtesgaden/Bayern (D). Ähnliche Gesteine: Gips unterscheidet sich von Anhydrit durch eine andersgeartete Spaltbarkeit, feinkörnige Varietäten sind aber nur schwer zu unterscheiden.

337, 338 Kalkoolith

Erbsenstein, Sprudelstein

Sedimentgestein

Hauptgemengteile: Kalkspat, Aragonit. Nebengemengteile: Limonit, Chalcedon. Aussehen: weiß, bräunlich; bis maximal 5 mm große konzentrische Kugeln aus Kalkspat verkittet durch wenig feinen Kalkspat. Entstehung: in heißen Quellen; als chemische Fällung von Kalk in Meerwasser. Vorkommen: im Absatz von Thermalquellen; in Sedimentfolgen. Fundorte: Anorganisch gefällter Kalkstein in Oolithform entsteht noch heute in der Nähe der Bahamas, Karlsbad/Böhmen (CS) (Erbsenstein aus den Karlsbader Thermalquellen). Ähnliche Gesteine: Eisenoolithe bestehen aus Limonit und haben andere Farbe.

Eisenoolith

Sedimentgestein

Hauptgemengteile: Limonit. Nebengemengteile: Kalkspat, Quarz, Haematit. Aussehen: hell- bis dunkelbraun; winzige Kügelchen (selten über 1 mm) in feinkörniger Grundmasse, manchmal geschichtet, kann Fossilien enthalten. Entstehung: sedimentäre Bildung von Eisenhydroxiden, oft unter Beteiligung von Bakterien. Vorkommen: Schichten und Linsen innerhalb sedimentärer Schichtfolgen, besonders im Braunjura (Dogger), aber auch anderswo. Verwendung: als Eisenerz. Fundorte: Zollhaus-Blumberg/Baden-Württemberg (D), Kressenberg/Oberbayern (D), Lothringen (F) (sogenannte Minette). Ähnliche Gesteine: Kalkoolithe sind viel heller und bestehen aus Kalkspat.

Tonschiefer

Sedimentgestein

Hauptgemengteile: Tonmineralien. Nebengemengteile: Körner von Quarz, Glimmer, Kalkspat, Feldspat. Aussehen: grau bis schwarz; extrem feinkörnig, Körner nur unter dem Mikroskop sichtbar, leicht geschiefert, in Platten spaltbar. Entstehung: durch Ablagerung von Tonmineralien in Gewässern. Vorkommen: in Salzwasserablagerungen, auch in Binnenseen, während der Eiszeiten. Fundorte: Riechelsdorf/Hessen (D), Creussen/Bayreuth (D), Mistelgau/Bayreuth (D), Aubach/Wutachschlucht (D), Holzmaden/Baden-Württemberg (D) und an vielen anderen Orten. Ähnliche Gesteine: Phyllite enthalten viel mehr Glimmer; geschichtete Kalke sind meist heller und enthalten Kalkspat als Hauptgemengteil.

Torf

Sedimentgestein

Gemengteile: nur wenig umgewandelte Pflanzenreste. Aussehen: braun; faserig, die Pflanzenreste sind noch gut erkennbar, weich, brennbar. Entstehung: durch Umwandlung von pflanzlichem Material unter Luftabschluß. Vorkommen: in Mooren. Verwendung: als minderwertiger Brennstoff; zur Torfmull-Herstellung. Fundorte: Moore sind verbreitete Überreste eiszeitlicher Landschaftsformen, durch Bewirtschaftung (Torfstechen, Entwässerung) werden diese Lagerstätten immer seltener. Ähnliche Gesteine: keine.

Braunkohle

Sedimentgestein

Hauptgemengteile: inkohlte Pflanzenteile. Aussehen: braun; fest, die Pflanzenteile sind oft noch gut zu erkennen, aber dicht verbacken, der Kohlenstoffgehalt ist deutlich höher als bei Torf, aber geringer als bei Steinkohle. Entstehung: bei der Umwandlung von Pflanzenteilen unter Luftabschluß. Vorkommen: in vielen sedimentären Schichtfolgen, besonders im Tertiär. Verwendung: als Brennstoff. Fundorte: Wackersdorf/Oberpfalz (D), vielerorts in der DDR. Ähnliche Gesteine: Steinkohle ist dicht und mehr schwarz; Torf ist lockerer.

Steinkohle

Sedimentgestein

Hauptgemengteile: stark inkohlte organische Substanzen. Aussehen: schwarz; Fett- bis Pechglanz, muscheliger Bruch, schuppig, faserig, dicht. Entstehung: durch Inkohlung organischer Substanz pflanzlicher Herkunft unter Luftabschluß. Vorkommen: in Flözen und Lagen innerhalb sedimentärer Schichtfolgen, oft in Wechsellagerung mit Kalksteinen. Verwendung: als Brennstoff; in der chemischen Industrie als Rohstoff für viele Kohlenstoffverbindungen. Fundorte: Ruhrgebiet (D), Saarland (D), Peißenberg/Oberbayern (D) (sogenannte Pechkohle). Ähnliche Gesteine: Braunkohle ist mehr braun und viel weniger dicht; Obsidian ist viel härter.

339 Chloritschiefer

Metamorphes Gestein

Hauptgemengteile: Chlorit. Nebengemengteile: Magnetit, Pyrit, Hornblende, Epidot, Albit. Aussehen: hell- bis dunkelgrün; fein- bis grobkörnig, blättrig, schiefrig, oft mit Einsprenglingen von Magnetit, Pyrit. Entstehung: bei niedriggradiger Regionalmetamorphose aus Laven und Tuffen und anderen basischen Gesteinen. Vorkommen: in regionalmetamorphen Gebieten. Fundorte: Felbertal/Tauern (A), Habachtal/Tauern (A), Stubachtal/Tauern (A), auch sonst vielerorts in den Alpen. Ähnliche Gesteine: Glimmerschiefer und Phyllit haben Glimmer als Hauptgemengteile; Amphibolite enthalten Amphibole als Hauptgemengteile.

Talkschiefer

Metamorphes Gestein

Hauptgemengteile: Talk. Nebengemengteile: Magnetit, Dolomit, Chlorit. Aussehen: weißlich bis grau; feinkörnig, fühlt sich fettig an, manchmal Einsprenglinge von Magnetit, Dolomit, Aktinolith, stark geschiefert. Entstehung: bei niedriggradiger Regionalmetamorphose aus ultrabasischen Gesteinen; bei der Kontaktmetamorphose aus kieseligen Dolomiten. Vorkommen: in metamorphen Gebieten, besonders auch als Aureole um Serpentinite. Verwendung: zur Talkgewinnung. Fundorte: Grießerhof bei Hirt/Kärnten (A), Erbendorf/Oberpfalz (D). Ähnliche Gesteine: Glimmerschiefer und Phyllite fühlen sich nicht fettig an.

340, 341 Glimmerschiefer

Metamorphes Gestein

Hauptgemengteile: Glimmer, Quarz. Nebengemengteile: Feldspat, Chlorit, Chloritoid, Granat, Turmalin. Aussehen: grau, schwarz, braun; fein- bis grobkörnig, oft Einsprenglinge von Granat, Turmalin, Disthen, Andalusit, Staurolith, geschichtet, lagig, gefaltet. Entstehung: bei mittel- bis hochgradiger Regionalmetamorphose aus tonigen bis sandigen Gesteinen. Vorkommen: häufig in regionalmetamorphen Gebieten. Fundorte: sehr häufig in den Zentralalpen, zum Beispiel Berliner Hütte/Zillertal (A) (mit Almandin), Greiner/Tirol (A), Pizzo Forno/Tessin (CH) (mit Disthen und Staurolith), Val Malenco/Sondrio (I). Ähnliche Gesteine: Gneise enthalten als Hauptgemengteil zusätzlich Feldspat; in Phylliten sind die einzelnen Glimmerblättchen nicht mit bloßem Auge erkennbar.

342 Phyllit

Metamorphes Gestein

Hauptgemengteile: Quarz, Serizit. Nebengemengteile: Graphit, Feldspat, Chlorit, Chloritoid. Aussehen: grau, gelblich, grünlich; oft seidiger Glanz, sehr feinkörnig, die einzelnen Glimmerblättchen sind mit bloßem Auge nicht erkennbar, schiefrig, lagig gefaltet. Entstehung: bei niedriggradiger Regionalmetamorphose aus tonigen bis sandigen Sedimenten. Vorkommen: in regionalmetamorphen Gebieten. Fundorte: mehrerorts im Fichtelgebirge (D), im Bayerischen Wald (D), praktisch in allen regionalmetamorphen Gebieten. Ähnliche Gesteine: Beim Glimmerschiefer sind die einzelnen Glimmerblättchen mit dem bloßen Auge zu erkennen.

343–346 Gneis

Metamorphes Gestein

Hauptgemengteile: Feldspat, Quarz, Glimmer. Nebengemengteile: Granat, Cordierit, Sillimanit, Hornblende. Aussehen: hell- bis dunkelgrau, bräunlich, grünlich, sehr verschiedenfarbig; mittel- bis grobkörnig, teilweise Einsprenglinge von Feldspat (Augengneis), oft stark lagig mit hellen und dunklen Lagen, geschiefert. Entstehung: bei mittlerer bis hochgradiger Regionalmetamorphose aus tonigen Sedimenten (Paragneise) oder aus granitischen Gesteinen (Orthogneise). Vorkommen: überall in regionalmetamorphen Gebieten. Verwendung: als Boden- oder Dachplatten. Fundorte: Bodenmais/Bayerischer Wald (D) (Cordierit-Sillimanit-Gneis), Kolm-Saigurn/Rauris (A), Grafenau/Bayerischer Wald (D), vielerorts im Schwarzwald (D), Fichtelgebirge (D). Ähnliche Gesteine: Granitische Gesteine (Granit, Granodiorit, Tonalit) sind nicht geschiefert.

Diatexit

Metamorphes Gestein

Hauptgemengteile: Quarz, Kalifeldspat, Plagioklas, Biotit. Nebengemengteile: Hornblende, Granat, Cordierit. Aussehen: sehr verschiedenfarbig mit hellen und dunklen Lagen; mittel- bis grobkörnig, manchmal große Einsprenglinge von Kalifeldspat. Entstehung: bei hochgradiger Regionalmetamorphose aus tonigen und sandigen Gesteinen; zeigt beginnende Aufschmelzung an. Vorkommen: in regionalmetamorphen Gebieten. Fundorte: Saunstein/Bayerischer Wald (D) (sogenannter Palit), Ohhof/Bayerischer Wald (D) (Hornblendediatexit mit Zirkon), auch sonst weltweit in hochmetamorphen Gebieten verbreitet. Ähnliche Gesteine: Gneise sind homogener aufgebaut.

347, 348 Amphibolit

Metamorphes Gestein

Hauptgemengteile: Amphibole (Hornblende, Aktinolith). Nebengemengteile: Epidot, Plagioklas, Chlorit. Aussehen: dunkelgrün bis schwarz; grobkörnig, geschiefert. Entstehung: bei niedrig- bis mittelgradiger Regionalmetamorphose aus basischen Gesteinen. Vorkommen: in regionalmetamorphen Gebieten. Fundorte: sehr verbreitet in regionalmetamorphen Schichtenfolgen der Alpen, zum Beispiel Habachtal/Tauern (A), St.-Gotthard-Massiv (CH). Ähnliche Gesteine: Serpentinite führen kaum Amphibole; Chloritschiefer haben Chlorit als Hauptgemengteil.

349 Granulit

Metamorphes Gestein

Hauptgemengteile: Kalifeldspat, Plagioklas, Granat. Nebengemengteile: Disthen, Cordierit, Sillimanit. Aussehen: weiß bis grau, bräunlich; fein- bis grobkörnig, ungeschichtet. Entstehung: bei hochgradiger Regionalmetamorphose aus sandigen bis tonigen Gesteinen. Vorkommen: in Gebieten besonders hochgradiger Regionalmetamorphose. Fundorte: Valle d'Ossola (I), Valle Strona (I). Ähnliche Gesteine: Quarzite enthalten keinen Granat.

350 Eklogit

Metamorphes Gestein

Hauptgemengteile: Omphacit, Granat. Nebengemengteile: Disthen, Quarz, Amphibole. Aussehen: grün, rot gesprenkelt; grobkörnig, oft Einsprenglinge von Granat, manchmal geschichtet. Entstehung: bei hochgradiger Regionalmetamorphose aus basischen Gesteinen. Vorkommen: Linsen und Lagen innerhalb hochmetamorpher Gesteinsfolgen. Fundorte: Saualpe/Kärnten (A), Lieserschlucht/Spittal (A), Münchberger Gneismasse/Bayern (D). Ähnliche Gesteine: Die charakteristische Zusammensetzung läßt keine Verwechslung zu.

351–354 Marmor

Metamorphes Gestein

Hauptgemengteile: Kalkspat. Nebengemengteile: Dolomit, Phlogopit, Vesuvian, Wollastonit, Diopsid, Graphit, Tremolit. Aussehen: weiß, gelblich, bräunlich; fein- bis grobkörnig, manchmal zoniert. Entstehung: durch Regional- und Kontaktmetamorphose aus Kalkstein. Vorkommen: in der Kontaktaureole um Tiefengesteine; in regionalmetamorphen Gebieten. Verwendung: zu Bildhauerarbeiten; als Zierstein; als Baustein, allerdings handelt es sich bei dem bei weitem größten Teil des angebotenen »Marmors« um Kalkstein, Marmor im mineralogischen Sinn ist nur der metamorphe Kalkstein. Fundorte: Kropfmühl/Passau (D) (mit Graphit), Wunsiedel/Fichtelgebirge (D), Auerbach/Bergstraße (D), Carrara (I). Ähnliche Gesteine: Karbonatit fehlen die charakteristischen Nebengemengteile des Marmors; Gipsgestein ist weicher.

355 Garbenschiefer

Metamorphes Gestein

Hauptgemengteile: Glimmer, Quarz, Cordierit, Andalusit. Nebengemengteile: Magnetit, Graphit. Aussehen: dunkelgrau bis schwarz; feinkörnig mit Einsprenglingen, geschiefert. Entstehung: beim Eindringen eines Plutons in Tonschiefer. Vorkommen: am Außenrand der Kontaktaureole um Tiefengesteinskörper. Fundorte: Gefrees/Fichtelgebirge (D) (mit Andalusit in länglichen Kristallen: Chiastolithschiefer), Orijärvi (SF), Fassatal/Südtirol (I). Ähnliche Gesteine: Tonschiefer führen keine Einsprenglinge.

356 Hornfels

Metamorphes Gestein

Hauptgemengteile: Andalusit, Cordierit, Plagioklas, Biotit, Hornblende. Nebengemengteile: Magnetit, Graphit. Aussehen: braun, schwarz, rötlich, violett, grünlich; sehr feinkörnig, dicht, mit muscheligem Bruch. Entstehung: am inneren Kontakt von tonigen oder sandigen Gesteinen zu Tiefengesteinen. Vorkommen: in der inneren Zone der Kontaktaureole. Fundorte: Fichtelgebirge/Bayern (D), Vogesen (F), Mte. Capanne/Elba (I). Ähnliche Gesteine: Der typische muschelige Bruch und das Vorkommen innerhalb von Kontaktaureolen verhindern Verwechslungen.

357 Quarzit

Metamorphes Gestein

Hauptgemengteile: Quarz. Nebengemengteile: Glimmer, Feldspat, Schwermineralien. Aussehen: weiß, gelblich, grau; feinkörnig, geschichtet. Entstehung: aus kieselsäurereichen Gesteinen, insbesondere Sandsteinen, in allen Metamorphosestufen, bereits beginnend bei diagenetischen Vorgängen. Vorkommen: in vielen metamorphen Schichtenfolgen. Verwendung: zur Herstellung von Silicasteinen; als Baumaterial. Fundorte: Felbertal/Tauern (A) (hier scheelithaltig), im Rheinischen Schiefergebirge (D), Schnalstal/Südtirol (I). Ähnliche Gesteine: Radiolarite und Kiselschiefer sind im Gegensatz zu Quarziten völlig dicht.

358 Serpentinit

Metamorphes Gestein

Hauptgemengteile: Serpentin als Antigorit, seltener als Chrysotil. Nebengemengteile: Olivin, Magnetit, Magnesit, Talk. Aussehen: hell- bis dunkelgrün, gelbgrün; fein- bis grobkörnig, filzig bis blättrig, massiv, oft randlich zersetzte Einsprenglinge von Olivin. Entstehung: bei niedriggradiger Regionalmetamorphose aus Peridotiten. Vorkommen: in regionalmetamorphen Gebieten. Fundorte: Rimbach/Hoher Bogen (D), Kraubath/Steiermark (A), Grießerhof bei Hirt/Kärnten (A), Wurlitz/Oberkotzau (D). Ähnliche Gesteine: Amphibolit führt als Hauptgemengteile Amphibole.

Zum Nachschlagen

Kleines Lexikon der Mineralogie

Abfolgen sind Entwicklungsreihen für Mineralien und Gesteine. Die **magmatische Abfolge** umfaßt Mineralien und Gesteine, die aus der Schmelze entstanden sind oder deren Entstehung durch die Anwesenheit eines → Magmas bedingt ist. Die **sedimentäre Abfolge** umfaßt Mineralien und Gesteine, die durch chemische oder physikalische Verwitterung und durch Sedimentation entstanden sind. Die **metamorphe Abfolge** umfaßt Mineralien und Gesteine, die durch Umwandlung bei Druck- und/oder Temperaturänderung aus anderen entstanden sind.

Achsenkreuze sind kristallographische Bezugssysteme, die zur Darstellung von Flächen eines Kristalls verwendet werden.

Aggregat: Verwachsung mehrerer Kristalle. Aggregate können kugelig, faserig, nierig oder radialstrahlig sein.

Akzessorische Bestandteile sind Bestandteile eines Gesteins, die nur in sehr geringen Mengen (unter 1%) auftreten, oft aber typisch für die Gesteinsvarietät sind.

Alaunschiefer ist ein Tonschiefer mit hohem Pyritgehalt.

Albit → Feldspatgruppe

alpine Klüfte, alpine Zerrklüfte → Klüfte

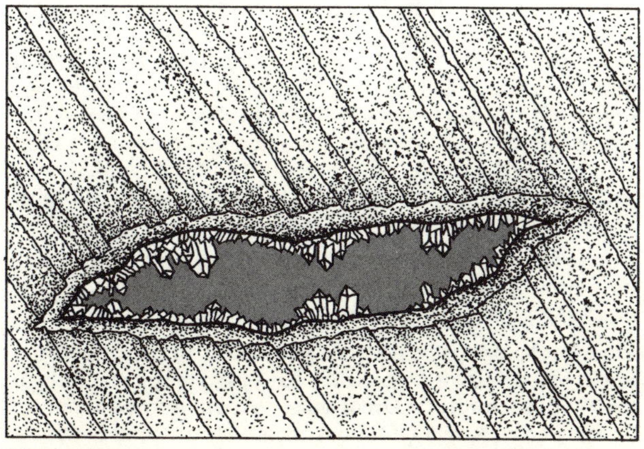

Alpine Kluft

Amorph sind Mineralien, die keine Kristallstruktur aufweisen, deren Atome also nicht innerhalb des ganzen Körpers geregelt angeordnet sind.

Die **Amphibole** bilden eine Gruppe von → Silikaten. Typisches gemeinsames Merkmal ist die Spaltbarkeit mit einem Spaltwinkel (→ Spaltbarkeit) von ungefähr 124°.

Mit **Anatexis** wird die Endstufe der → Metamorphose, die teilweise Aufschmelzung des Gesteins, bezeichnet. Bei weiterer Temperaturerhöhung tritt eine vollständige Wiederaufschmelzung des Gesteins und die Bildung eines → Magmas ein. Man nennt diesen Vorgang **Palingenese.**

Anisotrop ist ein Kristall in Bezug auf eine Eigenschaft, wenn diese (zum Beispiel die Härte) in verschiedenen Richtungen gemessen nicht gleich ist. Klassisches Beispiel für die Anisotropie der Härte ist der Disthen, der in Längsrichtung Härte 4 – 4½, quer dazu 6 – 7 aufweist.

Anlauffarben sind durch die Bildung oberflächlicher Oxidationshäutchen auf Mineralien bedingt. Manche Erze (Buntkupferkies) können innerhalb kürzester Zeit anlaufen. Bei ihnen ist es wichtig, die Farbe immer an einem frischen Bruch zu bestimmen.

Anorthit → Feldspatgruppe

Antimonide → Sulfide

Äolische Sedimente sind Sedimente, deren Bestandteile durch den Wind zusammengetragen worden sind.

Als **arid** werden Klimaverhältnisse bezeichnet, bei denen die Verdunstung die Niederschläge überwiegt. In den wüstenartigen Gebieten dieser Klimazonen fehlt die Pflanzendecke meist ganz, und die Gesteine sind starker physikalischer → Verwitterung ausgesetzt.

Arsenate → Phosphate

Arsenide → Sulfide

Als **Asterismus** bezeichnet man eine Erscheinung, die auf manchen rundlich bis kugelig glatt geschliffenen Steinen entsteht, wenn sie mit einer punktförmigen Lichtquelle bestrahlt werden: Auf der Oberfläche erscheint ein Stern.

aszendent → deszendent

Ein **Atom** ist das kleinste, mit chemischen Mitteln nicht mehr teilbare Teilchen eines Elements.

aufgewachsene Kristalle → eingewachsene Kristalle

Basaltsäulen sind polygonale Säulen, die beim Abkühlen von Basaltergüssen entstehen.

Als **Basis,** oder genauer **Basispinakoid**, wird in der Kristallkunde ein paralleles Flächenpaar senkrecht zur c-Achse bezeichnet. Eine Basis gibt es im tetragonalen, hexagonalen, trigonalen und orthorhombischen → Kristallsystem. Die Basis ist eine offene Form und kann nur kombiniert mit anderen Formen auftreten, zum Beispiel mit Prismen, die es wie ein »Dekkel« schließt.

Basispinakoid → Basis

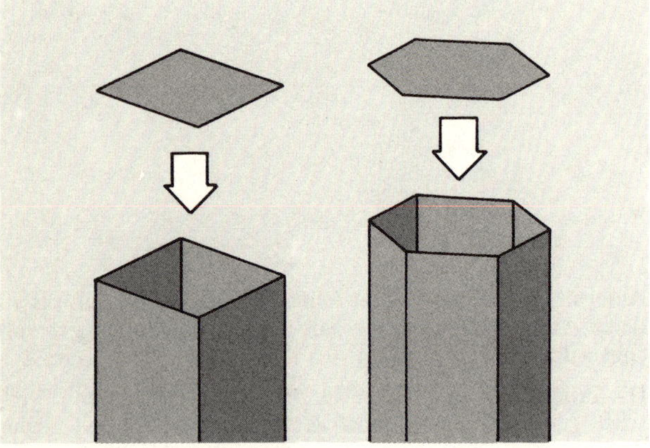

Eine Basisfläche „schließt" ein Prisma.

Batholithe → Intrusion

Begleitmineralien sind Mineralien, die mit dem zu beschreibenden Mineral in einer gemeinsamen → Paragenese auftreten.

Der **Bergbau** ist ein Industriezweig, der sich mit dem Abbau von Mineralien und Mineralgemengen zum Zwecke der Weiterverarbeitung befaßt. Je nach Art der → Lagerstätte geschieht das im Tief- oder Tagebau.

Als **Bergleder** werden plattige, faserige, lederähnliche Massen von Chrysotil und anderen Mineralien bezeichnet.

Bipyramide → Dipyramide

Bismuthide → Sulfide

Blockwerk ist eine Ansammlung von Gesteinsbruchstücken in Größen bis zu mehreren Metern.

Als **Boden** wird die oberste, stark mit pflanzlichen Substanzen durchsetzte Verwitterungsschicht der Erde bezeichnet. Je nach Klima hat der Boden eine Tiefe von wenigen Zentimetern bis zu vielen Zehnermetern.

Als **Bohnerz** werden kugelige, aus Limonit bestehende → Aggregate bezeichnet, die als Verwitterungsbildungen in Karsthohlräumen vorkommen. Bohnerz wurde früher als Eisenerz abgebaut.

Der **Brechungsindex** ist eine Zahl, die angibt, wie stark die → Lichtbrechung in einer Substanz ist.

Brillantschliff → facettiert

Unter **Bruch** versteht man die Form der Bruchfläche: muschelig, uneben, hakig usw. Nicht zu verwechseln mit der → Spaltbarkeit. Eine Spaltfläche ist keine Bruchfläche. Bei Mineralien mit vollkommener Spaltbarkeit gibt es oft keine echten Bruchflächen.

Beim **Cabochon-Schliff** werden rundliche Körper mit ebener Basisfläche geschliffen.

Chemische Sedimente sind Sedimente, die durch chemische Ausfällung entstanden sind.

Chrysotil ist eine Varietät des Serpentins, die aus mikroskopisch kleinen Röhrchen besteht; ähnlich ausgebildet kann auch das Mineral → Halloysit sein.

Dendriten sind Skelettkristalle, die aus übersättigten Lösungen, oft in dünnen Spalten, entstehen. Sie ähneln häufig Pflanzen, wie Moos, Bäumen oder Sträuchern. Manganoxide, Silber, Kupfer und Gold bilden besonders oft Dendriten (→ Zeichnung Seite 221).

Als **derb** werden Mineralien bezeichnet, die nicht von Kristallflächen, sondern nur von unregelmäßigen Bruchflächen oder Spaltflächen begrenzt sind.

Deszendent werden Bildungen genannt, bei denen die Stoffzufuhr von oben, von der Erdoberfläche gekommen ist. Im Gegensatz dazu werden Bildungen, deren Stoffbestand aus der Tiefe, von einem → Magma, abzuleiten ist, **aszendent** genannt. Oft kann allerdings die Unterscheidung nur schwer oder gar nicht getroffen werden.

Diagenese ist die Verfestigung von Lockersedimenten unter dem Druck überlagernder Schichten. Die Diagenese geht direkt in die niedrigsten Stufen der → Metamorphose über.

Diamagnetismus → Magnetismus

Eine **Diatexis** findet statt, wenn die Temperaturen bei der → Metamorphose so hoch steigen, daß ein Teil des Gesteins schmilzt. Dann erfolgt eine Trennung in leichtschmelzende (meist helle) und schwerschmelzende (meist dunkle) Bestandteile. Das entstehende Gestein, der Diatexit, ist gekennzeichnet durch schlierige Verteilung von hellen und dunklen Gemengteilen.

Unter der **Dichte** eines Körpers versteht man das Gewicht eines Würfels mit 1 Zentimeter Kantenlänge in Gramm. Eine genaue Bestimmung der Dichte eines Minerals verlangt Präzisionsgeräte, die der Laie meist nicht besitzt. Die größeren Dichten, zum Beispiel des Schwerspats oder der Erze, lassen sich aber mit einiger Übung durch Abwägen mit der Hand und eventuelles Vergleichen leicht feststellen. Wenn Sie beispielsweise in der einen Hand einen Ziegelstein und in der anderen ein gleich großes Stück Eisen halten, werden Sie sofort feststellen, daß der Ziegelstein viel leichter ist.

Eine **Dipyramide** (auch **Bipyramide)** ist eine Kristallform aus zwei Pyramiden, die mit ihren Basen aufeinanderliegen.

diskordant → konkordant

Das **Doma** ist eine offene kristallographische Form, die aus zwei dachförmig aneinanderstoßenden Flächen besteht.

Die **Doppelbrechung** ist eine Erscheinung, die am deutlichsten am Calcit-Kristall zu erkennen ist: Ein durch das Kristall hindurchtretender Lichtstrahl wird in zwei senkrecht zueinander polarisierte Strahlen gespalten. Der ordentliche Strahl tritt beim senkrechten Einfall geradlinig durch den Kristall, während der außerordentliche Strahl abgelenkt wird. Bei schrägem Einfall wird auch der ordentliche Strahl abgelenkt. Der → Brechungsindex ist für die beiden Strahlen unterschiedlich. Diese Erscheinung läßt sich außer bei Calcit unter dem Mikroskop auch bei allen anderen, außer den kubischen und → amorphen Mineralien, feststellen.

Doppelspat, oft isländischer Doppelspat, ist eine Bezeichnung für klaren Kalkspat, der aufgrund seiner starken → Doppelbrechung Linien, über die er gelegt wird, verdoppelt.

Eine **Drehachse** ist eine gedachte Achse durch den Mittelpunkt eines Kristalls, um die ein Kristall so um einen bestimmten Winkelbetrag, den **Drehwinkel,** gedreht werden kann, daß er in eine zur Ausgangsstellung identische Stellung kommt.
Je nachdem, wie oft man drehen muß, um den Kristall in seine

Ausgangsstellung zu bringen, ist die Drehachse zwei-, drei-, vier- oder sechszählig. Andere als diese Drehachsen gibt es nicht, insbesondere keine fünf-, sieben- oder achtzähligen.

Drehwinkel → Drehachse

Drillinge sind gesetzmäßige Verwachsungen dreier Kristalle der gleichen Mineralart.

Drusen sind rundliche Hohlräume im Gestein, in denen Kristalle wachsen.

Duktil sind Substanzen, die durch Krafteinwirkung formbar sind, ohne zu zerbrechen, die also zu Blättchen gehämmert oder zu Drähten gezogen werden können. Beispiele dafür sind die Edelmetalle Gold, Silber, Platin.

Ein **Durchkreuzungszwilling** ist ein → Zwilling, bei dem die zwei Kristalle kreuzförmig verwachsen sind.

Als **Durchläufer** wird ein Mineral bezeichnet, das praktisch unter allen Bildungsbedingungen auftreten kann.

durchscheinend → durchsichtig

Durchsichtig (transparent) ist ein Kristall, wenn das Licht bei seinem Weg durch den Kristall nicht oder kaum geschwächt wird. Je nach Ausmaß der Lichtschwächung kann der Kristall **durchscheinend** oder undurchsichtig beziehungsweise **opak** sein. Völlig opake Kristalle, das heißt solche, die keinerlei Licht durchlassen, gibt es nicht. Manche → Erze zum Beispiel, die bei normalem Licht völlig undurchsichtig erscheinen, sind im Infrarotbereich durchsichtig. Die Transparenz ist auch von der Dicke der durchstrahlten Schicht abhängig. In dünnen Splittern kann auch ein undurchsichtiges Mineral durchsichtig sein. Bei einem an sich durchsichtigen Mineral kann die Undurchsichtigkeit durch Einschlüsse bedingt sein.

Edelsteine sind Mineralien, die sich durch Härte, hohe Lichtbrechung, Farbe und Seltenheit auszeichnen und zu Schmuckzwecken verwendet werden, zum Beispiel Diamant, Rubin, Saphir, Smaragd.

Die **Edelsteinkunde** oder **Gemmologie** ist die Wissenschaft von den Edelsteinen.

eigenfarbig → Farbe

Eingewachsene Kristalle sind Kristalle, die rundum von Gestein umgeben sind oder waren, **aufgewachsene Kristalle** dagegen ragen in freie Hohlräume.

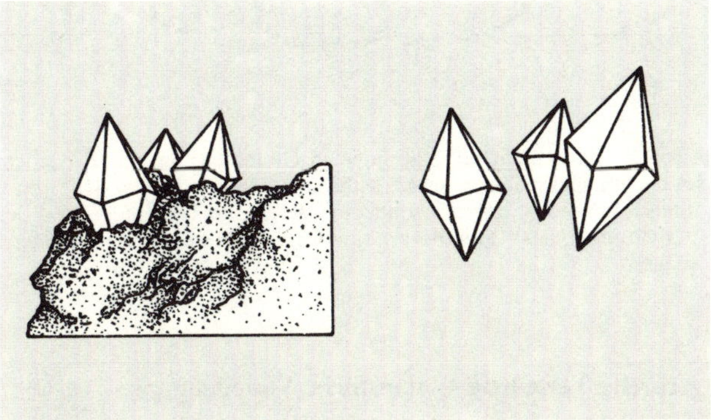

Aufgewachsene Kristalle (links) und frei gewachsene, rundum ausgebildete Kristalle, sogenannte Doppelender (rechts).

Einschlüsse sind Substanzen, die während des Wachstums von den Mineralien eingeschlossen werden. Als Einschlüsse können auftreten: andere Mineralien, Gasblasen, Flüssigkeiten. Es können mehrphasige Einschlüsse auftreten, zum Beispiel Flüssigkeit mit Gasblase und Steinsalz-Kristallen.

Als **Einsprengling** wird ein Kristall bezeichnet, der in einer feinerkörnigen Grundmasse eingebettet ist. Man nennt dies eine **porphyrische Struktur;** sie tritt hauptsächlich bei → magmatischen Gesteinen auf (→ Zeichnung Seite 167).

Eiserner Hut ist ein alter bergmännischer Ausdruck für die → Oxidationszone.

Elektrische Leitfähigkeit, die Fähigkeit, elektrischen Strom zu leiten, ist bei Kristallen sehr verschieden ausgeprägt. Außer bei kubischen und → amorphen Mineralien ist sie zudem nach der Richtung verschieden. Gut leitende Mineralien sind zum Beispiel die → Elemente Gold, Silber, Platin, Graphit, außerdem viele → Erze. Sehr schlechte Leiter sind zum Beispiel Glimmer; sie werden zu Isolationszwecken verwendet.

Ein **Element** ist eine chemische Substanz, die nur aus einer einzigen Atomsorte aufgebaut ist, zum Beispiel Eisen, Blei, Gold. **Verbindungen** sind hingegen aus mehreren Atomsorten aufgebaut, zum Beispiel Steinsalz aus Natrium und Chlor.

Mit **Enantiomorphie** wird das Auftreten rechter und linker Formen eines Kristalls bezeichnet. Ein typisches Beispiel dafür sind die Kristalle von Rechts- und Linksquarz.

Endogen nennt man Erscheinungen, die durch Kräfte aus dem Erdinnern bedingt sind, zum Beispiel Vulkanismus, Metamorphose, Erdbeben.

Epigenetische Bildungen sind später als ihre Umgebung entstanden.

Unter **Epitaxie** versteht man die orientierte Verwachsung zweier Mineralarten. Die Epitaxie beruht auf Analogien der Struktur beider Partner in einer oder in zwei Richtungen ihres Raumgitters. Auf einer bereits vorhandenen Kristallfläche des einen Partners (»Wirt«) bilden sich – orientierte – Keime des zweiten Epitaxie-Partners (»Gast«), welche in der Folge zu sichtbaren Kristallen heranwachsen.
Es gibt zahlreiche orientierte Verwachsungen von Mineralien, zum Beispiel Staurolith auf Disthen, das älteste bekannte Beispiel dieser Art von Verwachsungen, Haematit–Ilmenit in allen Gitterrichtungen, Magnetit–Ilmenit, Calcit–Dolomit, Pyroxen–Amphibol usw.

Die **Epizone** ist die oberflächennächste Tiefenstufe der Regionalmetamorphose. Sie reicht bis in eine Tiefe von ungefähr sechs bis sieben Kilometer. Typische Gesteine der Epizone sind Phyllite und Chloritschiefer.

Erdkruste → Geochemie

Ergußgesteine → magmatische Gesteine, → Lava

Als **Erz** bezeichnet der Bergmann ein → Mineral oder Mineralgemenge, das ein → Element in wirtschaftlich gewinnbarer Menge enthält.

Erzlagerstätten sind Lagerstätten, die ein → Erz in abbauwürdigen Mengen enthalten.

Als **Erzmineralien** bezeichnet der Mineraloge hauptsächlich → Sulfide, Arsenide, Legierungen und → gediegene Metalle, also Mineralien, die sich durch hohes spezifisches Gewicht (→ Dichte) und/oder metallischen bis halbmetallischen → Glanz auszeichnen.

Als **Exhalation** wird der Austritt von Gasen aus dem Erdinnern bezeichnet.

Facettierte Edelsteine sind so geschliffen, daß sie von lauter ebenen Flächen umgrenzt sind. Der bekannteste Facettenschliff ist der **Brillantschliff** (→ Zeichnung Seite 25).

Nach der **Farbe** unterscheidet man eigen- und fremdfarbige Mineralien. Bei **eigenfarbigen** Mineralien ist die Farbe für das Mineral charakteristisch und auch an verschiedenen Fundorten etwa gleich. Das ist bei **fremdfarbigen** nicht der Fall; sie können von Fundort zu Fundort verschieden gefärbt sein, und auch am gleichen Fundort, ja selbst am gleichen Stück können verschiedene Farben auftreten.

Mit **Fazies** bezeichnet man die Gesamtheit der Merkmale eines → Gesteins. Mineralogisch wichtig ist die metamorphe Fazies, die aufgrund der Vergesellschaftung der Mineralien im Gestein eine Einordnung des Gesteins in bestimmte → Metamorphosebereiche erlaubt.

Die **Feldspatgruppe** ist eine Gruppe von Gerüstsilikaten, die in Struktur und Eigenschaften sehr ähnlich sind. Grundsätzlich gibt es drei Endglieder, die aber nie völlig rein auftreten:
$K[AlSi_3O_8]$ Kalifeldspat = **Orthoklas**
$Na[AlSi_3O_8]$ Natronfeldspat = **Albit**
$Ca[Al_2Si_2O_8]$ Kalkfeldspat = **Anorthit**
Zwischen Albit und Anorthit besteht weitgehende Mischbarkeit, zwischen Albit und Orthoklas nur bei höheren Temperaturen. Mischkristalle dieser drei Komponenten bilden die in vielen Gesteinen häufigen Feldspäte, sehr viel seltener treten auch Bariumgehalte auf **(Hyalophane).**

Feldspatvertreter → Foide

Ferromagnetismus → Magnetismus

Ein **Fließgefüge** liegt vor, wenn sich die Komponenten eines Gesteins im flüssigen Zustand so geordnet haben, daß sie die Fließrichtung der Schmelze nachzeichnen, und diese auch im verfestigten Gestein noch erkennbar ist.

Flotation wird die Aufbereitung von Erzen mittels Flüssigkeiten genannt. Das Erz wird fein gemahlen, aufgeschlämmt, und mit Reagenzien versetzt, die bewirken, daß das Erz oben schwimmt, wenn Luft eingeblasen wird. Unerwünschte Beimengungen sinken dabei zu Boden. Das Erz kann mit dem Schaum an der Oberfläche abgeschöpft werden.

Fluoreszenz ist eine Erscheinung, bei der Mineralien, wenn sie mit UV-Licht bestrahlt werden, sichtbares Licht aussenden, das heißt sie fluoreszieren. Die Fluoreszenzfarbe kann charakteristisch für ein bestimmtes Mineral sein. Dabei ist aber zu bedenken, daß Einschlüsse von fluoreszierenden Mineralien im Wirtsmineral eine Fluoreszenz vortäuschen können. Häufig tritt nach dem Ausschalten der UV-Strahlenquelle ein Nachleuchten ein. Diese Eigenschaft wird **Phosphoreszenz** genannt. Sie tritt zum Beispiel bei manchen Calciten auf.

Ablagerungen von Flüssen werden als **fluviatil** bezeichnet.

Foide oder **Feldspatvertreter** heißt eine Gruppe von Mineralien, die entstehen, wenn der Gehalt an Silicium zur Bildung von Feldspat zu gering ist. Die bekanntesten Feldspatvertreter sind Leucit und Nephelin.

Formelrein ist eine chemische Substanz, wenn sie außer den ihr laut idealer Formel zustehenden → Elementen im vorgegebenen Verhältnis keine weiteren Elemente (auch nicht in geringen Mengen) enthält. Bei Mineralien ist das meist nicht der Fall, die **Mischkristallbildung** ist weit verbreitet.

Fossilien sind versteinerte Überreste von Tieren oder Pflanzen.

fremdfarbig → Farbe

Frühkristallisation → Kristallisation

Fumarolen sind Gasausbrüche tätiger Vulkane. Gasausbrüche ruhender Vulkane werden **Solfataren** genannt. Die bekannteste Solfatara ist die von Pozzuoli bei Neapel.

Mit **Gang** bezeichnet man die Ausfüllung einer Spalte im Gestein mit Mineralien, die jünger als das Gestein sind. Das durchbrochene Gestein heißt **Nebengestein,** die Grenze zum Gang **Salband.**

Gangarten sind Mineralien, die → Erzmineralien in Erzgängen begleiten, zum Beispiel Kalkspat, Schwerspat, Flußspat, Quarz oder Siderit.

Ganggesteine sind → Gesteine, die Spalten in anderen Gesteinen ausfüllen. Die Gänge können bis zu mehreren Kilometern mächtig und bis über hundert Kilometer lang sein.

Als **gediegen** werden Metalle bezeichnet, die in elementarer Form auf natürlichen Lagerstätten auftreten.

Gemengteile sind die Mineralarten, aus denen ein Gestein zusammengesetzt ist. **Hauptgemengteile** bauen den überwiegenden Teil eines Gesteins auf und sind in der Größenordnung von vielen Prozenten daran beteiligt. **Nebengemengteile** haben Anteile von etwa 1 Prozent oder weniger.

Gemmologie → Edelsteinkunde

Geochemie ist der Teil der Geowissenschaften, der sich mit der Verteilung und der Häufigkeit der chemischen → Elemente in der Erdkruste befaßt. Zur **Erdkruste** zählen in diesem Zusammenhang nicht nur Mineralien und Gesteine, sondern auch der Boden, das Wasser und die Luft. Weiterhin können auch alle chemischen Reaktionen, die irgendeine Beziehung zu geologischen Vorgängen haben, zur Geochemie gezählt werden. Unter dem Begriff **Geochemie eines Gesteins** versteht man auch allgemein den Bestand an chemischen Elementen in dem betreffenden Gestein.

Eine **Geode** ist ein mit Kristallen ausgekleideter kugeliger Hohlraum in vulkanischen Gesteinen.

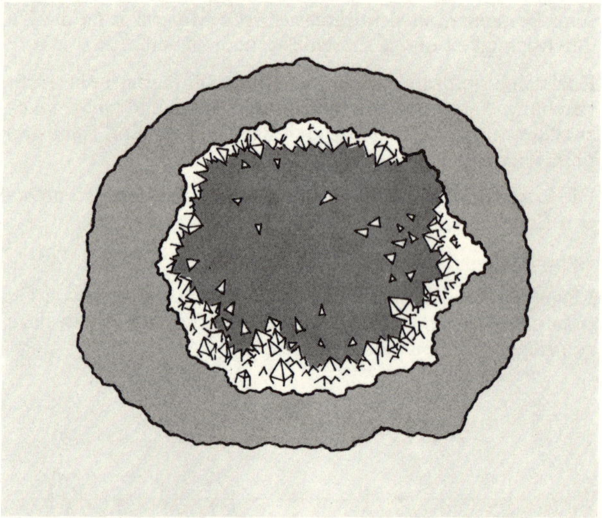

Geoden sind rundliche Hohlräume in Gesteinen, die mit Kristallen, besonders häufig Quarz, ausgekleidet sind. Das Gestein an der Grenze zum Hohlraum ist meist besonders verfestigt, so daß Geoden bei der Verwitterung des Gesteins als rundliche Hohlkörper zurückbleiben können.

geregelte Verteilung → statistische Verteilung

Gestein: Ein aus Mineralien aufgebauter geologischer Körper größerer Ausdehnung (im Meter- bis Kilometerbereich). Ein Gestein kann aus nur einer (Marmor, Quarzit) oder mehreren Mineralarten (Granit, Gneis, Gabbro) aufgebaut sein.

Gesteinsglas entsteht, wenn eine Gesteinsschmelze so schnell abkühlt, daß ihre Komponenten nicht auskristallisieren können; es bildet sich eine glasartige Masse, die nicht kristallin ist.

Gesteinsgrus → Vergrusung

Geysire sind heiße Quellen, die ihr Wasser in periodischen Zeiträumen springbrunnenartig auswerfen. Grundwasser, das durch vulkanische Wärme erhitzt wird, kann erst sieden, wenn seine Temperatur dem Druck der darüberstehenden kühleren Wassersäule entspricht. Wenn das eintritt, wird das überhitzte Wasser schlagartig zu Dampf und drückt die darüberstehende Wassersäule nach oben. Kühleres Grundwasser läuft nach, und der Prozeß beginnt von vorn.

Glanz ist der mit dem Auge wahrnehmbare Gesamteindruck von Brechung und Reflexion des einfallenden Lichtes durch ein Mineral.

Greisen ist ein pneumatolytisch veränderter Granit.

Grüngesteine → Grünschiefer

Unter der Sammelbezeichnung **Grünschiefer** oder **Grüngesteine** faßt man → metamorphe Gesteine der Epizone zusammen, die durch Gehalte an Epidot, Chlorit und anderen grünen Mineralien ausgezeichnet sind. Sie entstehen meist aus Gabbros oder anderen basischen Gesteinen.

Habitus ist die Gesamterscheinung eines Kristalls. Ein Kristall der gleichen Kristallform (beispielsweise tetragonales Prisma) kann je nach Habitus tafelig, kurzsäulig, langsäulig, ja sogar nadelig sein.

Halloysit ist ein Mineral, das aus mikroskopisch kleinen Röhrchen besteht; ähnlich ausgebildet kann auch Chrysotil, eine Varietät des Serpentins, sein.

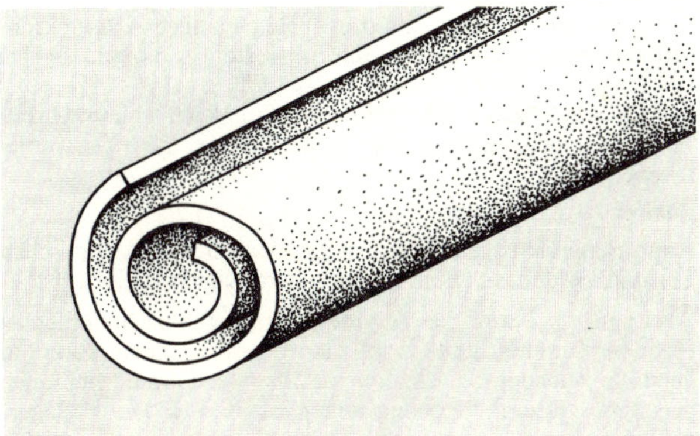

Manche Mineralien bilden haarförmige Kristalle, die sich unter dem Elektronenrastermikroskop als Blättchen erweisen, die so eingerollt sind, daß sich lange, dünne Hohlkanäle bilden.

Halogenide sind Verbindungen von → Elementen mit den Halogenen Fluor, Chlor, Brom, Jod.

Als **Handstück** bezeichnet man eine Gesteinsprobe, die zur Aufnahme in eine Gesteinssammlung auf etwa Handgröße (9 × 12 cm) zurechtgeschlagen wurde.

Das Maßsystem zur Feststellung der **Härte** ist die sogenannte **Mohs'sche Härteskala** – eine Folge von zehn Mineralien, von denen jedes die vor ihm stehenden ritzt:

1 Talk	mit dem Fingernagel ritzbar	mit dem Messer ritzbar
2 Gips		
3 Kalkspat		
4 Flußspat		
5 Apatit		
6 Feldspat	ritzen Glas	
7 Quarz		
8 Topas		
9 Korund		
10 Diamant		

Hauptgemengteile → Gemengteile

Hauptkristallisation → Kristallisation

Bei der **HCl-Probe** (HCl = **Salzsäure**, erhältlich in der Apotheke) wird das zu prüfende Mineral mit einem Tropfen HCl benetzt. Vorsicht beim Verwenden von Säuren! Sie können auf der Haut starke Verätzungen hervorrufen. Immer sofort mit Wasser abspülen!

hexagonal → Kristallsystem

Höhlen sind größere Hohlräume in Gesteinen, insbesondere in Karbonat- und Sulfatgesteinen. Sie sind meist durch Lösung des Gesteins durch zirkulierendes Wasser entstanden. In Kalksteingebieten können sich ganze Höhlensysteme bilden, in denen das gesamte Oberflächenwasser in Form unterirdischer Flüsse verschwindet. Gebiete mit solchen Erscheinungen nennt man Karstgebiete.

Hyalophane → Feldspatgruppe

Eine **hydrostatische Waage** ist eine speziell zur Dichtemessung konstruierte Waage (→ Dichte).

Hydrothermaler Entstehung sind Mineralien, die sich aus Lösungen gebildet haben.

Hydrothermale Gänge sind Füllungen von Spalten durch aus Lösungen gebildete Mineralien.

Hygroskopisch sind Mineralien, die aus der Atmosphäre Wasser anziehen und zerfließen, wie zum Beispiel viele Magnesiumsalze.

Kristalle sind **idiomorph**, wenn sie in ihrer eigenen Kristallgestalt entstanden und nicht durch Einflüsse von außen in ihrem Wachstum beeinträchtigt worden sind. Kristalle, die nicht ihre eigene Kristallform aufweisen, sondern unregelmäßig ausgebildet sind, werden als **xenomorph** bezeichnet.

Ignimbrite → Schmelztuffe

Imprägnation ist die Füllung feinster Hohlräume innerhalb eines → Gesteins durch ein später entstandenes → Mineral.

Intrusion wird das Eindringen einer Gesteinsschmelze in beliebige Teile der Erdkruste genannt. Die bei der Erstarrung solcher Schmelzen entstehenden Intrusionskörper werden **Plutone** genannt. Große rundliche Plutone heißen auch **Batholithe.**

Ein **Ion** ist ein elektrisch geladenes Atom oder eine elektrisch geladene Gruppe von Atomen.

Ionenaustauscher → Zeolithe

Kristalle haben **isometrischen Habitus** oder sind **isometrisch,** wenn sie in allen drei Dimensionen etwa die gleiche Erstrekkung aufweisen. Bei kubischen Mineralien (→ Kristallsystem) ist das immer, bei anderen nur in Ausnahmefällen realisiert.

Isotropisierung bedeutet Zerstörung des Kristallgitters eines Minerals durch intensive → radioaktive Bestrahlung. An die Stelle der geordneten Kristallstruktur tritt ein ungeordneter glasartiger Zustand. Die physikalischen Eigenschaften ändern sich, zum Beispiel verschwinden die → Doppelbrechung (bei nichtkubischen Mineralien) und die → Spaltbarkeit, → Härte und → Durchsichtigkeit nehmen ab. Charakteristisch für isotropisierte Mineralien sind muscheliger Bruch und pechartiger Glanz. Die äußere Kristallform bleibt jedoch erhalten. Man bezeichnet isotropisierte Mineralien auch als **metamikt.**

Kalksinter ist ein poröser, sehr lockerer Kalkstein, der sich um Pflanzenreste herum abgesetzt hat. Besonders in der Steinindustrie wird das Gestein auch **Travertin** genannt.

Kalktuff ist ein lockeres Gestein, das um Pflanzenteilchen herum ausgeschieden wurde. Es enthält oft auch tierische Reste.

Kaolin ist ein Gemenge verschiedener Tonmineralien, insbesondere von Kaolinit. Es wird auch als Porzellanerde bezeichnet und zur Porzellanherstellung verwendet.

Karbonate sind Verbindungen von → Elementen mit der Gruppe CO_3^{2-}. Analog sind **Nitrate** Verbindungen mit der Gruppe NO_3^-.

Die **Katazone** ist die tiefste Tiefenstufe der Regionalmetamorphose. Typische katazonale Gesteine sind Eklogit und Granulit.

Kies ist ein Lockergestein mit Korngrößen zwischen 2 mm und 20 cm (→ Zeichnung Seite 173).

Kimberlit-Pipes → Pipes

Klüfte sind Hohlräume, die aufgrund von Spannungszuständen im Gestein entstehen. Sie können ganz oder teilweise mit Mineralbildungen gefüllt sein. Klüfte in silikatischen Gesteinen werden als **alpine Klüfte** beziehungsweise **alpine Zerrklüfte** bezeichnet.

Kluftmineralien entstehen, wenn aufgeheizte Wässer auf Klüften im Gestein zirkulieren, Substanzen aus dem Gestein herauslösen und sie in Form frei kristallisierter Mineralien auf der Kluftwand wieder absetzen (→ Zeichnung Seite 213).

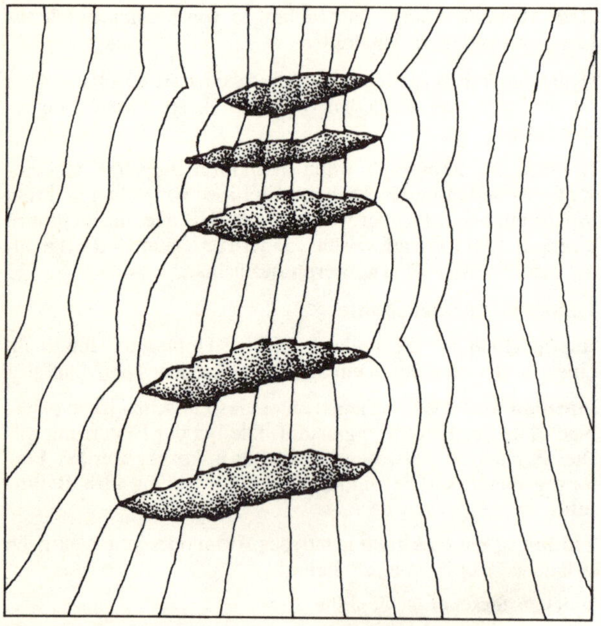

Eine Schar von übereinanderliegenden alpinen Klüften

Konkordant sind Schichten, die ungestört parallel übereinandergelagert sind. Schichten, die schräg dazu liegen und die ersten Schichten abschneiden, sind **diskordant** (→ Zeichnung Seite 168).

Unter **Konkretion** versteht man knollen- oder kugelförmige Mineralanreicherungen in → Sedimentgesteinen, die ganz vom Nebengestein eingeschlossen sind.

Kontaktgesteine, Kontaktmetamorphose → Metamorphose

Kontaktmetasomatische Bildungen entstehen, wenn an der Kontaktstelle zwischen → Magma und Nebengestein Lösungen oder Dämpfe, die aus dem Magma kommen, das Nebengestein verändern.

kontaktmetasomatische Lagerstätten → Skarn

Korngrenze ist die Grenze zwischen zwei miteinander verwachsenen Mineralkörnern. An der Korngrenze ist die mechanische Festigkeit am geringsten, deshalb beginnt dort meist die → Verwitterung.

kristalline Schiefer → Metamorphose

Kristallisation: Als **Hauptkristallisation** wird der Zeitabschnitt bezeichnet, in dem der Hauptteil eines → Magmas auskristallisiert. Vorher setzt die **Frühkristallisation** ein, nachher die **Restkristallisation.**

In die 32 **Kristallklassen** werden die Kristalle aufgrund ihrer Symmetrie eingeteilt.

Die **Kristallographie** oder Kristallkunde ist die Wissenschaft, die sich mit den Kristallen, ihrer Entstehung und ihrem Aufbau beschäftigt.

Kristallskelette → Dendriten

Einem **Kristallsystem** gehören alle Kristalle an, die sich auf das gleiche Achsenkreuz beziehen lassen (Ausnahme: hexagonales und trigonales System):
1. **Kubisches System:** Achsenkreuz mit drei gleich langen Achsen, die senkrecht aufeinander stehen. Dieses System ist das höchstsymmetrische.
2. **Tetragonales System:** Zwei Achsen sind gleich, eine verschieden (c-Achse), alle stehen senkrecht aufeinander.
3. **Hexagonales und trigonales System:** Drei gleiche Achsen liegen in einer Ebene und schneiden sich mit einem Winkel von 60°. Eine davon verschiedene Achse (c-Achse) steht senkrecht auf dieser Ebene. Im hexagonalen System ist die c-Achse eine 6zählige Drehachse, im trigonalen eine 3zählige, das bedeutet, der Kristall kommt nach einer Drehung von 60° beziehungsweise 120° wieder mit sich zur Deckung.
4. **Orthorhombisches System:** Drei ungleich lange Achsen stehen senkrecht aufeinander.
5. **Monoklines System:** Von drei ungleich langen Achsen kreuzen sich zwei schiefwinklig, die dritte steht senkrecht zu den beiden.
6. **Triklines System:** Alle Achsen sind ungleich lang und kreuzen sich schiefwinklig. Dieses System ist das niedrigstsymmetrische.

kubisch → Kristallsystem

Kupferschiefer ist ein Tonschiefer, der reich an organischen Substanzen und Sulfiden, insbesondere Kupfersulfiden, ist.

Als **Lagerstätte** wird die Vergesellschaftung von Mineralien an einer bestimmten Stelle des Erdkörpers bezeichnet. Eine Lagerstätte zeichnet sich dadurch aus, daß bestimmte Mineralien gegenüber ihrer Umgebung angereichert sind. (→ Erzlagerstätten)

Lapilli → vulkanische Bomben

Lava ist eine an der Erdoberfläche austretende Gesteinsschmelze. Beim Erstarren entstehen daraus **Ergußgesteine.** Je nach chemischer Zusammensetzung kann die Lava zäh- oder leichtflüssig sein.

Lehm ist ein stark mit Sand verunreinigter Ton. Wegen seines Eisengehaltes ist er meist gelb bis rot gefärbt.

Leichtflüchtige Bestandteile sind Substanzen, die sich leicht in die Gasphase überführen lassen, zum Beispiel Wasser, Chlorwasserstoff, Fluorwasserstoff, Kohlendioxid. Sie reichern sich bei der Auskristallisation des → Magmas immer mehr an und führen zu pegmatitischen und pneumatolytischen Bildungen.

Letten ist ein grauer Ton, der oft Spalten und Klüfte ausfüllt (Kluftletten).

Von **Lichtbrechung** spricht man, wenn ein Lichtstrahl in ein anderes Medium eintritt und abgelenkt wird.

Die **Löslichkeit** in verschiedenen Lösungsmitteln ist oft eine Bestimmungshilfe. In Wasser löslich sind zum Beispiel Steinsalz, Sylvin, Kupfervitriol; in Salzsäure zum Beispiel Calcit, Cuprit, Azurit; in heißer Salzsäure zum Beispiel Dolomit, Siderit; in Flußsäure zum Beispiel Quarz. Unlöslich ist praktisch nichts.

Löß ist ein Lockergestein, das hauptsächlich aus sehr feinem Quarzstaub besteht. Es ist durch die Staubstürme entstanden, die gegen Ende der Eiszeit das bereits eisfreie, aber noch vegetationslose Gebiet durchzogen.

Magma ist Gesteinsschmelze im Erdinnern. Wenn sie an Ort und Stelle erstarrt, entstehen daraus **Tiefengesteine.**

magmatische Abfolge → Abfolge

Magmatische Gesteine sind Gesteine, die aus der Schmelze entstehen. Gesteine, die im Erdinnern erstarren, heißen **Tiefengesteine. Ergußgesteine** oder **vulkanische Gesteine** erstarren an der Oberfläche.

Magnetismus: Substanzen können verschiedene Arten von Magnetismus aufweisen. Die wichtigsten sind folgende: **Diamagnetismus:** Die Substanzen haben kein magnetisches Moment, sie werden im Magnetfeld abgestoßen. **Paramagnetismus:** Die Substanzen werden im Magnetfeld angezogen, sind aber nur bei Anlegen eines äußeren Feldes magnetisch. **Ferromagnetismus:** Die Substanzen sind auch ohne Anlegen eines äußeren Feldes magnetisch.
Mit einfachen Mitteln ist meist nur der Ferromagnetismus feststellbar. Ferromagnetische Mineralien werden vom Magneten angezogen und lenken selbst die Kompaßnadel ab. Manche Mineralien (zum Beispiel Magnetit) können kleine Eisenfeilspäne anziehen.

Mergel sind Kalksteine mit hohen Tongehalten, die nur in geringem Maße verfestigt sind.

Mesozone ist die mittlere Tiefenstufe der Regionalmetamorphose, die zwischen der Epizone und der Katazone liegt.

Metablasten → Metablastese

Mit **Metablastese** bezeichnet man die Neusprossung von Mineralien während der → Metamorphose. Die neugesproßten Mineralien, die **Metablasten,** unterscheiden sich durch ihre Größe von dem feineren Gefüge des ursprünglichen Gesteins.

metamikt → Isotropisierung

metamorphe Abfolge → Abfolge

Metamorphose bedeutet die Umwandlung von Gesteinen unter Einwirkung von Druck und/oder Temperatur. Die Bezeichnung **Kontaktmetamorphose** beschreibt die alleinige Einwirkung hoher Temperaturen beim Kontakt eines flüssigen Gesteinskörpers mit seiner Umgebung. Dabei entstehen die sogenannten **Kontaktgesteine** mit Mineralien wie zum Beispiel Vesuvian, Granat, Diopsid, Andalusit und anderen. Bei der **Regionalmetamorphose** erfolgt eine Versenkung der betroffenen Gesteinspartie in größere Tiefen, was ein Ansteigen von Druck *und* Temperatur zur Folge hat. Dabei entstehen Gesteine wie Gneise, Glimmerschiefer, ganz allgemein **kristalline Schiefer.**

Als **metasomatisch** bezeichnet man Mineralbildungen, die durch Verdrängung einzelner Mineralien oder ganzer Mineralparagenesen durch andere mit unterschiedlicher Zusammensetzung entstanden sind.

Metastabil sind Mineralien, die außerhalb ihres Stabilitätsbereiches existieren. So ist Diamant an sich nur bei sehr hohen Drücken und Temperaturen stabil, kann aber trotzdem bei den geologisch niedrigen Drücken und Temperaturen der Erdoberfläche am Fingerring getragen werden; er ist also metastabil.

Meteoriten sind Festkörper, die, aus dem interplanetarischen Raum – überwiegend aus dem Planetoidengürtel zwischen Jupiter und Mars – kommend, auf die Erdoberfläche stürzen. Je nach dem Material, aus dem sie bestehen, unterscheidet man Eisenmeteoriten, Stein-Eisen-Meteoriten und Steinmeteoriten.

Miarolen sind kleine, durch → leichtflüchtige Bestandteile gebildete Hohlräume in granitischen Gesteinen. Manchmal können ganze Scheitelpartien einer → Intrusion miarolitisch ausgebildet sein. Miarolen enthalten oft schön kristallisierte Mineralien.

Micromount → Stufe

milde → spröde

Millersche Indizes sind Zahlentripel, mit denen Kristallflächen bezeichnet werden. Sie geben an, in welcher Neigung die jeweilige Fläche zu den Achsen des → Achsenkreuzes steht.

Mineralien sind einheitlich zusammengesetzte Naturkörper und, mit Ausnahme des Quecksilbers, fest. Mineralien sind → Elemente oder Verbindungen im chemischen Sinn, sie müssen natürlich entstanden sein. Künstlich hergestellte Substanzen sind keine Mineralien, auch wenn die entsprechende Verbindung in der Natur vorkommt.

Mischkristallbildung → formelrein

Mohs'sche Härteskala → Härte

Molybdate → Sulfate

Mondstein ist ein weißer Plagioklas, der einen weißen, an Mondschein erinnernden Schimmer zeigt. Mondstein ist ein begehrter Schmuckstein.

monoklin → Kristallsystem

Nebengemengteile → Gemengteile

Nebengestein → Gang

Nitrate → Karbonate

Ölschiefer ist ein Tonschiefer mit hohem Gehalt an organischen Substanzen.

Oolithisch sind Gesteine, die aus rundlichen, konzentrisch aufgebauten Kugeln, den Oolithen bestehen. Sie entstehen im bewegten Wasser der Brandungszone durch Abscheidung von Kalkspat oder Eisen- oder Manganoxiden um Sandkörner oder andere Keime herum.

opak → durchsichtig

Mit dem Begriff **Ophiolithe** bezeichnet man eine bestimmte Serie basischer und ultrabasischer Erguß- und Tiefengesteine (→ magmatische Gesteine). Sie sind Fragmente einer ehemaligen ozeanischen Kruste. Der Begriff Ophiolithe wird sowohl auf unmetamorphe wie auch auf → metamorphe Serien angewendet. In den Alpen sind Ophiolithe aus verschiedenen Zonen und stratigraphischen Einheiten (geologischen Schichten) bekannt. Die Ophiolithe sind hier meist durch metamorphe Gesteine wie Amphibolite und Eklogite vertreten.

Mit **Orogenese** bezeichnet man die Summe der Vorgänge, die zur Entstehung eines Gebirges gehören.

Orthogesteine sind metamorphe Gesteine (→ Metamorphose) deren Ausgangsmaterial → magmatischer Herkunft ist.

Orthoklas → Feldspatgruppe

orthorhombisch → Kristallsystem

Oxidationsmineralien → Oxidationszone

Mit **Oxidationszone** bezeichnet man den Bereich einer Lagerstätte, der dem Einfluß der Verwitterung durch den Zutritt von

Wasser, Luftsauerstoff und Kohlensäure ausgesetzt ist. In der Oxidationszone finden sich spezielle **Oxidationsmineralien**, die aus den vorhandenen Erzmineralien entstanden sind. Ein Teil der Metallgehalte wird in wäßrigen Lösungen weggeführt und erst im Bereich des Grundwasserspiegels wieder abgesetzt, was dort zu einer Anreicherung der entsprechenden Elemente führt. Diese Zone wird **Zementationszone** genannt.

Oxide sind Verbindungen von → Elementen mit Sauerstoff, mit Ausnahme der → Sulfate, → Karbonate, → Phosphate, Vanadate, Wolframate, Molybdate, Nitrate und → Silikate.

Palingenese → Anatexis

Paragenese ist das durch physikalische und chemische Gegebenheiten bedingte gemeinsame Vorkommen verschiedener Mineralien.

Paragesteine sind metamorphe Gesteine (→ Metamorphose), deren Ausgangsmaterial sedimentärer Herkunft (→ Sedimentgesteine) ist.

Paramagnetismus → Magnetismus

Paramorphose. Eine bei hohen Temperaturen gebildete Mineralart wandelt sich bei sinkender Temperatur in ein Aggregat von Kristallen der bei dieser Temperatur beständigen Modifikation um. Dabei bleibt die äußere Kristallform erhalten.

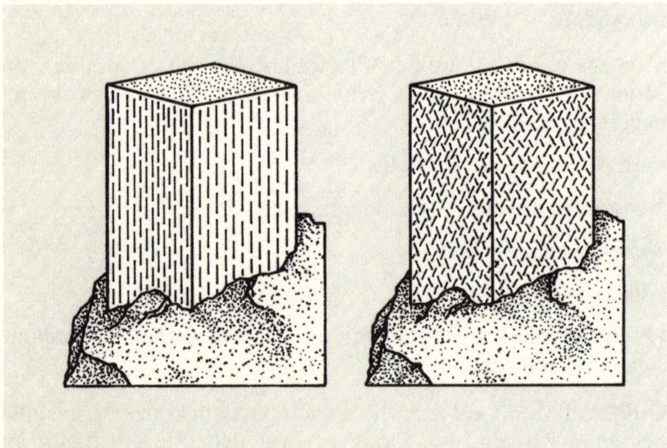

Entstehung einer Paramorphose

Pegmatit ist ein sehr grobkörniges Gestein, das hauptsächlich aus Kalifeldspat und Quarz besteht.

Die **Petrographie** ist der Teilbereich der Mineralogie, der sich mit den Gesteinen, deren Gefüge und Mineralbestand befaßt. Die Sedimentpetrographie befaßt sich insbesondere mit Sedimenten, die Kohlepetrographie mit Kohle.

Phantome → Zonarbau

Phosphate sind Verbindungen von → Elementen mit der Gruppe PO_4^{3-}. Analoge Verbindungen mit AsO_4^{3-} und VO_4^{3-} sind die **Arsenate** und **Vanadate**.

Phosphoreszenz → Fluoreszenz

Piezoelektrizität heißt die Erscheinung, daß bei manchen Kristallen bei Druck und Zug polare elektrische Ladungen auftreten, die dem Druck proportional sind. Piezoelektrisch sind zum Beispiel Quarz, Turmalin, Zinkblende.

Pipes sind röhrenförmige Aufstiegskanäle von vulkanischen Gesteinen, insbesondere ultrabasischer Natur. Wirtschaftlich wichtig sind besonders die **Kimberlit-Pipes**, da der Kimberlit wertvolle Diamanten enthält.

Pleochroismus ist die Erscheinung, daß Kristalle, in verschiedenen Richtungen betrachtet, verschiedene Farbtöne zeigen. Sie ist weit verbreitet, aber meist nur im Dünnschliff unter dem Mikroskop erkennbar.

Plutone → Intrusion

Pneumatolytische Bildungen sind aus der Gasphase entstanden.

Mit **Polymorphie** bezeichnet man das Auftreten mehrerer Mineralarten mit gleicher chemischer Zusammensetzung, aber unterschiedlicher → Struktur.

porphyrische Struktur → Einsprengling

Primärmineralien → Sekundärmineralien

Prospektion ist die Suche nach abbauwürdigen Lagerstätten. Ist eine Lagerstätte gefunden, muß ihre Abbauwürdigkeit erst durch genaue Untersuchungen, wie zum Beispiel Bohrungen, Probeschürfe, bewiesen werden.

Eine **Pseudomorphose** liegt vor, wenn eine Mineralart in einer Kristallform erscheint, die ihr nicht zukommt.

Ein **Pyknometer** ist ein kleines Glasgefäß mit eingeschliffenem Stöpsel, der eine kleine Bohrung aufweist. Sein Volumen muß ganz exakt bekannt sein. Es wird zur präzisen Dichtemessung benützt (→ Dichte).

Pyroxene sind eine Gruppe von → Silikaten. Sie sind charakterisiert durch einen Spaltwinkel von etwa 90°.

Quarzporphyr ist eine traditionelle deutsche Bezeichnung für geologisch alte Rhyolithergüsse. Der Name hat nomenklatorisch keine Berechtigung.

Radioaktiv sind Elemente, die nicht beständig sind, sondern sich unter Aussendung von Alpha-, Beta- oder Gamma-Strahlen in ein anderes Element umwandeln. Alpha-Strahlen sind doppelt positiv geladene Heliumatome He^{2+}, Gamma-Strahlen sehr kurzwellige elektromagnetische Wellen. Letztere sind am durchdringendsten, während die Alpha-Strahlen aufgrund ihrer Größe am schnellsten absorbiert werden. Beta-Strahlen sind Elektronenstrahlen.

Regionalmetamorphose → Metamorphose

Reicherzzone ist dasselbe wie Zementationszone (→ Oxidationszone).

Restkristallisation → Kristallisation

Eine **retrograde** → Metamorphose läuft bei geringer werdenden Temperaturen und Drücken ab. Dabei werden Hochdruck- und Hochtemperaturmineralien in Mineralien umgewandelt, die bei tieferen Temperaturen und Drücken stabil sind.

Salband → Gang

Salze sind wasserlösliche Halogenverbindungen, die eigene, durch Verdunstung von Meerwasser entstandene Lagerstätten bilden. Am wichtigsten sind Steinsalz NaCl und Sylvin KCl.

Salzsäure → HCl-Probe

Sand ist ein Lockergestein, das hauptsächlich aus Quarzkörnern mit Korngrößen unter 2 mm besteht.

Sapropelite sind Faulschlammgesteine, die sich bevorzugt in strömungsarmen Seen oder Nebenmeeren bilden und die reich sind an Resten von pflanzlichen und tierischen Organismen. Typisch ist die Anreicherung von Spurenelementen wie Molybdän, Vanadium, Uran.

Schalenblende wird eine nierige krustige Wechsellagerung von Zinkblende mit Markasit und Wurtzit genannt.

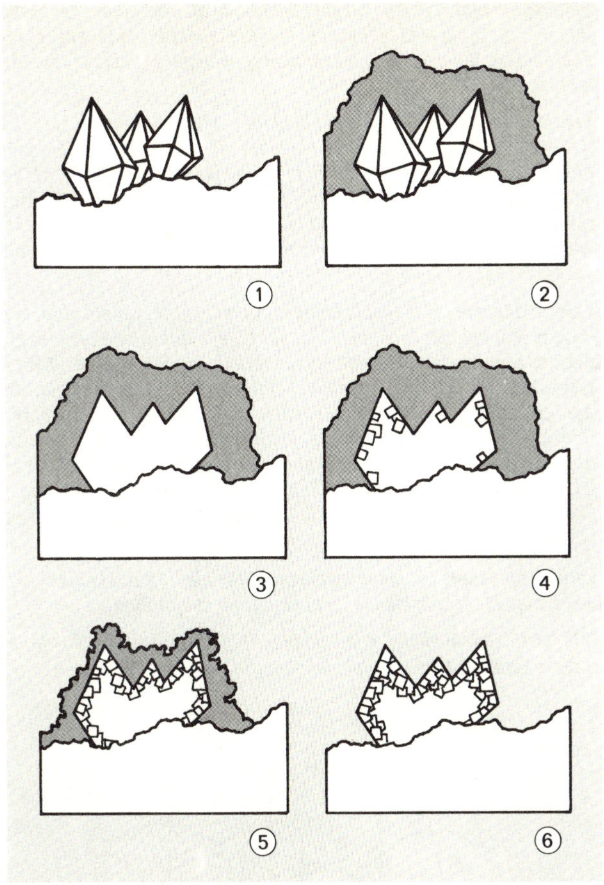

Entstehung von Umhüllungspseudomorphosen und Perimorphosen. Aufgewachsene Kalkspatkristalle (1) werden von Quarz umhüllt (2), dann wird der Kalkspat weggelöst (3), zurück bleiben Hohlräume, die das ursprüngliche Mineral abbilden, eine Umhüllungspseudomorphose ist entstanden. In dem Hohlraum können sich andere Mineralien ansiedeln, zum Beispiel Flußspat (4, 5). Wird dann die äußere, umhüllende Schicht wieder weggelöst, so entstehen hohle Gebilde, die die ursprünglichen Kalkspatkristalle nachbilden und im Hohlraum aufgewachsene Kristalle zeigen. Diese Gebilde heißen Perimorphosen.

Schichtung: Übereinanderlagerung von Sedimentschichten (→ Sedimentgesteine), wobei Homogenitätsunterschiede der Partikel vorhanden sein müssen. Ein aus völlig gleichen Teilchen bestehendes Gestein kann nicht geschichtet sein. Die Schichtung kann → konkordant oder diskordant sein.

Schiefer, kristalline → Metamorphose

Schieferton → Tonschiefer

Schillkalk ist ein Kalk, der hauptsächlich aus Muschelbruchstücken besteht.

Schluff und **Ton** sind Lockergesteine mit Korngrößen unter 0,2 mm.

Der **Schmelzpunkt** ist erreicht, wenn bei Erwärmung die Atome eines Gitters mehr und mehr ins Schwingen geraten und sich bei einer bestimmten Temperatur, der Schmelztemperatur, das Gitter auflöst und die Gitterbausteine frei gegeneinander beweglich werden. Mineralien haben sehr unterschiedliche Schmelzpunkte, Quecksilber schmilzt zum Beispiel bei −38,9° C, ist also bei Raumtemperatur flüssig. Einen hohen Schmelzpunkt hat zum Beispiel Quarz: 1725° C.

Schmelztuffe oder **Ignimbrite** entstehen, wenn die vulkanischen Auswürflinge so heiß sind, daß sie in schmelzflüssigem Zustand den Erdboden erreichen. Sie verbacken so fest miteinander, daß massive Gesteine entstehen.

Schriftgranit ist eine besondere Art der Verwachsung von Quarz und Feldspat, die arabischen Schriftzeichen ähnliche Formen erzeugt. Schriftgranit findet man besonders im Randbereich von Granitpegmatiten.

sedimentäre Abfolge → Abfolge

Sedimentgesteine sind mehr oder weniger feinkörnige Verwitterungsprodukte, die zum Beispiel durch Wasser oder Wind transportiert und später wieder abgesetzt worden sind. Gelöste Substanzen werden wieder ausgefällt und bilden dann ebenfalls Sedimentgesteine. Diese können locker (Sand, Kies) oder fest (Kalkstein, Sandstein) sein. Sie sind oft geschichtet und können Überreste von Tieren und Pflanzen, sogenannte Fossilien, enthalten.

Seifen sind Anreicherungen widerstandsfähiger, meist schwerer → Mineralien durch Wegführung der anderen Gesteinsbestandteile. Je nach Ort und Mechanismus der Anreicherung spricht man von Fluß-, Strand-, Meeres- oder Brandungsseifen. Häufig in Seifen angereicherte Mineralien sind: Gold, Platin, Diamant, Rubin, Saphir, Spinell und andere Edelsteine, Zinnstein, Monazit, Zirkon, Granat, Ilmenit.

Sekundärmineralien gehen aus anderen Mineralien hervor, die zuerst vorhanden waren **(Primärmineralien)**. Beispiel: Aus dem Primärmineral Bleiglanz bilden sich durch Verwitterung die Sekundärmineralien Wulfenit, Cerussit, Anglesit, Pyromorphit.

Selenide → Sulfide

Die **seltenen Erden** bilden eine Gruppe von → Elementen, die sich chemisch sehr ähnlich sind und fast immer gemeinsam auftreten, zum Beispiel Neodym, Gadolinium, Ytterbium.

Silikate: Mineralien, die neben anderen Elementen Silicium und Sauerstoff enthalten.

Skarn ist ein Kontaktgestein von siliciumreichen Schmelzen mit Kalkgesteinen. Es enthält oft Lagerstätten, die als **kontaktmetasomatische Lagerstätten** bezeichnet werden.

Skelettkristalle → Dendriten

Skelettkristalle (Dendriten) auf einer Kalksteinplatte

Ein **Sklerometer** ist ein Gerät zur quantitativen Feststellung der → Härte. Dabei wird eine Platte des zu prüfenden Minerals unter einer belasteten Spitze aus Stahl oder Diamant durchgezogen.

Solfataren → Fumarolen

Die **Spaltbarkeit** stellt man fest, indem man ein Mineral zerschlägt: Es entstehen oft Körper, die von ebenen Flächen, sogenannten Spaltflächen, begrenzt sind. Manchmal wird die Form des Spaltkörpers angegeben: zum Beispiel Spaltbarkeit nach dem Würfel. Die Spaltflächen können sich in bestimmten Winkeln, den **Spaltwinkeln**, kreuzen.

Spaltwinkel → Spaltbarkeit

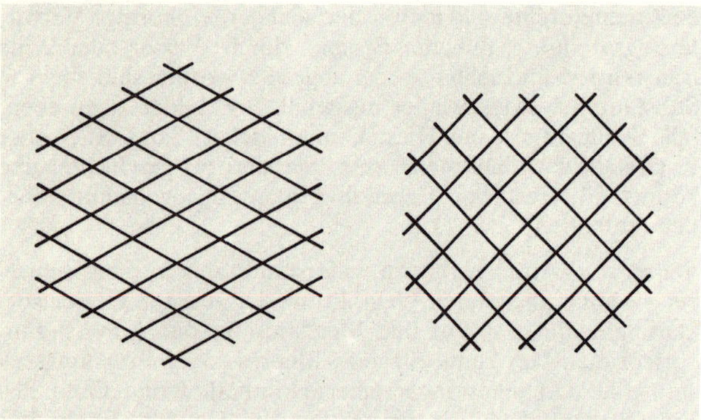

Verschiedene Spaltwinkel: rechts etwa 90° bei Pyroxenen, links etwa 120° bei Amphibolen.

Sphaerolithe sind kugelige oder strahlige → Aggregate, die sich von einem Kern aus radial nach allen Richtungen des Raumes hin entwickelt haben.

Ein Mineral ist **spröde,** wenn beim Eindringen eines harten Gegenstandes Partikel wegspringen; bleiben sie hingegen am Rande der Ritzspur liegen, so ist das Mineral **milde.**

Stalagmiten: In Höhlen tropft aus Spalten und Poren oft kalkhaltiges Wasser. An der Aufschlagstelle scheidet sich Kalkspat aus und bildet so zapfenähnliche Gebilde, die immer weiter in die Höhe wachsen. Diese werden Stalagmiten genannt. Von der Decke herabwachsende, also hängende Zapfen nennt man **Stalaktiten.** Unabhängig von der Wachstumsrichtung nennt man all diese Gebilde, die in verschiedensten Formen auftreten und Pflanzen, Tieren, Gebäuden und anderem ähneln können, **Tropfsteine.**

Stalaktiten → Stalagmit

Eine **statistische Verteilung** liegt vor, wenn die Atome zweier Atomsorten die ihnen gemeinsam zustehenden Plätze im Kristallgitter völlig regellos besetzen. Folgt die Besetzung dagegen einer bestimmten Regel (sind die Plätze zum Beispiel streng abwechselnd besetzt) so spricht man von **geregelter Verteilung.**

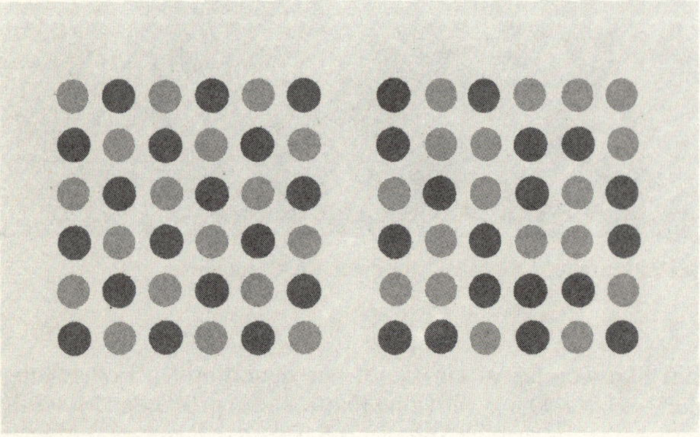

Geregelte (links) und statistische Verteilung (rechts) von Atomen.

Ein **Stereomikroskop** ist ein Mikroskop, bei dem für jedes Auge ein separates Objektiv vorhanden ist; das ermöglicht räumliches Sehen, wie es zur Betrachtung von Kristallen notwendig ist.

Strahler werden die Kristallsucher der Alpen, insbesondere der Schweiz, genannt. In der Schweiz hat das Strahlen, das Suchen nach Strahlen (Kristallen, so genannt wegen des Funkelns im Sonnenlicht), eine lange Tradition. Früher wurden allerdings nur Bergkristalle gesucht, die nicht für Sammlungen bestimmt waren, sondern die zum Verschleifen, besonders nach Mailand, verkauft wurden.

Den **Strich** oder die **Strichfarbe** stellt man fest, indem man mit einem Mineral über eine unglasierte Porzellantafel, die sogenannte **Strichtafel,** streicht. Man erhält eine Spur feinen Mineralpulvers, deren Farbe für das Mineral charakteristisch ist. Bei den eigenfarbigen Mineralien stimmt sie mit der Mineralfarbe überein (Malachit hat grünen, Azurit blauen Strich), während dies bei fremdfarbigen Mineralien nur ausnahmsweise der Fall ist. Naturgemäß kann von Mineralien mit einer Härte über 6 (Porzellanhärte!) auf diese Weise kein Strich mehr erhalten werden.

Eine **Strichtafel** ist eine unglasierte weiße Porzellantafel, die dazu benützt wird, die → Strichfarbe festzustellen.

Als **Struktur** wird die regelmäßige Anordnung der Atome in einem Kristall bezeichnet.

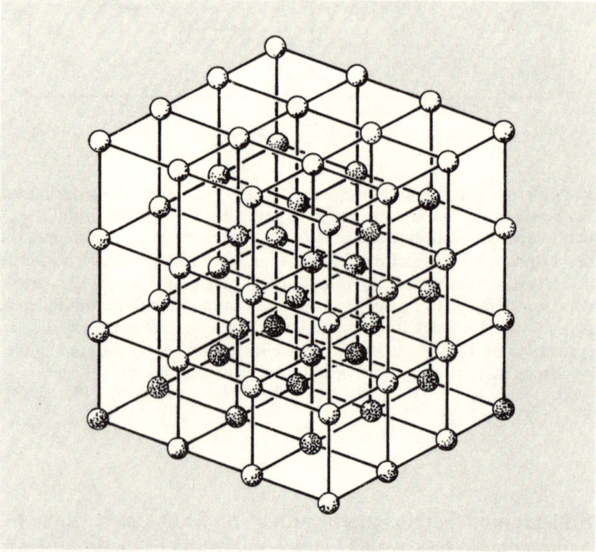

Schematische Darstellung eines Kristallgitters. Die einzelnen Atome sind zur besseren Anschaulichkeit nicht in der richtigen Größe gezeichnet.

Eine **Stufe** ist die Verwachsung von mehreren Kristallen der gleichen Art oder mehrerer Mineralarten. Normalerweise werden Stufen in Größen zwischen 7 × 9 cm und 9 × 12 cm gesammelt. Kleinstufen von maximal 2 × 2 cm werden **Micromounts** genannt.

Als **subvulkanisch** werden Bildungen bezeichnet, die unmittelbar unterhalb eines Vulkans innerhalb der Erdkruste entstanden sind.

Sulfate sind Verbindungen von Elementen mit der Gruppe SO_4^{2-}. Analoge Verbindungen mit WO_4^{2-} und MoO_4^{2-} sind die **Wolframate** und **Molybdate.**

Sulfide sind Verbindungen von Elementen (mit Ausnahme von Sauerstoff) mit Schwefel. **Arsenide, Antimonide, Bismuthide,**

Telluride und **Selenide** sind die entsprechenden Verbindungen mit Arsen, Antimon, Wismut, Tellur und Selen.

Eine **Symmetrieebene** ist eine Ebene, durch die ein Kristall in zwei spiegelbildlich gleiche Teile geteilt werden kann.

Symmetrieoperationen sind Operationen, durch die ein Kristall in eine mit der Ausgangsstellung identische Stellung gebracht wird, zum Beispiel Spiegelung, Drehung.

Das **Symmetriezentrum** liegt im Mittelpunkt eines Kristalls und erzeugt zu jeder Fläche eine parallele Gegenfläche im gleichen Abstand, jedoch auf der anderen Seite des Symmetriezentrums.

Syngenetisch sind Mineralien, die gleichzeitig mit ihrer Umgebung entstanden sind.

Eine **Systematik** (systematische Mineraliensammlung) ist eine Sammlung, die möglichst alle bekannten Mineralien erfassen soll.

Tektonik ist die Lehre vom Aufbau der Erdkruste, von den Bewegungsvorgängen in ihr und von den Kräften, die diese Bewegungen verursachen.

Telluride → Sulfide

Tenazität beschreibt die Art, wie eine Substanz auf das Eindringen eines spitzen, härteren Gegenstandes reagiert, zum Beispiel → spröde, milde, geschmeidig.

Als **terrestrisch** werden auf dem Festland entstandene Bildungen bezeichnet, wie zum Beispiel Dünen oder Bergsturzmassen.

tetragonal → Kristallsystem

Mit **Thermolumineszenz** bezeichnet man das Aufleuchten mancher Mineralien bei Erwärmung. Ursache der im Mineralreich relativ verbreiteten, jedoch nur bei wenigen Mineralien, zum Beispiel Fluorit, deutlich wahrnehmbaren Leuchterscheinung ist eine Speicherung von Energie aus dem → radioaktiven Zerfall von Uran und Thorium im Kristallgitter. Durch Erwärmung wird der in langen Zeiten gespeicherte Energiebetrag auf einmal freigesetzt, der Kristall leuchtet auf.

Tiefengesteine → Magma, → magmatische Gesteine

Ton → Schluff

Toneisenstein werden mehr oder weniger rundliche, aus Siderit bestehende Konkretionen in Tongesteinen genannt. Sie sind entstanden durch die Konzentration des fein im Gestein verteilten Eisengehaltes.

Tonschiefer ist ein durch Druck verfestigter und geschieferter Ton, **Schieferton** ist weniger verfestigt.

Tracht bezeichnet die Gesamtheit aller an einem Kristall auftretenden Flächen, unabhängig vom → Habitus.

transparent → durchsichtig

Travertin → Kalksinter

trigonal → Kristallsystem

triklin → Kristallsystem

Tropfsteine → Stalagmit

Trum bezeichnet die einzelnen Teile eines → Ganges. Ein Erzgang kann zum Beispiel ein Haupttrum haben, das sich in Nebentrümer verzweigen oder in zahlreiche schmalere Trümchen zerschlagen oder »zertrümern« kann. Das Wort entstammt der alten Bergmannssprache.

Ultrabasite sind sehr basische Gesteine, die hauptsächlich aus Olivin, Pyroxen, Amphibol, Biotit bestehen.

Umwandlungspseudomorphose. Ein Mineral wird unter Beibehaltung der Kristallform durch ein anderes, chemisch nicht verwandtes ersetzt.

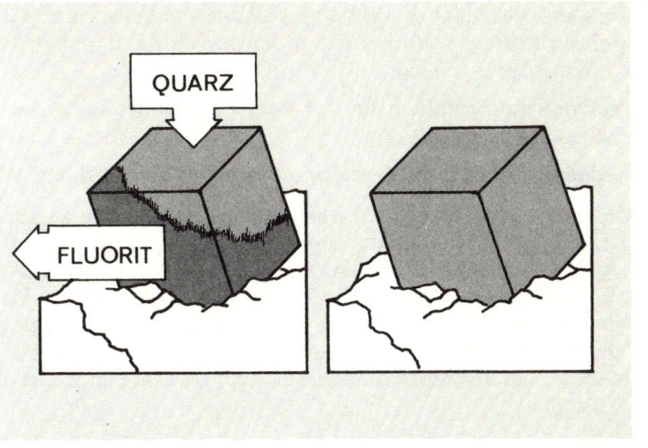

Fluorit wird unter Beibehaltung der Kristallform durch Quarz ersetzt.

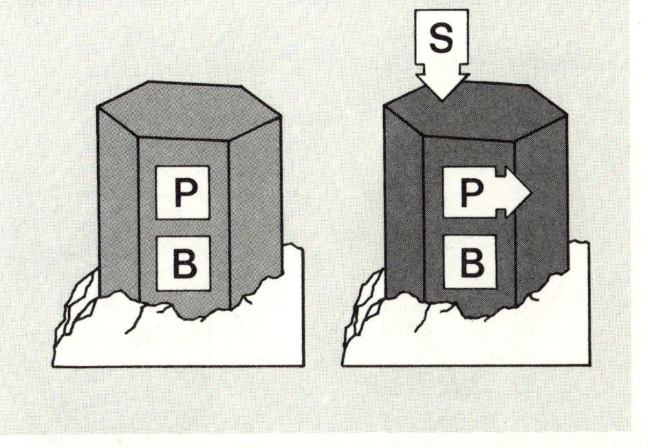

Umwandlungspseudomorphose. Ein Mineral (Pyromorphit) wird unter Beibehaltung seiner äußeren Form durch ein Mineral ersetzt (Bleiglanz), wobei ein Teil der Atome der ersten Verbindung (in diesem Fall das Blei B) im Kristall verbleibt, während (vereinfacht) das Phosphation (P) gegen das Sulfidion (S) ausgetauscht wird.

Vanadate → Phosphate

Varietäten sind Abarten eines Minerals, die sich durch eine besondere Ausbildungsform (Farbe, Habitus) unterscheiden.

Verbindung → Element

Von **Verdrängung** spricht man, wenn ein Mineral durch ein anderes ersetzt (verdrängt) wird.

Vergrusung heißt die Zerstörung eines Gesteins durch Lockerung der → Korngrenzen. Dabei entsteht der **Gesteinsgrus,** eine lockere, mit der Hand zerstörbare Anhäufung der Gesteinspartikel, die in sich nicht verändert sind; nur ihr Zusammenhalt ist zerstört.

Verteilung, geregelte und statistische → statistische Verteilung

Verwitterung ist die durch chemische, physikalische oder biologische Faktoren bedingte Zerstörung eines Minerals oder Gesteins.

Vorkommen bezeichnet das bevorzugte Auftreten des betreffenden Minerals in bestimmten Gesteinen, Lagerstätten.

Vulkanische Aschen sind vom Vulkan ausgeworfene feinkörnige Lockermassen.

Vulkanische Ausblühungen sind Mineralien, die aus vulkanischen Gasen entstehen.

Vulkanische Bomben sind von Vulkanen ausgeworfene Gesteinsbruchstücke. Vulkanische Bomben von Zentimetergröße werden **Lapilli** genannt.

Vulkanische Schlacken sind poröse, miteinander verbackene Vulkanauswürflinge.

Vulkanit, vulkanische Gesteine → magmatische Gesteine

Je nach der Größe der **Wärmeleitfähigkeit** erwärmt sich ein Kristall, wenn man ihn an einem Ende erhitzt, auch am anderen Ende in längerer oder kürzerer Zeit. Während man einen Holzstab längere Zeit ins Feuer halten kann, ohne sich zu verbrennen, wäre das bei einem Gußeisenstab nicht anzuraten. Für den Sammler ist die Wärmeleitfähigkeit praktisch nicht meßbar; durch Anfühlen lassen sich aber gewisse Unterschiede feststellen.

Wolframate → Sulfate

Wollsackverwitterung ist eine Form der → Verwitterung insbesondere von Graniten, die von → Klüften ausgeht und rundliche Blöcke erzeugt, die ganze »Felsenburgen« aufbauen können.

xenomorph → idiomorph

Zementationszone → Oxidationszone

Zeolithe sind eine Gruppe von Gerüstsilikaten, die die Eigenschaften eines **Ionenaustauschers** besitzen. Werden sie in eine Lösung gebracht, so sind sie in der Lage, die in ihrer → Struktur eingebauten Ionen gegen Ionen der Lösung auszutauschen, ohne daß die Struktur zerstört wird. Zeolithe werden auch künstlich hergestellt und zum Beispiel zur Wasserenthärtung verwendet.

Unter **Zonarbau** versteht man eine bestimmte Abweichung vom Idealkristall. Er ist bedingt durch lagen- oder schichtweisen Unterschied im Chemismus. Zonarbau entsteht, wenn sich während des Kristallwachstums die Zusammensetzung der Schmelze oder der Lösung ändert. Dies kann auch mehrfach geschehen. Zonarbau muß nicht unbedingt einen deutlichen Farbwechsel nach sich ziehen, bei den Plagioklasen ist er zum Beispiel meist erst unter dem Mikroskop zu erkennen. Zonarbau findet sich zum Beispiel bei Plagioklasen, Flußspäten und Turmalinen. Lagenweise Einlagerung von Einschlüssen kann Zonarbau vortäuschen, wir sprechen hier von **Phantomen** (zum Beispiel bei Fluorit oder Quarz).

Zwillinge heißen Kristalle der gleichen Art, die in gesetzmäßiger Weise miteinander verwachsen sind. Durch die Verzwillingung wird eine Erhöhung der → Symmetrie gegenüber dem Einzelkristall erreicht. Zwillinge lassen sich oft durch das Vorhandensein von einspringenden Winkeln, die bei Einzelkristallen nicht auftreten können, erkennen.

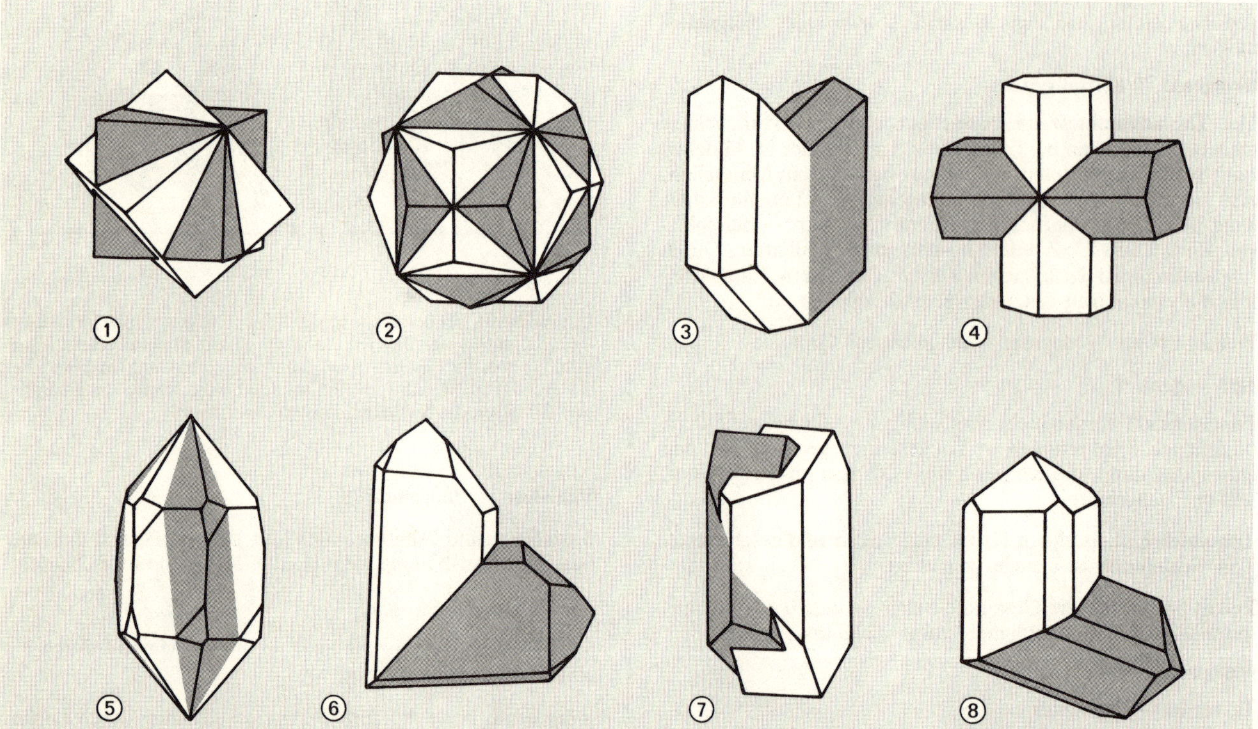

Zwillinge. (1) Flußspat, (2) Pyrit (Zwilling des Eisernen Kreuzes), (3) Gips (Schwalbenschwanzzwilling), (4) Staurolith, (5) Quarz (Linker Alpiner Zwilling), (6) Quarz (Japaner Zwilling), (7) Kalifeldspat (Karlsbader Zwilling), (8) Rutil (Kniezwilling).

Die chemischen Elemente und ihre Symbole

Ordnungszahl	Name	Symbol	Ordnungszahl	Name	Symbol
1	Wasserstoff	H	53	Jod	J
2	Helium	He	54	Xenon	Xe
3	Lithium	Li	55	Caesium	Cs
4	Beryllium	Be	56	Barium	Ba
5	Bor	B	57	Lanthan	La
6	Kohlenstoff	C	58	Cer	Ce
7	Stickstoff	N	59	Praseodym	Pr
8	Sauerstoff	O	60	Neodym	Nd
9	Fluor	F	61	Promethium	Pm
10	Neon	Ne	62	Samarium	Sm
11	Natrium	Na	63	Europium	Eu
12	Magnesium	Mg	64	Gadolinium	Gd
13	Aluminium	Al	65	Terbium	Tb
14	Silicium	Si	66	Dysprosium	Dy
15	Phosphor	P	67	Holmium	Ho
16	Schwefel	S	68	Erbium	Er
17	Chlor	Cl	69	Thulium	Tm
18	Argon	Ar	70	Ytterbium	Yb
19	Kalium	K	71	Lutetium	Lu
20	Calcium	Ca	72	Hafnium	Hf
21	Scandium	Sc	73	Tantal	Ta
22	Titan	Ti	74	Wolfram	W
23	Vanadium	V	75	Rhenium	Re
24	Chrom	Cr	76	Osmium	Os
25	Mangan	Mn	77	Iridium	Ir
26	Eisen	Fe	78	Platin	Pt
27	Kobalt	Co	79	Gold	Au
28	Nickel	Ni	80	Quecksilber	Hg
29	Kupfer	Cu	81	Thallium	Tl
30	Zink	Zn	82	Blei	Pb
31	Gallium	Ga	83	Wismut	Bi
32	Germanium	Ge	84	Polonium	Po
33	Arsen	As	85	Astat	At
34	Selen	Se	86	Radon	Rn
35	Brom	Br	87	Francium	Fr
36	Krypton	Kr	88	Radium	Ra
37	Rubidium	Rb	89	Actinium	Ac
38	Strontium	Sr	90	Thorium	Th
39	Yttrium	Y	91	Protactinium	Pa
40	Zirkon	Zr	92	Uran	U
41	Niob	Nb	93	Neptunium	Np
42	Molybdän	Mo	94	Plutonium	Pu
43	Technetium	Tc	95	Americium	Am
44	Ruthenium	Ru	96	Curium	Cm
45	Rhodium	Rh	97	Berkelium	Bk
46	Palladium	Pd	98	Californium	Cf
47	Silber	Ag	99	Einsteinium	Es
48	Cadmium	Cd	100	Fermium	Fm
49	Indium	In	101	Mendelevium	Md
50	Zinn	Sn	102	Nobelium	No
51	Antimon	Sb	103	Lawrencium	Lr
52	Tellur	Te	104	Kurtschatovium	Ku

Die Verwendung der chemischen Elemente und ihre Erze

Aluminium ist das wichtigste Leichtmetall. Es wird im Flugzeug- und Autobau und generell überall da verwendet, wo ein leichter Metallbaustoff gebraucht wird. Man stellt aus Aluminium die verschiedensten Leichtmetall-Legierungen her. Ferner wird es auch zur Geschirrherstellung verwendet. Aluminiumsulfat dient zum Beizen von Geweben. Aluminiumoxid, Al_2O_3, ist ein hoch feuerfester und verschleißfester Werkstoff und dient auch in fein pulverisierter Form als Poliermittel.
Aluminium wird aus Bauxit, einem Gemenge von hauptsächlich Gibbsit und Hydrargillit gewonnen. Technisch möglich ist auch die Gewinnung aus Tonen. Kryolith spielt als Aluminiumerz heute keine Rolle mehr.

Antimon wird besonders zur Herstellung niedrigschmelzender Legierungen, zum Beispiel Letternmetall, Lötzinn, Hartblei benötigt. Verwendung findet es auch bei der Herstellung von Akkumulatoren und als Lagermetall.
Praktisch einziges Antimonerz ist der Antimonit.

Arsen findet besonders Verwendung bei der Herstellung von Insektenvertilgungsmitteln.
Es wird hauptsächlich aus Arsenkies gewonnen, in geringerem Maße auch aus Realgar, Auripigment, Löllingit und Fahlerz. Der größte Teil des industriell verwendeten Arsens fällt allerdings bei der Verhüttung von Blei-, Kupfer-, Gold- und Silbererzen an.

Barium als Element wird in Radioröhren verwendet, Bariumverbindungen in der Feuerwerkstechnik ebenso wie in der Zuckerindustrie und als Beimengung zur Herstellung spezieller optischer Gläser.
Haupterz ist Schwerspat, Witherit wird nur in ganz geringem Maße abgebaut.

Beryllium dient als Legierungsmittel für Metalle mit besonderen Eigenschaften, die zum Beispiel in der Weltraumfahrt verwendet werden. Berylliumoxid wird zur Herstellung hochfeuerfester Tiegel verwendet. In neuerer Zeit braucht man Beryllium in größeren Mengen im Reaktorbau.
Einziges wichtiges Berylliumerz ist der Beryll.

Blei ist ein technisch außerordentlich wichtiges Element. Es wird verwendet zur Herstellung von Bleiplatten, -kabeln und -rohren. Akkumulatorenbau wäre ohne Blei undenkbar. Blei dient außerdem zur Herstellung von roten und gelben Glasuren sowie von Bleiglas. Im Benzin verhindern Bleiverbindungen das Klopfen von Motoren. Mennige (Bleioxid) ist der bekannteste Rostschutzanstrich für Eisenteile.
Blei wird fast ausschließlich aus Bleiglanz gewonnen, Cerussit, Anglesit, Pyromorphit, Mimetesit sind nur selten in so großer Menge vorhanden, daß sie als Bleierz dienen können.

Bor wird in der pharmazeutischen Industrie verwendet; außerdem dient es zur Herstellung von Waschmitteln und Seifen sowie auch als Zusatz für Spezialgläser (Borgläser), zur Email- und zur Düngemittelherstellung. Bei der Produktion von Halbleitern braucht man Bor als Dotierungsmittel.
Hauptbormineralien sind Colemanit, Ulexit, Boracit, Sassolin, Borax und Kernit.

Brom wird zur Herstellung von Desinfektionsmitteln, Farbstoffen und chemischen Kampfstoffen verwendet. In der pharmazeutischen Industrie braucht man Brom zur Herstellung von Beruhigungsmitteln. Ferner dient Brom zur Herstellung von Aethylendibromid, das in bleifreiem Benzin das Klopfen des Motors verhindern soll.
Brom wird hauptsächlich aus dem Mineral Carnallit gewonnen, das neben seinen normalen Formelbestandteilen geringe Mengen Brom enthält. Größere Mengen werden auch direkt aus dem Meerwasser gewonnen.

Cadmium dient zur Herstellung leicht schmelzender Legierungen. Die stark gelbe oder orange Farbe mancher Glasuren beruht auf dem Gehalt an Cadmium. Neuerdings wird das Element auch im Reaktorbau verwendet.
Cadmium wird nicht aus eigenen Mineralien gewonnen, sondern ist ein Nebenprodukt bei der Verhüttung von Zinkblende.

Caesium verwendet man bei der Herstellung von Thermoelementen, Fotozellen und Infrarotfiltern.
Caesium wird hauptsächlich aus Lepidolith und Pollucit gewonnen.

Calcium wird als Element praktisch überhaupt nicht verwendet, dagegen sind Calciumverbindungen wichtige Rohstoffe in der Bauindustrie und in der Chemie.
Calcium wird aus Kalkspat gewonnen.

Cer wird zur Herstellung von Zündstählen in Taschenfeuerzeugen, von Gasglühstrümpfen und Spezialgläsern verwendet, Ceroxid ist ein Poliermittel in der Edelsteinschleiferei.
Cer wird aus Monazit, Bastnaesit und Cerit gewonnen.

Chrom ist ein außerordentlich wichtiges Legierungselement. Chromnickelstahl ist nichtrostend, sehr hitzebeständig und schwer dehnbar. Reines Chrom wird zum Verchromen von Stahl verwendet (Chromteile am Auto). Chromoxid braucht man in der Keramikindustrie zur Herstellung grüner Glasuren, Chromsalze in Gerbereien. Feuerfeste Steine, sogenannte Chromeisensteine, werden unter Verwendung von Chromoxiden hergestellt.
Einziges Chromerz ist Chromit.

Eisen findet auf die verschiedenste Weise in allen Bereichen unseres Lebens Verwendung, zum Beispiel als Baustahl, im Maschinenbau, in der Autoindustrie.
Wichtigste Eisenmineralien sind Haematit, Magnetit, Siderit und Limonit. Magnetkies und Pyrit werden wegen ihres Schwefelgehaltes normalerweise nicht als Eisenerze verwendet.

Fluor braucht man zur Herstellung von künstlichem Kryolith, der bei der elektrolytischen Herstellung von Aluminium verwendet wird. Treibgase in Spraydosen sind meist Fluorverbindungen. Flußsäure wird zum Ätzen von Glas verwendet.
Fluor wird hauptsächlich aus Flußspat gewonnen. Es ist auch ein Nebenprodukt bei der Herstellung von Phosphatdüngern aus Apatit. Da in letzter Zeit wegen der steigenden Umweltschutzauflagen fluorhaltige Gase nicht mehr durch den Schornstein abgelassen werden dürfen, Fluor also rückgewonnen werden muß, ist der Bedarf an Flußspat als Fluorrohstoff stark gesunken.

Gallium wird in der Transistorindustrie zur Dotierung von Halbleitern verwendet.
Gallium wird bei der Zinkgewinnung aus Zinkblende mit-

gewonnen. Selten ist Gallit in solchen Mengen vorhanden, daß es als Galliumerz dienen kann.

Germanium wird in der Transistorindustrie zur Herstellung von Halbleitern verwendet. In kleinen Mengen braucht man es zur Herstellung von Spezialgläsern.
Germaniumerze sind Germanit und Renierit, das meiste Germanium entstammt Zinkblendevorkommen mit geringen Germaniumgehalten.

Gold ist ein wichtiges Währungs- und Münzmetall. Außerdem dient es zur Herstellung von Schmuckstücken. Chemisch beständige Laborgeräte werden ebenfalls aus Gold hergestellt. In der elektronischen Industrie braucht man Gold zur Vergoldung von Kontakten, die Verwendung in der Zahnmedizin ist allgemein bekannt.
Wichtigstes Golderz ist gediegenes Gold, Goldverbindungen spielen nur eine sehr geringe Rolle.

Indium dient als Korrosionsschutz für manche Legierungen und wird bei der Halbleiterherstellung verwendet.
Indium ist Spurenelement in Zinkblende und Bleiglanz.

Iridium dient zur Herstellung hoch temperaturfester Laborgeräte und von Füllfederhalterspitzen.
Iridiumerz ist hauptsächlich Osmiridium; die Gewinnung erfolgt meist zusammen mit den anderen Platinelementen.

Jod wird in der Medizin als Antiseptikum verwendet und dient zur Herstellung von Fotoemulsionen.
Geringe Jodgehalte hat der chilenische Natronsalpeter.

Kalium findet als Element praktisch keine Verwendung. Kaliumverbindungen dienen als Düngemittel und sind Rohstoffe in der Feuerwerkstechnik, der Glas- und Farbenindustrie.
Wichtigstes Kaliummineral ist Sylvin.

Kobalt ist ein wichtiges Legierungsmittel bei der Stahlherstellung. Legierungen mit Kobalt sind außerordentlich hart und korrosionsbeständig. Außerdem dient Kobalt zur Herstellung blauer Glasurfarben in der Keramikindustrie.
Wichtige Kobaltmineralien sind Kobaltglanz, Skutterudit, Linneit und Asbolan.

Kupfer dient zur Herstellung von elektrischen Leitungen. Messing und Bronze sind wichtige Kupferlegierungen. Aus Kupfer stellt man Gefäße, Münzen, Beschläge her; Kupfersulfat wird, besonders im Weinbau, als Insektenvernichtungsmittel benützt.
Wichtige Kupfermineralien sind Kupferkies, Bornit, Kupferglanz, Enargit, Fahlerz, Malachit.

Lithium wird in der Feuerwerkstechnik zur Erzeugung roter Farben verwendet. Es ist auch Legierungsmetall und dient in der chemischen Industrie als Katalysator. Lithiumchlorid ist ein Trockenmittel zur Lufttrocknung, Lithiumhydroxid ein gutes Schmiermittel.
Wichtige Lithiummineralien sind Amblygonit, Spodumen, Lepidolith, Triphylin.

Hafnium absorbiert Neutronen und wird deshalb in der Reaktortechnik verwendet. Hafniumoxid hat einen sehr hohen Schmelzpunkt und wird, wenn auch nur selten, zur Herstellung hoch hitzebeständiger Produkte verwendet.
Hafnium wird zusammen mit Zirkonium aus dem Zirkon gewonnen.

Magnesium wird zu besonders leichten Metall-Legierungen benötigt, die vor allem in der Luft- und Raumfahrttechnik sowie in der Elektroindustrie Verwendung finden. Die leichte Oxidierfähigkeit macht Magnesium zu einem idealen Element bei der Herstellung von Blitzlichtern und Fakkeln. In der Chemie dient Magnesium als Reduktionsmittel; Magnesiumoxid (Magnesia) wird in der Labortechnik verwendet.
Wichtige Magnesiummineralien sind Magnesit und Dolomit.

Mangan ist ein wichtiges Legierungsmetall. Bei der Eisenverhüttung wird es zur Entschwefelung benützt; Manganoxid wird zur Entfärbung von Gläsern verwendet.
Wichtige Manganmineralien sind Pyrolusit, Psilomelan, in geringerem Maße auch Manganit, Rhodochrosit und Braunit.

Molybdän ist ein wichtiges Element bei der Stahlveredelung. Molybdänstähle werden als Schnelldrehstähle verwendet sowie dort, wo starke Hitzebeständigkeit verlangt wird. Als Zugabe zu Gußeisen vermindert es dessen Brüchigkeit. Molybdän findet sich auch in Radioröhren und Blaugläsern. Künstlich hergestelltes Molybdänsulfid dient als Schmiermittel (Molykote).
Wichtigstes Molybdänmineral ist Molybdänglanz.

Natrium wird als Metall nur zur Herstellung von Natriumbronze als Lagermetall verwendet. In Natriumdampflampen spielt es bei der Lichterzeugung eine Rolle. Natriumperoxid wird als Bleichmittel verwendet.
Einziger Natriumrohstoff ist Steinsalz.

Nickel als Legierungsbestandteil macht Stahl zäher und korrosionsbeständiger. Bei verschiedenen chemischen Prozessen dient Nickel als Katalysator. In vielen Ländern wird Nickel als Münzmetall verwendet.
Wichtige Nickelmineralien sind Pentlandit und Garnierit, selten auch Rotnickelkies, Skutterudit und Gersdorffit.

Niob und **Tantal** sind wichtige Zusätze in nichtrostenden Stählen. Es werden aus ihnen Glühfäden von Glühbirnen, Kathoden, Spinndüsen für die Kunstseideherstellung, Magnetwerkstoffe und Supraleiter hergestellt.
Beide Elemente werden hauptsächlich aus Columbit, seltener aus Pyrochlor und Koppit gewonnen.

Palladium dient als Kontaktmaterial in der chemischen Industrie, zur Schmuckherstellung (Weißgold) und zum Überziehen von Porzellan.
Palladiummineralien sind recht selten, zum Beispiel Stibiopalladinit, Arsenopalladinit, Cooperit, Rustenburgit. Das Element ist hauptsächlich ein Nebenprodukt bei der Platingewinnung.

Phosphor braucht man bei der Düngemittelherstellung, in der Streichholzindustrie, zur Herstellung von Phosphorsäure und Phosphorsalzen.
Phosphorrohstoff ist Apatit.

Platin wird in der chemischen Industrie als Katalysator und zur Herstellung von Laborgeräten verwendet, ferner in der Schmuckindustrie und in der Elektrotechnik. Thermoelemente werden häufig aus Platin und Platinlegierungen hergestellt.
Wichtigstes Platinmineral ist gediegen Platin, daneben auch Sperrylith.

Quecksilber findet weite Verbreitung in der Meß- und Regeltechnik (in Thermometern, Barometern, Pumpen, als Sperrflüssigkeit). Viel Quecksilber wird zur Amalgamation von Gold und zur Herstellung von Insektenvernichtungsmitteln und Beizmitteln verwendet.
Wichtigstes Quecksilbererz ist Zinnober.

Radium wird selten als radioaktive Strahlungsquelle verwendet.
Radium wird aus Pechblende und anderen Uranerzen gewonnen.

Rhenium dient zur Erzeugung korrosionsbeständiger Überzüge auf Metallen, zum Härten von Platin und zur Herstellung von Thermoelementen. Wegen des hohen Schmelzpunkts wird Rhenium auch für stark hitzebeanspruchte Teile in der Weltraumfahrt gebraucht. Es wird auch als Katalysator in der erdölverarbeitenden Industrie und für die Herstellung von Füllfederspitzen verwendet.
Rhenium findet sich als Spurenelement in Molybdänerzen.

Rhodium wird als Scheinwerferbelag verwendet.
Es ist ein Nebenprodukt bei der Platingewinnung.

Rubidium wird in der pharmazeutischen Industrie sowie zur Herstellung von Fotozellen und optischen Gläsern verwendet.
Rubidium ist Spurenelement in Glimmern, Feldspäten, Carnallit und in allen Lithiumerzen.

Schwefel braucht man zur Herstellung von Schwefelsäure und Schießpulver, zum Vulkanisieren von Kautschuk, zur Herstellung von Insektenvernichtungsmitteln, in der Zellstoffindustrie.
Hauptrohstoff ist gediegener Schwefel, große Mengen werden auch aus Pyrit und anderen Sulfiden gewonnen.

Selen wird benützt zum Entfärben von Gläsern, zur Herstellung roter Keramikfarben (Selenrot), für gelbe Nebellampen. Ferner dient Selen als Katalysator und wird auch in der Fernseh- und Fernmeldetechnik sowie beim Trokkenkopieren verwendet. Selen ist ein Nebenprodukt bei der Verhüttung von Sulfiden.

Silber wird in großen Mengen zur Herstellung von Filmen, fotografischen Platten und Entwicklungslösungen benötigt, ferner zur Herstellung von Münzen, Schmuck und Geräten. Der Belag von Spiegeln besteht meist aus Silber. Das Metall findet auch in der Elektroindustrie Verwendung.
Silbererze sind Proustit und Pyrargyrit, Silberglanz, Stephanit und gediegen Silber. Der größte Teil der Silberproduktion stammt allerdings aus Bleiglanz und wird bei der Bleiverhüttung mitgewonnen.

Silicium wird in immer größerem Maße zur Herstellung von Halbleitern verwendet, in letzter Zeit braucht man auch viel Silicium zur Herstellung von Solarzellen.
Rohstoff zur Siliciumherstellung ist Quarz.

Strontium und seine Verbindungen werden in der Feuerwerkstechnik, in der chemischen Industrie und in der Zuckerherstellung verwendet. In der Glas- und Keramikindustrie braucht man Strontiumverbindungen, um irisierende Oberflächeneffekte zu erzeugen.
Strontiumrohstoffe sind Strontianit und Coelestin.

Tantal → Niob

Tellur wird zur Herstellung verschiedener Sonderlegierungen verwendet, die unter anderem Bestandteile von Thermoelementen sind.
Tellur fällt bei der Verhüttung von Goldtelluriden an.

Thallium wird hauptsächlich zur Schädlingsbekämpfung verwendet. Ferner dient es zur Herstellung von sehr schweren Flüssigkeiten und Spezialgläsern mit sehr hohem Brechungsindex sowie als Katalysator.
Thalliummineralien sind außerordentlich selten; der Bedarf an diesem Element wird aus den sehr geringen Spurenelementgehalten des Pyrits und der Zinkblende gedeckt.

Thorium ist als spaltbares Material wichtig für die Kernindustrie. Früher wurde es für Glühfäden und Gasglühstrümpfe verwendet.
Thorium wird hauptsächlich aus Monazit gewonnen.

Titan ist sehr leicht, hart und korrosionsbeständig und wird deshalb in der Luft- und Raumfahrttechnik verwendet. In neuerer Zeit braucht man Titan aber auch für alltägliche Dinge, so werden schon viele Eispickelschäfte aus Titan hergestellt. Titanoxid ist als Titanweiß die bei weitem wichtigste mineralische weiße Farbe. In der Textilindustrie wird Titansulfat als Beize verwendet.
Haupttitanerze sind Ilmenit und Rutil.

Uran ist das wichtigste spaltbare Element und wird zur Atomkraftgewinnung in Kernreaktoren verwendet. In der Rüstungsindustrie dient Uran zur Herstellung von Atombomben. Weitaus weniger wichtig sind die anderen Verwendungsmöglichkeiten von Uran zu Leuchtfarben, für Speziallegierungen und als Katalysator.
Wichtige Uranerze sind Pechblende, Carnotit, seltener auch Davidit.

Vanadium ist ein wichtiges Legierungselement für sehr zähe Stähle. Daneben wird Vanadium auch zur Herstellung von Permanentmagneten und UV-undurchlässigen Gläsern verwendet.
Vanadiumerze sind Patronit, Carnotit, Descloizit und Vanadinit.

Wismut wird zur Herstellung leicht schmelzender Legierungen verwendet.
Wismuterze sind Wismutglanz und gediegen Wismut; das Element fällt hauptsächlich als Nebenprodukt bei der Blei-, Kupfer- und Zinnverhüttung an.

Wolfram ist Legierungsmetall für leistungsfähige Schnelldrehstähle. Wolframcarbid (Widia) ist äußerst hart und dient als Diamantersatz. Glühlampendrähte werden meist aus Wolframlegierungen hergestellt.
Wichtige Wolframerze sind Wolframit und Scheelit.

Zink ist Bestandteil verschiedener Legierungen, zum Beispiel von Messing. Es dient als Oberflächenschutz von Blechen und Drähten (verzinken). Zinkverbindungen werden zur Schädlingsbekämpfung eingesetzt.
Hauptzinkerze sind Zinkblende, Smithsonit, Hemimorphit, Willemit und Rotzinkerz.

Zinn dient zur Herstellung verschiedener Sonderlegierungen, zur Oberflächenvergütung von Blechen und zur Herstellung von Lötzinn. Aus reinem Zinn werden hauptsächlich Gebrauchsgegenstände (Geschirr, Bestecke) hergestellt. Zinnoxid braucht man in der Glas- und Keramikindustrie.
Hauptzinnerz ist Zinnstein.

Zirkonium wird in Atomreaktoren verwendet, ferner dient es als Zündsubstanz von Blitzlichtern. Zirkonoxid ist hoch feuerfest und wird als Tiegelmaterial im Labor und in der chemischen Industrie gebraucht. Zirkonverbindungen werden in der Textilindustrie und in der Gerberei verwendet.
Wichtigster Zirkoniumrohstoff ist der Zirkon, seltener wird auch Baddeleyit abgebaut.

Die industrielle Verwendung von Mineralien

Alunit wird zur Herstellung von Alaun verwendet.

Andalusit wird zur Herstellung hochfeuerfester Werkstoffe, zum Beispiel von Isolatoren, verwendet.

Antimonit ist wichtigstes Antimonerz; wurde früher im Orient pulverisiert als Lidschatten benützt.

Apatit wird zur Herstellung von Phosphatdünger verwendet; dabei ist ein möglichst geringer Fluorgehalt von Vorteil.

Arsenkies ist ein wichtiger Rohstoff zur Arsengewinnung.

Asbest (meist Chrysotilasbest, seltener Hornblendeasbest) dient zur Herstellung feuerfester Gewebe und Asbestplatten, als Isolationsmittel, als Füllmasse in Lacken und Bremsbelägen.

Baddeleyit ist ein wichtiges Zirkoniumerz.

Beryll ist das wichtigste Berylliumerz.

Borax wird zur Herstellung von Gläsern hoher Festigkeit und von Email verwendet; dient als Zusatz in Waschmitteln und Düngemitteln.

Cerussit ist ein wichtiges Bleierz.

Chromit ist das wichtigste Chromerz und wird zur Herstellung feuerfester Steine verwendet.

Coelestin wird als Strontiumrohstoff verwendet.

Diamant wird als Schleifmittel, zum Besatz von Bohrkronen, Sägeblättern und zu Schmuckzwecken verwendet.

Diaspor dient zur Herstellung feuerfester Diasporsteine.

Disthen wird zur Herstellung feuerfester Werkstoffe verwendet.

Dolomit wird als Auskleidung des Konverters bei der Verhüttung von phosphorhaltigem Eisenerz (Thomasprozeß) verwendet.

Feldspat wird in großem Maße bei der Porzellanherstellung verwendet.

Flußspat wird in vielen Verhüttungsprozessen als Flußmittel verwendet. Weiter dient er zur Herstellung von Flußsäure, von Opalglas und von achromatischen Linsen.

Gips dient in gebranntem Zustand als Werkstoff, der leicht zu verarbeiten ist und schnell wieder fest wird; verschiedenste Gegenstände, zum Beispiel Platten, werden daraus hergestellt. Dichter Gips (Alabaster) wird für Statuen und andere Bildhauerarbeiten sowie für die Herstellung von Gefäßen verwendet.

Glimmer wird in großem Maße in der Elektroindustrie als Isoliermaterial verwendet; früher dienten große Glimmerplatten als Fensterglasersatz.

Granat wird als Schleifmittel und Schmuckstein verwendet.

Graphit dient zur Herstellung hoch feuerfester und chemisch beständiger Laborgeräte, wie zum Beispiel von Tiegeln und Pumpen. Viel Graphit wird zur Bleistiftherstellung gebraucht; weiter dient Graphit als Schmiermittel, zur Herstellung von Elektroden, sehr reiner Graphit wird in der Kerntechnik verwendet.

Haematit ist ein wichtiges Eisenerz, dichter Haematit (Blutstein) wurde besonders früher viel zu Schmuck verarbeitet.

Ilmenit ist ein wichtiges Titanerz und wird zur Herstellung weißer Farbe (Titanweiß) verwendet.

Kaolinit ist Hauptbestandteil des Kaolins, das wiederum wichtigster Rohstoff für die Porzellanherstellung ist. Tone, die neben Kaolinit auch eine ganze Reihe anderer Tonmineralien enthalten können, sind Rohstoffe für die Keramik- und Baustoffindustrie (Herstellung von Ziegeln).

Korund ist Rohstoff für die Herstellung von Korundsteinen und Sinterkorund; fein gemahlen dient er als Schleif- und Poliermittel.

Kryolith war früher wichtiges Hilfsmittel bei der Aluminiumerzeugung, wird aber für diesen Zweck heute künstlich hergestellt.

Lepidolith dient zur Gewinnung von Lithiumsalzen; diese werden zum Beispiel zur Herstellung von Gläsern verwendet, die Röntgenstrahlung ungehindert durchlassen.

Magnesit wird zur Herstellung von feuerfesten Bausteinen (Magnesitsteine), von Kohlensäure, von bestimmten Gläsern und von Porzellanglasuren verwendet.

Nephelin wird manchmal anstelle von Feldspat in der Keramikindustrie verwendet.

Olivin dient zur Herstellung feuerfester Steine (sogenannter Forsteritsteine).

Platin dient zur Herstellung von Thermoelementen, von Laborgeräten, zur Schmuckherstelllung.

Quarz ist sehr vielfältig verwendbar. Er dient zur Herstellung von Quarzglas, von reinem Silicium und von Porzellan. Quarzkristalle (unverzwillingt) werden in der Radioindustrie und in der Ultraviolettoptik (hier auch Quarzglas) verwendet.
Die in der Technik verwendeten Quarzkristalle werden heutzutage allerdings bereits in großem Maße künstlich hergestellt.

Rutil wird bei der Herstellung von Schweißstäben sowie zur Herstellung von Titanweiß und metallischem Titan verwendet.

Salpeter dient zur Herstellung von Salpetersäure und als Düngemittel. Man verwendet dazu aber kaum mehr natürlichen Salpeter, sondern künstlich hergestellten.

Serpentin in dichten, schön gefärbten Varitäten wird als Ornamentstein und zu kleineren Bildhauerarbeiten verwendet.

Sillimanit dient zur Herstellung feuerfester Werkstoffe.

Spodumen wird zur Herstellung von keramischen Werkstoffen verwendet, die gegen starke Temperaturveränderungen beständig sind und nur eine sehr geringe Wärmeausdehnung aufweisen; daneben dient er als Lithiumrohstoff.

Steinsalz wird in großem Maße als Speisesalz verwendet; ferner dient es zur Herstellung von Salzsäure und als Natriumrohstoff.

Sylvin ist wichtiger Kaliumrohstoff und wird zur Herstellung von Kalidüngern verwendet.

Talk ist in gebranntem Zustand ein sehr harter und hoch feuerfester Rohstoff. Da er in ungebranntem Zustand sehr leicht zu bearbeiten ist, wird er besonders zur Herstellung von feuerfesten Geräten, zum Beispiel von Düsen für Gasbrenner, Hochspannungsisolatoren, sowie von feuerfesten Bausteinen verwendet.

Wolframit ist ein wichtiger Wolframrohstoff.

Wollastonit wird zur Herstellung von Schweißelektroden sowie zu keramischen Zwecken verwendet.

Zinkblende ist der wichtigste Zinkrohstoff.

Zinnstein ist der wichtigste Zinnrohstoff.

Zirkon dient zur Herstellung von hochfeuerfesten Steinen, sogenannter Baddeleyitsteine, und von hoch feuerfester Zirkonoxidkeramik.

Register

Abfolge, magmatische 21 ff., 24, 166 ff., 213
Abfolge, metamorphe 21, 24, 166, 175 f., 213
Abfolge, sedimentäre 21, 23 f., 166, 173 ff., 213
Abfolgen 21, 213
Ablagerung 174
Achat (→ Quarz) **143,** 18
Achsenkreuze 213
Actinium 225
Adamin **47**
Adular(→ Kalifeldspat) **120**
Aeschynit 152
Aggregat (e) 16, 213
Ägirin (Akmit) 147
Akanthit (Argentit, Silberglanz) **235**
Akmit (Ägirin) 147
Aktinolith **188, 190**
akzessorische Bestandteile 213
Alabaster (→ Gips) **336**
Alaun 23, 24
Alaunschiefer 213
Albit (→ Plagioklas) **121,** 166, (→ Feldspatgruppe) 216
Alexandrit (Chrysoberyll) **151**
Alkaligranit 173, 204
Alkalirhyolith 173
Alkalisyenit 173, 204
Alkalitrachyt 173
Allanit (Orthit) **263**
Almandin **134**
Alpha-Strahlen 13
alpine Klüfte 23, 26, (→ Klüfte) 218
Alpiner Zwilling, Linker 224
alpine Zerrklüfte (→ Klüfte) 218
Aluminium 225, 226
Alunit 229
Amazonit (→ Kalifeldspat) **119, 120**
Amblygonit **117,** 24, (→ Lithium) 227
Americium 225
Amethyst (→ Quarz) **143,** 18
Amiant (→ Aktinolith) **190**
Ammonitenkalk 175
amorph 213
Amphibole 12, 213
Amphibolit(e) **347, 348,** 175
Analcim **104**
Analcimbasalt (→ Basalt) **291**
Anatas **109,** 21, 23, 24
Anatexis 176, 213
Andalusit (Chiastolith) **147,** 229
Andesin (→ Plagioklas) **121, 122,** 166
Andesit **289, 290,** 166, 173
Andradit **136**
Anglesit **29,** 24, (→ Blei) 226
Anhydrit **49,** 9, 209
anisotrop 10, 13, 213
Ankerit (Braunspat) **57**
Anlauffarben 213
Annabergit (Nickelblüte) **8**
Anorthit (→ Plagioklas) **121, 122,** 166, (→ Feldspatgruppe) 216
Anorthosit **317, 318**
Antigorit (→ Serpentin) **44**
Antimon 225, 226
Antimonblüte (Valentinit) **21**
Antimonglanz (Antimonit) **232**
Antimonide (→ Sulfide) 222
Antimonit (Antimonglanz) **232,** 10, 108 (→ Antimon) 226, 229
äolische Sedimente 174, 213
Apatit **83–85,** 10, 22, 24, (→ Fluor) 226, (→ Phosphor) 227, 229
Aplit **319**
Apophyllit **80**
Aragonit **54**
Aragonitoolith (→ Kalkoolith) **337**
Argentit (Silberglanz, Akanthit) **235,** 10, 24
Argon 225
Argonit 168
arid 213
Arkansit (Brookit) **110**
Arkose **324,** 174
Arsen (Scherbenkobalt) **249,** 225, 226
Arsenate 9, (→ Phosphate) 220
Arsenfahlerz (Tennantit) **247**
Arsenide (→ Sulfide) 222
Arsenikalkies (Löllingit) **260**
Arsenkies (Arsenopyrit) **266,** 9, 22, 24, (→ Arsen) 226, 229
Arsenopalladinit (→ Palladium) 227
Arsenopyrit (Arsenkies) **266**
Artinit **48**
Asbest 229
Asbolan (→ Kobalt) 227
Aschen, vulkanische 167
Astat 225
Asterismus 25, 213
aszendent (→ deszendent) 214
Atacamit **177**
Atom 213
Aufbau der Erde 165
Aufbewahrung der Stufen 28
aufgewachsen 16
aufgewachsene Kristalle (→ eingewachsene Kristalle) 215
Augengneis (→ Gneis) **344**
Augit **189**
Aurichalicit **11**
Auripigment (Rauschgelb) **192,** (→ Arsen) 226
Ausrüstung 26
Autunit (Kalkuranglimmer) **16,** 13
Axinit **131**
Azurit (Kupferlasur) **157,** 12, 23, 24

Baddeleyit (→ Zirkonium) 228, 229
Barium 225, 226
Bariumuranglimmer (Uranocircit) **194**
Baryt (Schwerspat) **43**
Basalt **291, 292, 294,** 166, 173
Basaltsäulen 167, 177, 214
Basanit 203
Basis 214
Basispinakoid 214
Bastnaesit (→ Cer) 226
Batholite 168, (→ Intrusion) 217
Baumhauerit **201**
Bauxit 173, (→ Aluminium) 226
Bauxit-Lagerstätten 23, 24
Bavenit **106**
Bayldonit **184**
Bazzit 133
Begleitmineralien 214
Benitoit **126**
Beraunit **198**
Bergbau 214
Bergkristall (→ Quarz) **143,** 18, 21, 23, 24
Bergleder 214
Berkelium 225
Berthierit **200**
Bertrandit **130**
Beryll **149,** 9, 22, 24, (→ Beryllium) 226, 229
Beryllium 225, 226
Bestimmen von Gesteinen 201
Bestimmen von Mineralien 109
Beta-Strahlen 13
Beudantit **199**
Bimsstein **301,** 167
Binnit (→ Tennantit) **247**
biologische Verwitterung 173
Biotit **26,** 166
Biotitgranit (→ Granit) **304**
Biotitphyllit (→ Phyllit) **342**
Bipyramide (→ Dipyramide) 214
Bismuthide (→ Sulfide) 222
Bismuthinit (Wismutglanz) **234**
Bixbyit **282**
Blauspat (Lazulith) **97**
Blei **229,** 225, 226
Bleiglanz (Galenit) **242,** 9, 12, 21, 23, 24, (→ Blei) 226, (→ Indium) 227, (→ Silber) 228
Bleihornerz (Phosgenit) 115
Blei-Zink-Gänge 23, 24
Blockwerk 174
Boden 214
Böhmit 24
Bohnerz 214
Bomben, vulkanische 167
Bor 225, 226
Boracit **139,** (→ Bor) 226
Borax (Tinkal) **15,** 24, (→ Bor) 226, 229
Bornit (Buntkupferkies) **245,** 24, (→ Kupfer) 227
Boulangerit (Plumosit) **240**
Bournonit (Rädelerz) **243**
Brandungsseifen 24
Brannerit 13
Brasilianit **107**
Braunbleierz (Grünbleierz, Pyromorphit) **60**
braunes Tigerauge (Krokydolith) **279**
Braunit (→ Mangan) 227
Braunkohle 210
Braunspat (Ankerit) **57**
Breccie(n) **325,** 165, 174
Brechungsindex 13, 214
Brillantschliff 25, (→ facettiert) 215
Brochantit **180**
Brom 225, 226
Bronzit **217**
Brookit (Arkansit) **110,** 23
Bruch 13, 109, 214
Bruchflächen 13
Brucit 9
Buergerit (Turmalin) **137, 141**
Buntkupferkies (Bornit) **245,** 12
Buntsandstein (→ Sandstein) **323,** 170
Byssolith (→ Aktinolith) **188, 190**
Bytownit (→ Plagioklas) **121, 122,** 166

Normalziffern verweisen auf Seitenzahlen, **fettgedruckte Ziffern** auf Fotos und Beschreibungstexte.

Cabochon-Schliff 25, 214
Cadmium 225, 226
Caesium 225, 226
Calaverit **239**
Calcit (Kalkspat) **30–33**
Calcium 225, 226
Californium 225
Cancrinit **99**
Carnallit 111, (→ Brom) 226, (→ Rubidium) 228
Carnotit (→ Uran, → Vanadium) 228
Cer 225, 226
Cerit (→ Cer) 226
Cerussit (Weißbleierz) **40,** 19, 23, 24 (→ Blei) 226, 229
Chabasit **75,** 168
Chalcedon (→ Quarz) **143**
Chalkanthit (Kupfervitriol) **154**
Chalkopyrit (Kupferkies) **254**
Chalkosin (Kupferglanz) **244**
Chalkotrichit (→ Cuprit, Rotkupfererz) **166**
Chamosit (→ Chlorit) **172**
chemischen Elemente und ihre Symbole, die 225
chemische Sedimente 174
chemische Verwitterung 173
Chiastolith (Andalusit) **147**
Chiastolithschiefer (Garbenschiefer) **355,** 175
Childrenit **78**
Childro-Eosphorit (→ Childrenit) **78**
Chloantit (Weißnickelkies) **264,** 24
Chlor 225
Chlorargyrit (Chlorsilber) 110
Chlorit **172**
Chlorite 13
Chloritschiefer **339,** 175
Chlorsilber (Chlorargyrit) 110
Chrom 225, 226
Chromate 9
Chromeisenerz (Chromit) **209**
Chromit (Chromeisenerz) **209,** 11, 21, 24 (→ Chrom) 226, 229
Chrysoberyll (Alexandrit) **151**
Chrysokoll **175**
Chrysopras (→ Quarz) **143**
Chrysotil (→ Serpentin) **44,** 214
Chrysotilasbest (→ Serpentin) **44**
Cinnabarit (Zinnober) **161**
Citrin (→ Quarz) **143**
Cobaltin (Kobaltglanz) **265**
Coelestin **39,** (→ Strontium) 228, 229
Colemanit 24, 124, (→ Bor) 226
Columbit **268,** 22, 24, (→ Niob) 227
Cooperit (→ Palladium) 227
Cordierit (Dichroit) **140,** 13
Cordierit-Sillimanit-Gneis (→ Gneis) **343–346**
Cornwallit 145
Coronadit **281**
Covellin (Kupferindig) **227,** 24
Crandallit 126
Cristobalit **128**
Cubanit **252**
Cuprit (Rotkupfererz) **166, 167,** 24
Curium 225
Cyanit (Disthen) **69**
Cyanotrichit (Lettsomit, Kupfersamterz) **156**

Danalith (→ Helvin) **222**
Danburit 137
Datolith **88**
Davidit **258,** (→ Uran) 228
Dawsonit 116
Dazit **285,** 173
Dendriten 16, 214, 221
derb 214
Descloizit **203,** (→ Vanadium) 228
Desmin (Stilbit) **59**
deszendent 214
Diagenese 174, 214
Diamagnetismus (→ Magnetismus) 219
Diamant **153,** 9, 10, 11, 21, 25, 229
Diamantglanz 12
Diaspor 24, 134, 229
Diatexis 214
Diatexit 211
Diatomeenerde (Kieselgur) 207
Dichroit (Corderit) **140**
Dichte 11, 109, 214
Differentiation, magmatische 166
Diopsid **116**
Dioptas **186**
Diorit **309, 310,** 166, 173
Dipyr (→ Skapolith) **103**
Dipyramide 214
diskordant (→ konkordant) 218
diskordante Schichtung 168
Disthen (Cyanit) **69,** 9, 10, 21, 229
Dolomit **53, 330,** 24, 174, (→ Magnesium) 227, 229
Dolomitmarmor (→ Marmor) **351**
Doma 214
Doppelbrechung 13, 214
Doppelender 215
Doppelspat 214
Dravit (→ Turmalin) **137, 141**
Drehachse 14, 214
Drehung 14
Drehwinkel 14, (→ Drehachse) 214
Drillinge 16, 215
Drusen 215
Drusenhohlräume 22
Duftit **28**
duktil 10, 215
Dunit 173, 206
Dunkles Rotgültigerz (Pyrargyrit) **164**
Durchkreuzungszwilling 215
Durchläufer 215
durchscheinend (→ durchsichtig) 215
Dysprosium 225

Edelopal (→ Opal) **102**
Edelsteine 25, 215
Edelsteinkunde 25, 215
Egeran (→ Vesuvian) **125**
eigenfarbig (→ Farbe) 215
eigenfarbige Mineralien 11, 12
Eigenschaften der Mineralien 9 ff.
eingewachsene Kristalle 215
Einschlüsse 215
Einsprenglinge 215
Einsteinium 225
Eisen **253, 256,** 225, 226
Eisenblüte (→ Aragonit) **54**
Eisenglanz (Haematit, Roteisenstein) **169, 170**
Eisenkiesel (→ Quarz) **143**
Eisenoolith 209
Eisenrose (→ Haematit, Rosteisenstein, Eisenglanz) **170**
Eisenspat (Siderit) **72**
Eiserner Hut 23, 215
Eisstein (Kryolith) **27**
Eklogit **350,** 166, 176
Eklogitamphibolit (→ Amphibolit) **347**
Eläolith (Nephelin) **114**
elastisch biegsam 10
Elbait (→ Turmalin) **137, 141**
elektrische Leitfähigkeit 215
Elemente 9, 215
Elemente und ihre Symbole, die chemischen 225
Emplektit **233**
„Emser Tönnchen“ (→ Pyromorphit) **60**
Enantiomorphie 215
Enargit **251,** 23, 24, (→ Kupfer) 227
endogen 215
Enstatit 146
Entstehung von Mineralien 21 ff.
Eosphorit (→ Childrenit) **78**
Epidot **276**
epigenetische Bildungen 215
Epitaxie 215
Epizone 175, 215
Erbium 225
Erbsenstein (Kalkoolith, Sprudelstein) **337, 338,** 175
Erde, Aufbau der 165
Erdkern 165, 166
Erdkruste 165, (→ Geochemie) 216
Erdmantel 165, 166
Ergußgesteine **283–302, 321,** 166, 167, 201, (→ Lava, → magmatische Gesteine) 218, 219
Erythrin (Kobaltblüte) **160**
Erz 215
Erzlagerstätten 215
Erzmineralien 215
Erzschmelze 22
Essexit **313,** 173
Euklas 138
Europium 225
Euxenit 13
Exhalation 215
Exhalationen, vulkanische 23, 24

Facettenschliff 25
facettiert 215
Fahlerz 23, (→ Arsen) 226, (→ Kupfer) 227
Farbe 12, 109, 215
Fassait 146
Fayalit (→ Olivin) **132,** 9
Fazies 216
Federerz (Jamesonit) **237**
Feldspat 10, 13, 22, 166, (→ Rubidium) 228, 229
Feldspatgruppe 216
Feldspatvertreter (→ Foide) 216
Ferberit (→ Wolframit) **208**
Fergusonit **216**
Fermium 225
Ferromagnetismus (→ Magnetismus) 219
Fettglanz 12
Feueropal (→ Opal) **102**
Feuerstein (→ Quarz) **143**

Normalziffern verweisen auf Seitenzahlen, **fettgedruckte Ziffern** auf Fotos und Beschreibungstexte.

Fladenlava 170
Fließgefüge 167, 216
Flint (→ Quarz) **143**
Flotation 216
Fluor 225, 226
Fluoreszenz 216
Fluorit (Flußspat) **63–66,** 22, 24
Fluoritgänge 23
Flußspat (Fluorit) **63–66,** 9, 10, 12, 14, 21, 224, (→ Fluor) 226, 229
fluviatil 216
Foide 216
formelrein 9, 216
Forsterit (→ Olivin) **132,** 9
Fossilien 216
Francium 225
Franklinit **223**
fremdfarbig (→ Farbe) 215
fremdfarbige Mineralien 11, 12
Frondelit 145
Fumarolen 216

Gabbro(s) **311, 312,** 21, 173
Gadolinit 13, 147
Gadolinium 225
Galenit (Bleiglanz) **242**
Gallit (→ Gallium) 226f.
Gallium 225, 226
Gamma-Strahlen 13
Gang, Gänge 22, 216
Gangarten 216
Gänge, hydrothermale 22, 23, 24, 217
Ganggesteine **319, 320, 322,** 168, 216
Garbenschiefer **355,** 175
Garnierit (→ Nickel) 227
Gastropodenkalk 175
gediegen 216
Geigerzähler 13
Gekrösegips (→ Gips) **336**
Gelbbleierz (Wulfenit) **38**
Gelbeisenerz (Jarosit) 149
gemeiner Opal (→ Opal) **102**
Gemengteile 216
Gemmologie 25, (→ Edelsteinkunde) 215
Genthhelvin (→ Helvin) **222**
Geochemie 216
Geode 216
geregelte Verteilung (→ statistische Verteilung) 222
Germanit (→ Germanium) 226
Germanium 225, 227
Gersdorffit (→ Nickel) 227
geschmeidig 10
Gestalt der Mineralien, die äußere 14ff.
Gestein 216
Gesteine, die 165ff.
Gesteine, die Entstehung der 166ff.
Gesteinen, Bestimmen von 201
Gesteine sammeln 176
Gesteinsglas 216
Gesteinsgruppen, Symbole der 201
Gesteinsgrus (→ Vergrusung) 223
Gesteinsstruktur 201
Geysire 217
Gips (Selenit) **6, 336,** 10, 16, 21, 201, 229
Glanz 12, 109, 217
Glasglanz 12
Glaskopf, roter (→ Haematit) **169**
Glimmer 10, 22, (→ Rubidium) 228, 229
Glimmerdiorit (→ Diorit) **309**
Glimmerschiefer **340, 341,** 166, 175
Gneis **343–346,** 166, 176
Goethit (Samtblende, Nadeleisenerz) **207,** 9, 16
Gold **195,** 9, 10, 11, 13, 22, 24, 225, 227
Gold-Quarz-Gänge, hochthermale 22, 24
Goyazit (Hamlinit) **73**
graduierte Schichtung 175
Grammatit (Tremolit) **113**
Granat 22, 24, 229
Granit **303–305,** 165, 166, 170, 173, 183
Granitaplit (→ Aplit) **319**
Granodiorit 173, 204
Granulit **349,** 176
Graphit **224,** 9, 11, 229
Grauwacke 174, 208
Greenockit 148
Greisen 22, 217
Grossular **129**
Grünbleierz (Braunbleierz, Pyromorphit) **60**
Grüngesteine (→ Grünschiefer) 217
Grünschiefer 217
Grus (→ Vergrusung) 223

Haarkies (Millerit) **250**
Habitus 16, 217
Haematit (Roteisenstein, Eisenglanz) **169, 170,** 9, 11, 16, 22, 23, 24, (→ Eisen) 226, 229
Hafnium 225, 227
Hagendorfit 145
Halit (Steinsalz) **9**
Halloysit 217
Halogenide 9, 217
Halotrichit **4,** 20
Hamlinit (Goyazit) **73**
Handstück 217
Harmotom **76**
Härte 10, 109, 217
Härteanisotropie 10
Härteskala, Mohs'sche 10, (→ Härte) 217
Harzburgit (→ Peridotit) **316**
Hauptgemengteile (→ Gemengteile) 216
Hauptkristallisation (→ Kristallisation) 218
Hausmannit **210**
Hauyn **98**
HCl-Probe 217
Hedenbergit 22, 146
Hedyphan (→ Mimetesit) **55**
Heinrichit **193**
Helium 225
Helvin **222**
Hemimorphit (Kieselzinkerz) **82,** (→ Zink) 228
Herderit 125
Heterosit **168**
Heulandit **56**
hexagonal (→ Kristallsystem) 218
hexagonales Kristallsystem 14, 15
Himbeerspat (Manganspat, Rhodochrosit) **58**
hochthermale Gold-Quarz-Gänge 22, 24
hochthermale Kieslagerstätten 23, 24
Höhlen 217
Hohlraumbildungen, lateralsekretionäre 23, 24
Holmium 225
Honigspat (→ Flußspat) **63–66**
Hornblende **214, 215,** 166
Hornblendeandesit (→ Andesit) **290**
Hornblendegranit (→ Granit) **303–305**
Hornblendesyenit (→ Syenit) **308**
Hornblendit 206
Hornfels **356,** 175
Hübnerit (→ Wolframit) **208,** 23, 24
Hühnerkobelit (→ Hagendorfit) 145
Hureaulith 126
Hyalith (→ Opal) **102**
Hyalophane (→ Feldspatgruppe) 216
Hydromagnesit 119
hydrostatische Waage 11, 217
hydrothermal 217
hydrothermale Gänge 22, 23, 24, 217
hydrothermale Verdrängungen 23
Hydroxide 9
Hydrozinkit (Zinkblüte) **17**
hygroskopisch 217
Hypersthen **213**

idiomorph 217
Idokras (Vesuvian) **125**
Ignimbrite 167, (→ Schmelztuffe) 221
Ilmenit (Titaneisenerz) **262,** 21, 24, (→ Titan) 228, 229
Ilvait (Lievrit) **267,** 22
Imprägnationen 22, 217
Imprägnationen in Kalken 23, 24
Indium 225, 227
intramagmatische Lagerstätten 21, 24
Intrusion 217
Intrusionskörper 168
Ion 217
Ionenaustauscher (→ Zeolithe) 224
Iridium 225, 227
isometrisch 217
isometrischer Habitus 217
Isotropisierung 217

Jadeit 133
Jamesonit (Federerz) **237**
Japaner Zwilling 16, 224
Jarosit (Gelbeisenerz) 149
Jod 225, 227
Jordanit **246**

Kainit 115
Kainosit 149
Kakoxen **197**
Kalifeldspat **119, 120,** 166, 224
Kalisalze 24
Kalium 225, 227
Kalkmergel (→ Kalkstein) **327**
Kalkoolith (Erbsenstein, Sprudelstein) **337, 338**
Kalksinter (Travertin) **331,** 175, 217
Kalksinterterrassen 172
Kalkspat (Calcit) **30–33,** 9, 10, 12, 13, 24, 168, 226
Kalkstein **327–329, 332–334,** 165, 166, 174, 189

 Normalziffern verweisen auf Seitenzahlen, **fettgedruckte Ziffern** auf Fotos und Beschreibungstexte.

Kalktuff 217
Kalkuranglimmer (Autunit) **16**
Kammkies (Markasit, Speerkies) **274**
Kampylit (→ Mimetesit) **55**
Kaolin 173, 218
Kaolin-Lagerstätten 23, 24
Kaolinit 23, 24, 110, 229
Karbonate 9, 218
Karbonatgesteine 201
Karbonatit **321**
Karlsbader Zwilling 224
Karneol (→ Quarz) **143**
Karten 26
Kassiterit (Zinnstein) **144**
Katazone 176, 218
Kauf von Mineralien 26
Kernit (→ Bor) 226
Kersantit (→ Lamprophyr) **322**
Kies 165, 173, 174, 218
Kieselgur (Diatomeenerde) 207
Kieselkalk (→ Kalkstein) **328**
Kieselschiefer **335,** 201
Kieselzinkerz (Hemimorphit) **82**
Kieslagerstätten, hochthermale 23, 24
Kimberlit-Pipes (→ Pipes) 220
Klingstein (→ Phonolith) **295, 296**
Klinochlor (→ Chlorit) **172**
Klinohumit 132
Klinoklas 143
Klinostrengit (Phosphosiderit) **62**
Klinozoisit **277**
Kluftbildungen, lateralsekretionäre 23, 24
Klüfte 168, 218
Klüfte, alpine 23, 26
Kluftmineralien 218
Kniezwilling 224
Knotenschiefer 175
Kobalt 225, 227
Kobaltblüte (Erythrin) **160**
Kobaltglanz (Cobaltin) **265,** (→ Kobalt) 227
Kobalt-Nickel-Silber-Uran-Formation, Wismut- 23, 24
Kobaltspat (Sphaerokobaltit) 141
Kohlenstoff 225
Konglomerat(e) **326,** 165, 173, 174
Konglomeratgneis (→ Gneis) **345,** 175
Konichalcit **185**
konkordant 218
konkordante Schichtung 168
Konkretion(en) 174, 218
Kontaktgesteine (→ Metamorphose) 218
kontaktmetamorphe Gesteine 201
Kontaktmetamorphose 166, 175, (→ Metamorphose) 218
kontaktmetasomatische Bildungen 218
kontaktmetasomatische Lagerstätten 22, (→ Skarn) 221
Koppit (→ Pyrochlor) **112,** (→ Niob) 227
Korallenkalk (→ Kalkstein) **333**
Korngrenze 218
Korund **152,** 10, 229
kristallchemische Einteilung der Mineralien, die 9
Kristallform 109
kristalline Schiefer (→ Metamorphose) 219
Kristallisation 218
Kristallklassen 14, 218
Kristallographie 218
Kristallskelette 16, (→ Dendriten) 214
Kristallsystem(e) 14 ff., 218
Krokoit (Rotbleierz) **165,** 9
Krokydolith **279**
Kryolith (Eisstein) **27,** (→ Aluminium) 226, 229
Krypton 225
kubisch (→ Kristallsystem) 218
kubisches Kristallsystem 14, 15
Kugeldiorit (→ Diorit) **309, 310**
Kupfer **163,** 8, 23, 24, 225, 227
Kupfer-Arsen-Lagerstätten 23, 24
Kupferglanz (Chalkosin) **244,** 23, 24 (→ Kupfer) 227
Kupferindig (Covellin) **227**
Kupferkies (Chalkopyrit) **254,** 22, 23, 24, (→ Kupfer) 227
Kupferlasur (Azurit) **157**
Kupfersamterz (Cyanotrichit, Lettsomit) **156**
Kupferschiefer 218
Kupferschwärze (Tenorit) 157
Kupferuranglimmer (Torbernit) **173**
Kupfervitriol (Chalkanthit) **154**
Kurtschatovium 225
Kylindrit **238**

Labradorit (→ Plagioklas) **121, 122,** 166
Lagerstätte 218
Lagerstätten, intramagmatische 21, 24
Lagerstätten, kontaktmetasomatische 22, (→ Skarn) 221
Lagerstätten, pneumatolytische 22, 24
Lagerstätten, submarin-exhalative 23, 24
Lagerstättensymbole 109
Lamprophyr **322**
Länderkennzeichen, Erklärung der 109, 201
Langit **158**
Lanthan 225
Lapilli 167, (→ vulkanische Bomben) 224
Lapis-Lazuli (Lasurit) **159**
Lasurit (Lapis-Lazuli) **159**
lateralsekretionäre Kluft- und Hohlraumbildungen 23, 24
Laterit 173
Latit **287,** 173
Laubmannit 144
Laueit **37**
Laumontit **41**
Laurionit **42**
Lava 167, 170, 218
Lawrencium 225
Lazulith (Blauspat) **97**
Leadhillit **22**
Lehm 218
leichtflüchtige Bestandteile 218
Lengenbachit **228**
Leopardenerz (→ Chromit) **209**
Lepidokrokit (Rubinglimmer) 142
Lepidolith **20,** (→ Caesium) 226, (→ Lithium) 227, 229
Letten 218
Lettsomit (Cyanotrichit, Kupfersamterz) **156**
Leucitit **299,** 173
Leucittephrit (→ Tephrit) **297**
Lherzolith (→ Peridotit) **316**
Libethenit **182**
Lichtbrechung 13, 218
Lichtes Rotgültigerz (Proustit) **162**
Liddicoatit (→ Turmalin) **137, 141**
Lievrit (Ilvait) **267**
Limburgit (→ Tephrit) **297**
Limonit 23, 24, (→ Eisen) 226
Linarit **155**
Linker Alpiner Zwilling 224
Linneit **257,** (→ Kobalt) 227
Liparit (→ Rhyolith) **286**
Literatur 26
Literatur, weiterführende 230
Lithium 225, 227
Lithiummineralien 22
Lokalsammlung 27
Löllingit (Arsenikalkies) **260,** (→ Arsen) 226
Löslichkeit 218
Löß 219
Ludlamit **45**
Ludwigit **259**
Lutetium 225

Magma 21, 166, 219
magmatische Abfolge 21 ff., 24, 166 ff., (→ Abfolge) 213
magmatische Differentiation 166
magmatische Gesteine 219
Magnesit **70,** 9, (→ Magnesium) 227, 229
Magnesitverdrängungen 23
Magnesium 225, 227
Magneteisenerz (Magnetit) **275**
Magnetismus 219
Magnetit (Magneteisenerz) **275,** 11, 21, 22, 24, (→ Eisen) 226
Magnetkies (Pyrrhotin) **255,** 21, 24, (→ Eisen) 226
Malachit **181,** 23, 24, (→ Kupfer) 227
Mangan 225, 227
Manganit **206,** (→ Mangan) 227
Manganspat (Himbeerspat, Rhodochrosit) **58**
Marialith (→ Skapolith) **103**
Markasit (Kammkies, Speerkies) **273, 274,** 23
Marmor **351–354,** 165, 175
Maucherit **261**
Meißelspat (→ Schwerspat) **43**
Mejonit (→ Skapolith) **103**
Melilith **89**
Melilithit 173, 203
Mendelevium 225
Mergel 219
Mesolith **90**
Mesozone 175, 219
Metablasten (→ Metablastese) 219
Metablastese 219
Metallglanz 12
metamikt 13, (→ Isotropisierung) 217
metamorphe Abfolge 21, 24, 166, 175 f., (→ Abfolge) 213
metamorphe Gesteine **339–358,** 201
Metamorphose 175, 219
metasomatisch 219
metastabil 21, 219
Meteoriten 219
Miarolen 219

miarolithische Hohlräume 168
Micromounts 27, 28, (→ Stufe) 222
Micromounts (Härteprüfung) 10
Mikroklin (→ Kalifeldspat) **119, 120**
Milarit **118**
Milchopal (→ Opal) **102**
Milchquarz (→ Quarz) **143**
milde 10, 11, (→ spröde) 222
Millerit (Haarkies) **250**
Millersche Indizes 16, 219
Mimetesit **55,** (→ Blei) 226
Mineralien, die 9ff., 219
Mineralien, Bestimmen von 109
Mineralienbörsen 26
Mineraliensammlung 25ff.
Mineraliensammlung, Aufbau einer 27f.
Mineralnummer 28
Minette (→ Lamprophyr) **322,** (→ Eisenoolith) 209
Mischkristalle 9
Mischkristallbildung (→ formelrein) 216
Mitridatit 143
Mixit **179**
Mizzonit (→ Skapolith) **103**
Moho 166
Mohorovičić-Diskontinuität 166
Mohs'sche Härteskala 10, (→ Härte) 217
Molassesandstein (→ Sandstein) **323**
Molybdän 225, 227
Molybdänglanz (Molybdänit) **225,** (→ Molybdän) 227
Molybdänit (Molybdänglanz) **225**
Molybdate 9, (→ Sulfate) 222
Monazit **92, 93,** 9, 22, 24, (→ Cer) 226, (→ Thorium) 228
Mondstein 219
monoklin (→ Kristallsystem) 218
monoklines Kristallsystem 15, 16
Monzonit **307,** 173
Mottramit **178**
Mullit **124**
Muschelkalk 175
Museumsstufen 27
Muskovit **18,** 22
Muskovitgranit (→ Granit) **303–305**

Nadeleisenerz (Goethit, Samtblende) **207**
Nagelfluh (→ Konglomerat) **326**
Nagyagit **226,** 23, 24
Nakrit **3**
Natrium 225, 227
Natrojarosit 149
Natrolith **91,** 168
Natronsalpeter (→ Jod) 227
Nebengemengteile (→ Gemengteile) 216
Nebengestein (→ Gang) 216
Neodym 225
Neon 225
Nephelin (Eläolith) **114,** 229
Nephelinbasalt (→ Basalt) **292**
Nephelinit **300,** 173
Nephelinsyenit **314,** 173
Neptunit **211**
Neptunium 225
Nickel 225, 227
Nickelblüte (Annabergit) **8**
Nickelerze 23
Nickelin (Rotnickelkies) **212**
Nickel-Silber-Uran-Formation, Wismut-Kobalt- 23, 24
Niob 225, 227
Niobit (→ Columbit) **268**
Nitrate 9, (→ Karbonate) 218
Nobelium 225
Norit 173, 205
Noseanphonolith (→ Phonolith) **296**

Obsidian **293,** 13, 167
Oktaeder 16
Oligoklas (→ Plagioklas) **121, 122,** 166
Olivenit **176**
Olivin (Peridot) **132,** 9, 166, 229
Olivingabbro 205
Ölschiefer 219
Omphazit 146
Onyx (→ Quarz) **143**
Oolithe 175
oolithisch 219
Oolithkalk 175
opak (→ durchsichtig) 215
Opal **102**
Ophiolithe 219
optische Eigenschaften 13
organische Verbindungen 9
Orogenese 219
Orthit (Allanit) **263**
Orthogesteine 219
Orthoklas (→ Kalifeldspat) **119, 120,** (→ Feldspatgruppe) 216
orthorhombisch (→ Kristallsystem) 218
orthorhombisches Kristallsystem 15, 16
Osmiridium (→ Iridium) 227
Osmium 225
Oxidationsmineralien (→ Oxidationszone) 219f.
Oxidationszone 23, 24, 219f.
Oxide 9, 220

Pachnolith **12**
Palingenese 176, (→ Anatexis) 213
Palit (→ Diatexit) 200, 211
Palladium 225, 227
Paragenese 21, 109, 220
Paragesteine 220
Paramagnetismus (→ Magnetismus) 219
Paramorphose 220
Patronit (→ Vanadium) 228
Pechblende (Uraninit) **269,** 11, 13, 23, 24, (→ Radium, → Uran) 228
Pechglanz 12
Pechkohle (→ Steinkohle) 210
Pegmatit **320,** 22, 24, 220
Pektolith **86**
Pennin (→ Chlorit) **172**
Pentlandit 21, 24, 159, (→ Nickel) 227
Peridot (Olivin) **132**
Peridotit **316,** 173
Periklin (→ Plagioklas) **122**
Perimorphosen 221
Perlmuttglanz 12
Perowskit **105**
Petrographie 220
Phantome (→ Zonarbau) 224
Pharmakolith **25**
Pharmakosiderit (Würfelerz) **23**
Phenakit 138
Phillipsit **71**
Phlogopit **19**
Phonolith **295, 296,** 173
Phonolithtuff (→ vulkanischer Tuff) 302
Phosgenit (Bleihornerz) 115
Phosphate 9, 220
Phosphophyllit **52**
Phosphor 225, 227
Phosphoreszenz (→ Fluoreszenz) 216
Phosphosiderit (Klinostrengit) **62**
Phyllit **342,** 170, 175, 194
physikalische Verwitterung 173
Piemontit 163
Piezoelektrizität 220
Pinolitmagnesit (→ Magnesit) **70**
Pipes 220
Plagioklas **121, 122**
Platin 11, 24, 225, 227, 229
Pleochroismus 13, 220
Plumosit (Boulangerit) **240**
Plutone (→ Intrusion) 217
Plutonium 225
pneumatolytische Bildungen 220
pneumatolytische Lagerstätten 22, 24
polysynthetische Zwillinge 16
Pollucit (→ Caesium) 226
Polonium 225
Polybasit **230**
Polymorphie 220
porphyrische Strukturen 167, 168, (→ Einsprengling) 215
Praseodym 225
Prehnit **123**
Primärmineralien (→ Sekundärmineralien) 221
Prisma, tetragonales 16
progressive Metamorphose 175
Promethium 225
Prospektion 220
Protactinium 225
Proustit (Lichtes Rotgültigerz) **162,** 24, (→ Silber) 228
Pseudobrookit **219**
Pseudomalachit **183**
Pseudomorphose(n) 21, 220, 221
Psilomelan **280,** (→ Mangan) 227
Pumpellyit **187**
Pyknometer 220
Pyrargyrit (Dunkles Rotgültigerz) **164,** 24, (→ Silber) 228
Pyrit (Schwefelkies) **270,** 9, 22, 23, 24, (→ Eisen) 226, (→ Schwefel, → Thallium) 228
Pyrochlor **112,** (→ Niob) 227
Pyrolusit **272,** (→ Mangan) 227
Pyromorphit (Grünbleierz, Braunbleierz) **60,** 17, (→ Blei) 226
Pyrop **145**
Pyrophyllit **5**
Pyroxene 12, 25, 166, 220
Pyroxenit **315,** 173
Pyroxmangit 131
Pyrrhotin (Magnetkies) **255**

Quarz **143,** 9, 10, 11, 13, 14, 16, 18, 21, 22, 23, 24, 166, 224, (→ Silicium) 228, 229
Quarzgänge 23
Quarzit **357,** 175

 Normalziffern verweisen auf Seitenzahlen, **fettgedruckte Ziffern** auf Fotos und Beschreibungstexte.

Quarz-Latit (→ Latit) **287**
Quarzporphyr (→ Rhyolith) **284,** 220
Quecksilber **1,** 225, 227

Rädelerz (Bournonit) **243**
radioaktiv 220
Radioaktivität 13
Radiolarit (→ Kieselschiefer) **335**
Radium 225, 228
Radon 225
Rasenerz (→ Goethit) **207**
Rauchquarz (→ Quarz) **143,** 18, 23, 24
Rauschgelb (Auripigment) **192**
Realgar **191,** (→ Arsen) 226
Regionalmetamorphose 166, 175, (→ Metamorphose) 219
Reicherzzone 220
Renierit (→ Germanium) 227
Restkristallisation (→ Kristallisation) 218
retrograd 220
retrograde Metamorphose 175
Rhenium 225, 228
Rhipidolith (→ Chlorit) **172**
Rhodium 225, 228
Rhodochrosit (Himbeerspat, Manganspat) **58,** 23, 24, (→ Mangan) 227
Rhodonit **115**
Rhyolith **283, 284, 286,** 166, 173
Rockbridgeit 16, 145
Rosasit 144
Rosenquarz (→ Quarz) **143,** 25
Rotbleierz (Krokoit) **165**
Roteisenstein (Haematit, Eisenglanz) **169, 170**
Rotgültigerz, Dunkles (Pyrargyrit) **164**
Rotgültigerz, Lichtes (Proustit) **162**
Rotkupfererz (Cuprit) **166, 167,** 23
Rotkupferkies 23
Rotnickelkies (Nickelin) **212,** 9, (→ Nickel) 227
Rotzinkerz (Zinkit) 149, (→ Zink) 228
Rubidium 225
Rubin (→ Korund) **152,** 25,
Rubinglimmer (Lepidokrokit) 142
Rustenburgit (→ Palladium) 227
Ruthenium 225
Rutil **220, 221,** 9, 24, 224, (→ Titan) 228, 229

Safflorit 159
Sagenit (→ Rutil) **220, 221**
Salband (→ Gang) 216
Salmiak 23, 24
Salpeter 229
Salze 220
Salzlagerstätten 24
Salzsäure (→ HCl-Probe) 217
Samarium 225
Samarskit **218,** 13
Sammelerlaubnis 25
Sammelkartei 28
Samtblende (Goethit, Nadeleisenerz) **207**
Sand 165, 166, 174, 207, 220
Sandstein **323,** 166, 174
Sanidin (→ Kalifeldspat) **119, 120**
Saphir 25
Sapropelite 220
Sartorit (Skleroklas) **202**
Sassolin (→ Bor) 226
Sauerstoff 225
Scandium 225
Schalenbau der Erde 165
Schalenblende (→ Zinkblende) **205,** 220
Schaumlava 167
Scheelbleierz (Stolzit) **34**
Scheelit (Tungstein) **79,** 9, 11, 24, (→ Wolfram) 228
Scherbenkobalt (Arsen) **249**
Schichtung 221
Schichtvulkan 167
Schiefer, kristalline (→ Metamorphose) 219
Schieferton 174, (→ Tonschiefer) 223
Schilfsandstein (→ Sandstein) **323**
Schillkalk 175, 221
Schlacken, vulkanische 167
Schluff 174, 221
Schmelzpunkt 221
Schmelztuffe 167, 221
Schmucksteine 25
schneidbar 10, 11
Scholzit 118
Schörl (→ Turmalin) **137**
Schrifterz (Sylvanit) **231**
Schriftgranit 221
Schwalbenschwanzzwilling 224
Schwefel **13,** 9, 11, 23, 24, 225, 228
Schwefelkies (Pyrit) **270**
Schwerspat (Baryt) **43,** 9, 24, (→ Barium) 226
Schwerspatgänge 23
sedimentäre Abfolge 21, 23 f., 166, 173 ff., (→ Abfolge) 213
Sedimentation 174
Sedimente, äolische 174, 213
Sedimente, chemische 174
Sedimentgestein, Struktur 174
Sedimentgesteine **323–338,** 171, 201, 221
See-Erz (→ Goethit) **207**
Seidenglanz 12
Seifen 24, 221
Seifenlagerstätten 24
Sekundärmineralien 221
Selbergit (→ Phonolith) **296**
Selen 225, 228
Selenide (→ Sulfide) 222
Selenit (Gips) **6**
Sellait 126
Seltene Erden 221
Serpentin **44,** 229
Serpentinit **358**
Sial 165
Siderit (Eisenspat) **72,** 9, 23, 24, (→ Eisen) 226
Sideritgänge 23
Silber **24,** 23, 24, 225, 228
Silberglanz (Argentit, Akanthit) **235,** 23, (→ Silber) 228
Silbermineralien 23
Silber-Uran-Formation, Wismut-Kobalt-Nickel- 23, 24
Silicium 225, 228
Silikate 9, 221
Silikatmarmor (→ Marmor) **353**
Silikatschmelze 22
Sillimanit **127,** 229
Sima 166
Skapolith **103**
Skarn 22, 221
Skarnlagerstätten 22
Skelettkristalle (→ Dendriten) 214
Skleroklas (Sartorit) **202**
Sklerometer 10, 221
Skolezit **108**
Skorodit **61**
Skutterudit (Speiskobalt) **271,** 24, (→ Kobalt, → Nickel) 227
Smaragd 25
Smithsonit (Zinkspat) **87,** (→ Zink) 228
Sodalith **100**
Solfatara 23
Solfataren (→ Fumarolen) 216
Solnhofener Platten 165
Spaltbarkeit 12, 13, 109, 222
Spaltbarkeit nach dem Rhomboeder 12
Spaltbarkeit nach dem Würfel 13
Spaltflächen 13
Spaltkörper 13
Spaltwinkel 12, 13 (→ Spaltbarkeit) 222
Speckstein (Steatit, Talk) **2**
Speerkies (Kammkies, Markasit) **273**
Speiskobalt (Skutterudit) **271**
Sperrylith (→ Platin) 227
Spessartin **142**
Spessartit (→ Lamprophyr) **322**
Spezialsammlungen 27
spezifisches Gewicht 11
Sphaerokobaltit (Kobaltspat) 141
Sphaerolithe 222
Sphalerit (Zinkblende) **204, 205**
Sphen (Titanit) **94**
Spodumen **134,** 24, (→ Lithium) 227, 229
spröde 10, 11, 222
Sprudelstein (Kalkstein, Erbsenstein) **337, 338,** 175
Stalagmiten 175, 222
Stalaktiten 175, (→ Stalagmiten) 222
statistische Verteilung 222
Staurolith **146,** 224
Steatit (Speckstein, Talk) **2**
Steinkohle 210
Steinsalz (Halit) **9,** 9, 21, 24, (→ Natrium) 227, 229
Stephanit **241,** (→ Silber) 228
Stereomikroskop 27, 222
Stewartit **36**
Stibiopalladinit (→ Palladium) 227
Stickstoff 225
Stilbit (Desmin) **59**
Stolzit (Scheelbleierz) **34**
Strahler 23, 222
Strandseifen 24
Strengit **46**
Strichfarbe 11, 109, 222
Strichtafel 11, 222
Stricklava 167
Strontianit **50,** (→ Strontium) 228
Strontium 225, 228
Struktur 222
Struktur, Ergußgestein 168
Struktur, metamorphes Gestein 176
Struktur, porphyrische 167, 168
Struktur, Sedimentgestein 174
Struktur, Tiefengestein 168
Strunzit **68**
Stubensandstein (→ Sandstein) **323**
Stufe 222
Stufengröße 27

submarin-exhalative Lagerstätten 23, 24
subvulkanisch 222
subvulkanische Bildungen 23, 24
Sulfate 9, 222
Sulfide 9, 222
Syenit **308,** 165, 166, 173
Sylvanit (Schrifterz) **231,** 23, 24
Sylvin **14,** 9, (→ Kalium) 227, 229
Symmetrieebene 14, 223
Symmetrieoperationen 14, 223
Symmetriezentrum 14, 223
symmetrisch 14
Synchisit **77**
syngenetisch 223
Systematik 27, 223

Talk (Steatit, Speckstein) **2,** 10, 230
Talkschiefer 210
Tansanit (→ Zoisit) 163
Tantal 225, (→ Niob) 227
Tantalit (→ Columbit) **268**
Tarbuttit 120
Tausch von Mineralien 27
Technetium 225
Tektonik 223
Tellur 225, 228
Telluride (→ Sulfide) 222
Tenazität 10, 109, 223
Tennantit (Arsenfahlerz) **247**
Tenorit (Kupferschwärze) 157
Tephrit **297, 298,** 173
Terbium 225
terrestrisch 223
Tetraedrit **248,** 9
tetragonal (→ Kristallsystem) 218
tetragonales Kristallsystem 14, 15
Thallium 225, 228
Thaumasit 120
Thermolumineszenz 223
Thomsenolith **10**
Thomsonit **96**
Thorianit 13
Thorit 13
Thorium 13, 225, 228
Thortveitit **278**
Thulit (→ Zoisit) 163
Thulium 225
Tiefengesteine **303–318, 321,** 166, 168, 201, (→ Magma, → magmatische Gesteine) 219
Tigerauge, braunes (→ Krokydolith) **279**
Tinkal (Borax) **15**
Tirolit **171**
Titan 225, 228
Titaneisenerz (Ilmenit) **262**
Titanit (Sphen) **94,** 23, 24
Titanitfleckendiorit **309**
Ton 174, (→ Schluff) 221
Tonalit **306,** 173
Toneisenstein 223
Tonschiefer (→ Garbenschiefer) **355,** 174, 209, 223
Topas **150,** 10, 22, 24, 25
Torbernit (Kupferuranglimmer) **173,** 13
Torf 210
Tracht 16, 223
Trachyt **288,** 173
transparent (→ durchsichtig) 215
Transport der Verwitterungsprodukte 174
Travertin (Kalksinter) **331,** 175, (→ Kalksinter) 217
Tremolit (Grammatit) **113**
Tridymit **138,** 29
trigonal (→ Kristallsystem) 218
trigonales Kristallsystem 14, 15
triklin (→ Kristallsystem) 218
triklines Kristallsystem 15, 16
Triphylin 9, 123, (→ Lithium) 227
Tropfsteine 175, 189
Trum 223
Tsilaisit (→ Turmalin) **137, 141**
Tuff, vulkanischer **302,** 167
Tungstein (Scheelit) **79**
Tungstenit 154
Türkis **101**
Turmalin **137, 141,** 22, 24
Turmalingranit (→ Granit) **303–305**

Ulexit 24, (→ Bor) 226
Ultrabasite 223
Umwandlungspseudomorphose 223
unelastisch biegsam 10
Uran 13, 225, 228
Uran-Formation, Wismut-Kobalt-Nickel-Silber- 23, 24
Uraninit (Pechblende) **269**
Uranocircit (Bariumuranglimmer) **194**
Uranophan (Uranotil) **196**
Uranotil (Uranophan) **196**
Uvit (→ Turmalin) **137, 141**
Uwarowit **133**

Valentinit (Antimonblüte) **21**
Vanadate 9, (→ Phosphate) 220
Vanadinit **35,** (→ Vanadium) 228
Vanadium 225, 228
Varietäten 223
Variscit 123
Varulith (→ Hagendorfit) 145
Verbindung (→ Element) 215
Verdrängungen 22, 223
Verdrängungen, hydrothermale 23
Verdrängungen in Kalken 23, 24
Vergrusung 173, 223
Verteilung (→ statistische Verteilung) 223
Verwendung der chemischen Elemente und ihre Erze, die 226
Verwitterung 173 f., 223
Verwitterungsprodukte, Transport 174
verzerrte Kristalle 16
Vesuvian (Idokras) **125**
Vivianit **7**
Vogesit (→ Lamprophyr) **322**
Vorkommen 223
Vorkommen von Mineralien 21
Vulkanausbruch 169
vulkanische Aschen 167, 224
vulkanische Ausblühungen 224
vulkanische Bomben 167, 224
vulkanische Exhalationen 23, 24
vulkanische Schlacken 167, 224
vulkanischer Tuff **302,** 167
Vulkanit(e) 166, (→ magmatische Gesteine) 219

Waage, hydrostatische 11
Wagnerit **95**
Wardit 126
Wärmeleitfähigkeit 224
Wasserstoff 225
Wavellit **67**
Weißbleierz (Cerussit) **40**
Weißnickelkies (Chloantit) **264**
Whewellit 9
Whitlockit 117
Willemit **111,** (→ Zink) 228
Wismut **236,** 10, 24, 225, 228
Wismutglanz (Bismuthinit) **234,** (→ Wismut) 228
Wismut-Kobalt-Nickel-Silber-Uran-Formation 23, 24
Witherit **51,** (→ Barium) 226
Witwatersrand-Konglomerat 24
Wolfram 225, 228
Wolframate 9, (→ Sulfate) 222
Wolframit **208,** 22, 24, (→ Wolfram) 228, 280
Wollastonit **81,** 230
Wollastonit-Skarn (→ Marmor) **352**
Wollsackverwitterung 173, 224
Wulfenit (Gelbbleierz) **38,** 9, 21, 23, 24
Würfelerz (Pharmakosiderit) **23**
Wurtzit 150

xenomorph (→ idiomorph) 217
Xenon 225
Xenotim **74,** 9

Ytterbium 225
Yttrium 225

Zackenlava 167
Zementationszone 23, 24, (→ Oxidationszone) 219
Zeolithe 224
Zeunerit **174**
Zink 225, 228
Zinkblende (Sphalerit) **204, 205,** 9, 21, 23, 24, (→ Cadmium, → Gallium) 226, (→ Germanium, → Indium) 227, (→ Thallium, → Zink) 228, 230
Zinkblüte (Hydrozinkit) **17**
Zinkit (Rotzinkerz) 149
Zinkspat (Smithsonit) **87**
Zinn 225, 228
Zinnkies 24
Zinnober (Cinnabarit) **161,** (→ Quecksilber) 227
Zinnstein (Kassiterit) **144,** 11, 22, 24, (→ Zinn) 228, 230
Zinnwaldit 22, 24
Zinn-Wolfram-Lagerstätten, pneumatolytische 22
Zirkon **148,** 13, 225, (→ Hafnium) 227, (→ Zirkonium) 228, 230
Zirkonium 228
Zoisit 163
Zonarbau 224
Zweiglimmergranit (→ Granit) **303–305**
Zwieselit 149
Zwilling, Japaner 16
Zwilling des Eisernen Kreuzes 224
Zwillinge 16, 19, 224

Normalziffern verweisen auf Seitenzahlen, **fettgedruckte Ziffern** auf Fotos und Beschreibungstexte.

Weiterführende Literatur

Chemie

Henglein, M.: Lötrohrprobierkunde. Göschen-Band 483. Walter de Gruyter & Co., Berlin, 1962

Mineralogie, Mineralbestimmung

Correns, C. W.: Einführung in die Mineralogie, Kristallographie und Petrographie. Springer, Berlin, 1968

Lieber, W.: Der Mineraliensammler. Ott, Thun, 1978

Lieber, W.: Mineralogie in Stichworten. Hirt, Kiel, 1969

Nickel, E.: Grundwissen Mineralogie. 3 Bände. Ott, Thun, 1971–1975

v. Phillipsborn, H.: Tafeln zum Bestimmen der Minerale nach äußeren Kennzeichen. Schweizerbart, Stuttgart, 1967

Ramdohr, P., & Strunz, H.: Klockmanns Lehrbuch der Mineralogie. Ferd. Enke, Stuttgart, 1978

Roberts, W. L., Rappe, G. R., & Weber, J.: Enzyclopedia of Minerals. Van Nostrand, New York, 1974

Rösler, H. J.: Lehrbuch der Mineralogie. VEB Deutscher Verlag für Grundstoffindustrie, Leipzig, 1980

Schröcke, H., & Weiner, L.: Mineralien. Tafelwerk und Textband. Kronen, Hamburg, 1972

Edelsteinkunde, Gemmologie

Chudoba, Gübelin: Edelsteinkundliches Handbuch. Wilhelm Stollfuß, Bonn, 1974

Edelsteine. Südwest, München, 1974

Gesteinskunde, Geologie

Nockolds, S. R., Knox, R. W. O'B., & Chinner, G. A.: Petrology for Students. Cambridge University Press, Cambridge, 1978

Pape, H.: Leitfaden zur Gesteinsbestimmung. Enke, Stuttgart, 1971

Wunderlich, H. G.: Einführung in die Geologie. 2 Bände. BI Hochschultaschenbücher 340/41, Mannheim, 1969

Fundorte

Fundortbeschreibungen. Christian Weise, München. Band 1: Tirol, Salzburg, Südtirol – Band 2: Bayern – Band 3: Baden-Württemberg – Band 4: Skandinavien – Band 5: Steiermark und Kärnten – Band 6: Rheinland-Pfalz und Saarland – Band 7: Hessen – Band 8: Ober-, Niederösterreich und Burgenland

Gramaccioli, C. M.: Die Mineralien der Alpen. Franckh, Stuttgart, 1978

Parker, R. L.: Die Mineralfunde der Schweiz. Wepf und Co., Basel, 1973

Stalder, H. A., Embrey, P., Graeser, S., & Nowacki, W.: Die Mineralien des Binntals. Naturhistorisches Museum, Bern, 1978

Weibel, M.: Mineralien der Schweiz. Birkhäuser, Stuttgart, 1973

Weninger, H.: Die alpinen Kluftmineralien der österreichischen Ostalpen. Der Aufschluß. 25. Sonderheft. Heidelberg, 1974

Zeitschriften

Lapis. Christian Weise, München

Mineralienmagazin. Franckh, Stuttgart

Der Aufschluß. Zeitschrift der Freunde der Mineralogie und Geologie. Heidelberg

Emser Hefte. R. Bode, Bochum

Der Karinthin, Salzburg

The Mineralogical Record. Bowie, Maryland, USA

Le Monde et les Minéraux. Paris, Frankreich

Schweizer Strahler. Zeitschrift der SVSM, Bern, Schweiz

Mineralienfreund. Zeitschrift der Urner Mineralienfreunde, Altdorf, Schweiz

Fotos auf dem Umschlag: Vorderseite Apatit
Rückseite oben Haematit und Apophyllit, unten Calcit und Cuprit
Foto auf dem Innentitel: Bergkristall

Ein GU-Fotoatlas

Redaktionsleitung: Hans Scherz
Redaktionelle Bearbeitung: Susi Piroué

2. Auflage 1981

Zeichnungen: Thomas Feile, München
Einbandgestaltung: Constanze Reithmayr-Frank
Reproduktion: Graph. Anstalt E. Wartelsteiner, Garching
Satz und Druck: Druckerei G. Appl, Wemding
Bindung: Conzella, Verlagsbuchbinderei Urban Meister, München
ISBN 3-7742-2423-4

Die Fotografen:
Betz: Bild Nr. 14, 25, 26, 40, 43, 63, 71, 75, 80, 85, 96, 104, 112, 123, 133, 138, 149, 152, 157, 187, 188, 193, 225, 233, 275 und Seite 29. Esser: Bild Nr. 1, 3, 5, 10, 17, 23, 34, 37, 45, 68, 76, 89, 90, 98, 99, 114, 115, 124, 126, 128, 136, 154, 155, 168, 174, 179, 190, 197, 199, 203, 205, 208, 210, 213, 215, 219, 223, 224, 229, 230, 237, 238, 264, 265, 279. Hochleitner: Bild Nr. 53, 70, 117, 130, 145, 150, 209, 273, 278, 281, sowie alle Gesteinsfotos mit Ausnahme der Seiten 169, 171, 172, 177, 183, 189. Hrdlicka: Seite 177. Huber: Bild Nr. 2, 11, 13, 20, 21, 38, 48, 49, 50, 55, 57, 59, 72, 81, 83, 86, 88, 95, 97, 100, 102, 105, 106, 132, 134, 143, 148, 161, 172, 175, 178, 183, 186, 217, 220, 232, 236, 239, 251, 255, 259, 260, 268, 277, 280. Klammet: Seite 171, 172, 183. Lapis: Bild Nr. 46, 87, 119, 127, 140, 226, 261, Seite 18 l. u., r. u. Leis: Bild Nr. 206, 212, 218, 262, 271, 272. Dr. Lieber: U 4 o. l., Bild Nr. 4, 6, 7, 15, 29, 30, 31, 33, 36, 44, 47, 52, 64, 82, 91, 129, 144, 153, 156, 160, 162, 163, 164, 165, 169, 173, 180, 189, 192, 204, 216, 227, 231, 234, 235, 240, 241, 244, 248, 252, 256, 269, 276, Seite 18 o. l., 20. Dr. Medenbach: Umschlagvorderseite, Titelseite, Umschlagseite 4 o. r., u. r., u. l., Bild Nr. 9, 12, 22, 27, 51, 54, 58, 67, 78, 79, 93, 94, 107, 137, 146, 147, 151, 159, 167, 177, 184, 185, 195, 207, 222, 243, 249, 250, 253, 266, 267, 274, Seite 8, 17, 18 o. r., 19, 200. Mineralogisches Museum, Bonn; Mineralogisches Museum, Kopenhagen; Naturhistorisches Museum, Wien. Dr. Offermann: Bild Nr. 18, 19, 24, 32, 35, 39, 60, 65, 66, 69, 74, 77, 84, 92, 108, 109, 110, 111, 113, 116, 118, 120, 121, 122, 125, 131, 135, 139, 141, 142, 158, 166, 170, 176, 181, 182, 191, 194, 196, 201, 202, 214, 228, 242, 245, 246, 247, 258, 270, 282. Plus-Bild/Seewald: Seite 189. Rewitzer: Bild Nr. 62, 198, 257. Rothenberg: Bild Nr. 28, 41, 56, 73, 101, 103, 171, 211, 221, 254. Standfuß: Bild Nr. 16, 42, 61, 263. Stemvers: Bild Nr. 8, 200. Stern: Seite 169.

Die in diesem »Fotoatlas« abgebildeten Mineralien und Gesteine stammen aus Museen und privaten Sammlungen der Bundesrepublik Deutschland, der Schweiz, Österreichs und Hollands. Fotografen und Verlag danken allen Besitzern von Sammlungen, die ihre Stücke für die Aufnahmen zur Verfügung gestellt haben.